一体化计算机辅助设计与分析
——原理及软件开发(下册)

Integration of CAD and FEA: Basic Methods
and Software Development(Volume Ⅱ)

刘　波　刘翠云　编著

北京航空航天大学出版社

内容简介

《一体化计算机辅助设计与分析——原理及软件开发》分为上、下两册。上册内容包括：绪论、有限元方法基本原理（给出了一维到三维各类升阶谱求积单元的形函数及其推导过程）和基于 VTK 的数据可视化（介绍 VTK 基础知识、深入探讨 VTK 底层的架构以及如何基于 VTK 的框架实现自己的算法）。下册内容包括：计算机辅助几何设计原理（给出一套矩阵计算 C＋＋模板库、开发一套 NURBS 计算的 C＋＋代码、介绍曲面求交技术及 OCCT 的基本原理）和一体化建模与网格生成（介绍基于曲面求交技术、OCCT 和 Gmsh 的一体化建模与网格生成技术）。

本书可作为计算力学、计算机辅助几何设计、计算机图形学、高阶网格生成及相关领域的学者和工程技术人员的参考书籍，也可以作为高校相关专业研究生的教材。

图书在版编目(CIP)数据

一体化计算机辅助设计与分析 ：原理及软件开发. 下册 / 刘波，刘翠云编著. -- 北京 ：北京航空航天大学出版社，2022.12

ISBN 978-7-5124-3985-6

Ⅰ. ①一… Ⅱ. ①刘… ②刘… Ⅲ. ①计算机辅助设计 ②计算机辅助分析 ③软件开发 Ⅳ. ①TP391.72 ②TP391.77 ③TP311.52

中国国家版本馆 CIP 数据核字(2023)第 000599 号

一体化计算机辅助设计与分析——原理及软件开发(下册)

刘　波　刘翠云　编著

策划编辑　刘　扬　　责任编辑　孙玉杰

*

北京航空航天大学出版社出版发行

北京市海淀区学院路 37 号(邮编 100191)　http://www.buaapress.com.cn

发行部电话：(010)82317024　传真：(010)82328026

读者信箱：qdpress@buaacm.com.cn　邮购电话：(010)82316936

北京凌奇印刷有限责任公司印装　各地书店经销

*

开本：710×1 000　1/16　印张：20.25　字数：456 千字

2023 年 2 月第 1 版　2024 年 5 月第 2 次印刷

ISBN 978-7-5124-3985-6　定价：89.00 元

若本书有倒页、脱页、缺页等印装质量问题，请与本社发行部联系调换。联系电话：(010)82317024

前　言

考虑到解析解本身的复杂程度及应用范围的局限性，作者从2013年留校起就开始做数值方法。一开始作者希望数值方法具有解析方法的精度和效率，因此在数值方法中使用了分离变量、正交等解析解的思路。在研究中作者逐渐发现这些特点正是升阶谱方法所具有的，因此作者开始研究升阶谱方法，并于2014年申请、获批了国家自然科学基金项目“微分求积升阶谱有限元方法研究及其在结构振动中的应用”。在撰写该项目申请书的时候，作者发现“与国际计算力学软件相比，我国计算力学软件的发展规模及水平仍然有很大的差距，在整体功能与性能上还无法与国外同类产品竞争。因此，不但重大工业项目中的工程力学计算几乎全靠进口程序，甚至一般中小设计院也被进口程序所控制”，于是计算力学软件开发成为作者的研究方向之一。在2013年的中国力学大会上，大连理工大学的祝雪峰告诉作者有一种称为等几何分析的方法可以直接在CAD模型上做有限元分析，于是在2014年世界计算力学大会上作者听了等几何分析的全部报告并参加了会后的等几何分析培训班，等几何分析也成为作者的研究方向之一。随着升阶谱方法的逐渐成熟，高阶网格生成逐渐成为它进一步发展的主要障碍，于是高阶网格生成成为作者近几年的研究方向之一。近8年作者的主要精力集中在升阶谱方法、等几何分析、计算力学软件开发及高阶网格生成方面，本书是其中部分研究内容的汇总。

作者对升阶谱方法最早的了解来自诸德超教授的著作《升阶谱有限元法》，于2008年左右阅读了这本书。当时作者刚完成微分求积有限元方法的工作，为了克服微分求积有限元方法和升阶谱有限元方法的不足，作者将两种方法结合起来提出升阶谱求积元方法。升阶谱求积元方法是在升阶谱有限元方法的基础上在单元的边界上配置了微分求积节点，同时在单元矩阵的计算等方面结合了微分求积有限元方法的一些思想。升阶谱求积元方法继承了升阶谱有限元方法自适应的特点，这种方法更接近固定界面模态综合方法，即在单元边界上有一定数量的节点，在单元内部只需一定数量的固定界面模态即可得到精度很高的结果，但升阶谱求积元方法不需要做模态分析。升阶谱求积元方法对微分求积方法和升阶谱有限元方法也有进一步的发展，主要体现在三角形和四面体单元的构造、C^1 单元的构造以及正交多项式数值稳定性问题的克服等，这对于推动微分求积方法和升阶谱有限元方法的普及也是有意义的。《升阶谱有限元法》主要介绍一维单元、二维矩形和正六面体单元，而且二维和三维结构主要是理论介绍，应用实例很少或没有，存在的数值稳定性问题也没有得到解决。升阶谱求积元方法则涵盖了所有常见类型的单元，如曲边三角、任意四面体单元等，对于二维结构不但有 C^0 单元还有 C^1 单元，正交多项式的数值稳定性问题也克服了。除此之外，作者还初步探索了高阶方法在非线性问题中的应用及高阶网格生成问题，解决这两个问题对于各类高阶方法走向实用或普及有重要意义,特别是高阶网格生成是目前制约高阶方法发展的瓶颈难题,因此作者目前仍然致力于这方面的研究。

目前,在升阶谱求积元方法方面已经有两部著作出版:第一部是国防工业出版社出版的《微分求积升阶谱有限元方法》,第二部是国防工业出版社和世界科学(World Scientific)出版社联合出版的 *A Differential Quadrature Hierarchical Finite Element Method*。本书第 2 章给出了该方法的基本原理介绍,更多内容可参阅上述两本著作。在作者对升阶谱求积元方法的研究中,第一位参与研究的研究生是赵亮,他主要参与了平面三角形单元及 NURBS 方面的研究。随后,伍洋参与了 C^1 单元和薄壁结构的升阶谱求积元分析,卢帅参与了四面体、三棱柱单元的研究,郭茂参与了金字塔单元的研究,石涛和宋佳佳分别参与了几何非线性和材料非线性的升阶谱求积元分析。

近些年等几何分析概念发展迅速、产生了广泛的影响,计算机辅助设计与分析一体化的研究连续几年受到国家重点研发计划项目支持。等几何分析的核心思想与等参单元类似,但采用 CAD 建模所用的 NURBS 作为基函数,目标是实现几何精确、避免 CAD 模型转换成 CAE 模型(即网格生成)过程中的大量时间投入及各种困难出现。借鉴等几何分析的思想,升阶谱求积元方法通过引入 CAD 建模中的 NURBS 建模技术来建立单元的几何模型,从而实现 CAD 模型与有限元计算模型之间的精确转化。但升阶谱求积元方法在等几何分析的基础上还有进一步的发展。等几何分析采用 NURBS 作为基函数,NURBS 基函数的张量积特性使得计算三角形、四面体等单元时存在奇异,而且局部加密会引起全局网格的变化,因此 NURBS 基函数的非插值特性使得施加非齐次边界条件比较困难。而升阶谱求积元方法仍然保留边界上形函数的插值特性,能较好地避免等几何分析的上述问题,同时还能实现几何精确。这对未来实现高精度计算、缩短前处理周期、提高分析效率、实现 CAD 与 CAE 无缝融合具有重要意义。

在等几何分析的研究方面作者要特别感谢北京航空航天大学机械工程及自动化学院的王伟老师。作者在刚开始学习 NURBS 时阅读的第一本书是北京航空航天大学施法中教授编著的《计算机辅助几何设计与非均匀有理 B 样条》(修订版),从该书的致谢部分了解到王伟老师并取得联系,在随后的几年中一直跟王伟老师学习,其中 NURBS toolbox 便是王伟老师教会的。作者的研究生赵亮、卢帅等也都选修了北京航空航天大学机械工程及自动化学院的"计算机辅助几何设计与非均匀有理 B 样条"课程。在等几何分析方面作者还要特别感谢研究生赵亮,他将 *The NURBS Book* 一书中的伪代码转成了 C++代码,本书第 4 章部分相关代码来自赵亮当时的工作。

作者大约从 2017 年开始全力以赴研究计算力学软件开发,当时首先想到的是 C++编程和科学数据可视化。在 C++编程方面作者首先想到的是 MATLAB 编程风格,因为作者多年来一直在使用 MATLAB。作者在搜索之后发现 Armadillo 有这个特点,于是基于 Armadillo 把 NURBS toolbox 转成了 C++语言,完成之后作者惊讶地发现用 C++编写的代码的计算效率居然不如 MATLAB,于是自己编写了一套与 Armadillo 功能类似的矩阵计算模板,这部分工作包含在本书 4.1.1 节中。然后作者结合 *The NURBS Book* 一书重新编写了 NURBS toolbox 转换而来的 C++代码,这部分工作包含在本书 4.1.2 节。在科学数据可视化方面作者采用的是 VTK，在学习 VTK 的过程中主要参阅了《VTK 图形图像开发进阶》及该书作者的博客(https://blog.csdn.net/www_doling_net? type=blog)、*VTK User's Guide*、*The Visualization Toolkit: An Object－Oriented Approach To 3D Graphics* 等。为了更好地学习 VTK，作者向 Kitware 公司交了 12 500 美元的培训费，主要用于咨询问题。VTK 的学习成果被总结在本书第 3 章。在学习 VTK 的过程中作者一度萌生了分析与可视化和 CAD 一体化的思路，并做过一些尝试，这部分工作包含在本书 4.4 节。作者在 2018 年的"中国计算力学大会暨国际华人计算力学大会"还做过相关报告。作者的研究生郭帅和张鑫参与了 VTK 方面的部分工作，本书 3.9 节是基于张鑫学位论文的部分工作。

在高阶网格生成方面目前有两种方法：一种是直接法，即采用经典网格生成算法直接生成所需高阶网格；另一种是间接法，即首先生成一阶(直边)网格然后曲边化并根据是否存在无效单元进行矫正。间接法相对容易，因此目前这方面的文献较多。但间接法需要首先生成线性网格，因此存在常规有限元方法的困难，即难以实现 CAD 与 FEA 的一体化。直接法将高阶方法与网格生成算法和 CAD 建模理论结合，直接生成高阶网格。作者在高阶网格生成方面最先开始探索的是直接法，本书 4.2.5 节曲面求交问题、5.2 节参数曲面求交和裁剪、4.4 节离散多边形曲面的布尔运算、5.3 节网格生成和优化都是这方面的探索。这方面的研究并不顺利，曲面求交算法是 CAD 技术的核心，国际上只有 3 个流行的 CAD 内核。因此作者后来开始探索间接法，并采用了开源 CAD 内核 OCCT，但核心追求仍然是一体化建模与分析。本书 4.5～4.7 节是 OCCT 的一些基础理论，5.4～5.6 节是基于 OCCT、Gmsh 和 FreeCAD 的一体化建模与网格生成平台。

在高阶网格生成方面作者的研究生郭帅参与了 IGES 读取方面的工作，本书 5.1 节是郭帅学位论文的部分工作；研究生孙昊参与了曲面求交与直接法高阶网格生成和优化方面的工作，本书 5.2 节和 5.3 节是孙昊学位论文的部分工作；研究生彭泽宇参与了基于 OCCT、Gmsh 和 FreeCAD 的一体化建模与网格生成平台开发，本书 5.4～5.6 节是彭泽宇学位论文的部分工作。在高阶网格生成技术的研究过程中，作者曾多次向北京航空航天大学机械工程及自动化学院的宁涛教授请教曲面求交技术，在此致以诚挚的谢意。作者的研究生彭泽宇曾在英特工程仿真技术(大连)有限公司实习半年多，在此特别感谢该司的张群总裁、刘洋博士等。作者曾向 OCCT 官方支付 10 000 欧元以学习 OCCT 相关课程，并多次向官方技术人员请教学习，在此一并致以诚挚的谢意。

在作者刚开始做计算力学软件开发的时候，大家对这个领域的前景并不看好，现在形势已经好多了。国家重点研发计划连续几年有"工业软件"重点专项支持，国内从事计算力学软件开发研究的学者已经为数不少，国内这方面的公司也不断涌现，特别是计算机辅助设计与分析一体化连续几年被列入"工业软件"重点专项中，因此本书的出版恰逢其时。本书在撰写过程中既保持了一定的深度，也特别留意内容的易读性。本书可作为计算力学、计算机辅助几何设计、计算机图形学、高阶网格生成及相关领域的学者和工程技术人员的参考书籍，也可以作为高校相关专业研究生的教材。作者希望本书能够起到抛砖引玉的作用，激发更多工程技术和科研人员的研究兴趣，进而推动计算机辅助设计与分析一体化原理及软件开发的发展。

本书主要内容是作者和作者的博士、硕士研究生近8年的研究成果。作者在此特别感谢邢誉峰教授多年来对研究工作的支持和指导，刘翠云对全书的文字校核，国家自然科学基金(项目批准号：11972004，11772031，11402015)对本书研究工作的资助。本书从开始编写到完稿历经多年，全书不断修改完善务求内容正确无误，限于作者的水平和时间，书中错误和疏忽之处在所难免，恳请读者提出宝贵的建议。

本书随书代码下载地址为 https://sourceforge.net/projects/vtk-nurbstoolbox-matlib/files/BookCodes.zip/download。

随书代码下载

刘　波

2022年6月

目　　录

第4章　计算机辅助几何设计原理

计算机辅助几何设计(CAGD)在工业中扮演着越来越重要的角色,计算力学软件所用的几何模型一般都是使用计算机辅助几何设计系统设计的。计算机辅助几何设计与计算力学属于不同的专业领域,对于计算力学领域的学者来说,完全理解和熟练使用计算机辅助几何设计原理是比较困难的,但对它有一定程度的理解也是必要的。因此,本章对相关原理做简要介绍。

在介绍计算机辅助几何设计原理前,首先简要介绍数值计算技术。对于编程来说,大多数计算力学专业的研究生可以用 MATLAB 编程,但不一定可以用 C++编程。如果 C++有 MATLAB 的编程风格,那么对于熟悉 MATLAB 的学者来说是一件幸事。实际上开源代码 Armadillo 和 Eigen 具有这个功能,特别是 Eigen 的计算效率很高,深受有 MATLAB 基础的广大 C++程序员的喜爱。为了方便读者在编程方面入门,本书定义了一套矩阵计算程序(见 4.1.1 节),其使用方法与 Armadillo 接近,并简要介绍向量计算和数学核心库(MKL)的使用。在此基础上,承接第 3 章的内容,简要介绍科学数据可视化技术(见 4.1.2 节)。

本书采用定义的矩阵模板,结合 *The NURBS Book* 中的算法伪代码,开发了相关 C++代码,详情请参阅 4.2 节和 4.3 节。其中,4.2 节介绍 Bézier、B 样条、非均匀有理 B 样条(NURBS)曲线和曲面及其导数的计算,4.3 节介绍节点插入、节点细化及基于 NURBS 的基本几何建模。相关代码均随书开源发布。

对于复杂的几何模型,曲面求交是其核心技术,因为在 CAD 建模的布尔运算中会产生大量的裁剪曲面,因此 4.2.5 节介绍曲面裁剪的相关理论。在反向工程中,通过图像获得离散实体模型已成为一种常规操作,这需要组合和操作离散的边界表示(B-Rep 表示)模型,因此催生了对相关工具的需求。本书 4.4 节介绍离散多边形曲面的布尔运算。

Open CASCADE Technology(OCCT)是一个为三维曲面和实体建模、CAD 数据交换以及图形可视化提供服务的软件开发平台,大多数的 OCCT 功能以 C++库的形式提供。OCCT 可用于三维建模(CAD)、制造与测量(CAM)以及数值仿真(CAE)软件开发。OCCT 是国际上唯一的开源 CAD 内核,一般开源 CAD/CAE 软件的几何内核采用的都是 OCCT,因此本章 4.5～4.7 节简要介绍 OCCT 的一些基本原理和使用方法,可作为进一步研究的基础。

4.1 数值计算及科学数据可视化

4.1.1 基于C++的数值计算

4.1.1.1 C++矩阵模板

因为科学计算离不开矩阵计算,所以首先需要定义矩阵类。由于针对的数据类型具有多样性,因此将矩阵类定义成模板,即可以使用 double、int、float 等任意类型的数据。矩阵模板程序见随书代码文件夹 4.1.1_matrix,下面给出其成员变量和构造函数。为了方便与其他程序结合,将所有的成员变量和方法都设置成公有的。

```
template < class valueType >
class matrix
{
public:
    valueType * Elem;       // Pointer to matrix
int Col;                    // Column
int Row;                    // Row
int Page;                   // Page
int Block;                  // Block
int Dim;                    // Dimension
int Size;                   // Number of elements

public:
    matrix(void);
    matrix(int Rows,int Cols);
    matrix(int Rows,int Cols,int Pages);
    matrix(int Rows,int Cols,int Pages,int Blocks);
    matrix(valueType Val);
    matrix(int Rows,int Cols,const valueType * Array,char op='t');
    matrix(int Rows,int Cols,int Pages,const valueType * Array);
    matrix(int Rows,int Cols,int Pages,int Blocks,const valueType * Array);
    matrix(int Rows,int Cols,const valueType * * Array);
    matrix(const matrix& M);
    matrix(const matrix& M,valueType Val);
    ~matrix(void);
}
```

这里矩阵的最大维数为四维,可以满足大多数计算的需求。以 double 类型为例,定义一个矩阵的方法为:

```
matrix < double > A(m,n);
```

其中，m 和 n 是矩阵的行数与列数。用类似的方法可以定义三维矩阵或四维矩阵，程序中的 Rows 指行数，Cols 指列数，Pages 指页数，Blocks 指块数。这里给模板类定义了析构函数，使用完矩阵后程序会自动回收内存。

在该矩阵模板中对常见运算符(如+，-，*，/，+=，-=，%等)进行了重载，其含义大多符合习惯，并给一些平时不常用的运算符赋予了特殊含义。表 4.1-1 所列是重载的单目运算符及其含义，这里的"单目"指定义的矩阵与其他矩阵或变量运算后仅改变自身的值，不赋给其他变量。结合单目运算符的含义，双目运算符(如+，-，*，/，%，>，&& 等)的含义容易理解，这里不一一列出。

表 4.1-1 重载的单目运算符及其含义

运算符	含 义
+=	矩阵与矩阵及常数相加
-=	矩阵与矩阵及常数相减
*=	矩阵与矩阵及常数相乘
/=	矩阵与矩阵及常数相除
%=	相同维度矩阵元素对元素相乘
^	矩阵对矩阵(相同维度)或常数的幂次方
+	求正(不做任何变化)
-	求负(改变正负号)
~	矩阵转置
!	对矩阵求反(逻辑运算)
<<	输出运算符

除重载了运算符外，该矩阵模板还提供了获取和设置矩阵元素或元素块的方法 getElem(i,j)、setElem(i,j)、setPage(p,P)、getRow(r,R)等，提供了将矩阵向量化的方法 vectorize()，提供了设置矩阵维度的方法 set_size(m,n)，提供了将矩阵置 0 或置 1 并同时设置维度的方法 zeros(m,n)、ones(m,n)，等等。下面列出了全部方法：

```
void show(char * message = "none") const;              // Print the matrix
void print(char * message = "none") const;             // Print the class
valueType getElem(int i) const { return Elem[i]; };    // Get an element (i - th row)
valueType getElem(int i,int j) const;          // Get an element (i - th row,j - th column)
valueType getElem(int i,int j,int k) const;
                        // Get an element (i - th row,j - th column,k - th page)
valueType getElem(int i,int j,int k,int l) const;
              // Get an element (i - th row,j - th column,k - th page,l - th block)
void setElem(int i,valueType val) { Elem[i] = val; };  // Set an element (i - th row)
void setElem(int i,int j,valueType val);       // Set an element (i - th row,j - th column)
void setElem(int i,int j,int k,valueType val);
                        // Set an element (i - th row,j - th column,k - th page)
```

```
    void setElem(int i,int j,int k,int l,valueType val);
                    // Set an element (i-th row,j-th column,k-th page,l-th block)
    void setRow(int i,const matrix& M);                 // Set a row (i-th row)
    void setCol(int j,const matrix& M);                 // Set a column (j-th column)
    void setPage(int k,const matrix& M);                // Set a page (k-th page)
    void getRow(int i,matrix& M,char op='n');           // Get a row (i-th row)
    void getCol(int j,matrix& M);                       // Get a column (j-th column)
    void getPage(int k,matrix& M);                      // Get a page (k-th page)
    void getPage(int k,int m,matrix& M);                // Get a page (k-th page of m-th block)
    void getBlock(int m,matrix& M);                     // Get a block (m-th block)
    void vectorize() { Row = Size; Col = 1; Page = 1; Block = 1; };    // Vectorize
    void rearrange(int Rows,int Cols);                  // Rearrange
    void set_size(int Rows,int Cols);                   // Change the size of an object
    void set_size(int Rows,int Cols,int Pages);         // Change the size of an object
    void set_size(int Rows,int Cols,int Pages,int Blocks);   // Change the size of an object
    void set_size(int Rows,int Cols,const valueType * val,char op='t');
                                                        // Change the size of an object
    void set_size(const matrix& M);                     // Change the size of an object
    void set_size(const matrix& M,valueType val);
              // Change the size of an object,and assign a constant value to all elements
    void set_val(valueType val);                        // Set a constant value to an object
    void zeros(int Rows,int Cols);    // First changing the size then set the elements to zero
    void zeros(int Rows,int Cols,int Pages);
                                      // First changing the size then set the elements to zero
    void zeros(int Rows,int Cols,int Pages,int Blocks);
                                      // First changing the size then set the elements to zero
    void ones(int Rows,int Cols);      // First changing the size then set the elements to one
    void ones(int Rows,int Cols,int Pages);
                                       // First changing the size then set the elements to one
    void ones(int Rows,int Cols,int Pages,int Blocks);
                                       // First changing the size then set the elements to one
    void diag(int lines,valueType val);
                                  // First changing the size then set the matrix to giangonal
    void diag(int lines,const valueType * val);
                                  // First changing the size then set the matrix to giangonal
    void fill(valueType val);                           // Set the elements to a specified value
    void fill(int n,const valueType *val);         // Set first n elements to a specified value
    void randu();                                       // Random value
    bool iscorrect()            // Check whether the matrix is correctly defined
        const {
        return ((Row * Col * Page * Block == Size) ? (true) : (false));
    };
```

```
bool is_finite();        // Check whether the matrix has finite values
bool has_inf();          // Check whether the matrix has infinite values
bool has_nan();          // Check whether the matrix has NaN(Not - A - Number) value
bool is_normal();        // Check whether the values of the matrix are normal
```

4.1.1.2 数学核心库(MKL)的使用

数值计算需要线性代数库，Intel®(英特尔®)的数学核心库(Math Kernel Library, MKL)中包含了BLAS、LAPACK以及FFTW函数等数学库，可以满足大多数科学计算。其community版的下载地址是https://software.intel.com/en-us/mkl。安装之后在Visual Studio中选择"PROJECT→Properties"菜单项，然后选择Intel Performance Library并做如图4.1-1所示配置即可。

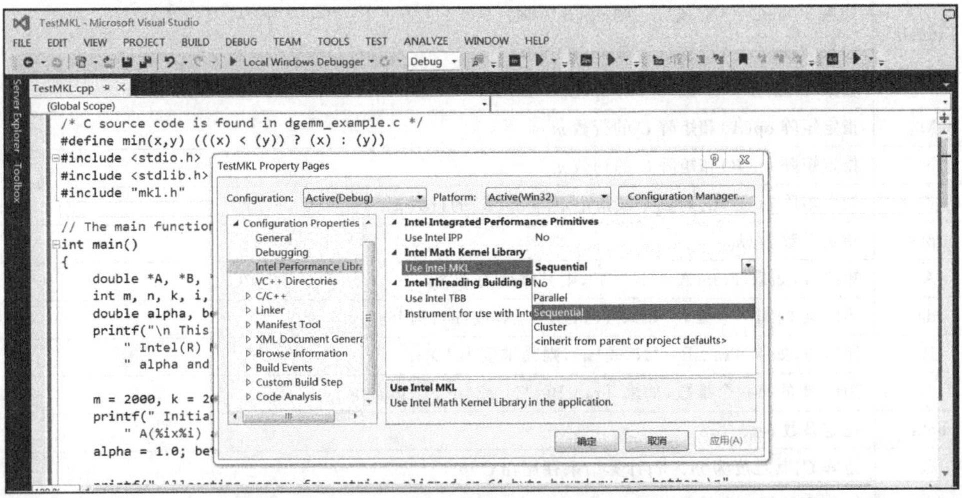

图 4.1-1 MKL在Visual Studio中的配置方法

Intel®的MKL的函数名称用到一些关键字母或字母组合。例如s表示单精度实数，c表示单精度复数，d表示双精度实数，z表示双精度复数。下面是求两个矩阵乘积的MKL函数：

```
void cblas_dgemm(const  CBLAS_LAYOUT Layout,
                 const  CBLAS_TRANSPOSE TransA,
                 const  CBLAS_TRANSPOSE TransB,
                 const MKL_INT M,const MKL_INT N,
                 const MKL_INT K,const double alpha,const double * A,
                 const MKL_INT lda,const double * B,const MKL_INT ldb,
                 const double beta,double * C,const MKL_INT ldc);
```

其中，cblas表示基本线性代数子程序(blas)的C语言函数，d表示双精度实数，ge表示一般矩阵，m表示带转置等修改。该函数的功能可完成如下线性代数运算：

$$C := alpha \times \mathrm{op}(\boldsymbol{A}) \times \mathrm{op}(\boldsymbol{B}) + beta \times \boldsymbol{C}$$

其中，$\mathrm{op}(\boldsymbol{X})=\boldsymbol{X}$，或$\mathrm{op}(\boldsymbol{X})=\boldsymbol{X}^{\mathrm{T}}$，或$\mathrm{op}(\boldsymbol{X})=\boldsymbol{X}^{\mathrm{H}}$；$alpha$和$beta$是标量系数；$\mathrm{op}(\boldsymbol{A})$是

一个 $m\times k$ 的矩阵;op($\boldsymbol{B}$)是一个 $k\times n$ 的矩阵;$\boldsymbol{C}$ 是一个 $m\times n$ 的矩阵。函数 cblas_dgemm 的输入参数及其含义如表 4.1-2 所列。

表 4.1-2 函数 cblas_dgemm 的输入参数及其含义

输入参数	含 义
Layout	指定矩阵是以行为主(CblasRowMajor)还是以列为主(CblasColMajor)
TransA	指定矩阵乘积计算过程中 op($\boldsymbol{A}$)的形式: 如果 TransA='N'或'n',则 op($\boldsymbol{A}$)=$\boldsymbol{A}$; 如果 TransA='T'或't',则 op($\boldsymbol{A}$)=$\boldsymbol{A}^{\mathrm{T}}$; 如果 TransA='C'或'c',则 op($\boldsymbol{A}$)=$\boldsymbol{A}^{\mathrm{H}}$
TransB	指定矩阵乘积计算过程中 op($\boldsymbol{B}$)的形式: 如果 TransB='N'或'n',则 op($\boldsymbol{B}$)=$\boldsymbol{B}$; 如果 TransB='T'或't',则 op($\boldsymbol{B}$)=$\boldsymbol{B}^{\mathrm{T}}$; 如果 TransB='C'或'c',则 op($\boldsymbol{B}$)=$\boldsymbol{B}^{\mathrm{H}}$
M	指定矩阵 op($\boldsymbol{A}$)和矩阵 $\boldsymbol{C}$ 的行数 m
N	指定矩阵 op($\boldsymbol{B}$)和矩阵 $\boldsymbol{C}$ 的列数 n
K	指定矩阵 op($\boldsymbol{A}$)的列数 k 或指定矩阵 op($\boldsymbol{B}$)的行数 k
alpha	指定系数 $alpha$
A	矩阵 $\boldsymbol{A}$,如果 TransA='N''n',则其维度为 $m\times k$
lda	矩阵 $\boldsymbol{A}$ 的第一个维数,如果 TransA='N'或'n',则 lda=m
B	矩阵 $\boldsymbol{B}$,如果 TransB='N'或'n',则其维度为 $k\times n$
ldb	矩阵 $\boldsymbol{B}$ 的第一个维数,如果 TransB='N'或'n',则 ldb=k
beta	指定系数 $beta$
C	矩阵 $\boldsymbol{C}$,其维度为 $m\times n$;计算结果存储在 $\boldsymbol{C}$ 中
ldc	矩阵 $\boldsymbol{C}$ 的第一个维数,ldc=m

在 4.1.1.1 节定义的矩阵模板中默认按照列主元素存储数据,因此采用 MKL 计算时不需要对矩阵进行转置操作,这样前面矩阵相乘的例子中 m、k、n 等参数的选取就比较简单了。给出矩阵相乘的代码如下:

示例 4.1_mklTest

```
#include "matrix.h"
#include "mkl.h"

int main()
{
    // Define matrix A and B
    mat A(4,5),B(5,6);
    A.randu();
    B.randu();

    // Define matrix C according to the restriction of matrices multiplication
    mat C(A.Row,B.Col);
```

```
    // Do matrices multiplication through MKL
    int m = A.Row,k = A.Col,n = B.Col;
    double alpha = 1.0,beta = 0.0;
    cblas_dgemm(CblasColMajor,CblasNoTrans,CblasNoTrans,
        m,n,k,alpha,A.Elem,m,B.Elem,k,beta,C.Elem,m);

    // Outputs
    std::cout << "A = " << std::endl << A << std::endl;
    std::cout << "B = " << std::endl << B << std::endl;
    std::cout << "C = " << std::endl << C << std::endl;

    getchar();
    return 0;
}
```

计算结果如图 4.1－2 所示。MKL 中其他函数的使用方法类似，其用户手册见 https://software.intel.com/sites/default/files/managed/9d/c8/mklman.pdf。

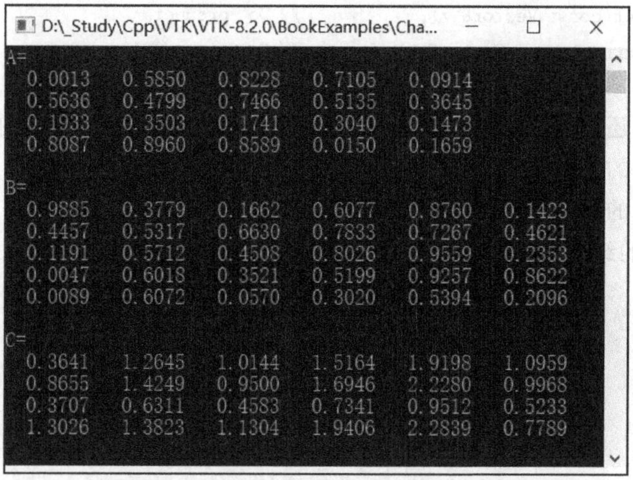

图 4.1－2　用 MKL 做矩阵相乘运算 $C=A\times B$

4.1.1.3 向量计算

向量计算在跟几何计算相关的计算中十分常见，因此这里定义了一些常见的几何计算功能，如点、向量、平面和直线，在此将这些几何元素都定义成结构体。点的结构体定义为：

```
struct Point{
    double x,y,z;

public:
    Point(double a = 0,double b = 0,double c = 0);
```

```
    virtual ~Point() {};
public:
    friend std::ostream& operator << (std::ostream &os,const Point& P);
    void print(char * message = "none");
};
```

向量的结构体定义为：

```
struct Vector{
    double dx,dy,dz;

public:
    Vector(double a = 1,double b = 0,double c = 0);
    virtual ~Vector() {};

public:
    friend std::ostream& operator << (std::ostream &os,const Vector& V);    // Output
    void  print(char * message = "none");
    double dot(const Vector& v);                // Dot product
    Vector& cross(const Vector& v);             // Cross product
};
```

对点和向量还重载了＋，－，＊，/，|，& 等运算符，这里“|”指点乘、“&”指叉乘。向量与向量之间的“＊”指叉乘。

在点和向量的基础上定义了平面和直线。平面用 $Ax+By+Cz+D=0$ 的四个常系数定义，平面的结构体定义为：

```
struct  Plane{
    double A,B,C,D;

public:
    Plane();
    Plane(double A,double B,double C,double D);
    Plane(double a,double b,double c);
    Plane(const Point& pt,const Vector& nvec);
    Plane(const Point& p1,const Point& p2,const Point& p3);
    virtual ~Plane() {};

public:
    bool IsZeroNormal();
    Vector GetNormVector();

public:
    void print(char * message = "none");
};
```

这里提供的平面的构造方法包括：①直接给定系数；②通过点和向量；③通过三个点。除此之外，还提供了判断平面的系数是否都为零的方法 IsZeroNormal()，以及获取平面的法向量的方法 GetNormVector()。

直线用 $\{x,y,z\}^{T}=\boldsymbol{P}+\boldsymbol{V}t$ 中的点和向量定义，直线的结构体定义(其中的构造函数包括求两个平面的交线)如下：

```
struct Line{
    Point p;
    Vector v;

public:
    Line();
    Line(const Point& p,const Vector& v);
    Line(const Point& p1,const Point& p2);
    Line(const Plane& p1,const Plane& p2);
    virtual ~Line() {};

public:
    void print(char * message = "none");
};
```

在实际应用中经常需要判断向量、直线、平面之间是否平行、正交，或者求它们之间的角度或距离，因此还提供了相关函数如下：

```
bool isParallel(const Vector& v1,const Vector& v2);
bool isParallel(const Plane& p1,const Plane& p2);
bool isParallel(const Line& ln1,const Line& ln2);
bool isOrthogonal(const Vector& v1,const Vector& v2);
bool isOrthogonal(const Plane& p1,const Plane& p2);
bool isOrthogonal(const Line& ln1,const Line& ln2);
double angleBetween(const Vector& v1,const Vector& v2);
double angleBetween(const Plane& p1,const Plane& p2);
double angleBetween(const Line& ln1,const Line& ln2);
double distOf(const Point& pt1,const Point& pt2);
double distOf(const Point& pt,const Plane& pl);
double distOf(const Point& pt,const Line& ln);
double distOf(const Line& ln1,const Line& ln2);
```

下面给出向量计算库的一些应用算例，这里定义了点、向量、平面和直线，然后求了点与平面的距离、用点和向量计算了新的点。全部程序见示例 4.1.1_vecbase。

示例 4.1.1_vecbase

```
#include "vecbase.h"

int main()
{
    // Create a point,a vector,a plane and a line
```

```
    Point pnt(1,0,1);
    Vector vec(1,1,1);
    Plane pl(1,1,1,1);
    Line ln(pnt,vec);

    // Get their relations and new points
    double dist = distOf(pnt,pl);
    Point pt2 = pnt + vec;

    // Output
    std::cout << "pnt = " << pnt << std::endl;
    std::cout << "vec = " << vec << std::endl;
    std::cout << "pl = " << pl << std::endl;
    std::cout << "ln = " << ln << std::endl;
    std::cout << "dist = " << dist << std::endl;
    std::cout << "pt2 = " << pt2 << std::endl;

    getchar();
    return 0;
}
```

4.1.1.4 矩阵计算

为了方便矩阵计算，可参考 MATLAB 和 Armadillo（http://arma.sourceforge.net）。这里提供了一些矩阵计算的函数，头文件是 matlib.h，其中包含了矩阵模板（matrix.h）和向量计算函数（vecbase.h）。为了可以独立于 Intel® 的 MKL 使用，matlib.h 中包含的函数没有调用 MKL，使用 MKL 的函数包含在头文件 mkllib.h 中。下面是 matlib.h 的内容：

```
#include "matrix.h"
#include "vecbase.h"

////////////////////////////////////////////////////////////////////
//
//  Vector and Matrix Mathematical Functions. Part 1
//
////////////////////////////////////////////////////////////////////

// Join two vectors together
void join(const mat& a,const mat& b,mat& y);

// Join three vectors together
void join(const mat& a,const mat& b,const mat& c,mat& y);
```

```
// Sum of elements of a vector
double sum(const mat& x);

// Sum of elements of a matrix
void sum(const mat& x,mat& y,char op='r');

// Product of elements
double prod(const mat& x);

// Relation operators
void op_gt(const mat& matrix1,const mat& matrix2,mat& y);
void op_ge(const mat& matrix1,const mat& matrix2,mat& y);
void op_lt(const mat& matrix1,const mat& matrix2,mat& y);
void op_le(const mat& matrix1,const mat& matrix2,mat& y);
void op_eq(const mat& matrix1,const mat& matrix2,mat& y);
void op_ne(const mat& matrix1,const mat& matrix2,mat& y);

// Find indices and values of nonzero elements
void find(const mat& x,mat& I);

// Find find vector from a matrix
void findvec(const mat& x,const mat& I,mat& y);

// Generate linearly spaced vector
void linspace(double x1,double x2,int n,mat& x);

// Reverse the order of elements
void reverse(vec& A);

// Flip order of elements
void flip(mat& A);
void flip(mat& A,int dim);

// Flip array left to right
void fliplr(mat& A);

// Flip array up to down
void flipud(mat& A);

// Get/set a row,column,page or block
void getRow(const mat& A,int i,mat& M);
void setRow(mat& A,int i,mat& M);
void getCol(const mat& A,int j,mat& M);
```

```
void setCol(mat& A,int j,mat& M);
void getPage(const mat& A,int k,mat& M);
void setPage(mat& A,int k,mat& M);
void getBlock(const mat& A,int p,mat& M);
void setBlock(mat& A,int p,mat& M);

/////////////////////////////////////////////////////////////////////
//
//   Element - wise numerics library
//
/////////////////////////////////////////////////////////////////////

// Matrix addition
void add(const mat& a,const mat& b,mat& y);

// Matrix subtraction
void sub(const mat& a,const mat& b,mat& y);

// Matrix multiplication
void mul(const mat& a,const mat& b,mat& y);

// Matrix division
void div(const mat& a,const mat& b,mat& y);

// Trigonometric element - wise functions
void atan2(const mat& a,const mat& b,mat& y);

// Break into fractional and integral parts
void vmodf(const mat& x,mat& fracpart,mat& intpart);

/////////////////////////////////////////////////////////////////////
//
//   Vector and Matrix Mathematical Functions. Part 2
//
/////////////////////////////////////////////////////////////////////

// Release the memory of the matrix
void clear(mat& A);

// Exatract a column submatrix from a given matrix
void mat_cols(const mat& A,const uvec& c,mat& B);

// Exatract a row submatrix from a given matrix
```

```
void mat_rows(const mat& A,const uvec& r,mat& B);

// Exatract a submatrix from a given matrix
void mat_sub(const mat& A,const uvec& r,const uvec& c,mat& B);
void mat_sub(const mat& A,const uvec& r,const uvec& c,const uvec& p,mat& B);
void mat_sub(const mat& A,const uvec& r,const uvec& c,const uvec& p,const uvec& q,mat& B);

// Replicate and tile array
void repmat(const mat& A,int r,int c,mat& B);
void repmat(const mat& A,int r,int c,int p,mat& B);
void repmat(const mat& A,int r,int c,int p,int b,mat& B);

// Rearrange dimensions of 3D/4D array
void permute(const cube& A,int m,int n,int p,cube& B);
void permute(const fmat& A,int m,int n,int p,int q,fmat& B);

// Matrix transposition
void trans(const mat& A,mat& B);
void trans(mat& A);

// Cartesian grid in 2D/3D space
void meshgrid(const vec& x,const vec& y,mat &X,mat &Y);
void meshgrid(const vec& x,const vec& y,const vec& z,mat &X,mat &Y,mat &Z);

// Forms the distance matrix of two sets of points in R^s
void DistanceMatrix(const mat& datasites,const mat& centers,mat& DM);

// Finds the maximum value
double vmax(const mat& M);

// Finds the maximum absolute value
double amax(const mat& M);

// Finds the smallest value
double vmin(const mat& M);

// Finds the smallest absolute value
double amin(const mat& M);

// Generate a sequential vector
void num(int n,mat& v);
void num(int m,int n,mat& v);
```

```
// Reshape array
void reshape(mat& M,int m,int n);
void reshape(mat& M,int m,int n,int p);
void reshape(mat& M,int m,int n,int p,int q);

// Convert matrix to vector
void vectorise(mat& M);

/////////////////////////////////////////////////////////////////
//
//  Vector and Transformation Utilities
//
/////////////////////////////////////////////////////////////////

// Rotation around a vector
void vecrot(double angle,const Vector& vect,mat& rt);

// Rotation around x - axis
void vecrotx(double angle,mat& rx);

// Rotation around y - axis
void vecroty(double angle,mat& ry);

// Rotation around z - axis
void vecrotz(double angle,mat& rz);

// Scale matrix
void vecscale(const Vector& vect,mat& ss);

// Translation matrix
void vectrans(const Vector& vect,mat& ts);

// An alternative to atan,returning an arctangent in the range 0 to 2 * pi
void vecangle(const mat& num,const mat& den,mat& ang);

// The cross product of two vectors
void veccross(mat& vec1,mat& vec2,mat& cross);

// The dot product of two vectors
void vecdot(const mat& vec1,const mat& vec2,mat& dot);

// Magnitude of a set of vectors
void vecmag(const mat& vect,mat& mag);
```

```
// Squared magnitude of a set of vectors
void vecmag2(const mat& vect,mat& mag);

// Normalise the vectors
void vecnorm(const mat& vect,mat& vnorm);
```

目前在头文件 mkllib. h 中只包含了少量 MKL 函数,其中使用了前面 matrix. h 中的矩阵模板等,这会给使用带来一些便利;其中的函数名称尽可能和 MKL 原来的名称相关,这样读者很容易辨认。下面是头文件 mkllib. h 的内容:

```
/////////////////////////////////////////////////////////////////
//
//   LAPACK Routines
//
/////////////////////////////////////////////////////////////////

// Sort elements in increasing order (if id='I') or in decreasing order (if id='D')
void sort(mat& M,char dir='I');

// Unique values in array
void unique(const mat& M,mat& U);

// Computes the LU factorization of a general m-by-n matrix.
void dgetrf(mat& a,umat& ipiv);
void dgetrf(mat& a,mat&L,mat& U,umat& ipiv);

/* Solves a system of linear equations with an LUfactored
square matrix,with multiple right-hand sides. */
void dgetrs(mat&a,umat& ipiv,mat&b);

// The determinant of a matrix
double det(mat& a,umat& ipiv);
double det(const mat& a);

// Computes the inverse of an LU-factored general matrix
int dgetri(mat& a,umat& ipiv);

// Computes the inverse of a general matrix
int dgetri(mat& a);
```

4.1.2 基于 VTK 的科学数据可视化

4.1.2.1 结构网格数据可视化

在科学计算中,结构网格数据特别常见。结构网格数据可视化的输入参数一般有节点坐标矩阵 **X**,**Y**,**Z** 和一个颜色矩阵 **C**,其中矩阵 **C** 常常默认是矩阵 **Z**。下面考虑显示曲面 $z=\sin x\sin y$,其中 x 和 y 的定义区间都是 $[0,2\pi]$,详见示例 4.1.2_BlankPoint。通过函数 BlankPoint(vtkIdType ptId)可以让某个节点不可见。

示例 4.1.2_BlankPoint

```
#include <vtkSmartPointer.h>
#include <vtkIdList.h>
#include <vtkProperty.h>
#include <vtkStructuredGrid.h>
#include <vtkLookupTable.h>
#include <vtkXMLStructuredGridWriter.h>
#include <vtkMath.h>
#include <vtkDataSetMapper.h>
#include <vtkPointData.h>
#include <vtkActor.h>
#include <vtkRenderWindow.h>
#include <vtkRenderer.h>
#include <vtkRenderWindowInteractor.h>
#include <vtkStructuredGridGeometryFilter.h>
#include <vtkXMLPolyDataWriter.h>
#include <vtkXMLStructuredGridWriter.h>

int main(int,char *[])
{
    // Create a grid
    vtkSmartPointer<vtkStructuredGrid> structuredGrid =
        vtkSmartPointer<vtkStructuredGrid>::New();

    vtkSmartPointer<vtkPoints> points =
        vtkSmartPointer<vtkPoints>::New();

    unsigned int gridSizeX = 9,gridSizeY = 11;
    unsigned int counter = 0;
    double x,y,z;
    // Create a 5×5 grid of points
    for(unsigned int j = 0; j < gridSizeY; j++)
    {
        for(unsigned int i = 0; i < gridSizeX; i++)
```

```
        {
            x = 2 * (double)i * 3.1415/(gridSizeX - 1);
            y = 2 * (double)j * 3.1415/(gridSizeY - 1);
            z = sin(x) * sin(y);
            points ->InsertNextPoint(x,y,z);
        }
    }

    // Specify the dimensions of the grid
    structuredGrid ->SetDimensions(gridSizeX,gridSizeY,1);
    structuredGrid ->SetPoints(points);
    //structuredGrid ->BlankPoint(27); // A point that is blank (not visible)
    structuredGrid ->Modified();

    double bounds[6];
    structuredGrid ->GetBounds(bounds);
    double minz = bounds[4];
    double maxz = bounds[5];

    // Create the color map
    vtkSmartPointer < vtkLookupTable > colorLookupTable =
        vtkSmartPointer < vtkLookupTable > ::New();
        colorLookupTable ->SetTableRange(minz,maxz);
    colorLookupTable ->Build();

    // Generate the colors for each point based on the color map
    vtkSmartPointer < vtkUnsignedCharArray > colors =
        vtkSmartPointer < vtkUnsignedCharArray > ::New();
    colors ->SetNumberOfComponents(3);
    colors ->SetName("Colors");

    for (int i = 0; i < structuredGrid ->GetNumberOfPoints(); i ++ )
    {
        double p[3];
        structuredGrid ->GetPoint(i,p);

        double dcolor[3];
        colorLookupTable ->GetColor(p[2],dcolor);

        unsigned char color[3];
        for (unsigned int j = 0; j < 3; j ++ )
        {
```

```
            color[j] = static_cast < unsigned char > (255.0 * dcolor[j]);
        }

        colors->InsertNextTypedTuple(color);
    }
    structuredGrid->GetPointData()->SetScalars(colors);

    // Create a mapper and actor
    vtkSmartPointer < vtkDataSetMapper > gridMapper =
        vtkSmartPointer < vtkDataSetMapper > ::New();
    gridMapper->SetInputData(structuredGrid);

    vtkSmartPointer < vtkActor > gridActor =
        vtkSmartPointer < vtkActor > ::New();
    gridActor->SetMapper(gridMapper);
    gridActor->GetProperty()->EdgeVisibilityOn();
    gridActor->GetProperty()->SetEdgeColor(0,0,1);

    // Create a renderer,render window,and interactor
    vtkSmartPointer < vtkRenderer > renderer =
        vtkSmartPointer < vtkRenderer > ::New();
    vtkSmartPointer < vtkRenderWindow > renderWindow =
        vtkSmartPointer < vtkRenderWindow > ::New();
    renderWindow->AddRenderer(renderer);
    vtkSmartPointer < vtkRenderWindowInteractor > renderWindowInteractor =
        vtkSmartPointer < vtkRenderWindowInteractor > ::New();
    renderWindowInteractor->SetRenderWindow(renderWindow);

    // Add the actor to the scene
    renderer->AddActor(gridActor);
    renderer->SetBackground(1,1,1); // Background color: white

    // Render and interact
    renderWindow->Render();
    renderWindowInteractor->Start();

    return EXIT_SUCCESS;
}
```

显示结果如图 4.1-3 所示。

4.1.2.2 多边形数据显示

多边形数据的显示与结构网格数据的显示基本类似,不同之处在于多边形数据的

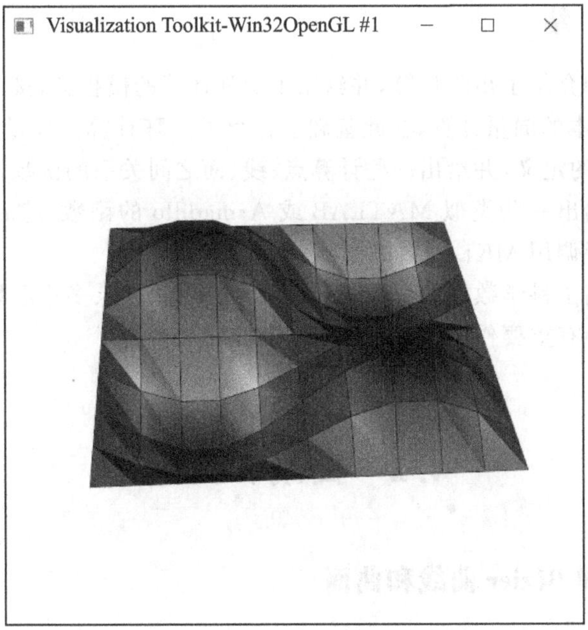

图 4.1-3　结构网格数据显示

创建，可参考 3.6.1 节。多边形数据显示的例子 4.1.2_PolyDataColor 是在示例 3.6.1_PolyDataColor 和示例 4.1.2_BlankPoint 的基础上给出了多边形数据显示的示例。该示例采用了示例 3.6.1_PolyDataColor 中的多边形数据创建方法，而可视化和着色采用了示例 4.1.2_BlankPoint 的方法。示例 4.1.2_PolyDataColor 更自动化，在示例 3.6.1_PolyDataColor 的基础上还显示了颜色条。显示结果如图 4.1-4 所示。

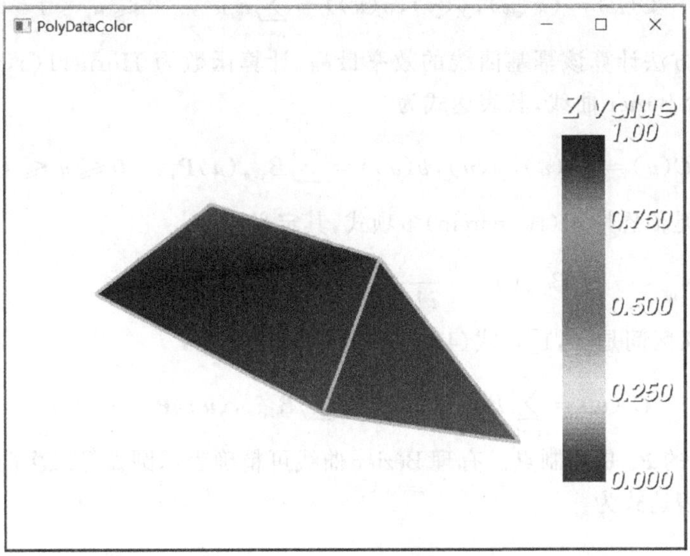

图 4.1-4　多边形数据显示

4.1.3 小　结

本节首先详细介绍了矩阵计算,并给出了矩阵计算的模板类,接着介绍了 Intel® 的 MKL 的使用和基本的向量计算,在此基础上介绍了矩阵计算。向量计算中包含了点、向量、平面和直线的定义,并给出一些计算点、线、面之间关系的函数。矩阵计算中首先基于矩阵模板类给出一些类似 MATLAB 或 Armadillo 的函数,然后给出一些基于本书定义的矩阵模板调用 MKL 函数的子函数。

本节最后介绍了科学数据的可视化,包括结构网格数据、多边形数据的可视化。可视化在科学计算中有重要作用,可以直观地分析结果。

4.2 曲线和曲面

4.2.1 有理 Bézier 曲线和曲面

有理 Bézier 曲线和曲面是几何计算的基础,在 NURBS 几何、曲面求交等计算中都需要大量使用 Bézier 几何计算,因此这里给出一些几何计算函数。这些函数基于 *The NURBS Book* 中的算法,详情可参阅该书,这里只做概述。

4.2.1.1 有理 Bézier 曲线

在分析 Bézier 曲线和曲面之前,首先考虑 n 阶幂基曲线的计算,该表示形式十分常见,其表达式为

$$\boldsymbol{C}(u)=(x(u),y(y),v(u))=\sum_{i=0}^{n}\boldsymbol{a}_i u^i,\quad 0\leqslant u\leqslant 1$$

采用 Horner 方法计算该幂基曲线的效率最高,计算函数为 Horner1(a,n,u0,C)。接下来考虑 n 阶 Bézier 曲线,其表达式为

$$\boldsymbol{C}(u)=(x(u),y(u),v(u))=\sum_{i=0}^{n}B_{i,n}(u)\boldsymbol{P}_i,\quad 0\leqslant u\leqslant 1 \qquad (4.2-1)$$

其中 $B_{i,n}(u)$是伯恩斯坦(Bernstein)多项式,其定义式为

$$B_{i,n}(u)=\frac{n!}{i!\ (n-i)!}u^i(1-u)^{n-i}$$

其中,u 的定义区间是[0,1]。式(4.2-1)的导数为

$$\boldsymbol{C}'(u)=\sum_{i=0}^{n}B'_{i,n}(u)\boldsymbol{P}_i=n\sum_{i=0}^{n-1}B_{i,n-1}(u)(\boldsymbol{P}_{i+1}-\boldsymbol{P}_i)$$

式(4.2-1)中的 $\boldsymbol{P}_i$ 是控制点。有理 Bézier 曲线可精确表示圆弧等二次曲线,因此应用十分广泛,其表达式为

$$C(u)=\frac{\sum_{i=0}^{n}B_{i,n}(u)w_i\boldsymbol{P}_i}{\sum_{i=0}^{n}B_{i,n}(u)w_i},\quad 0\leqslant u\leqslant 1 \tag{4.2-2}$$

其中，w_i 称作权系数。式(4.2-2)可以写作如下形式：

$$\boldsymbol{C}(u)=\frac{\boldsymbol{A}(u)}{w(u)}$$

其一阶导数为

$$\boldsymbol{C}'(u)=\frac{\boldsymbol{A}'(u)-w'(u)\boldsymbol{C}(u)}{w(u)}$$

其二阶导数为

$$\boldsymbol{C}''(u)=\frac{\boldsymbol{A}''(u)-2w'(u)\boldsymbol{C}'(u)-w''(u)\boldsymbol{C}(u)}{w(u)}$$

针对一段 1/4 圆弧，其控制点为 $\boldsymbol{P}_0=(1,0)$，$\boldsymbol{P}_1=(1,1)$，$\boldsymbol{P}_2=(0,1)$，权系数为 $w_0=1$，$w_1=1$，$w_2=2$，它在中点（参数）的坐标为 $\boldsymbol{C}(1/2)=(3/5,4/5)$，两端的导数为 $\boldsymbol{C}'(0)=(0,2)$，$\boldsymbol{C}'(1)=(-1,0)$。Bézier 曲线（1/4 圆弧）及其控制点和导矢如图 4.2-1 所示。

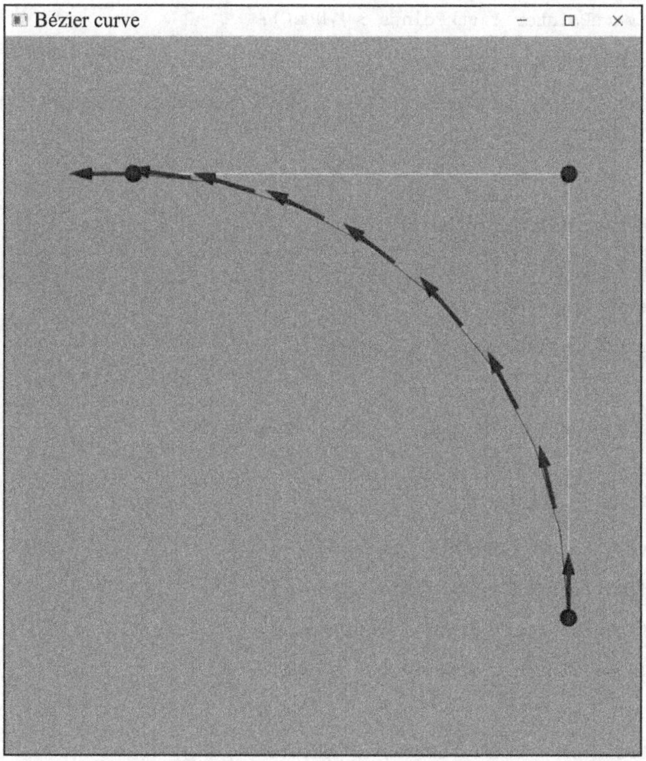

图 4.2-1 Bézier 曲线(1/4 圆弧)及其控制点和导矢

该算例的程序见示例 4.2.1_Bézierécurve,该算例包含了曲线计算、导数计算及其显示,完整代码如下:

示例 4.2.1_Bézierécurve

```
#include "vtkMyActors.h"
#include "Bézier.h"

int main(int argc,char * argv[])
{

    // Create a Bézier curve (a circle)
    int N = 3;
    BézierCurve bcrv(N - 1);
    bcrv.px[0] = 1; bcrv.px[1] = 1; bcrv.px[2] = 0;
    bcrv.py[0] = 0; bcrv.py[1] = 1; bcrv.py[2] = 1;
    bcrv.w[0] = 1; bcrv.w[1] = 1; bcrv.w[2] = 2;
    vtkSmartPointer < vtkPoints > ctrlPoints =
        vtkSmartPointer < vtkPoints > ::New();
    for (int i = 0; i < N; i++)
        ctrlPoints->InsertNextPoint(bcrv.px[i]/bcrv.w[i],bcrv.py[i]/bcrv.w[i],0.0);
    bcrv.print("Bézier curve");

    // Get derivatives of the bezier curve
    BézierCurve dbcrv;
    BezeirDerive(bcrv,dbcrv);
    dbcrv.print("Derivatives of Bézier curve");

    // Compute points and derivatives of a Bézier curve
    int n = 9;
    double pnt[3],dp[3],u;
    vtkSmartPointer < vtkPoints > bezierPoints =
        vtkSmartPointer < vtkPoints > ::New();
    vtkSmartPointer < vtkPoints > circPoints =
        vtkSmartPointer < vtkPoints > ::New();

    vtkSmartPointer < vtkFloatArray > vectors =
        vtkSmartPointer < vtkFloatArray > ::New();
    vectors->SetNumberOfComponents(3);
```

```
vectors->SetNumberOfTuples(n);

for (int i = 0; i < n; i++) {
    u = (double)i/ (n - 1);
    bezeirDerive(bcrv,dbcrv,u,pnt,dp);
    circPoints->InsertNextPoint(cos(u*3.1415926/2),
        sin(u*3.1415926/2),0.0); // Exact circle
    bezierPoints->InsertNextPoint(pnt[0],pnt[1],pnt[2]);
    vectors->InsertTuple(i,dp);

    std::cout << "u[" << i << "]=" << u << std::endl;
    std::cout << "    x=" << pnt[0] << ",    y=" <<
        pnt[1] << ",    z=" << pnt[2] << std::endl;
    std::cout << "    dx=" << dp[0] << ",    dy=" <<
        dp[1] << ",    dz=" << dp[2] << std::endl;
}

// Get actors of lines
double ctrlColor[3] = { 1.0,1.0,0.0 };
double bezierColor[3] = { 0.0,1.0,1.0 };
double circColor[3] = { 1.0,0.0,1.0 };
vtkSmartPointer < vtkActor > ctrlPointActor = pointActor(ctrlPoints,"Red",0.2);
vtkSmartPointer < vtkActor > ctrlActor = lineActor(ctrlPoints,ctrlColor,1.0);
vtkSmartPointer < vtkActor > bezierActor = lineActor(bezierPoints,bezierColor,2.0);
vtkSmartPointer < vtkActor > circActor = lineActor(circPoints,circColor,2.0);
vtkSmartPointer < vtkActor > vecActor = vectorActor(bezierPoints,vectors,"Red",0.15);

vtkSmartPointer < vtkRenderer > renderer =
vtkSmartPointer < vtkRenderer >::New();
renderer->AddActor(ctrlPointActor);
renderer->AddActor(ctrlActor);
renderer->AddActor(bezierActor);
renderer->AddActor(circActor);
renderer->AddActor(vecActor);
renderer->SetBackground(0.5,0.8,0.6);

vtkSmartPointer < vtkRenderWindow > renderWindow =
    vtkSmartPointer < vtkRenderWindow >::New();
renderWindow->AddRenderer(renderer);
renderWindow->SetSize( 640,480 );
```

```
    renderWindow ->Render();
    renderWindow ->SetWindowName("Bézier curve");

    vtkSmartPointer < vtkRenderWindowInteractor > renderWindowInteractor =
        vtkSmartPointer < vtkRenderWindowInteractor > ::New();
    renderWindowInteractor ->SetRenderWindow(renderWindow);

    renderWindow ->Render();
    renderWindowInteractor ->Start();

    return EXIT_SUCCESS;
}
```

其中头文件 vtkMyActors. h 包含了绘曲线、点和向量的三个函数,绘图效果如图 4.2-1 所示,下面是该头文件中的三个函数:

```
// Get the actor of points
vtkSmartPointer < vtkActor > pointActor(vtkSmartPointer < vtkPoints > points,
    const vtkStdString& name,double pointSize,int Resolution = 11);

// Get the actor of vectors
vtkSmartPointer < vtkActor > vectorActor(vtkSmartPointer < vtkPoints > points,
    vtkSmartPointer < vtkFloatArray > vectors,
    const vtkStdString& colorName,double arrowSize = 0.1);

// Get the actor of a line
vtkSmartPointer < vtkActor > lineActor(vtkSmartPointer < vtkPoints > pnts,
    double * color,double lineWide);
```

头文件 Bezier. h 中包含着 *The NURBS Book* 中与 Bézier 曲线和曲面相关的全部函数,为了方便使用和理解还定义了结构体、构造函数等。为了方便单独使用,这些函数仅调用了本书附带的矩阵函数,与 VTK、MKL 等无关。

4.2.1.2 有理 Bézier 曲面

计算几何学中研究的曲面一般是张量积曲面,其中最基本的是幂基曲面,其一般形式可表示为

$$\boldsymbol{S}(u,v)=\sum_{i=0}^{n}\sum_{j=0}^{m}\boldsymbol{a}_{i,j}u^{i}v^{j}=[u^{i}]^{\mathrm{T}}[\boldsymbol{a}_{i,j}][v^{j}] \tag{4.2-3}$$

其中,$\boldsymbol{a}_{i,j}=(x_{i,j},y_{i,j},z_{i,j})$,$0\leqslant u,v\leqslant 1$。

将式(4.2-3)展开后得

$$\boldsymbol{S}(u,v)=\underbrace{(\boldsymbol{a}_{0,0}v^{0}+\boldsymbol{a}_{0,1}v^{1}+\boldsymbol{a}_{0,2}v^{2}+\cdots+\boldsymbol{a}_{0,m}v^{m})}_{b_0}+$$

$$\underbrace{u(\boldsymbol{a}_{1,0}v^0+\boldsymbol{a}_{1,1}v^1+\boldsymbol{a}_{1,2}v^2+\cdots+\boldsymbol{a}_{1,m}v^m)}_{b_1}+$$

$$\underbrace{u^2(\boldsymbol{a}_{2,0}v^0+\boldsymbol{a}_{2,1}v^1+\boldsymbol{a}_{2,2}v^2+\cdots+\boldsymbol{a}_{2,m}v^m)}_{b_2}+\cdots+$$

$$\underbrace{u^n(\boldsymbol{a}_{n,0}v^0+\boldsymbol{a}_{n,1}v^1+\boldsymbol{a}_{n,2}v^2+\cdots+\boldsymbol{a}_{n,m}v^m)}_{b_n}=$$

$$\boldsymbol{b}_0u^0+\boldsymbol{b}_1u^1+\boldsymbol{b}_2u^2+\cdots+\boldsymbol{b}_nu^n$$

非有理 Bézier 曲面由控制网格与张量积的伯恩斯坦多项式组成，形式如下：

$$\boldsymbol{S}(u,v)=\sum_{i=0}^{n}\sum_{j=0}^{m}B_{i,n}(u)B_{j,m}(v)\boldsymbol{P}_{i,j},\quad 0\leqslant u,v\leqslant 1$$

对于给定的 u_0，可得

$$\boldsymbol{C}_{u_0}(v)=\boldsymbol{S}(u_0,v)=\sum_{i=0}^{n}\sum_{j=0}^{m}B_{i,n}(u_0)B_{j,m}(v)\boldsymbol{P}_{i,j}=$$

$$\sum_{j=0}^{m}B_{j,m}(v)\Big(\sum_{i=0}^{n}B_{i,n}(u_0)\boldsymbol{P}_{i,j}\Big)=$$

$$\sum_{j=0}^{m}B_{j,m}(v)\boldsymbol{Q}_j(u_0)$$

其中

$$\boldsymbol{Q}_j(u_0)=\sum_{i=0}^{n}B_{i,n}(u_0)\boldsymbol{P}_{i,j},\quad j=0,1,2,\cdots,m$$

是该曲面上的 Bézier 曲线。类似可以得到该曲面上关于 u 的如下 Bézier 曲线

$$\boldsymbol{C}_{v_0}(u)=\sum_{i=0}^{n}B_{i,n}(u)\boldsymbol{Q}_i(v_0)$$

为了提高计算效率，当 $n>m$ 时，先计算 $\boldsymbol{C}_{v_0}(u)$，然后计算 $\boldsymbol{C}_{v_0}(u_0)$；在其他情况下先计算 $\boldsymbol{C}_{u_0}(v)$，然后计算 $\boldsymbol{C}_{u_0}(v_0)$。

有理 Bézier 曲面可以精确表示球面等二次曲面，因此在工程中有广泛的应用，即使 NURBS 曲面在求交计算中也需要转换成 Bézier 曲面。其一般形式为

$$\boldsymbol{S}(u,v)=\frac{\sum_{i=0}^{n}\sum_{j=0}^{m}B_{i,n}(u)B_{j,m}(v)w_{i,j}\boldsymbol{P}_{i,j}}{\sum_{i=0}^{n}\sum_{j=0}^{m}B_{i,n}(u)B_{j,m}(v)w_{i,j}}$$

在实际计算中常常采用齐次坐标，即令 $w_{i,j}\boldsymbol{P}_{i,j}=\boldsymbol{P}^w_{i,j}$，这样分子和分母都可以采用非有理 Bézier 曲面的相关程序进行计算。

Bézier 曲面的一阶导数公式为

$$\boldsymbol{S}_\alpha(u,v)=\frac{\boldsymbol{A}_\alpha(u,v)-w_\alpha(u,v)\boldsymbol{S}(u,v)}{w(u,v)}$$

其中，α 可以是 u 或 v。Bézier 曲面的二阶导数公式为

$$\begin{cases} S_{uv} = \dfrac{A_{uv} - w_{uv}S - w_u S_v - w_v S_u}{w} \\ S_{uu} = \dfrac{A_{uu} - 2w_u S_u - w_{uu}S}{w} \\ S_{vv} = \dfrac{A_{vv} - 2w_v S_v - w_{vv}S}{w} \end{cases}$$

在几何计算中一般只需要一阶和二阶导数。针对一个圆柱面,其齐次坐标为

$$\{P_{i,0}^w\} = \{(1,1,0,1),(1,1,1,1),(2,0,2,2)\}$$

$$\{P_{i,1}^w\} = \{(-1,1,0,1),(-1,1,1,1),(-2,0,2,2)\}$$

这分别对应着 $x=1$ 和 $x=-1$ 的两段圆弧,图 4.2-2 所示是该 Bézier 曲面(1/4 圆柱面)及其控制点和导矢。

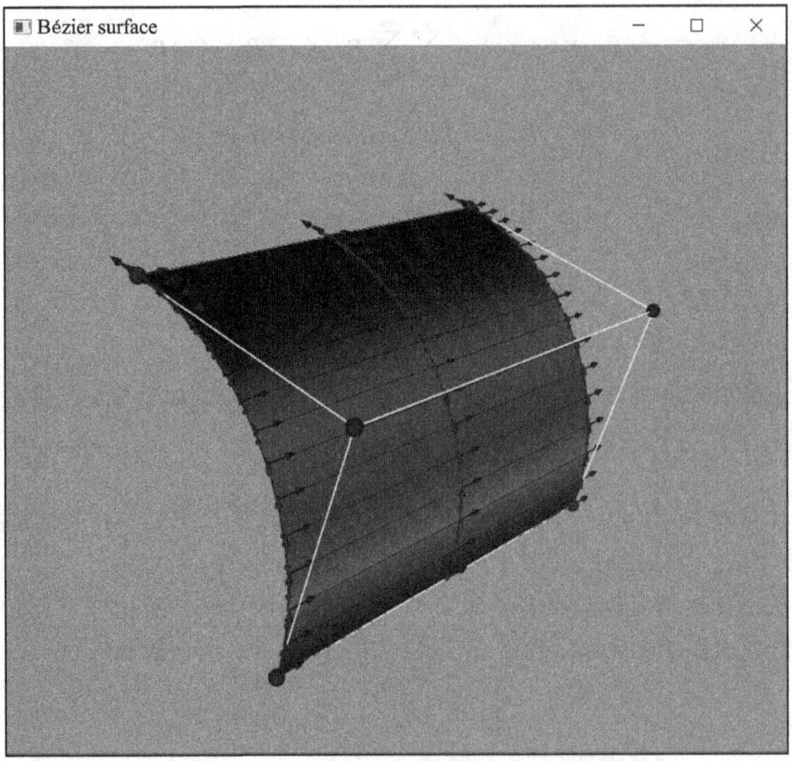

图 4.2-2 Bézier 曲面(1/4 圆柱面)及其控制点和导矢

该算例的程序见示例 4.2.1_Béziersurface,该算例包含了曲面计算、导数计算及其显示,完整代码如下:

示例 4.2.1_Béziersurface

```
#include "vtkMyActors.h"
#include "Bezier.h"

int main(int argc,char * argv[])
```

```
{
    // Creatte a power basis surface
    int N = 3,M = 2;
    double px[6] = { 1, - 1,1, - 1,2, - 2 };
    double py[6] = { 1,1,1,1,0,0 };
    double pz[6] = { 0,0,1,1,2,2 };
    double cw[6] = { 1,1,1,1,2,2 };
    BezierSurface srf(N - 1,M - 1,px,py,pz,cw);
    srf.print("Bezier curve");
    BezierSurface dusrf,dvsrf;
    BezeirDerive(srf,dusrf,dvsrf);
    dusrf.print("Derivative with respect to u");
    dvsrf.print("Derivative with respect to v");

    // Get control points of the Bezier surface
    double pnt[3],dpu[3],dpv[3];
    vtkSmartPointer < vtkPoints > ctrlPoints =
        vtkSmartPointer < vtkPoints > ::New();
    for (int i = 0; i <= srf.n; i ++ )
        for (int j = 0; j <= srf.m; j ++ ) {
            pnt[0] = srf.px[i][j]/srf.w[i][j];
            pnt[1] = srf.py[i][j]/srf.w[i][j];
            pnt[2] = srf.pz[i][j]/srf.w[i][j];
            ctrlPoints ->InsertNextPoint(pnt[0],pnt[1],pnt[2]);
            std::cout << "  x = " << pnt[0] << "  y = "
             << pnt[1] << "  z = " << pnt[2] << std::endl;
}

    // Compute a point on the Bezeir surface
    int n = 16,m = 3,id;
    double u,v,x,y,z;
    vtkSmartPointer < vtkPoints > meshPoints =
        vtkSmartPointer < vtkPoints > ::New();
    vtkSmartPointer < vtkPoints > exactPoints =
        vtkSmartPointer < vtkPoints > ::New();

    vtkSmartPointer < vtkFloatArray > uvecs =
        vtkSmartPointer < vtkFloatArray > ::New();
    uvecs ->SetNumberOfComponents(3);
    uvecs ->SetNumberOfTuples(n * m);

    vtkSmartPointer < vtkFloatArray > vvecs =
```

```
        vtkSmartPointer < vtkFloatArray > ::New();
    vvecs ->SetNumberOfComponents(3);
    vvecs ->SetNumberOfTuples(n * m);
    for (int j = 0; j < m; j++)
        for (int i = 0; i < n; i++) {
            u = (double)i/(n - 1);
            v = (double)j/(m - 1);
            id = j * n + i;
            BezeirDerEval(srf,dusrf,dvsrf,u,v,pnt,dpu,dpv);
            meshPoints ->InsertNextPoint(pnt[0],pnt[1],pnt[2]);
            uvecs ->InsertTuple(id,dpu);
            vvecs ->InsertTuple(id,dpv);

            x = 1 - 2 * v; y = cos(PI * u/2); z = sin(PI * u/2);
            exactPoints ->InsertNextPoint(x,y,z);

            std::cout << "u[" << i << "] = " << u
                << "  v[" << j << "] = " << v << std::endl;
            std::cout << "  x = " << pnt[0] << "  y = " << pnt[1]
                << "  z = " << pnt[2] << std::endl;
            std::cout << "  dxdu = " << dpu[0] << "  dydu = "
                << dpu[1] << "  dzdu = " << dpu[2] << std::endl;
            std::cout << "  dxdv = " << dpv[0] << "  dydv = "
                << dpv[1] << "  dzdv = " << dpv[2] << std::endl;
        }

    // Get actors of the surface
    double netColor[3] = { 1.0,1.0,0.0 };
    double edgeColor[3] = { 0,0,1.0 };
    double lineWide = 1.5;
    vtkSmartPointer < vtkActor > ctrlPointActor =
        pointActor(ctrlPoints,"Red",0.03);
    vtkSmartPointer < vtkActor > ctrlActor =
        netActor(ctrlPoints,N,M,netColor,1.5);
    vtkSmartPointer < vtkActor > meshGridActor =
        meshActor(meshPoints,n,m,edgeColor);
    vtkSmartPointer < vtkActor > exactPointActor =
        pointActor(exactPoints,"Green",0.01);
    vtkSmartPointer < vtkActor > uvecActor =
        vectorActor(meshPoints,uvecs,"Red",0.15);
    vtkSmartPointer < vtkActor > vvecActor =
        vectorActor(meshPoints,vvecs,"Red",0.15);
```

```
    // Rendering the actors
    vtkSmartPointer < vtkRenderer > renderer =
        vtkSmartPointer < vtkRenderer > ::New();
    renderer ->AddActor(ctrlActor);
    renderer ->AddActor(ctrlPointActor);
    renderer ->AddActor(meshGridActor);
    renderer ->AddActor(exactPointActor);
    renderer ->AddActor(uvecActor);
    renderer ->AddActor(vvecActor);
    renderer ->SetBackground(0.5,0.8,0.6);

    vtkSmartPointer < vtkRenderWindow > renderWindow =
        vtkSmartPointer < vtkRenderWindow > ::New();
    renderWindow ->AddRenderer(renderer);
    renderWindow ->SetSize(640,480);
    renderWindow ->Render();
    renderWindow ->SetWindowName("Bezier surface");

    vtkSmartPointer < vtkRenderWindowInteractor > renderWindowInteractor =
        vtkSmartPointer < vtkRenderWindowInteractor > ::New();
    renderWindowInteractor ->SetRenderWindow(renderWindow);

    renderWindow ->Render();
    renderWindowInteractor ->Start();

    return EXIT_SUCCESS;
}
```

为了绘制控制网格和曲面，在头文件 vtkMyActors.h 中增加了两个函数，绘图效果如图 4.2-2 所示。下面是该头文件中新增的两个函数：

```
// Get the actor of a control net
// ctrlPoints - N * M control points (row dominant)
// N - the number of nodes on u - direction (column)
// M - the number of nodes on v - direction (row)
vtkSmartPointer < vtkActor > netActor(vtkSmartPointer < vtkPoints > ctrlPoints,
    int N,int M,double * color,double lineWide);

// Get the actor of a mesh
// points - n * m points (column dominant)
// n - the number of nodes on u - direction (rows)
// m - the number of nodes on v - direction (colums)
vtkSmartPointer < vtkActor > meshActor(vtkSmartPointer < vtkPoints > points,
    int n,int m,double * color,bool edgeVisibility = true);
```

4.2.2 B样条函数及曲线

4.2.2.1 B样条函数

非均匀有理B样条理论(NURBS)以B样条理论为基础,因此首先介绍B样条理论及其曲线、曲面理论。对B样条基函数的定义有很多种方法,常用的一种定义方法是由deBoor、Cox和Mansfield给出的递推形式

$$\begin{cases} N_{i,0}(u)=\begin{cases}1, & u_i \leqslant u < u_{i+1} \\ 0, & \text{其他}\end{cases} \\ N_{i,p}(u)=\dfrac{u-u_i}{u_{i+p}-u_i}N_{i,p-1}+\dfrac{u_{i+p+1}-u}{u_{i+p+1}-u_{i+1}}N_{i+1,p-1} \end{cases}$$

其中,$N_{i,p}$ 表示第 i 个 p 阶B样条基函数,$\boldsymbol{U}=\{u_0,u_1,\cdots,u_m\}$ 是由一组单调不减的实数构成的节点向量,u_i 称为节点。

在曲线、曲面计算中有大量的求导计算,因此求B样条基函数的导数在NURBS计算中十分常用。B样条基函数的求导公式为

$$N'_{i,p}(u)=\frac{p}{u_{i+p}-u_i}N_{i,p-1}(u)-\frac{p}{u_{i+p+1}-u_{i+1}}N_{i+1,p-1}(u) \tag{4.2-4}$$

反复对式(4.2-4)两端求导可以得到一般的求导递推公式

$$N_{i,p}^{(k)}=p\left(\frac{N_{i,p-1}^{(k-1)}}{u_{i+p}-u_i}-\frac{N_{i+1,p-1}^{(k-1)}}{u_{i+p+1}-u_{i+1}}\right)$$

进一步可以得到用 $N_{i,p-k},\cdots,N_{i+k,p-k}$ 计算 $N_{i,p}$ 的 k 阶导数的公式

$$N_{i,p}^{(k)}=\frac{p!}{(p-k)!}\sum_{j=0}^{k}a_{k,j}N_{i+j,p-k} \tag{4.2-5}$$

其中

$$\begin{cases} a_{0,0}=1 \\ a_{k,0}=\dfrac{a_{k-1,0}}{u_{i+p-k+1}-u_i} \\ a_{k,j}=\dfrac{a_{k-1,j}-a_{k-1,j-1}}{u_{i+p+j-k+1}-u_{i+j}}, \quad j=1,2,\cdots,k-1 \\ a_{k,k}=\dfrac{-a_{k-1,k-1}}{u_{i+p+1}-u_{i+k}} \end{cases}$$

在式(4.2-5)中需要注意如下两点:

(1) $k\leqslant p$,所有高于 p 阶的导数均为0。

(2) 系数 $\alpha_{k,j}$ 可能出现分母为0的情况,这时规定 $\alpha_{k,j}=0$。

最后给出如下求导公式

$$N_{i,p}^{(k)}=\frac{p}{p-k}\left(\frac{u-u_i}{u_{i+p}-u_i}N_{i,p-1}^{(k)}-\frac{u_{i+p+1}-u}{u_{i+p+1}-u_{i+1}}N_{i+1,p-1}^{(k)}\right), \quad k=0,1,\cdots,p-1 \tag{4.2-6}$$

式(4.2-6)利用两个 $p-1$ 阶B样条基函数的 k 阶导数来插值计算 p 阶基函数的 k 阶导数值。需要指出的是,直接采用式(4.2-6)计算B样条基函数及其导数的效率并不高,Piegl与Tiller的教材 *The NURBS Book* 中介绍了计算B样条及其基函数导数的高效率计算公式。

下面给出相关函数。计算一点 $u \in [u_i, u_{i+1})$ 对应的下标 i 的函数是 int FindSpan(n,p,u,U),其中 $n=m-p-1$ 等于控制点(基函数)个数减一,p 是阶次,u 是参数坐标,$\boldsymbol{U}$ 是节点向量。计算一点 $u \in [u_i, u_{i+1})$ 处基函数 $N_{i,p}$ 及其 k 阶导数的函数是 BasisFuns(i,u,p,U,N)和 DersBasisFuns(i,u,p,n,U,ders),其中 N 中保存着基函数 $N_{i-p+j,p}(u)$,这里 $0 \leqslant j \leqslant p$,即 N[0],…,N[p]保存着所有非零基函数;ders[k][j]中保存着基函数 $N_{i-p+j,p}(u)$ 的 k 阶导数,$0 \leqslant k \leqslant n$。计算单个基函数及其导数的函数是 OneBasisFun(p,m,U,i,u,Nip)和 DersOneBasisFun(p,m,U,i,u,n,ders),其中 Nip 中保存着 $N_{i,p}(u)$ 的值、ders[k]中保存着 $N_{i,p}^{(k)}(u)$,$0 \leqslant k \leqslant n, n \leqslant p$,$n$ 是导数阶次。在随书代码文件夹 4.2.2_BsplineBasis 中保存着相关程序,其中 nurbs.cpp 中保存着相关函数,BsplineBasisFuns.cpp 和 BsplineOneBasis.cpp 是测试程序。下面是头文件 nurbs.h 中与B样条函数计算相关的函数声明:

```
/* Determine the knot span index
Input: n,p,u,U
Return: the knot span index

Definition:
n ->the number of control points is n+1,
    for open knots,n=m-p-1,
    where m+1 be the number of knots
p ->the degree of the basis
u ->a parametric value
U ->the knot vector
 */
int FindSpan(int n,int p,double u,const double *U);

/* Compute the nonvanishing basis functions
Input: i,u,p,U
Output: N

Definition:
i ->obtained by FindSpan(n,p,u,U)
p ->the degree of the basis
u ->a parametric value
U ->the knot vector
N ->all the nonvanishing basis functions are
```

```
stored in the array N[0],...,N[p]
 */
void BasisFuns(int i,double u,int p,const double *U,double *N);

/* Compute nonzero basis functions and their
derivatives. First section is A2.2 modified
to store functions and knot differences.
Input: i,u,p,n,U
Output: ders

Definition:
i ->obtained by FindSpan(n,p,u,U)
u ->a parametric value
p ->the degree of the basis
n ->the nth derivative (n <= p)
U ->the knot vector
ders ->ders[k][j] is the kth derivative of the
function Ni-p+j,p,where 0 <= k <= n and 0 <= j <= p
 */
void DersBasisFuns(int i,double u,int p,int n,const double* U,double **ders);

/* Compute the basis function Nip
Input: p,m,U,i,u
Output: Nip

Definition:


p ->the degree of the basis
m ->m+1 is the number of knots
U ->the knot vector
i ->the knot span index
u ->a parametric value
Nip ->the nonzero entries of Ni,p(u)
 */
void OneBasisFun(int p,int m,double *U,int i,double u,double &Nip);

/* Compute derivatives of basis function Nip
Input: p,m,U,i,u,n
Output: ders

Definition:
p ->the degree of the basis
```

```
m ->m + 1 is the number of knots
U ->the knot vector
i ->the knot span index
u ->a parametric value
n ->the nth derivative (n <= p)
ders ->ders[k] is the kth derivative of the
function Ni,p,where 0 <= k <= n
 */
void DersOneBasisFun(int p,int m,double * U,int i,double u,int n,double * ders);
```

图 4.2-3 所示是节点向量 $\boldsymbol{U}$=(0,0,0,1,2,3,4,4,5,5,5)上的非零二阶 B 样条基函数,图 4.2-4 所示是它对应的导数。下面是测试程序 BsplineBasisFuns. cpp 的部分内容:

```
double U[] = { 0,0,0,1,2,3,4,4,5,5,5 };    // Knot vector
int p = 2;
double u = 5.0/2;
double N[3];

int m = sizeof(U)/sizeof(double) - 1;        // The number of knots is m + 1
int n = m - p - 1;                           // The number of control points is n + 1
int nd = 2;                                  // The order of derivatives
double * * ders = array_new < double > (nd + 1,p + 1);

int i = FindSpan(n,p,u,U);
BasisFuns(i,u,p,U,N);
DersBasisFuns(i,u,p,nd,U,ders);
std::cout << "    N[0] = " << N[0] << "    N[1] = " << N[1]
    << "    N[2] = " << N[2] << std::endl;
for (int i = 0; i <= nd; i ++ ) {
    for (int j = 0; j <= p; j ++ ) {
        std::cout << "    ders[" << i << "," << j << "] = " << ders[i][j];
    }
    std::cout << std::endl;
}

// Draw a basis
int M = 201;                                 // The number of point to draw bases
int jj = 1;                                  // jj - th order derivative of the bases
double B[201];
double bsplineColor[3];
vtkSmartPointer < vtkRenderer > renderer =
    vtkSmartPointer < vtkRenderer > ::New();
```

```
    vtkSmartPointer < vtkActor > bsplineActor;
    for (int ii = 0; ii <= n; ii++) { // ii-th basis
        vtkSmartPointer < vtkPoints > bsplinePoints =
            vtkSmartPointer < vtkPoints > ::New();
        for (int j = 0; j < M; j++) {
            u = 5 * (double)j/(M-1);
            i = FindSpan(n,p,u,U);
            //BasisFuns(i,u,p,U,N);
            DersBasisFuns(i,u,p,nd,U,ders);
            if (ii <= i && i <= ii + p)
            {
                //B[j] = N[p - (i - ii)];
                B[j] = ders[jj][p - (i - ii)];
            }
            else
                B[j] = 0;
            bsplinePoints->InsertNextPoint(u,B[j],0);
            //std::cout << "   i = " << i << "   B[" << j << "] = "
            // << B[j] << std::endl;
        }
        colormap(ii,bsplineColor);
        bsplineActor = lineActor(bsplinePoints,bsplineColor,2.5);
        renderer->AddActor(bsplineActor);
    }
    renderer->SetBackground(0.5,0.8,0.6);
```

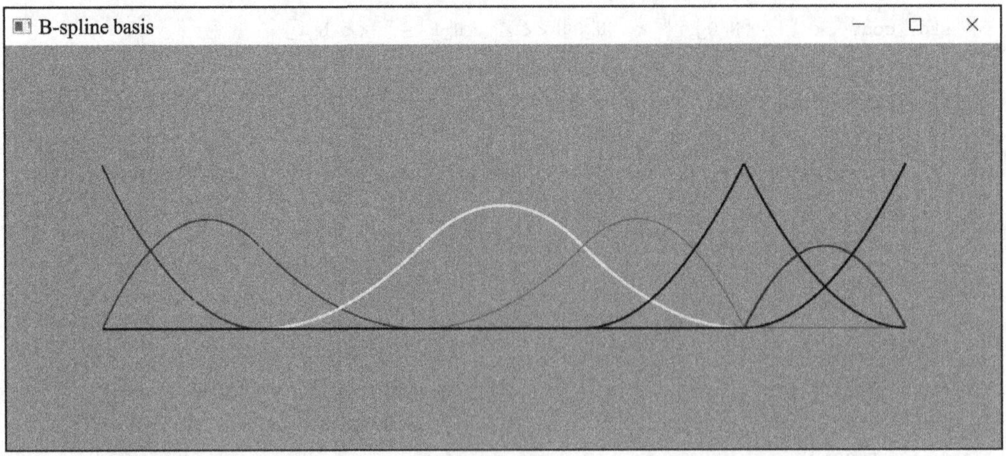

图 4.2-3 $U=(0,0,0,1,2,3,4,4,5,5,5)$上的非零二阶 B 样条基函数

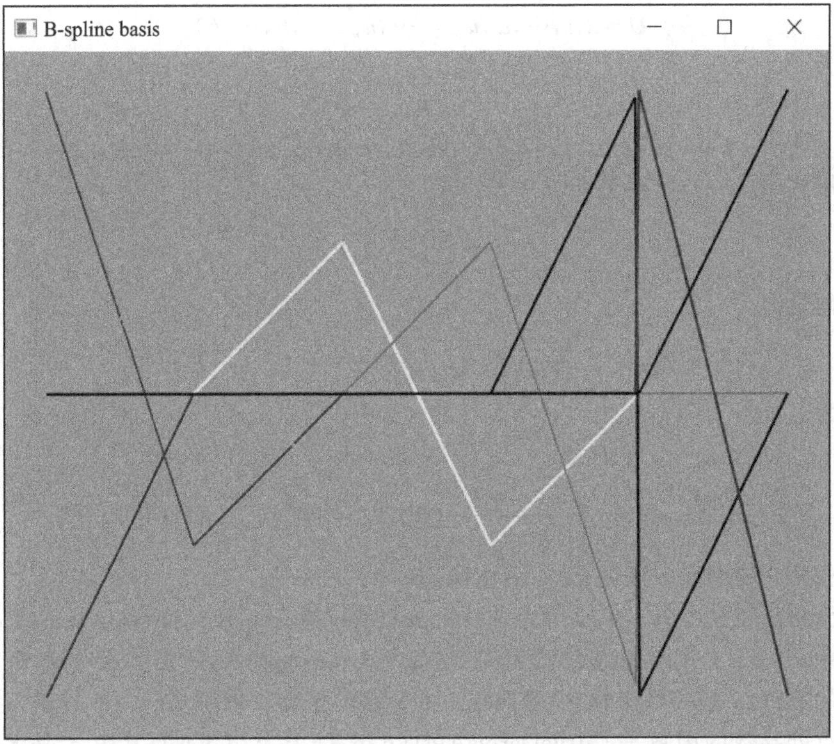

图 4.2-4 U=(0,0,0,1,2,3,4,4,5,5,5)上的非零二阶B样条基函数的导数

4.2.2.2 B样条曲线

在B样条基函数的基础上便可以定义B样条曲线和曲面,并研究二者的性质。一个 p 阶B样条曲线定义为

$$\boldsymbol{C}(u)=\sum_{i=0}^{n} N_{i,p}(u)\boldsymbol{P}_i,\quad u\in[a,b] \tag{4.2-7}$$

其中,$\boldsymbol{P}_i, i=0,1,\cdots,n$ 为 $n+1$ 个控制点,$N_{i,p}$ 为基函数,其非周期的节点向量如下:

$$\boldsymbol{U}=(a,\cdots,a,u_{p+1},\cdots,u_{m-p-1},b,\cdots,b)$$

其中,曲线的定义域端点 a 和 b 在节点向量中的重数为 $p+1$ 次,总的结点数为 $m+1$,控制点数 $n+1=m-p$。一般情况下取 $a=0,b=1$。

最后给出曲线的导矢曲线,这是4.2.4节介绍的NURBS曲线、曲面求导的基础。求B样条曲线导数的方法有两种:第一种方法是直接对式(4.2-7)求导,即

$$\boldsymbol{C}^{(k)}(u)=\sum_{i=0}^{n} N_{i,p}^{(k)}(u)\boldsymbol{P}_i \tag{4.2-8}$$

第二种方法是利用一条 p 阶B样条曲线的一阶导数为 $p-1$ 阶B样条曲线的特性,即

$$\boldsymbol{C}'(u)=\sum_{i=0}^{n-1} N_{i,p-1}(u)\boldsymbol{Q}_i \tag{4.2-9}$$

利用该特性求导数效率更高。其节点向量为

$$U=(\overbrace{a,\cdots,a}^{p},u_{p+1},\cdots,u_{m-p-1},\overbrace{b,\cdots,b}^{p})$$

控制点为

$$Q_i=p\,\frac{P_{i+1}-P_i}{u_{i+p+1}-u_{i+1}}$$

递归利用式(4.2-9)可得更高阶导矢公式

$$C^{(k)}=\sum_{i=0}^{n-k}N_{i,p-k}P_i^{(k)} \tag{4.2-10}$$

其节点向量为

$$U^{(k)}=(\overbrace{a,\cdots,a}^{p-k+1},u_{p+1},\cdots,u_{m-p-1},\overbrace{b,\cdots,b}^{p-k+1})$$

控制点为

$$P_i^{(k)}=\begin{cases}P_i, & k=0\\ \dfrac{p-k+1}{u_{i+p+1}-u_{i+k}}(P_{i+1}^{(k-1)}-P_i^{(k-1)}), & k>0\end{cases} \tag{4.2-11}$$

基于这些公式的编程方法见 *The NURBS Book*。

下面给出相关函数。求B样条曲线上的点的函数是CurvePoint(n,p,U,P,u,C)，其中 $n=m-p-1$ 等于控制点(基函数)个数减一，p 是阶次，$\boldsymbol{U}$ 是节点向量，$\boldsymbol{P}$ 是控制点向量的数组，u 是参数坐标，$\boldsymbol{C}$ 是曲线上的一点的坐标。采用式(4.2-8)求B样条曲线上一点处导数的函数是CurveDerivsAlg1(n,p,U,P,u,d,CK)，其中 d 是求的导数的阶次，CK中存储着该点处的 $0\sim k$ 阶导数。利用式(4.2-11)求导数曲线的控制点的函数是CurveDerivCpts(n,p,U,P,d,r1,r2,PK)，其中PK[k][i]是 k 阶导数的第 i 个控制点，$0\leqslant k\leqslant d$，$r_1\leqslant i\leqslant r_2$；如果 $r_1=0$，$r_2=n$，则所有的控制点都会被计算。采用式(4.2-10)求B样条曲线上一点处导数的函数是CurveDerivsAlg2(n,p,U,P,u,d,CK)。下面是头文件nurbs.h中与B样条曲线计算相关的函数声明：

```
/* Compute curve point
Input: n,p,U,P,u
Output: C
 */
void CurvePointw(int n,int p,double *U,Pointw* P,double u,Pointw& C);
void CurvePoint(int n,int p,double *U,Pointw* P,double u,Point& C);

/* Compute curve derivatives
Input: n,p,U,P,u,d
Output: CK

Definition:

n : the number of control points is n+1
p : the degree of the curve
```

```
U : the knots
P : the control points
u : a parametric value
d : derivatives up to and including the dth at a
fixed u value follows. We allow d > p
CK : Output is the array CK[],where CK[k]
is the kth derivative,0 <= k <= d
*/
void CurveDerivsAlg1(int n,int p,double *U,Pointw *P,double u,int d,Pointw *CK);

/* Compute control points of curve derivatives
Input: n,p,U,P,d,r1,r2
Output: PK

Definition:

n : the number of control points is n+1
p : the degree of the curve
U : the knots
P : the control points
d : computes the control points of all
derivative curves up to and including
the dth derivative (d <= p)
PK[k][i] : the ith control point of the kth
derivative curve,where 0 <= k <= d and
r1 <= i <= r2-k. If r1 = 0 and r2 = n,
all control points are computed
*/
void CurveDerivCpts(int n,int p,double *U,Pointw *P,
int d,int r1,int r2,Pointw **PK);

/* Another algorithm to compute the point on a Bspline
curve and all derivatives up to and including the dth
derivative at a fixed u value (compare with Algorithm A3.2).
The algorithm is based on Eq. (3.8) and Algorithm A3.3
*/
void CurveDerivesAlg2(int n,int p,double *U,Pointw *P,
    double u,int d,Pointw *CK);
```

为了方便曲线的计算,定义了如下带权系数的点的结构体:

```
struct Pointw {
    double wx;
    double wy;
    double wz;
    double w;
};
```

该结构体在 NURBS 计算中也会采用。

在计算 B 样条曲线上一点处导数的函数 CurveDerivsAlg2(n,p,U,P,u,d,CK)中对计算 B 样条的函数 BasisFuns(i,u,p,U,N)做了修改,使它可以计算 0～p 阶所有的 B 样条。修改后该函数的声明如下:

```
void AllBasisFuns(int i,double u,int p,const double * U,double * * N);
```

该函数的测试程序代码在随书代码文件夹 4.2.2_BsplineBasis 中。

图 4.2-5 所示是节点向量 **U**= (0,0,0,1,2,3,4,4,5,5,5)上的二阶 B 样条曲线及其导矢。在随书代码文件夹 4.2.2_BsplineCurves 中保存着相关程序,下面是测试程序 BsplineCurves.cpp 的部分内容:

```
double U[] = { 0,0,0,1,2,3,4,4,5,5,5 };
int p = 2;
int m = sizeof(U)/sizeof(double) - 1;
int n = m - p - 1;
int nd = 2;
Pointw Pw[] = { { 0,0,0,1 },{ 0.1,0.6,0,1 },{ 0.5,1,0,1 },
{ 1.0,0.6,0,1 },{ 0.9,0,0,1 },{ 1.5,0,0,1 },
{ 2.0,0.5,0,1 },{ 1.7,0.8,0,1 } };

// Make a NURBS curve
NurbsCurve crv(p,m,U,Pw);
crv.print();
vtkSmartPointer < vtkPoints > ctrlPoints =
    vtkSmartPointer < vtkPoints > ::New();
for (int i = 0; i <= n; i++)
    ctrlPoints ->InsertNextPoint(crv.P[i].wx/crv.P[i].w,
        crv.P[i].wy/crv.P[i].w,
        crv.P[i].wz/crv.P[i].w);

// Compute points on the curve
int N = 26;
double u,dp[3];
Point C;
Pointw * CK = new Pointw[nd + 1];
vtkSmartPointer < vtkPoints > bsplinePoints =
    vtkSmartPointer < vtkPoints > ::New();

vtkSmartPointer < vtkFloatArray > vectors =
    vtkSmartPointer < vtkFloatArray > ::New();
vectors ->SetNumberOfComponents(3);
vectors ->SetNumberOfTuples(N);
```

```
    for (int i = 0; i < N; i++) {
        u = 5 * (double)i/(N - 1);
        CurvePoint(n,p,U,crv.P,u,C);
        //CurveDerivsAlg1(n,p,U,crv.P,u,nd,CK);
        CurveDerivesAlg2(n,p,U,crv.P,u,nd,CK);
        //bsplinePoints ->InsertNextPoint(C.x,C.y,C.z);
        bsplinePoints ->InsertNextPoint(CK[0].wx,CK[0].wy,CK[0].wz);
        dp[0] = CK[1].wx;
        dp[1] = CK[1].wy;
        dp[2] = CK[1].wz;
        vectors ->InsertTuple(i,dp);
    }

    // Get actors of lines
    double ctrlColor[3] = { 1.0,1.0,0.0 };
    double bsplineColor[3] = { 1.0,0.0,0.0 };
    vtkSmartPointer < vtkActor > ctrlPointActor = pointActor(ctrlPoints,"Red",0.03);
    vtkSmartPointer < vtkActor > ctrlActor = lineActor(ctrlPoints,ctrlColor,1.5);
    vtkSmartPointer < vtkActor > bsplineActor = lineActor(bsplinePoints,bsplineColor,3.0);
    vtkSmartPointer < vtkActor > vecActor = vectorActor(bsplinePoints,vectors,"Blue",0.
15);
```

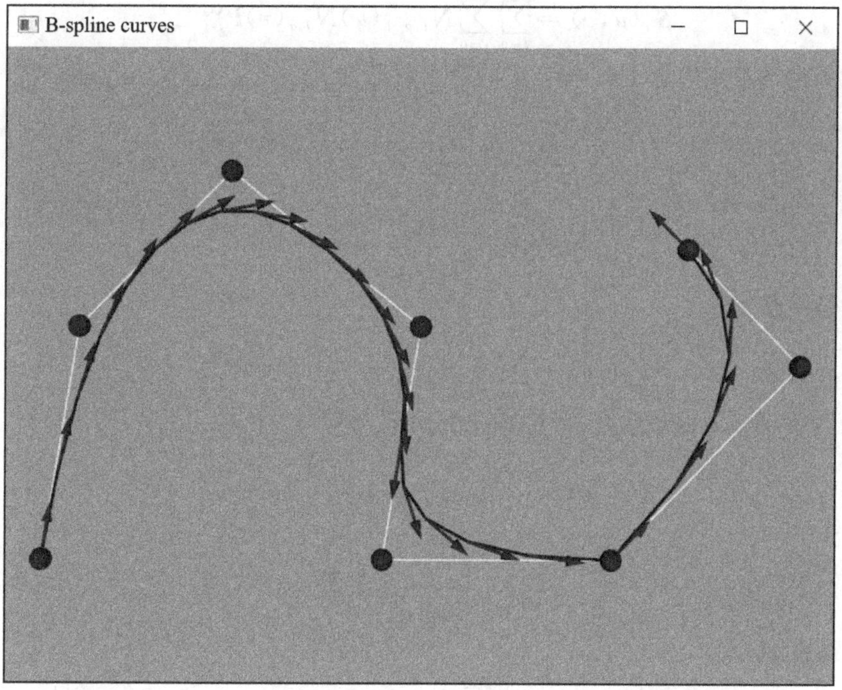

图 4.2-5 $U=(0,0,0,1,2,3,4,4,5,5,5)$上的二阶 B 样条曲线及其导矢

4.2.3 B样条曲面

4.2.3.1 基本理论

B样条曲面是张量积曲面，由两个方向的控制点网格以及节点向量构成的单变量B样条基函数定义：

$$\boldsymbol{S}(u,v)=\sum_{i=0}^{n}\sum_{j=0}^{m}N_{i,p}(u)N_{j,q}(v)\boldsymbol{P}_{i,j} \tag{4.2-12}$$

其中，节点向量为

$$\boldsymbol{U}=(a,\cdots,a,u_{p+1},\cdots,u_{r-p-1},b,\cdots b)$$

$$\boldsymbol{V}=(c,\cdots,c,v_{q+1},\cdots,v_{s-q-1},d,\cdots,d)$$

其节点数分别为 $r+1$ 和 $s+1$ 个，且有如下关系：

$$r=n+p+1,\quad s=m+q+1$$

从定义式(4.2-12)易知，B样条曲面的基函数由两个方向的B样条基函数的张量积构成。求B样条曲面导数的方法之一是直接对式(4.2-12)求导：

$$\frac{\partial^{k+l}}{\partial u^k\partial v^l}\boldsymbol{S}(u,v)=\sum_{i=0}^{n}\sum_{j=0}^{m}N_{i,p}^{(k)}(u)N_{j,q}^{(l)}(v)\boldsymbol{P}_{i,j} \tag{4.2-13}$$

B样条曲面的导数仍然是B样条曲面，也可以利用这一特性来求导。B样条曲面对 u 的偏导数为

$$\boldsymbol{S}_u(u,v)=\sum_{i=0}^{n-1}\sum_{j=0}^{m}N_{i,p-1}(u)N_{j,q}(v)\boldsymbol{P}_{i,j}^{(1,0)}$$

其中，v 方向的节点向量不变，u 方向的节点向量为

$$\boldsymbol{U}^{(1)}=(\overbrace{a,\cdots,a}^{p},u_{p+1},\cdots,u_{r-p-1},\overbrace{b,\cdots b}^{p})$$

控制点为

$$\boldsymbol{P}_{i,j}^{(1,0)}=p\,\frac{\boldsymbol{P}_{i+1,j}-\boldsymbol{P}_{i,j}}{u_{i+p+1}-u_{i+1}}$$

对 v 的偏导数为

$$\boldsymbol{S}_v(u,v)=\sum_{i=0}^{n}\sum_{j=0}^{m-1}N_{i,p}(u)N_{j,q-1}(v)\boldsymbol{P}_{i,j}^{(0,1)}$$

其中，u 方向的节点向量不变，v 方向的节点向量为

$$\boldsymbol{V}^{(1)}=(\overbrace{c,\cdots,c}^{q},v_{q+1},\cdots,v_{s-q-1},\overbrace{d,\cdots d}^{q})$$

控制点为

$$\boldsymbol{P}_{i,j}^{(0,1)}=q\,\frac{\boldsymbol{P}_{i,j+1}-\boldsymbol{P}_{i,j}}{v_{j+q+1}-v_{j+1}}$$

混合偏导数为

$$\boldsymbol{S}_{uv}(u,v)=\sum_{i=0}^{n-1}\sum_{j=0}^{m-1}N_{i,p-1}(u)N_{j,q-1}(v)\boldsymbol{P}_{i,j}^{(1,1)}$$

其节点向量为

$$U^{(1)}=(\overbrace{a,\cdots,a}^{p},u_{p+1},\cdots,u_{r-p-1},\overbrace{b,\cdots b}^{p})$$

$$V^{(1)}=(\overbrace{c,\cdots,c}^{q},v_{q+1},\cdots,v_{s-q-1},\overbrace{d,\cdots d}^{q})$$

控制点为

$$P_{i,j}^{(1,1)}=q\frac{P_{i,j+1}^{(1,0)}-P_{i,j}^{(1,0)}}{v_{j+q+1}-v_{j+1}}$$

一般地，可以得到任意混合偏导数的表达式

$$\frac{\partial^{k+l}}{\partial u^k\partial v^l}S(u,v)=\sum_{i=0}^{n-k}\sum_{j=0}^{m-l}N_{i,p-k}(u)N_{j,q-l}(v)P_{i,j}^{(k,l)} \tag{4.2-14}$$

其节点向量为

$$U^{(k)}=(\overbrace{a,\cdots,a}^{p+1-k},u_{p+1},\cdots,u_{r-p-1},\overbrace{b,\cdots b}^{p+1-k})$$

$$V^{(l)}=(\overbrace{c,\cdots,c}^{q+1-l},v_{q+1},\cdots,v_{s-q-1},\overbrace{d,\cdots d}^{q+1-l})$$

控制点由如下递推公式给出

$$P_{i,j}^{(k,l)}=(q-l+1)\frac{P_{i,j+1}^{(k,l-1)}-P_{i,j}^{(k,l-1)}}{v_{j+q+1}-v_{j+l}} \tag{4.2-15}$$

以上求导公式是 NURBS 曲线、曲面求导的基础。

4.2.3.2 算法及显示

下面给出相关函数。求 B 样条曲面上一点的函数是 SurfacePoint(n,p,U,m,q,V,P,u,v,S)，其中 S 是所求得的曲面上的点。基于式(4.2-13)求 B 样条曲面上一点处的导数的函数是 SurfaceDerivsA1g1(n,p,U,m,q,V,P,u,v,d,SKL)，其中 SKL[k][1]是 $S(u,v)$关于 u 的 k 阶导数、关于 v 的 l 阶导数。基于式(4.2-14)求 B 样条曲面上一点处的导数的函数是 SurfaceDerivsA1g2(n,p,U,m,q,V,P,u,v,d,SKL)，该函数用到了计算式(4.2-15)的函数 SurfaceDerivCpts(n,p,U,m,q,V,P,d,r1,r2,s1,s2,PKL)。下面是头文件 nurbs.h 中与 B 样条曲面计算相关的函数声明：

```
/* Computes the point on a B-spline surface at fixed ( u,v) values
Input: n,p,U,m,q,V,P,u,v
Output: S

Definition:
n,m ->The numbers of control points is (n+1) and (m+1)
p,q ->The degrees of the curve
U,V ->The knot vectors
P ->The control points
S ->The computed surface point
```

```
*/
void SurfacePointw(int n,int p,double *U,int m,int q,double *V,Pointw **P,
    double u,double v,Pointw& Sw);
void SurfacePoint(int n,int p,double *U,int m,int q,double *V,Pointw **P,
    double u,double v,Point& S);

/* Compute surface derivatives
Input: n,p,U,m,q,V,P,u,v,d
Output: SKL

Definition:
n,m ->The numbers of control points is (n+1) and (m+1)
p,q ->The degrees of the curve
U,V ->The knot vectors
P ->The control points
u,v ->Parametric points
d ->The order of derivatives
SKL ->Output is the array SKL[][],
     where SKL[k][l] is the derivative
     of S(u,v) with respect to u for
     k times,and v for l times
 */
void SurfaceDerivsAlg1(int n,int p,double *U,
     int m,int q,double *V,Pointw **P,
     double u,double v,int d,Pointw ** SKL);

/* Computes all (or optionally some) of the control
points,Pi,j(k,l),of the derivative surfaces
up to order d (0 <= k+l <= d).
Input: n,p,U,m,q,V,P,d,r1,r2,s1,s2
Output: PKL

Definition:
n,m ->The numbers of control points is (n+1) and (m+1)
p,q ->The degrees of the curve
U,V ->The knot vectors
P ->The control points
u,v ->Parametric points
d ->The order of derivatives
PKL ->PKL[k][l][i][j] is the i,jth control point
     of the surface,differentiated k times with
     respect to u and l times with respect to v.
```

```
    r1 <= i <= r2 - k,s1 <= j <= s2 - 1.
    See CurveDerivCpts(n,p,U,P,d,r1,r2,PK)
    for more details
 */
void SurfaceDerivCpts(int n,int p,double * U,
    int m,int q,double * V,Pointw * * P,int d,
    int r1,int r2,int s1,int s2,Pointw * * * * PKL);

/* Compute surface derivatives
Input: n,p,U,m,q,V,P,u,v,d
Output: SKL
 */
void SurfaceDerivsAlg2(int n,int p,double * U,
    int m,int q,double * V,Pointw * * P,
    double u,double v,int d,Pointw * * SKL);
```

图 4.2 - 6 所示是二阶 B 样条曲面及其导矢。在随书代码文件夹 4.2.3_BsplineSurface 中保存着相关程序，下面是测试程序 BsplineSurface.cpp 的部分内容：

```
int i,j;
int n,m,p,q;
double U[8] = { 0,0,0,2/5.0,3/5.0,1,1,1 };
double V[7] = { 0,0,0,1/2.0,1,1,1 };
p = 2; q = 2;
n = sizeof(U)/sizeof(double) - 1 - p - 1;
m = sizeof(V)/sizeof(double) - 1 - q - 1;
int nd = 2; // The order of derivatives

Pointw Pw[5][4] = {
    { { 0,0,0,1 },{ 4,0,0,1 },{ 5,0,3,1 },{ 8,0,3,1 } },
    { { 0,2,0,1 },{ 4,2,0,1 },{ 5,2,3,1 },{ 8,2,3,1 } },
    { { 0,4,0,1 },{ 4,4,0,1 },{ 5,4,3,1 },{ 8,4,3,1 } },
    { { 0,6,3,1 },{ 4,6,3,1 },{ 5,6,5,1 },{ 8,6,5,1 } },
    { { 0,8,3,1 },{ 4,8,3,1 },{ 5,8,5,1 },{ 8,8,5,1 } }
};
Pointw * * CP = array_new < Pointw > (n + 1,m + 1);
for (i = 0; i < n+1; i++ )
    for (j = 0; j < m+1; j++ )
        CP[i][j] = Pw[i][j];
NurbsSurface srf(n,p,U,m,q,V,CP);
//NurbsSurface srf;
//nrbtestsrf(srf);
srf.print();
```

```
// Get control points of the Bspline surface
double pnt[3];
vtkSmartPointer < vtkPoints > ctrlPoints =
    vtkSmartPointer < vtkPoints > ::New();
for (int i = 0; i <= srf.n; i++ )
    for (int j = 0; j <= srf.m; j++ ) {
        pnt[0] = srf.P[i][j].wx/srf.P[i][j].w;
        pnt[1] = srf.P[i][j].wy/srf.P[i][j].w;
        pnt[2] = srf.P[i][j].wz/srf.P[i][j].w;
        ctrlPoints ->InsertNextPoint(pnt[0],pnt[1],pnt[2]);
        std::cout << "  x = " << pnt[0] << "  y = "
            << pnt[1] << "  z = " << pnt[2] << std::endl;
    }

// Compute surface points
int N = 15,M = 16,id;
double u,v;
double dpu[3],dpv[3];
Point S;
Pointw * * SKL = array_new < Pointw > (nd + 1,nd + 1);
vtkSmartPointer < vtkPoints > meshPoints =
    vtkSmartPointer < vtkPoints > ::New();

vtkSmartPointer < vtkFloatArray > uvecs =
    vtkSmartPointer < vtkFloatArray > ::New();
uvecs ->SetNumberOfComponents(3);
uvecs ->SetNumberOfTuples(N * M);

vtkSmartPointer < vtkFloatArray > vvecs =
    vtkSmartPointer < vtkFloatArray > ::New();
vvecs ->SetNumberOfComponents(3);
vvecs ->SetNumberOfTuples(N * M);
for (j = 0; j < M; j++ )
    for (i = 0; i < N; i++ )
    {
        u = (double)i/(N - 1);
        v = (double)j/(M - 1);
        id = j * N + i;
        SurfacePoint(n,p,U,m,q,V,srf.P,u,v,S);
        //SurfaceDerivsAlg1(n,p,U,m,q,V,srf.P,u,v,nd,SKL);
        SurfaceDerivsAlg2(n,p,U,m,q,V,srf.P,u,v,nd,SKL);
        meshPoints ->InsertNextPoint(S.x,S.y,S.z);
```

```
            dpu[0] = SKL[1][0].wx;
            dpu[1] = SKL[1][0].wy;
            dpu[2] = SKL[1][0].wz;
            dpv[0] = SKL[0][1].wx;
            dpv[1] = SKL[0][1].wy;
            dpv[2] = SKL[0][1].wz;
            uvecs ->InsertTuple(id,dpu);
            vvecs ->InsertTuple(id,dpv);
            std::cout << "i=" << i << ", j=" << j
                << ", Point=" << SKL[0][0] << std::endl;
            //std::cout << "i=" << i << ", j=" << j << ", Point=" << S <<
std::endl;
    }
```

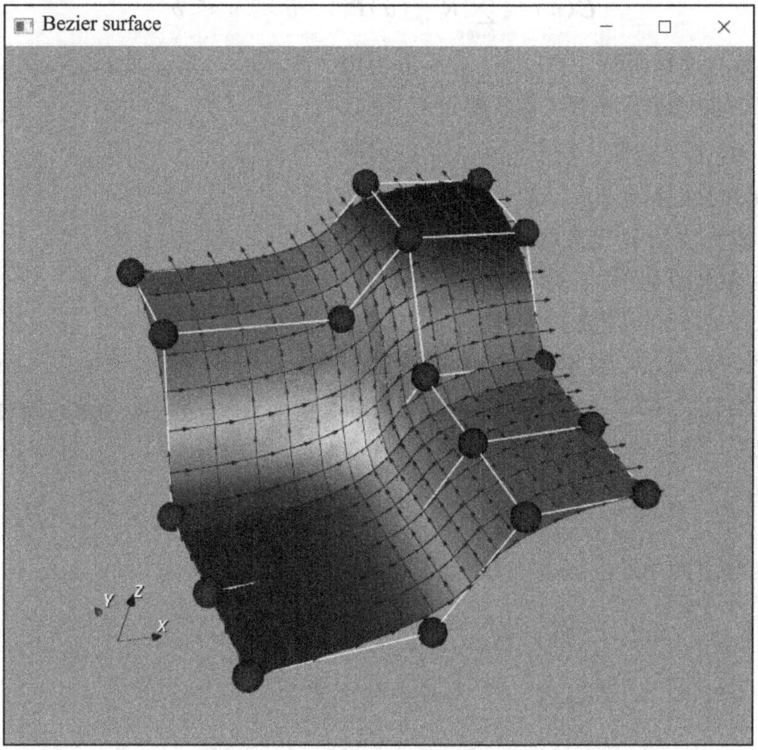

图 4.2-6 二阶 B 样条曲面及其导矢

4.2.4 NURBS 曲线和曲面

4.2.4.1 NURBS 曲线

NURBS 曲线和曲面在 CAD 建模中十分常用，因此二者的算法在曲线、曲面理论中属于基础内容。一条 p 阶 NURBS 曲线定义为

$$\boldsymbol{C}(u)=\frac{\sum_{i=0}^{n}N_{i,p}(u)w_i\boldsymbol{P}_i}{\sum_{i=0}^{n}N_{i,p}(u)w_i},\quad a\leqslant u\leqslant b \tag{4.2-16}$$

其中，$\boldsymbol{P}_i$ 是控制点，$w_i>0$ 为权因子，$N_{i,p}$ 为 p 阶 B 样条基函数，其节点向量为

$$\boldsymbol{U}=(\overbrace{a,\cdots,a}^{p+1},u_{p+1},\cdots,u_{m-p-1},\overbrace{b,\cdots,b}^{p+1})$$

令

$$R_{i,p}(u)=\frac{N_{i,p}(u)w_i}{\sum_{i=0}^{n}N_{i,p}w_i}$$

那么式(4.2-16)可以改写为

$$\boldsymbol{C}(u)=\sum_{i=0}^{n}R_{i,p}(u)\boldsymbol{P}_i,\quad a\leqslant u\leqslant b$$

称 $R_{i,p}(u)$ 为有理基函数。图 4.2-7 所示为用一条 NURBS 曲线表示的圆(节点向量 $\boldsymbol{U}=(0,0,0,1/4,1/4,1/2,1/2,3/4,3/4,1,1,1)$，控制多边形角点的权系数为 $1/\sqrt{2}$，边内权系数为 1)，该曲线无法用 B 样条曲线表示。

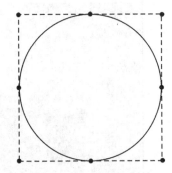

图 4.2-7　用一条 NURBS 曲线表示的圆

若采用齐次坐标形式，则三维空间中的控制点 $\boldsymbol{P}=(x,y,z)$ 可看成是四维空间中的点 $\boldsymbol{P}^w=(wx,wy,wz,w)$ 到超平面 $w=1$ 的透视投影，即四维直线 $\boldsymbol{OP}^w$ 与四维空间的超平面 $w=1$ 的交点。记该映射为 H，那么有

$$\boldsymbol{P}=H(\boldsymbol{P}^w)=H((X,Y,Z,W))=\left(\frac{X}{W},\frac{Y}{W},\frac{Z}{W}\right),\quad W>0$$

定义四维空间中的一条非有理 B 样条曲线为

$$\boldsymbol{C}^w(u)=\sum_{i=0}^{n}N_{i,p}(u)\boldsymbol{P}_i^w,\quad a\leqslant u\leqslant b \tag{4.2-17}$$

其中，$\boldsymbol{P}_i^w=[\boldsymbol{P}_i,w_i]$。式(4.2-17)写成分量形式为

$$\boldsymbol{C}^w(u)=\left[\sum_{i=0}^{n}N_{i,p}(u)w_i\boldsymbol{P}_i,\sum_{i=0}^{n}N_{i,p}(u)w_i\right],\quad a\leqslant u\leqslant b \tag{4.2-18}$$

那么易知，式(4.2-16)表示的三维空间中的 NURBS 曲线可以由式(4.2-18)透视投影得到，即

$$\boldsymbol{C}(u)=H(\boldsymbol{C}^w(u))$$

称 $\boldsymbol{C}^w(u)$ 为 NURBS 曲线 $\boldsymbol{C}(u)$ 的齐次坐标形式。

由于直接求 NURBS 曲线的导数比较复杂，因此一般的做法是对其分子和分母分别求导数，然后用分子和分母的导数表示 NURBS 曲线的导数。令

$$\begin{cases} \boldsymbol{A}(u)=\sum_{i=0}^{n} N_{i,p}(u) w_{i} \boldsymbol{P}_{i}=w(u) \boldsymbol{C}(u) \\ w(u)=\sum_{i=0}^{n} N_{i,p}(u) w_{i} \end{cases}$$

那么

$$\boldsymbol{A}^{(k)}(u)=(w(u)\boldsymbol{C}(u))^{(k)}=\sum_{i=0}^{k}\binom{k}{i} w^{(i)}(u)\boldsymbol{C}^{(k-i)}(u)=$$

$$w(u)\boldsymbol{C}^{(k)}(u)+\sum_{i=1}^{k}\binom{k}{i} w^{(i)}(u)\boldsymbol{C}^{(k-i)}(u)$$

于是

$$\boldsymbol{C}^{(k)}(u)=\frac{\boldsymbol{A}^{(k)}(u)-\sum_{i=1}^{k}\binom{k}{i} w^{(i)}(u)\boldsymbol{C}^{(k-i)}(u)}{w(u)} \tag{4.2-19}$$

注意到 $w(u)$和 $\boldsymbol{A}(u)$是 $\boldsymbol{C}^{w}(u)$的分量，而 $\boldsymbol{C}^{w}(u)$为非有理 B 样条曲线，其导数已由式(4.2-8)～式(4.2-11)给出，因而式(4.2-19)给出了利用曲线的前 $k-1$ 阶导矢求第 k 阶导矢的递推公式。作为特例，曲线的第一阶导矢公式为

$$\boldsymbol{C}'(u)=\frac{\boldsymbol{A}'(u)-w'(u)\boldsymbol{C}(u)}{w(u)}$$

类似可以得到二阶导矢公式。一般最常用的是一阶导矢公式，二阶导矢公式偶尔也会用到，高于二阶的导矢公式一般用不到。

下面给出相关函数。计算 NURBS 曲线在一点处导数的函数是 RatCurveDerivs(Aders,d,CK)，其中 d 是导数阶次，CK 是返回的导数，Aders 是 4.2.2 节计算 B 样条曲线导数的函数 CurveDerivsAlg1(n,p,U,P,u,d,CK)或 CurveDerivsAlg2(n,p,U,P,u,d,CK)的返回值 CK。函数 RatCurveDerivs(Aders,d,CK)的完整代码如下：

```
/* Compute C(u) derivatives from Cw(u) derivatives
Input: Aders,wders,d
Output: CK

Definition:
Aders ->The output (CK) of CurveDerivsAlg1 or CurveDerivesAlg2.
    wders is included in Aders (or CK).
d - The order of derivatives
CK - Output is the array CK[],where CK[k]
is the kth derivative,0 <= k <= d
 */
void RatCurveDerivs(Pointw * Aders,int d,Point * CK)
{
    int k,i;
    Pointw v;
```

```
    double binki;
    for (k = 0; k <= d; k++)
    {
        v = Aders[k];
        for (i = 1; i <= k; i++)
        {
            binki = bincoeff(k,i);
            v.wx = v.wx - binki * Aders[i].w * CK[k - i].x;
            v.wy = v.wy - binki * Aders[i].w * CK[k - i].y;
            v.wz = v.wz - binki * Aders[i].w * CK[k - i].z;
        }
        CK[k].x = v.wx/Aders[0].w;
        CK[k].y = v.wy/Aders[0].w;
        CK[k].z = v.wz/Aders[0].w;
    }
}
```

其中的 bincoeff(k,i)用来计算式(4.2-19)中的二项式系数$\binom{k}{i}$。

图 4.2-8 所示是二阶 NURBS 曲线及其导矢。在随书代码文件夹 4.2.4_NurbsCurves 中保存着相关程序，下面是测试程序 NurbsCurves.cpp 的部分内容：

```
double U[] = { 0,0,0,0.25,0.25,0.5,0.5,0.75,0.75,1,1,1 };
int p = 2;
int m = sizeof(U)/sizeof(double) - 1;
int n = m - p - 1;
int nd = 2;
double w = 1/sqrt(2);
Pointw Pw[] = { { 1,0,0,1 },{ w,w,0,w },{ 0,1,0,1 },
{ -w,w,0,w },{ -1,0,0,1 },{ -w,-w,0,w },
{ 0,-1,0,1 },{ w,-w,0,w },{ 1,0,0,1 } };

// Make a NURBS curve
NurbsCurve crv(p,m,U,Pw);
crv.print();
vtkSmartPointer < vtkPoints > ctrlPoints =
    vtkSmartPointer < vtkPoints >::New();
for (int i = 0; i <= n; i++)
    ctrlPoints->InsertNextPoint(crv.P[i].wx/crv.P[i].w,
        crv.P[i].wy/crv.P[i].w,
        crv.P[i].wz/crv.P[i].w);

// Compute points on the curve
```

```
int N = 25;
double u,dp[3];
Point C;
Pointw * CKw = new Pointw[nd + 1];
Point * CK = new Point[nd + 1];
vtkSmartPointer < vtkPoints > bsplinePoints =
    vtkSmartPointer < vtkPoints > ::New();

vtkSmartPointer < vtkFloatArray > vectors =
    vtkSmartPointer < vtkFloatArray > ::New();
vectors ->SetNumberOfComponents(3);
vectors ->SetNumberOfTuples(N);

for (int i = 0; i < N; i++) {
    u = (double)i/(N - 1);
    CurvePoint(n,p,U,crv.P,u,C);
    //CurveDerivsAlg1(n,p,U,crv.P,u,nd,CKw);
    CurveDerivesAlg2(n,p,U,crv.P,u,nd,CKw);
    RatCurveDerivs(CKw,nd,CK);
    //bsplinePoints ->InsertNextPoint(C.x,C.y,C.z);
    std::cout << "x = " << C.x << "   y = " << C.y << "   z = " << C.z << std::endl;
    bsplinePoints ->InsertNextPoint(CK[0].x,CK[0].y,CK[0].z);
    dp[0] = CK[1].x;
    dp[1] = CK[1].y;
    dp[2] = CK[1].z;
    vectors ->InsertTuple(i,dp);
}

// Get actors of lines
double ctrlColor[3] = { 1.0,1.0,0.0 };
double bsplineColor[3] = { 0.0,0.0,1.0 };
vtkSmartPointer < vtkActor > ctrlPointActor = pointActor(ctrlPoints,"Red",0.03);
vtkSmartPointer < vtkActor > ctrlActor = lineActor(ctrlPoints,ctrlColor,1.5);
vtkSmartPointer < vtkActor > bsplineActor = lineActor(bsplinePoints,bsplineColor,3.0);
vtkSmartPointer < vtkActor > vecActor =
vectorActor(bsplinePoints,vectors,"Magenta",0.25);
```

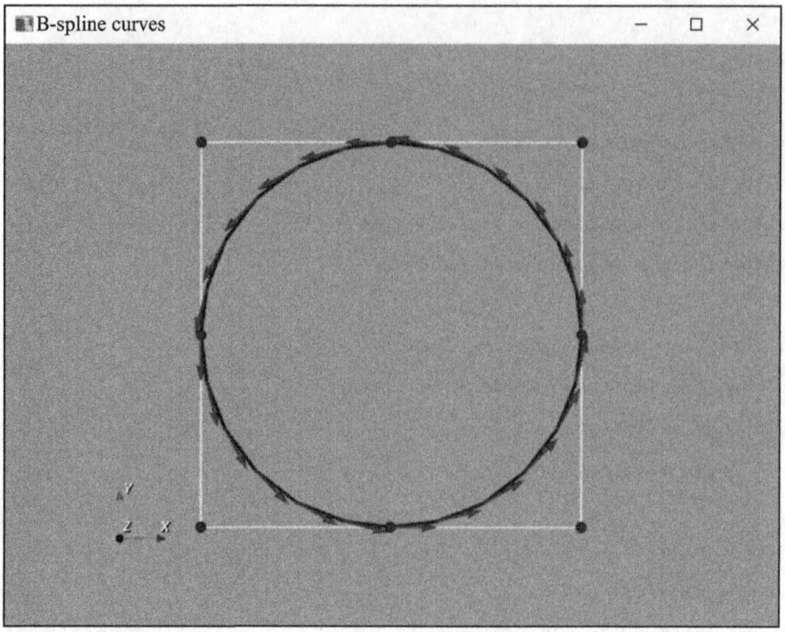

图 4.2-8 二阶 NURBS 曲线及其导矢

4.2.4.2 NURBS 曲面

NURBS 曲面是张量积曲面,一张在 u 方向 p 次、在 v 方向 q 次的 NURBS 曲面的表达式为

$$\boldsymbol{S}(u,v)=\frac{\sum_{i=0}^{n}\sum_{j=0}^{m}N_{i,p}(u)N_{j,q}(v)w_{i,j}\boldsymbol{P}_{i,j}}{\sum_{i=0}^{n}\sum_{j=0}^{m}N_{i,p}(u)N_{j,q}(v)w_{i,j}},\quad (u,v)\in[a,b]\times[c,d] \tag{4.2-20}$$

其中,$\boldsymbol{P}_{i,j}$ 形成了两个方向的控制网格点,$w_{i,j}$ 为权因子,$N_{i,p}$ 和 $N_{j,q}$ 分别为定义在节点向量 $\boldsymbol{U}$ 和 $\boldsymbol{V}$ 上的 B 样条基函数,而节点向量为

$$\boldsymbol{U}=(\overbrace{a,\cdots,a}^{p+1},u_{p+1},\cdots,u_{r-p-1},\overbrace{b,\cdots,b}^{p+1})$$

$$V=(\overbrace{c,\cdots,c}^{p+1},v_{q+1},\cdots,v_{s-p-1},\overbrace{d,\cdots,d}^{p+1})$$

其中,$r=n+p+1$,$s=m+q+1$。引入分段有理基函数

$$R_{i,j}(u,v)=\frac{N_{i,p}(u)N_{j,q}(v)w_{i,j}}{\sum_{i=0}^{n}\sum_{j=0}^{m}N_{i,p}(u)N_{j,q}(v)w_{i,j}}$$

式(4.2-20)可改写为

$$\boldsymbol{S}(u,v)=\sum_{i=0}^{n}\sum_{j=0}^{m}R_{i,j}(u,v)\boldsymbol{P}_{i,j}$$

图 4.2－9 所示为一张 NURBS 曲面，上面画出了其控制网格点。可以看到曲面在控制网格的四个角点处是插值的。同理，可以给出 NURBS 曲面 $\boldsymbol{S}(u,v)$ 的齐次坐标形式：

$$\boldsymbol{S}^{w}(u,v)=\sum_{i=0}^{n}\sum_{j=0}^{m}N_{i,p}(u)N_{j,q}(v)\boldsymbol{P}_{i,j}^{w}$$

其中，$\boldsymbol{P}_{i,j}^{w}=[w_{i,j}\boldsymbol{P}_{i,j},w_{i,j}]$。在实际计算中一般采用齐次坐标形式更方便。

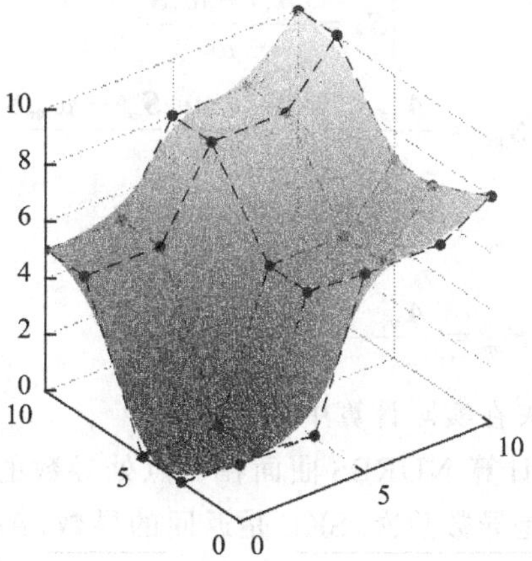

图 4.2－9　NURBS 曲面

类似于 NURBS 曲线，NURBS 曲面仍然采用先分别对分子和分母求导、然后计算 NURBS 曲面导矢的方法。令

$$\begin{cases}\boldsymbol{A}(u,v)=\sum_{i=0}^{n}\sum_{j=0}^{m}N_{i,p}(u)N_{j,q}(v)w_{i,j}\boldsymbol{P}_{i,j}=w(u,v)\boldsymbol{S}(u,v)\\ w(u,v)=\sum_{i=0}^{n}\sum_{j=0}^{m}N_{i,p}(u)N_{j,q}(v)w_{i,j}\end{cases}$$

那么

$$\begin{aligned}\boldsymbol{A}^{(k,l)}&=[(w\boldsymbol{S})^{(k,0)}]^{(0,l)}=\left[\sum_{i=0}^{k}\binom{k}{i}w^{(i,0)}\boldsymbol{S}^{(k-i,0)}\right]^{(0,l)}=\\&\sum_{i=0}^{k}\left[\binom{k}{i}\sum_{j=0}^{l}\binom{l}{j}w^{(i,j)}\boldsymbol{S}^{(k-i,l-j)}\right]=\\&w\boldsymbol{S}^{(k,l)}+\sum_{i=1}^{k}\binom{k}{i}w^{(i,0)}\boldsymbol{S}^{(k-i,l)}+\sum_{j=1}^{l}\binom{l}{j}w^{(0,j)}\boldsymbol{S}^{(k,l-j)}+\\&\sum_{i=1}^{k}\left[\binom{k}{i}\sum_{j=1}^{l}\binom{l}{j}w^{(i,j)}\boldsymbol{S}^{(k-i,l-j)}\right]\end{aligned}$$

于是

$$\begin{aligned}\boldsymbol{S}^{(k,l)}=\frac{1}{w}\Bigg(&\boldsymbol{A}^{(k,l)}-\sum_{i=1}^{k}\binom{k}{i}w^{(i,0)}\boldsymbol{S}^{(k-i,l)}-\sum_{j=1}^{l}\binom{l}{j}w^{(0,j)}\boldsymbol{S}^{(k,l-j)}-\\&\sum_{i=1}^{k}\left[\binom{k}{i}\sum_{j=1}^{l}\binom{l}{j}w^{(i,j)}\boldsymbol{S}^{(k-i,l-j)}\right]\Bigg)\end{aligned}\tag{4.2-21}$$

注意到 $w(u,v)$ 和 $\boldsymbol{A}(u,v)$ 是 $\boldsymbol{S}^w(u,v)$ 的分量，而 $\boldsymbol{S}^w(u,v)$ 为非有理 B 样条曲面，其各阶导数可由式(4.2-13)～式(4.2-15)计算，因此式(4.2-21)给出了 NURBS 曲面各阶导矢的递推公式。作为特例，其前二阶导矢为

$$\begin{cases} \boldsymbol{S}_u = \dfrac{\boldsymbol{A}_u - w_u\boldsymbol{S}}{w} \\ \boldsymbol{S}_v = \dfrac{\boldsymbol{A}_v - w_v\boldsymbol{S}}{w} \end{cases}$$

$$\begin{cases} \boldsymbol{S}_{uv} = \dfrac{\boldsymbol{A}_{uv} - w_u\boldsymbol{S}_v - w_v\boldsymbol{S}_u - w_{uv}\boldsymbol{S}}{w} \\ \boldsymbol{S}_{uu} = \dfrac{\boldsymbol{A}_{uu} - 2w_u\boldsymbol{S}_u - w_{uu}\boldsymbol{S}}{w} \\ \boldsymbol{S}_{vv} = \dfrac{\boldsymbol{A}_{vv} - 2w_v\boldsymbol{S}_v - w_{vv}\boldsymbol{S}}{w} \end{cases}$$

NURBS 曲面的前二阶导矢在实际计算中最为常用。

下面给出相关函数。计算 NURBS 曲面在一点处导数的函数是 RatSurfaceDerivs (Aders,d,SKL)，其中 d 是导数阶次，SKL 是返回的导数，Aders 是 4.2.3.2 节计算 B 样条曲面导数的函数 SurfaceDerivsAlg1(n,p,U,m,q,V,P,u,v,d,SKL)或 SurfaceDerivsAlg2(n,p,U,m,q,V,P,u,v,d,SKL)的返回值 SKL。函数 RatSurfaceDerivs (Aders,d,SKL)的完整代码如下：

```
void RatSurfaceDerivs(Pointw * * Aders,int d,Point * * SKL)
{
    int k,l,i,j;
    Pointw v,v2;
    double bin_l_j,bin_k_i;

    for (k = 0; k <= d; k ++ )
        for (l = 0; l <= d - k; l ++ )
        {
            v = Aders[k][l];
            for (j = 1; j <= l; j ++ )
            {
                bin_l_j = bincoeff(l,j);
                v.wx = v.wx - bin_l_j * Aders[0][j].w * SKL[k][l - j].x;
                v.wy = v.wy - bin_l_j * Aders[0][j].w * SKL[k][l - j].y;
                v.wz = v.wz - bin_l_j * Aders[0][j].w * SKL[k][l - j].z;
            }
            for (i = 1; i <= k; i ++ )
            {
                bin_k_i = bincoeff(k,i);
                v.wx = v.wx - bin_k_i * Aders[i][0].w * SKL[k - i][l].x;
```

```
                v.wy = v.wy - bin_k_i * Aders[i][0].w * SKL[k-i][l].y;
                v.wz = v.wz - bin_k_i * Aders[i][0].w * SKL[k-i][l].z;
            v2 = 0.0;
            for (j = 1; j <= l; j++)
            {
                bin_l_j = bincoeff(l,j);
                v2.wx = v2.wx + bin_l_j * Aders[i][j].w * SKL[k-i][l-j].x;
                v2.wy = v2.wy + bin_l_j * Aders[i][j].w * SKL[k-i][l-j].y;
                v2.wz = v2.wz + bin_l_j * Aders[i][j].w * SKL[k-i][l-j].z;
            }
            v.wx = v.wx - bin_k_i * v2.wx;
            v.wy = v.wy - bin_k_i * v2.wy;
            v.wz = v.wz - bin_k_i * v2.wz;
        }
        SKL[k][l].x = v.wx/Aders[0][0].w;
        SKL[k][l].y = v.wy/Aders[0][0].w;
        SKL[k][l].z = v.wz/Aders[0][0].w;
    }
}
```

图 4.2-10 所示是二阶 NURBS 曲面及其导矢。在随书代码文件夹 4.2.4_NurbsSurface 中保存着相关程序，下面是测试程序 NurbsSurface.cpp 的部分内容：

```
int i,j;
int n,m,p,q;
double U[] = { 0,0,0,0.5,0.5,1,1,1 };
double V[] = { 0,0,0,0.25,0.25,0.5,0.5,0.75,0.75,1,1,1 };
p = 2; q = 2;
n = sizeof(U)/sizeof(double) - 1 - p - 1;
m = sizeof(V)/sizeof(double) - 1 - q - 1;
int nd = 2; // The order of derivatives

double w = 1/sqrt(2);
Pointw Pw[5][9] = {
    { { 1,0,0,1 },{ w,0,0,w },{ 1,0,0,1 },{ w,0,0,w },{ 1,0,0,1 },{ w,0,0,w },
        { 1,0,0,1 },{ w,0,0,w },{ 1,0,0,1 } },
    { { w,w,0,w },{ 0.5,0.5,0.5,0.5 },{ w,0,w,w },{ 0.5,-0.5,0.5,0.5 },{ w,-w,0,w },
        { 0.5,-0.5,-0.5,0.5 },{ w,0,-w,w },{ 0.5,0.5,-0.5,0.5 },{ w,w,0,w } },
    { { 0,1,0,1 },{ 0,w,w,w },{ 0,0,1,1 },{ 0,-w,w,w },{ 0,-1,0,1 },{ 0,-w,-w,w },
        { 0,0,-1,1 },{ 0,w,-w,w },{ 0,1,0,1 } },
    { { -w,w,0,w },{ -0.5,0.5,0.5,0.5 },{ -w,0,w,w },{ -0.5,-0.5,0.5,0.5 },{ -w,
-w,0,w },
        { -0.5,-0.5,-0.5,0.5 },{ -w,0,-w,w },{ -0.5,0.5,-0.5,0.5 },{ -w,w,0,w } },
```

```
    { { -1,0,0,1 },{ -w,0,0,w },{ -1,0,0,1 },{ -w,0,0,w },{ -1,0,0,1 },{ -w,0,0,w },
        { -1,0,0,1 },{ -w,0,0,w },{ -1,0,0,1 } }
};
Pointw **CP = array_new < Pointw >(n+1,m+1);
for (i=0; i < n+1; i++)
    for (j=0; j < m+1; j++)
        CP[i][j] = Pw[i][j];
NurbsSurface srf(n,p,U,m,q,V,CP);
//NurbsSurface srf;
//nrbtestsrf(srf);
srf.print();

// Get control points of the NURBS surface
double pnt[3];
vtkSmartPointer < vtkPoints > ctrlPoints =
    vtkSmartPointer < vtkPoints > ::New();
for (int i=0; i <= srf.n; i++)
    for (int j=0; j <= srf.m; j++) {
        pnt[0] = srf.P[i][j].wx/srf.P[i][j].w;
        pnt[1] = srf.P[i][j].wy/srf.P[i][j].w;
        pnt[2] = srf.P[i][j].wz/srf.P[i][j].w;
        ctrlPoints->InsertNextPoint(pnt[0],pnt[1],pnt[2]);
        std::cout << "  x=" << pnt[0] << "  y="
            << pnt[1] << "  z=" << pnt[2] << std::endl;
    }

// Compute surface points
int N=15,M=25,id;
double u,v;
double dpu[3],dpv[3];
Point S;
Pointw **SKLw = array_new < Pointw >(nd+1,nd+1);
Point **SKL = array_new < Point >(nd+1,nd+1);
vtkSmartPointer < vtkPoints > meshPoints =
    vtkSmartPointer < vtkPoints > ::New();

vtkSmartPointer < vtkFloatArray > uvecs =
    vtkSmartPointer < vtkFloatArray > ::New();
uvecs->SetNumberOfComponents(3);
uvecs->SetNumberOfTuples(N*M);

vtkSmartPointer < vtkFloatArray > vvecs =
```

```
        vtkSmartPointer < vtkFloatArray > ::New();
    vvecs ->SetNumberOfComponents(3);
    vvecs ->SetNumberOfTuples(N * M);
        for (j = 0; j < M; j++)
        for (i = 0; i < N; i++)
    {
            u = (double)i/(N - 1);
            v = (double)j/(M - 1);
            id = j * N + i;
            SurfacePoint(n,p,U,m,q,V,srf.P,u,v,S);
            SurfaceDerivsAlg1(n,p,U,m,q,V,srf.P,u,v,nd,SKLw);
            //SurfaceDerivsAlg2(n,p,U,m,q,V,srf.P,u,v,nd,SKLw);
            RatSurfaceDerivs(SKLw,nd,SKL);
            meshPoints ->InsertNextPoint(S.x,S.y,S.z);
            dpu[0] = SKL[1][0].x;
            dpu[1] = SKL[1][0].y;
            dpu[2] = SKL[1][0].z;
            dpv[0] = SKL[0][1].x;
            dpv[1] = SKL[0][1].y;
            dpv[2] = SKL[0][1].z;
            uvecs ->InsertTuple(id,dpu);
            vvecs ->InsertTuple(id,dpv);
            std::cout << "i = " << i << ",  j = " << j << ",   Point = " << S << std::
endl;
        }

    // Get actors of the surface
    double netColor[3] = { 1.0,1.0,0.0 };
    double edgeColor[3] = { 0,0,1.0 };
    double lineWide = 1.5;
    vtkSmartPointer < vtkActor > ctrlPointActor =
        pointActor(ctrlPoints,"Red",0.05);
    vtkSmartPointer < vtkActor > ctrlActor =
        netActor(ctrlPoints,n + 1,m + 1,netColor,1.5);
    vtkSmartPointer < vtkActor > meshGridActor =
        meshActor(meshPoints,N,M,edgeColor);
    vtkSmartPointer < vtkActor > uvecActor =
        vectorActor(meshPoints,uvecs,"Magenta",0.15);
    vtkSmartPointer < vtkActor > vvecActor =
        vectorActor(meshPoints,vvecs,"Red",0.15);
```

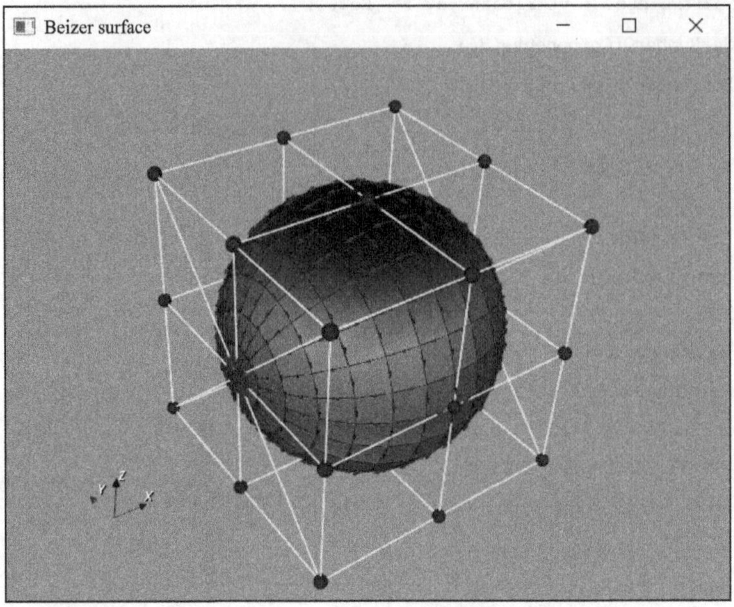

图 4.2-10　二阶 NURBS 曲面及其导矢

4.2.5　曲面求交问题

4.2.5.1 引　言

曲面求交问题是计算几何学、几何造型与设计、工业分析与制造应用中的基本问题。例如曲面求交问题的三个典型应用:①在显示等高线时需要求曲面与一系列平行平面或等轴柱面的交线;②数控碾轧成型需要求偏移曲面与一系列平面的交线,从而得到球形刀具的加工路径;③边界表示(B-Rep 表示)模型在显示过程中有一个边界判别过程,需要把构造实体模型转换为边界表示模型,该转换过程需要求得各基本几何体在布尔运算(联合、相交、相减)过程中表曲面之间的交线。

上面所有的操作都包含有曲面-曲面(S/S)求交问题。为了解决一般的曲面-曲面求交问题,需要考虑五个辅助的求交问题:点-点(P/P)求交、点-线(P/C)求交、点-面(P/S)求交、线-线(C/C)求交、线-面(C/S)求交。这六个求交问题在外形分析、机器人、防撞检测、制造仿真、科学计算可视化等中也是常用的。如果求交计算中的几何元素是非线性(曲)的,那么求交问题转化为求解非线性方程组,这些非线性方程可能是多项式的、也可能是更一般的函数。

求解非线性方程组是数值分析中的一个复杂课题,这方面有许多专业教材可以参考。然而,几何建模对非线性方程组求解的稳健性、精度、自动化、效率提出很高的要求,因此几何建模领域的学者基于几何表达式开发出一套考虑了这些需求的专业求解器。

在研究求交问题时,所考虑的曲线和曲面可以分为两类:①有理多项式参数(RPP)

模型;②隐式代数(IA)模型。NURBS曲线、曲面可归类为有理多项式参数模型。程式(procedural)曲线和曲面是通过隐式方程给出的曲线和曲面,在此不做考虑,文献[2]中有程式曲线、曲面求交问题的详细介绍。这里只讨论有理多项式参数几何和隐式代数几何的曲面-曲面求交问题及其辅助的曲线-曲面求交问题,文献[2]中有点-点、点-线、点-面求交问题较为详细的介绍。

4.2.5.2 求交问题的分类

曲面求交最关注的问题是高效率求解和描述几何建模所需高精度交线的所有信息。求交算法的可靠性是它在任何几何建模系统中有效应用的最基本的先决条件,求交算法的可靠性取决于对交线奇异性(或接近奇异)、细小交线环、曲面的局部重叠等问题的处理。即使在实际系统中已经应用的一些最新技术,由于计算过程中的数值误差也会使得交线的性能进一步复杂化。求交问题可以通过参与求交的几何元素的维度分类,也可以通过几何元素的表示形式分类,还可以通过输入或求交算法的数字系统分类。

1. 根据维度分类

根据4.2.5.1节的缩写表示及参与求交的元素之一是点(P)、线(C)或面(S),求交问题可以分为三个子类:①P/P、P/C、P/S;②C/C、C/S;③S/S。

2. 根据几何元素的表示形式分类

这里给出本书在构造各类求交问题算法中所用的点、线、面的各种表示形式,如显式、隐式代数形式和参数形式。下面分别介绍:

① 点:

- 显式:$\boldsymbol{r}_0=(x_0, y_0, z_0)^{\mathrm{T}}$,其中上标"T"表示向量的转置。
- 隐式代数形式:三张隐式曲面的交点,即 $f(\boldsymbol{r})=g(\boldsymbol{r})=h(\boldsymbol{r})=0$,其中 f,g,h 是多项式函数,$\boldsymbol{r}=(x,y,z)^{\mathrm{T}}$。

② 曲线:

- 参数形式:(有理)(分段)多项式——Bézier曲线、有理Bézier曲线、B样条曲线、NURBS曲面,可以统一表示为 $\boldsymbol{r}=\boldsymbol{r}(t), 0\leqslant t\leqslant 1$。
- 隐式代数形式:二维平面曲线可以用 $z=0, f(x,y)=0$ 表示;三维空间曲线需要用两张隐式曲面的交线 $f(\boldsymbol{r})=g(\boldsymbol{r})=0$ 表示,其中 f 和 g 是多项式函数。

③ 曲面:

- 参数形式:(有理)(分段)多项式——Bézier曲面、有理Bézier曲面、B样条曲面、NURBS曲面,可以统一表示为 $\boldsymbol{r}=\boldsymbol{r}(u,v), 0\leqslant u,v\leqslant 1$。
- 隐式代数形式:用 $f(\boldsymbol{r})=0$ 表示,其中 f 是多项式函数。

3. 根据数字系统分类

在求交问题的讨论中会涉及各种类型的数字:

(1) 有理数 $m/n, n\neq 0$,其中 m 和 n 是整数。

(2) 计算机浮点数(有理数的子集)。

(3) 代数数(系数为整数的多项式的根)。

(4) 实数,例如 e,π 等超越数、三角函数数等。

(5) 区间数$[a,b]$,其中 a 和 b 是实数。

(6) 取整区间数$[c,d]$,其中 c 和 d 是浮点数。

其中浮点数与区间数对求交算法的稳健性是有影响的,这在一些文献中有所讨论。

4.2.5.3 非线性多项式求解器概述

在 CAD/CAM 系统中的曲线和曲面通常用各种类型的分段多项式表示,因此,各类求交问题的控制方程可归结为求解非线性多项式方程组。

1. 局部方法和全局方法简介

求解非线性方程组最常用的局部方法是牛顿(Newton)型方法。这类方法基于局部线性化,求根时需要给定初始值,其概念较为简单。牛顿型方法的优点是其二次收敛速度快,使用起来较为简单;不足之处是每个根都需要一个较好的初始值,不然该方法可能发散,而且该方法自身难以保证求得所有的根。

全局方法用来求得某些感兴趣区域的全部根。在近期计算代数几何相关的研究中,求解非线性多项式方程组的方法一般分为三类:① 代数及混合法;② 同伦(延续)法;③ 细分法。前两种方法一般适用于简单问题,第三种方法应用较多,下面将详细介绍。

2. 投影多面体方法

本部分介绍一种 n 维非线性多项式方程组迭代全局搜根算法,该方法称作投影多面体方法,属于细分法。该方法简单且易于显示,应用时只需要两个简单算法:① 把多变量多项式细分为伯恩斯坦多项式形式;② 寻找二维点集的凸包。该方法是早期的自适应细分法的推广和扩展:当 $n=1$ 时可用于寻找多项式在某区间内的实根或极值;当 $n=2$ 时用于裁剪的有理多项式面片的射线求交,也称作 Bézier 裁剪。投影多面体方法在外形分析中应用很广。

设给定 n 个多项式 $f_1,f_2,\cdots,f_n$,这些多项式都是 $x_1,x_2,\cdots,x_l$ 的函数。若用 $m_i^{(k)}$ 表示多项式 f_k 中 x_i 的阶次,则可以用 $\boldsymbol{M}^{(k)}=(m_1^{(k)},m_2^{(k)},\cdots,m_l^{(k)})$表示 f_k 的所有阶次信息。给定 l 维空间 $\boldsymbol{R}^l$ 的如下矩形子集

$$\boldsymbol{B}=[a_1,b_1]\times[a_2,b_2]\times\cdots\times[a_l,b_l]$$

对于集合 $\boldsymbol{B}$ 的理解对几何建模和外形分析问题都很重要。希望找到所有 $\boldsymbol{x}=(x_1,x_2,\cdots,x_l)\in\boldsymbol{B}$,使得

$$f_1(\boldsymbol{x})=f_2(\boldsymbol{x})=\cdots=f_n(\boldsymbol{x})=0$$

对每个 i(从 0 到 l)做仿射变换 $x_i=a_i+u_i(b_i-a_i)$,把上面的问题化简为求所有的 $\boldsymbol{u}\in[0,1]^l$,使得

$$f_1(\boldsymbol{u})=f_2(\boldsymbol{u})=\cdots=f_n(\boldsymbol{u})=0 \tag{4.2-22}$$

由于所有的 f_k 是 l 个独立变量的多项式,因此简单的基函数改变可以将它们用多变量伯恩斯坦基函数表示,后者对系数摄动的数值稳定性比幂基好,而且可以把代数问题转换为几何问题。换句话说,对于每个 f_k,存在一个 l 维实系数矩阵 $\boldsymbol{w}_{i_1 i_2 \cdots i_l}^{(k)}$,使得对每个

$k\in\{1,2,\cdots,n\}$都有

$$f_k(\boldsymbol{u})=\sum_{i_1=0}^{m_1^{(k)}}\sum_{i_2=0}^{m_2^{(k)}}\cdots\sum_{i_l=0}^{m_l^{(k)}}w_{i_1i_2\cdots i_l}^{(k)}B_{i_1,m_1^{(k)}}(u_1)B_{i_2,m_2^{(k)}}(u_2)\cdots B_{i_l,m_l^{(k)}}(u_l) \tag{4.2-23}$$

令 $\boldsymbol{I}=(i_1,i_2,\cdots,i_l)$,式(4.2-23)可以改写为如下更简洁的形式

$$f_k(\boldsymbol{u})=\sum_{I}^{M^{(k)}}w_I^{(k)}B_{I,M^{(k)}}(\boldsymbol{u})$$

假设将该问题转换为伯恩斯坦基是精确的或精度足够高的,伯恩斯坦基与细分法结合的方法被公认为数值稳定性良好。然而,该转换过程容易出现数值病态,所以,尽可能从最初就把多项式精确地表示成伯恩斯坦基形式。如果需要,则可以通过

$$c_{i_1i_2\cdots i_l}^B=\sum_{j_1=0}^{i_1}\sum_{j_2=0}^{i_2}\cdots\sum_{j_l=0}^{i_l}\frac{\binom{i_1}{j_1}\binom{i_2}{j_2}\cdots\binom{i_l}{j_l}}{\binom{m_1}{j_1}\binom{m_2}{j_2}\cdots\binom{m_l}{j_l}}c_{j_1j_2\cdots j_l}^M \tag{4.2-24}$$

把幂基多项式转换为多变量伯恩斯坦基形式,其中 $c_{i_1i_2\cdots i_l}^B$ 和 $c_{j_1j_2\cdots j_l}^M$ 分别是伯恩斯坦基和幂基多项式的系数。

现在将该问题重新定义为 $\boldsymbol{R}^{l+1}$ 上的超曲面 f_k 与其上的超平面 u_{l+1} 的求交问题,这样做是为了赋予多项式的系数及其求解过程几何意义。对每个 f_k 构造图形 $\boldsymbol{f}_k$ 如下:

$$\boldsymbol{f}_k(\boldsymbol{u})=(u_1,u_2,\cdots u_l,f_k(\boldsymbol{u}))=(\boldsymbol{u},f_k(\boldsymbol{u})) \tag{4.2-25}$$

显然,当且仅当

$$\boldsymbol{f}_1(\boldsymbol{u})=\boldsymbol{f}_2(\boldsymbol{u})=\cdots=\boldsymbol{f}_n(\boldsymbol{u})=(\boldsymbol{u},0)$$

成立时式(4.2-25)才成立。利用伯恩斯坦基的线性精度特性,式(4.2-25)中的每个 u_j 可以等价表示为

$$u_j=\sum_{I}^{M^{(k)}}\frac{i_j}{m_j^{(k)}}B_{I,M^{(k)}}(\boldsymbol{u}) \tag{4.2-26}$$

把式(4.2-26)代入式(4.2-25)可得到 $\boldsymbol{f}_k$ 的一个更有用的表达式:

$$\boldsymbol{f}_k(\boldsymbol{u})=\sum_{I}^{M^{(k)}}v_I^{(k)}B_{I,M^{(k)}}(\boldsymbol{u})$$

其中

$$\boldsymbol{v}_I^{(k)}=\left(\frac{i_1}{m_1^{(k)}},\frac{i_2}{m_2^{(k)}},\cdots,\frac{i_l}{m_l^{(k)}},w_I^{(k)}\right)$$

$\boldsymbol{v}_I^{(k)}$ 称作 $\boldsymbol{f}_k$ 的控制点。用参数超曲面 $\boldsymbol{f}_k$ 取代实值函数 f_k 可以利用多变量伯恩斯坦基强大的凸包特性。

假设用多项式基给定一个有 l 个变量、n 个非线性多项式方程的方程组,其中 $n\geqslant l$,区域 $\boldsymbol{B}=[a_1,b_1]\times[a_2,b_2]\times\cdots\times[a_l,b_l]$,需要在该区域内确定所给系统的根。

在该情形下首先需要用前面所述关于 f_k 的仿射参数变换将该区域映射到$[0,1]^l$,接下来用式(4.2-24)把转换后的多项式用伯恩斯坦基表示。下面对投影多面体方法做一下总结:

(1) 利用凸包性找到包含所有根的$[0,1]^l$ 的子区域。获取该子区域算法背后的本质思想是把一个复杂的$(l+1)$维问题转换为 l 个二维问题。假设 $\boldsymbol{R}^{l+1}$ 可以用 $u_1,u_2,\cdots,u_{l+1}$ 坐标表示,可以采用如下步骤:

- 投影所有 $\boldsymbol{f}_k$ 的$\boldsymbol{v}_I^{(k)}$ 到l 个不同的坐标平面,即(u_1,u_{l+1})平面、(u_2,u_{l+1})平面,直到(u_l,u_{l+1})平面。
- 在每个平面上,构造 n 个二维凸包。第一个是 $\boldsymbol{f}_1$ 的投影控制点的凸包,第二个是 $\boldsymbol{f}_2$ 的投影控制点的凸包,以此类推。
- 每个凸包与水平坐标(即 $u_{l+1}=0$)求交。由于多边形都是凸的,因此交集可能是一个闭区间(可能退缩为一点),也可能是空的。如果交集是空的,则说明该系统在给定的搜索区域内没有根。
- 各个区间之间相互求交。同理,如果结果是空的,则说明给定的区域内没有根。
- 依次用这些笛卡尔(Cartesian)区间做张量积构造一个 l 维的区域。换句话说,该区域 u_1 的方向是在(u_1,u_{l+1})平面求交的结果,以此类推。

(2) 根据原始区域与当前区域的缩放关系,检查新的子区域在 $\boldsymbol{R}^l$ 中是不是足够小。如果不够小,则跳到第(3)步。如果足够小,则检查该超曲面在新的区间里的凸包。如果各凸包与各坐标轴相交,说明在新区域内有一个根或一个近似根,则将该新区域放在根的列表里。否则,丢弃该新区域。

(3) 如果子区域的某个维度不是远小于单位长度(即该区域的某个或某些边还不够小)、均匀分割存在困难的维度,则针对几个子问题进行迭代。

(4) 如果没有区域存在,则停止搜根进程。否则,对函数 f_k 做适当的仿射参数转换,把区域转换为$[0,1]^l$,将每个新区域返回到步骤(1)。在搜索过程中需要注意跟踪当前区域与初始区域的关系。

投影多面体方法对于一维问题有二次收敛速度,对于高维问题最多只能达到线性收敛。一旦采用投影多面体方法将各个根隔离开来,就可以采用具有二次收敛速度的局部方法——牛顿型方法更高效地求得高精度的根。

4.2.5.4 曲线-曲面求交

曲线-曲面求交是曲面-曲面求交中的一个非常有用的辅助问题。直线与曲面求交在显示的射线追踪、实体建模的点分类中也很有用。下面将分析 4 种最常见的曲线-曲面求交问题,即 RPP/IA、RPP/RPP、IA/IA、IA/RPP,其他问题不在这里讨论,但可以从这些问题类推出来。这里首先讨论有理多项式参数曲线与隐式代数曲面(RPP/IA)求交,该问题在体现曲线-曲面求交问题复杂性方面很有代表性。

1. 有理多项式参数曲线与隐式代数曲面(RPP/IA)求交

该求交问题可以定义为

$$r(t)=\left(\frac{X(t)}{W(t)},\frac{Y(t)}{W(t)},\frac{Z(t)}{W(t)}\right)^{\mathrm{T}} \cap f(r)=0$$

其中，$X(t)$、$Y(t)$、$Z(t)$和$W(t)$是阶次为 n 的多项式。考虑总阶次为 m 的隐式代数曲面

$$f(x,y,z)=\sum_{i=0}^{m}\sum_{j=0}^{m-i}\sum_{k=0}^{m-i-j}c_{ijk}x^i y^j z^k=0 \tag{4.2-27}$$

把 $x=X(t)/W(t)$，$y=Y(t)/W(t)$和 $z=Z(t)/W(t)$代入隐式方程(4.2-27)并乘以 $W^m(t)$得

$$F(t)=\sum_{i=0}^{m}\sum_{j=0}^{m-i}\sum_{k=0}^{m-i-j}c_{ijk}X^i(t)Y^j(t)Z^k(t)W^{m-i-j-k}(t)=0 \tag{4.2-28}$$

方程(4.2-28)关于 t 的阶次$\leqslant mn$。因此该求交问题等价于求 $F(t)$在 $0\leqslant t\leqslant 1$ 上的实根。该多项式的系数可以通过代入各表达式然后合并同类项获得，如果希望获得精确的有理数系数，则可以用 MAPLE 等符号计算软件计算。

除此之外，还可以采用伯恩斯坦基表示 $F(t)=0$，它在求实根时对多项式系数摄动的稳定性比幂基要好。这里的转换一般采用有理算术精确计算(这里假定该转换的数值特性一般不是良态的)。利用线性精度特性

$$t=\sum_{i=0}^{mn}\frac{i}{mn}B_{i,mn}(t)$$

可以构造阶次为 mn 的 Bézier 曲线

$$f(t)=(t,F(t))^{\mathrm{T}}=\sum_{i=0}^{mn}\begin{pmatrix}\dfrac{i}{mn}\\ c_i\end{pmatrix}B_{i,mn}(t)$$

于是可以采用 4.2.5.3 节的投影多面体方法求解该问题。投影多面体方法把多项式求根问题转换为求 Bézier 曲线与坐标轴的交点问题。

2. 有理多项式参数曲线与有理多项式参数曲面(RPP/RPP)求交

有理多项式参数曲线与有理多项式参数曲面(RPP/RPP)求交问题可以定义为

$$r=r_1(t)=\left(\frac{X_1(t)}{W_1(t)},\frac{Y_1(t)}{W_1(t)},\frac{Z_1(t)}{W_1(t)}\right)^{\mathrm{T}},(0\leqslant t\leqslant 1)\cap$$

$$r=r_2(u,v)=\left(\frac{X_2(u,v)}{W_2(u,v)},\frac{Y_2(u,v)}{W_2(u,v)},\frac{Z_2(u,v)}{W_2(u,v)}\right)^{\mathrm{T}},(0\leqslant u,v\leqslant 1) \tag{4.2-29}$$

方程组(4.2-29)由 3 个非线性方程 $r_1(t)=r_2(u,v)$组成，有 3 个未知量 t、u、v。该问题可以转换为非线性多项式系统，用投影多面体方法求解。在求解之前，通过包围盒方法判断一下有无交点对求解会很有帮助。在允许的情况下(比如低阶曲面)可以把 $r_2(u,v)$转换为隐式代数曲面，这样可以采用前面的(RPP/IA)求交方法求解。

3. 隐式代数曲线与隐式代数曲面(IA/IA)求交

隐式代数曲线与隐式代数曲面(IA/IA)求交问题可以定义为

$$\underbrace{f(\boldsymbol{r})=g(\boldsymbol{r})}_{\text{曲线}}=\underbrace{h(\boldsymbol{r})}_{\text{曲面}}=0 \tag{4.2-30}$$

式(4.2-30)包含3个非线性方程和3个未知量($\boldsymbol{r}$ 的分量),可以采用消元法、牛顿型方法与最小化 $F(\boldsymbol{r})=f^2+g^2+h^2$ 结合的方法、投影多面体方法等求解。

4. 隐式代数曲线与有理多项式参数曲面(IA/RPP)求交

隐式代数曲线与有理多项式参数曲面(IA/RPP)求交问题可以定义为

$$f(\boldsymbol{r})=g(\boldsymbol{r})=0 \cap \boldsymbol{r}=\boldsymbol{r}(u,v)=\left(\frac{X(u,v)}{W(u,v)},\frac{Y(u,v)}{W(u,v)},\frac{Z(u,v)}{W(u,v)}\right)^{\mathrm{T}},\quad 0\leqslant u,v\leqslant 1$$

把 $\boldsymbol{r}(u,v)$ 代入 $f(\boldsymbol{r})=0$ 和 $g(\boldsymbol{r})=0$ 可得两条代数曲线 $f(u,v)=0$ 与 $g(u,v)=0$,这是一个隐式代数曲线与隐式代数曲线求交问题,可以用投影多面体方法求解。关于代数曲线的特性会在4.2.5.5节RPP/IA曲面求交部分介绍。

4.2.5.5 曲面-曲面求交

曲面-曲面求交问题的结果可能是空的,可能是曲线(可能有多个分支),可能是面片,也可能是点。下面将分析两种最常见的曲面-曲面求交问题,即RPP/IA、RPP/RPP。从概念上讲,RPP/IA求交问题最为简单,可以用来介绍曲面-曲面求交问题中的一般性的困难。

1. 有理多项式参数曲面与隐式代数曲面(RPP/IA)求交

有理多项式参数曲面与隐式代数曲面(RPP/IA)求交问题可以定义为

$$\boldsymbol{r}=\boldsymbol{r}(u,v)=\left(\frac{X(u,v)}{W(u,v)},\frac{Y(u,v)}{W(u,v)},\frac{Z(u,v)}{W(u,v)}\right)^{\mathrm{T}} \cap f(\boldsymbol{r})=0,\quad 0\leqslant u,v\leqslant 1$$

得到4个代数方程和5个未知量,即 $r=(x,y,z)$、u、v。对于通常的低阶曲面 $f(\boldsymbol{r})$ 或低阶面片 $\boldsymbol{r}(u,v)$,可以把 $\boldsymbol{r}(u,v)$ 代入 $f(\boldsymbol{r})=0$ 得到一个关于 u 和 v 的隐式代数曲线。在实际应用中常见的低阶隐式代数曲面有平面、二次曲面(柱面、球面、锥面、环面)等。据统计,机械零件中90%以上的表面属于这些类型。众所周知,这些低阶隐式代数曲面的有理多项式参数形式也是低阶的,可以通过精确的算术方法有效地转换为隐式代数形式,从而可以采用这里的方法求解。

将总阶次为 m 的隐式代数曲面 $f(x,y,z)=0$ 表示为

$$f(x,y,z)=\sum_{i=0}^{m}\sum_{j=0}^{m-i}\sum_{k=0}^{m-i-j}c_{ijk}x^i y^j z^k=0 \tag{4.2-31}$$

把 $x=X/W$,$y=Y/W$,$z=Z/W$ 代入式(4.2-31)并乘以 W^m 可得代数曲面

$$F(u,v)=\sum_{i=0}^{m}\sum_{j=0}^{m-i}\sum_{k=0}^{m-i-j}c_{ijk}X^i(u,v)Y^j(u,v)Z^k(u,v)W^{m-i-j-k}(u,v)=0$$

其中,X、Y、Z 和 W 都是关于 u 为 p 次、关于 v 为 q 次的多项式。它关于 u 和 v 的阶次分别为 $M=mp$ 与 $N=nq$。于是,该RPP/IA求交问题转换为追踪 $F(u,v)=0$,这里不会忽略曲线的任何特征(如小环、奇点等),可以求得交线的所有分支。这是代数几何中的一个基本问题,关于这方面已经有许多深入的研究。

代数曲线

$$F(u,v)=\sum_{i=0}^{M}\sum_{j=0}^{N}c_{ij}^{M}u^{i}v^{j}=0$$

可以用伯恩斯坦多项式表示为

$$F(u,v)=\sum_{i=0}^{M}\sum_{j=0}^{N}c_{ij}^{B}B_{i,M}(u)B_{j,N}(v)=0 \tag{4.2-32}$$

其中$(u,v)\in[0,1]^2$。伯恩斯坦多项式形式的优点是良好的数值稳定性和凸包性。如果对于所有i、j都有$c_{ij}{}^{B}>0$或$c_{ij}{}^{B}<0$,$F(u,v)=0$无解,则两张曲面没有相交;如果所有的$c_{ij}^{B}=0$,则说明两张曲面完全重合。图4.2-11所示为复杂代数曲线$F(u,v)=0$的各种分支、环、奇点等。

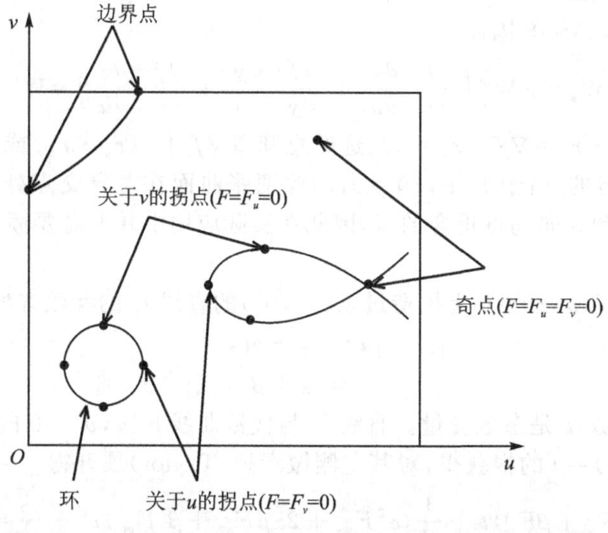

图4.2-11 复杂代数曲线$F(u,v)=0$的各种分支、环、奇点等

➢ **追踪法:**

给定代数曲线每个分支的一个点,可以用曲线的微分特性跟踪该曲线。把曲面上的交线表示成参数形式$\boldsymbol{r}(t)=\boldsymbol{r}(u(t),v(t))$,对式(4.2-32)关于$t$求微分得

$$F_u\dot{u}+F_v\dot{v}=0 \tag{4.2-33}$$

这里把u和v看作参数t的函数。微分方程(4.2-33)的解为

$$\begin{cases}\dot{u}=\xi F_v(u,v)\\ \dot{v}=-\xi F_u(u,v)\end{cases} \tag{4.2-34}$$

其中,ξ是任意的非零因子。例如,可以利用曲面的第一基本形式作为归一化条件把ξ取为弧长参数:

$$\xi=\pm\frac{1}{\sqrt{EF_v^2-2FF_uF_v+GF_u^2}}$$

其中,E、F和G是微分几何术语中参数曲面第一基本形式系数。注意这里的F与前面讨论的代数曲面没有任何关系。式(4.2-34)形成一个有两个方程的一阶非线性微分方程组,可以采用Runge-Kutta法或其他步长自适应方法求解。为了使追踪法正

常实施,必须预先提供所有分支的所有起点。步长太大可能导致迷失或打环,在奇点处($F_u{}^2+F_v{}^2=0$)的追踪也容易出问题。

➢ **特征点:**

追踪代数曲线的起点是通过分析如下定义的特征点识别的。

(1) 边界点:$F(u,v)=0$ 与四条边界在参数空间$[0,1]^2$ 上的交点,例如 $F(0,v)=0,0\leqslant v\leqslant 1$。

(2) 拐点:u 向拐点定义为 $F(u,v)=0$ 与 $u=0$ 轴相切的点,满足条件 $F=F_v=0$(同时 $F_u\neq 0$);同理,v 向拐点定义为 $F(u,v)=0$ 与 $v=0$ 轴相切的点,满足条件 $F=F_u=0$(同时 $F_v\neq 0$)。图 4.2-11 中给出了两种拐点的图示。

(3) 奇点:曲线上满足条件 $F=F_u=F_v=0$ 的点。由于 $f(x,y,z)=0$ 及 $F(u,v)=W^m(u,v)f(x,y,z)=0$,因此

$$F_u=mW^{m-1}W_u f+W^m\left(\frac{\partial f}{\partial x}\frac{\partial x}{\partial u}+\frac{\partial f}{\partial y}\frac{\partial y}{\partial u}+\frac{\partial f}{\partial z}\frac{\partial z}{\partial u}\right)=W^m\ \nabla f\cdot \boldsymbol{r}_u=0$$

所以奇点满足$\nabla f\cdot \boldsymbol{r}_u=\nabla f\cdot \boldsymbol{r}_v=0$。这就意味着$\nabla f \parallel (\boldsymbol{r}_u\times \boldsymbol{r}_v)$或者两张曲面在奇点处的法线是平行的,由于 $F(u,v)=0$,因此两张曲面在奇异交点处是平行的。由于奇点是 u 向拐点和 v 向拐点重合的点,因此在实际应用中并不需要额外计算。

➢ **奇点分析:**

在代数曲线 $F(u,v)=0$ 上构造过点(u_0,v_0)的直线 L 的参数方程

$$\begin{cases}u=u_0+\alpha t,\\ v=v_0+\beta\end{cases}$$

其中,α 和 β 是常数,t 是参数变量。直线 L 与代数曲线 $F(u,v)=0$ 的交点可以通过求 $F(u_0+\alpha t,v_0+\beta t)=0$ 的根获得,对其左侧做泰勒(Taylor)展开得

$$(\alpha F_u+\beta F_v)t+\frac{1}{2}(\alpha^2F_{uu}+2\alpha\beta F_{uv}+\beta^2F_{vv})t^2+\cdots=0 \qquad (4.2-35)$$

这里用到了 $F(u_0,v_0)=0$,式(4.2-35)中关于 F 的偏导数是在(u_0,v_0)点计算的。

如果 F_u 和 F_v 在(u_0,v_0)点不同时为零($F_u{}^2+F_v{}^2>0$),则式(4.2-35)在 $t=0$ 处仅有一个根,而且过(u_0,v_0)点的直线 L 一般与代数曲线在(u_0,v_0)点仅有一个交点;如果 α 和 β 取某些值使得 $\alpha F_u+\beta F_v=0$ 则可能有多个交点。在该情况下,假定至少有一个二阶导数不为零($F_{uu}^2+F_{uv}^2+F_{vv}^2>0$),而且 L 在(u_0,v_0)点平行于代数曲线,则式(4.2-35)在 $t=0$ 处有两个重根。

若(u_0,v_0)是一个奇点($F(u_0,v_0)=F_u(u_0,v_0)=F_v(u_0,v_0)=0$),而且 F_{uu}、F_{uv} 和 F_{vv} 至少有一个非零($F_{uu}{}^2+F_{uv}{}^2+F_{vv}{}^2>0$),则式(4.2-35)在 $t=0$ 处有两个重根,L 与代数曲线在(u_0,v_0)点有两个交点。如果 α 和 β 取某些值使得

$$\alpha^2F_{uu}+2\alpha\beta F_{uv}+\beta^2F_{vv}=0$$

成立则例外。这时,如果至少有一个三阶导数非零($F_{uuu}{}^2+F_{uuv}{}^2+F_{uvv}{}^2+F_{vvv}{}^2>0$),则式(4.2-35)在 $t=0$ 处有三重根。这时可以求关于 α/β 或β/α 的二次方程,可能会出现如下三种情况:①两个不同实根——这些值对应着奇点处两个不同的切线方向,即代数曲线存在一个自交点;②一对重根——该值对应着奇点处的一个切线方向,即存在尖点;③两个复根——在奇点处没有实的切线,即是孤立点。

➢ **计算各分支的起点：**

追踪代数曲线时的起点可以是边界点、拐点或奇点。边界点可以通过一个单变量代数方程求得，例如用式(4.2-32)可得 $u=0$ 边界上边界点的方程为

$$F(0,v)=\sum_{j=0}^{N} c_{0j}^{B} B_{j,N}(v)=0$$

计算拐点和奇点需要用到一阶偏导数

$$\begin{cases} F_u(u,v)=M\sum_{i=0}^{M-1}\sum_{j=0}^{N}(c_{i+1,j}^{B}-c_{ij}^{B})B_{i,M-1}(u)B_{j,N}(v)=0 \\ F_v(u,v)=N\sum_{i=0}^{M}\sum_{j=0}^{N-1}(c_{i,j+1}^{B}-c_{ij}^{B})B_{i,M}(u)B_{j,N-1}(v)=0 \end{cases}$$

因此，求拐点($F=F_u=0$ 或 $F=F_v=0$)等价于求解一个有两个变量、两个方程的非线性方程组，求奇点($F=F_u=F_v=0$)等价于求解一个有两个变量、三个方程的过约束非线性方程组。这些非线性方程组的求解方法见 4.2.5.3 节。

2. 有理多项式参数曲面与有理多项式参数曲面(RPP/RPP)求交

有理多项式参数曲面与有理多项式参数曲面(RPP/RPP)求交问题可以定义为

$$\boldsymbol{r}=\boldsymbol{r}_1(\sigma,t)=\left(\frac{X_1(\sigma,t)}{W_1(\sigma,t)},\frac{Y_1(\sigma,t)}{W_1(\sigma,t)},\frac{Z_1(\sigma,t)}{W_1(\sigma,t)}\right)^{\mathrm{T}},\quad (0\leqslant\sigma,t\leqslant1)\ \cap$$

$$\boldsymbol{r}=\boldsymbol{r}_2(u,v)=\left(\frac{X_2(u,v)}{W_2(u,v)},\frac{Y_2(u,v)}{W_2(u,v)},\frac{Z_2(u,v)}{W_2(u,v)}\right)^{\mathrm{T}},\quad (0\leqslant u,v\leqslant1)$$

采用投影多面体方法求解该问题的效率可能较低。对于低阶曲面，可以将其中的一张曲面转换成隐式代数曲面，然后用 RPP/IA 的方法求解。求解 RPP/RPP 求交问题有三种主要方法，下面逐一介绍。

➢ **栅格法：**

栅格法把曲面求交问题降维为一张曲面上的一定数量的等参数曲线与另一曲面的求交问题，然后把离散的交点连接起来得到各交线分支。对于参数曲面片求交问题，该方法把该求交问题退化为求解大量独立的非线性方程组，求解这些非线性方程组的方法参考 4.2.5.3 节。栅格法将问题降维时需要给定网格密度，这使得该方法可能丢失交线的一些重要特征，比如小环、孤立点等相交曲面相切或接近相切的情况，从而使得交线的连接出现错误。

➢ **分割法：**

分割法的最基本形式是通过一系列递归分解把求交问题化简得足够简单，从而得到简单、直接的解(比如平面与平面求交)，然后把各独立的解连接起来得到整体的解。虽然该方法是针对多项式参数曲面求交问题提出来的，但可以推广到 RPP/IA、IA/IA 求交问题。简单地采用二分法的分割算法会得到均匀的四叉树数据结构。分割法不同于追踪法，不需要初始点，这是其重要的优势。更一般的非均匀分割允许选择性细分，从而可以实现自适应求交计算。分割法的一个不足之处是，在实际应用中分割步数是有限的，从而导致在奇点处或奇点附近可能难以得到正确的连接特性，或者丢失小环或

产生不存在的环。如果分割太细则会使得计算量急剧增加,从而会降低其吸引力。在许多 CAD/CAM 应用中要求高精度,这时仅仅采用分割法不现实。然而,自适应分割法与高效的局部方法结合可以得到高精度的结果,从而得到一种计算特征点的有效方法。这些点可以用作追踪法求交中的初始点。

从上面的介绍可以看出,求交方法的常见问题包括处理奇异性的困难、曲面重叠、高效识别细小特征与小环等,这些问题再加上有限精度计算导致的数值误差,使得求交算法更加复杂化。

➢ **追踪法:**

追踪法从所求曲线上给定的一个点出发,根据局部微分几何所给方向按一定步长求得交线一个分支上的一系列点,这与前面介绍的求平面参数曲线 $F(u,v)=0$ 的追踪法类似。然而,这里的方法本身具有不完整性,因为它需要每个交线分支的起点。为了识别一条交线的各相连分段,需要定义交线上的一组特征点,例如前面所讨论的交线的边界点、拐点、奇点等,每个相交分段至少需要提供一个点、需要识别所有的奇点。对于 RPP/RPP 曲面求交问题,一组更方便、足以发现交线所有相连分段的点集是两张曲面的边界点和法向共线(collinear normal)点。法向共线点适用于所有的交线环和所有的奇点。

边界点是参数变量 σ、t、u 和 v 中至少有一个取 $\sigma-t$ 或 $u-v$ 参数平面的边界值的交点。计算边界点需要计算一条分段有理多项式曲线与一张分片有理多项式曲面的交点,例如 $\boldsymbol{r}_1(0,t)=\boldsymbol{r}_2(u,v)$,这在前面已经讨论过。

法向共线点在检测两张不同曲面是否存在封闭交线环方面有重要作用。这些点在两张不同的曲面上,这些点处的法向量是共线的。

为了方便指代,用 $\boldsymbol{p}(\sigma,t)$ 代替 $\boldsymbol{r}_1(\sigma,t)$、用 $\boldsymbol{q}(u,v)$ 代替 $\boldsymbol{r}_2(u,v)$,法向共线点满足方程

$$(\boldsymbol{p}_\sigma\times\boldsymbol{p}_t)\cdot\boldsymbol{q}_u=0,\quad(\boldsymbol{p}_\sigma\times\boldsymbol{p}_t)\cdot\boldsymbol{q}_v=0,\quad(\boldsymbol{p}-\boldsymbol{q})\cdot\boldsymbol{p}_\sigma=0,\quad(\boldsymbol{p}-\boldsymbol{q})\cdot\boldsymbol{p}_t=0$$

这些方程形成一个由四个非线性多项式方程组成的方程组,可以采用 4.2.5.3 节的方法求解。在这些法向共线点沿(至少)一个参数方向分割曲面,这样起点就仅是各子区域边界上的边界点了。

为了追踪交线,必须事先确定初始点。追踪方向与交线 $\boldsymbol{c}(s)$ 切向一致、垂直于两张曲面的法向。因此,追踪方向可以表示为

$$\boldsymbol{c}'(s)=\frac{\boldsymbol{P}(\sigma,t)\times\boldsymbol{Q}(u,v)}{|\boldsymbol{P}(\sigma,t)\times\boldsymbol{Q}(u,v)|}\tag{4.2-36}$$

其中,归一化力向量 $\boldsymbol{c}(s)$ 是弧长参数化的,向量 $\boldsymbol{P}$ 和 $\boldsymbol{Q}$ 分别是曲面 $\boldsymbol{p}$ 和 $\boldsymbol{q}$ 的法向量

$$\boldsymbol{P}=\boldsymbol{p}_\sigma\times\boldsymbol{p}_t,\quad\boldsymbol{Q}=\boldsymbol{q}_u\times\boldsymbol{q}_v$$

如果相交曲面在该点处平行,那么式(4.2-36)是不适用的,因为其分母为零,这时必须采用其他方法来确定追踪方向。

交线也可以看作两张相交曲面上的曲线,即定义在 $\sigma-t$ 平面上的曲线 $\sigma=\sigma(s)$ 和 $t=t(s)$,这是参数曲面 $\boldsymbol{p}(\sigma,t)$ 上的曲线 $\boldsymbol{r}=\boldsymbol{c}(s)=\boldsymbol{p}(\sigma(s),t(s))$;以及定义在 $u-v$ 平面上的曲线 $u=u(s)$ 和 $v=v(s)$,这是参数曲面 $\boldsymbol{q}(u,v)$ 上的曲线 $\boldsymbol{r}=\boldsymbol{c}(s)=\boldsymbol{q}(u(s),v$

(s))。将交线看作参数平面上的曲线,利用微分的链式法则可得其一阶导数为

$$c'(s)=p_{\sigma}\sigma'+p_{t}t',\quad c'(s)=q_{u}u'+q_{v}v$$

结合式(4.2-36)可以求得

$$\sigma'=\frac{\det(c',p_{t},P(\sigma,t))}{P(\sigma,t)\cdot P(\sigma,t)},\quad t'=\frac{\det(p_{\sigma},c',P(\sigma,t))}{P(\sigma,t)\cdot P(\sigma,t)}$$

$$u'=\frac{\det(c',q_{v},Q(u,v))}{Q(u,v)\cdot Q(u,v)},\quad v'=\frac{\det(q_{u},c',Q(u,v))}{Q(u,v)\cdot Q(u,v)}$$

其中 det 表示取行列式。采用标准的求解非线性常微分方程组初值问题的方法可以依次求得交线上的一系列点。

4.2.6 小 结

本节首先介绍了 Bézier 曲线、曲面及相关算法、程序,基于 VTK 的曲线、曲面、导矢、控制点等的绘制。Bézier 曲线、曲面是 NURBS 曲线、曲面的基础,Bézier 曲线、曲面的算法包括其上点的计算及导数的计算。在此基础上介绍了 B 样条的基本理论及其基函数和导数的计算方法、程序,B 样条函数是 B 样条曲线、曲面的基础,因此这一部分内容介绍较为详细,包括单个基函数及其导数的计算、一点处所有基函数及其导数的计算。随后介绍 B 样条曲线、曲面及其导数的计算方法和程序。B 样条是 NURBS 的特殊情况,而 NURB 计算是基于 B 样条的,因此本节在介绍 B 样条曲线、曲面的时候就考虑了权系数(对于 B 样条,权系数都应该取 1)。NURBS 曲线和曲面部分的主要内容是齐次坐标及有理式导数的计算。关于曲面理论更详细的介绍参阅文献[3]。

对于复杂的几何模型,曲面求交是其核心技术,因为在 CAD 建模的布尔运算中会产生大量的裁剪曲面,因此 4.2.5 节介绍了曲面裁剪的相关理论。关于曲面求交更详细的介绍参阅文献[2]。

4.3 NURBS 的基本几何算法及几何建模

4.3.1 节点插入

4.3.1.1 基本理论

设 $C^{w}(u)=\sum\limits_{i=0}^{n}N_{i,p}(u)P_{i}^{w}$ 是定义在节点向量 $U=(u_0,u_1,\cdots,u_m)$ 上的 NURBS 曲线,设 $\bar{u}\in[u_k,u_{k+1})$,将 $\bar{u}$ 插入 U,则形成新的节点向量 $\bar{U}=(\bar{u}_0=u_0,\cdots,\bar{u}_k=u_k,\bar{u}_{k+1}=\bar{u},\bar{u}_{k+2}=u_{k+1},\cdots,\bar{u}_{m+1}=u_m)$。如果分别用 V_U 和 $V_{\bar{U}}$ 表示定义在节点向量 U 和 $\bar{U}$ 上的 NURBS 曲线组成的向量空间,则显然 $V_U\in V_{\bar{U}}$(并且 $\dim(V_{\bar{U}})=\dim(V_U)+1$),因此 $C^{w}(u)$ 可以表示为 $\bar{U}$ 上的 NURBS 曲线

$$\boldsymbol{C}^{w}(u)=\sum_{i=0}^{n+1}\bar{N}_{i,p}(u)\boldsymbol{Q}_{i}^{w} \tag{4.3-1}$$

其中，$\bar{N}_{i,p}(u)$是定义在节点向量 $\bar{U}$ 上的 p 次基函数。术语“节点插入”(knot insertion)通常指确定式(4.3-1)中 $\boldsymbol{Q}_i^w$ 的过程。注意到如下事实是重要的：节点插入实质上只是向量空间基底的改变，而曲线在几何和参数化方面均不发生改变。

计算式(4.3-1)中所有新控制点 $\boldsymbol{Q}_i^w$ 的公式为

$$\boldsymbol{Q}_{i}^{w}=\alpha_{i}\boldsymbol{P}_{i}^{w}+(1-\alpha_{i})\boldsymbol{P}_{i-1}^{w} \tag{4.3-2}$$

其中

$$\alpha_i=\begin{cases}1, & i\leqslant k-p\\ \dfrac{\bar{u}-u_i}{u_{i+p}-u_i}, & k-p+1\leqslant i\leqslant k\\ 0, & i\geqslant k+1\end{cases}$$

式(4.3-2)表明，只有 p 个新的控制点需要计算。

在实际应用中经常需要多次插入一个节点，式(4.3-2)可以被推广用于处理这种情况。假设 $\bar{u}\in[u_k,u_{k+1})$原来(在 $\boldsymbol{U}$ 中)的重复度为 s，要将 $\bar{u}$ 再插入 $\boldsymbol{U}$ 中 r 次，使其重复度成为 $r+s$，这里要求 $r+s\leqslant p$(令内节点的重复度大于 p 一般没有多少实际意义)。记第 r 次插入节点后，第 i 个新控制点为 $\boldsymbol{Q}_{i,r}^w$(并记 $\boldsymbol{Q}_{i,0}^w=\boldsymbol{P}_i^w$)，则由式(4.3-2)可得

$$\boldsymbol{Q}_{i,r}^{w}=\alpha_{i,r}\boldsymbol{Q}_{i,r-1}^{w}+(1-\alpha_{i,r})\boldsymbol{Q}_{i-1,r-1}^{w} \tag{4.3-3}$$

其中

$$\alpha_{i,r}=\begin{cases}1, & i\leqslant k-p+r-1\\ \dfrac{\bar{u}-u_i}{u_{i+p-r+1}-u_i}, & k-p+r\leqslant i\leqslant k-s\\ 0, & i\geqslant k-s+1\end{cases}$$

如果 $s=0$，$r=p$，则式(4.3-3)生成一个由控制点组成的三角形表。在一般情况下，如果 $s>0$ 或 $r+s<p$，则得到的表不是完全的三角形(最后一列不是一个顶点)。但是，不论在哪种情况下，都可以通过沿顺时针方向遍历所生成的表得到最后的控制点。

4.3.1.2 曲线节点插入算法

算法 A4.3.1 给出式(4.3-3)的实现过程，用来计算将 $\bar{u}$ 插入 $[u_k,u_{k+1})$中 r 次后所得的新曲线(的控制点)，这里假设 $r+s\leqslant p$。在该算法中，Rw[]是长度为 $p+1$ 的局部数组，UP[]和 UQ[]分别是插入节点前后曲线的节点向量。该算法的完整代码如下：

算法 A4.3.1

```
/* Compute new curve from knot insertion
Input: np,p,UP,Pw,u,k,s,r
Output: nq,UQ,Qw
```

```
Definition:

np ->The number of control points is np + 1 (before insertion).
p ->The degree of the curve before insertion.
UP ->The knots vector before insertion.
Pw ->The control points before insertion.
u ->The knot to be inserted.
k ->The index to insert the knot,uk <= u < uk + 1.
s ->Initial multiplicity.
r ->The knot u will be inserted r times.
nq ->The number of control points is nq + 1 (after insertion).
UQ ->The knots vector after insertion.
Qw ->The control points after insertion.
*/
void CurveKnotIns(int np,int p,double *UP,Pointw *Pw,double u,int k,
    int s,int r,int &nq,double *UQ,Pointw *Qw)
{
    int i,j;
    int mp;
    int L;
    double alpha;
    Pointw *Rw;

    if (r + s > p)throw "Insert u too many times!";
    Rw = new Pointw[p + 1];

    mp = np + p + 1;
    nq = np + r;

    /* Load new knot vector */
    for (i = 0; i <= k; i++)
        UQ[i] = UP[i];
    for (i = 1; i <= r; i++)
        UQ[k + i] = u;
    for (i = k + 1; i <= mp; i++)
        UQ[i + r] = UP[i];

    /* Save unaltered control points */
    for (i = 0; i <= k - p; i++)
        Qw[i] = Pw[i];
    for (i = k - s; i <= np; i++)
        Qw[i + r] = Pw[i];
```

```
    for (i = 0; i <= p - s; i++)
        Rw[i] = Pw[k - p + i];

    /* Insert the knot r times */
    for (j = 1; j <= r; j++)
    {
        L = k - p + j;
        for (i = 0; i <= p - j - s; i++)
        {
            alpha = (u - UP[L + i])/(UP[i + k + 1] - UP[L + i]);
            Rw[i].wx = alpha * Rw[i + 1].wx + (1.0 - alpha) * Rw[i].wx;
            Rw[i].wy = alpha * Rw[i + 1].wy + (1.0 - alpha) * Rw[i].wy;
            Rw[i].wz = alpha * Rw[i + 1].wz + (1.0 - alpha) * Rw[i].wz;
            Rw[i].w = alpha * Rw[i + 1].w + (1.0 - alpha) * Rw[i].w;
        }
        Qw[L] = Rw[0];
        Qw[k + r - j - s] = Rw[p - j - s];
    }

    /* Load remaining control points */
    for (i = L + 1; i < k - s; i++)
    Qw[i] = Rw[i - L];

    delete[] Rw;
}
```

对于 4.2.2.2 节中介绍的二阶 B 样条曲线，其节点向量为 $\boldsymbol{U}=(0,0,0,1,2,3,4,4,5,5,5)$，现给它插入节点 $\bar{u}=3.5$，插入节点后的曲线如图 4.3-1 所示，图中粉色控制点是插入节点之后曲线的控制点。在随书代码文件夹 4.3.1_CurveKnotInsTest 中保存着相关程序，下面是测试程序 CurveKnotInsTest.cpp 的部分内容：

```
double UP[] = { 0,0,0,1,2,3,4,4,5,5,5 };
int p = 2;
int mp = sizeof(UP)/sizeof(double) - 1;
int np = mp - p - 1;
Pointw Pw[] = { { 0,0,0,1 },{ 0.1,0.6,0,1 },{ 0.5,1,0,1 },
{ 1.0,0.6,0,1 },{ 0.9,0,0,1 },{ 1.5,0,0,1 },
{ 2.0,0.5,0,1 },{ 1.7,0.8,0,1 } };
```

```
// Make a NURBS curve
NurbsCurve crv(p,mp,UP,Pw);
crv.print("Before knot insertion");
vtkSmartPointer < vtkPoints > ctrlPoints =
    vtkSmartPointer < vtkPoints > ::New();
for (int i = 0; i <= crv.n; i++)
    ctrlPoints->InsertNextPoint(crv.P[i].wx/crv.P[i].w,
        crv.P[i].wy/crv.P[i].w,
        crv.P[i].wz/crv.P[i].w);

// Insert knots into the curve
int k = 5;
double u = 3.5;
int s = 0,r = 1;
int nq = np + r;
int mq = nq + p + 1;
double *UQ = new double[mq + 1];
Pointw *Qw = new Pointw[nq + 1];
CurveKnotIns(np,p,UP,Pw,u,k,s,r,nq,UQ,Qw);
NurbsCurve icrv(p,mq,UQ,Qw);
icrv.print("After  knot insertion");
vtkSmartPointer < vtkPoints > ictrlPoints =
    vtkSmartPointer < vtkPoints > ::New();
for (int i = 0; i <= icrv.n; i++)
    ictrlPoints->InsertNextPoint(icrv.P[i].wx/icrv.P[i].w,
        icrv.P[i].wy/icrv.P[i].w,
        icrv.P[i].wz/icrv.P[i].w);

// Compute points on the curve
int N = 26;
Point C;
vtkSmartPointer < vtkPoints > bsplinePoints =
    vtkSmartPointer < vtkPoints > ::New();
for (int i = 0; i < N; i++) {
    u = 5 * (double)i/(N - 1);
    CurvePoint(crv.n,crv.p,crv.U,crv.P,u,C);
    bsplinePoints->InsertNextPoint(C.x,C.y,C.z);
}
```

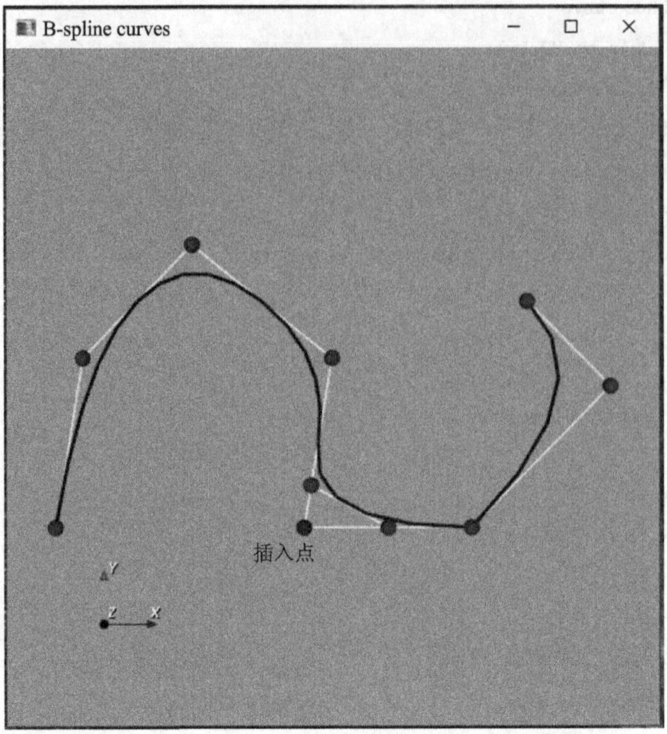

图 4.3-1　给节点向量 $U=(0,0,0,1,2,3,4,4,5,5,5)$上的二阶 B 样条曲线插入节点 $\bar{u}=3.5$

算法 A4.3.2 利用节点插入(割角)的方法计算曲线上的一个点,该算法假定存在一个函数 FindSpanMult(n,p,u,U,k,s)用来得到 u 所在的节点区间的索引 k 及 u 在原节点向量中的重复度 s。

算法 A4.3.2

```
/* Compute point on rational B-spline curve
using knot insertion ("corner cutting")
Input: n,p,U,Pw,u
Output: C
*/
void CurvePntByCornerCut(int n,int p,double *U,Pointw *Pw,double u,Point &C)
{
    int i,j = 0,L;
    int k,s,r = 0;
    double alpha = 0;
    Pointw *Rw;

    Rw = new Pointw[p + 1];
    if (u == U[0])
```

```
    {
        C = Pw[0];
        return;
    }
    if (u == U[n+p+1])
    {
        C = Pw[n];
        return;
    }
    FindSpanMult(n,p,u,U,k,s);
    r = p - s;
    for (i = 0; i <= r; i++)
        Rw[i] = Pw[k - p + i];
    for (j = 1; j <= r; j++)
    {
        L = k - p + j;
        for (i = 0; i <= p - j - s; i++)
        {
            alpha = (u - U[L + i])/(U[i + k + 1] - U[L + i]);
            Rw[i].wx = alpha * Rw[i + 1].wx + (1.0 - alpha) * Rw[i].wx;
            Rw[i].wy = alpha * Rw[i + 1].wy + (1.0 - alpha) * Rw[i].wy;
            Rw[i].wz = alpha * Rw[i + 1].wz + (1.0 - alpha) * Rw[i].wz;
            Rw[i].w = alpha * Rw[i + 1].w + (1.0 - alpha) * Rw[i].w;
        }
    }
    C = Rw[0];

    delete[] Rw;
}
```

其中用到的算法 FindSpanMult(n,p,u,U,k,s)基于 FindSpan (n,p,u,U),其代码如下:

```
void FindSpanMult(int n,int p,double u,double * U,int &k,int &s)
{
    k = FindSpan(n,p,u,U);
    s = 0;
    int i1 = max(k - p,0);
    int i2 = min(k + p + 1,n + p + 1);
    for (int i = i1; i <= i2; i++)
        if (U[i] == u)s++;
}
```

4.3.1.3 曲面节点插入

曲面节点插入可以通过对控制点的各行或各列应用前面的公式和算法实现。特别地，设 $\boldsymbol{P}^w_{i,j}(0\leqslant i\leqslant n,0\leqslant j\leqslant m)$是 NURBS 曲面的控制点，称 i 为行下标、j 为列下标，将 $\bar{u}$ 插入 $\boldsymbol{U}$ 可通过对 $m+1$ 列控制点的每一列应用前面的公式和算法实现。需要指出的是，曲面的节点插入算法不应该只是简单地通过一个循环调用算法 A4.3.1$m+1$ 次(或 $n+1$ 次)来实现。由于算法 A4.3.1 中 alpha 的计算不依赖于控制点，因此所用到的 alpha 的值应该(在进入循环执行 $m+1$ 次或 $n+1$ 次曲线的节点插入算法前)只计算一次并被保存在一个局部数组中。算法 A4.3.3 就是这样的一个算法。

算法 A4.3.3

```
/* Surface knot insertion
Input: np,p,UP,mp,q,VP,Pw,dir,uv,k,s,r
Output: nq,UQ,mq,VQ,Qw

Definition:

UP,UQ ->The knot vector before/after insertion of u direction.
VP,VQ ->The knot vector before/after insertion of v direction.
np + 1,mp + 1  ->The number of control points on u/v direction before knot insertion.
nq + 1,mq + 1  ->The number of control points on u/v direction after knot insertion.
uv ->The knot to be inserted.
k ->The index to insert the knot,uk <= u < uk + 1.
s ->Initial multiplicity.
r ->The knot u will be inserted r times.
dir ->The direction (u or v) to insert the knot.
*/
void SurfaceKnotIns(int np,int p,double * UP,
    int mp,int q,double * VP,Pointw * * Pw,int dir,double uv,
    int k,int s,int r,int nq,double * UQ,int mq,double * VQ,Pointw * * Qw)
{
    int i,j,L;
    int row,col;
    Pointw * Rw;
    double * * alpha;

    if (dir == U_DIRECTION)
    {
```

```
if (r + s > p)
    throw "Insert u too many times!";
nq = np + r;
mq = mp;

/* Load new knot vector of u direction */
for (i = 0; i <= k; i++)
    UQ[i] = UP[i];
for (i = 1; i <= r; i++)
    UQ[k + i] = uv;
for (i = k + 1; i <= np + p + 1; i++)
    UQ[i + r] = UP[i];

/* Load knot vector of v direction */
for (i = 0; i <= mp + q + 1; i++)
    VQ[i] = VP[i];

/* Memory allocation */
Rw = new Pointw[p + 1];
alpha = new double * [p];
for (i = 0; i < p; i++)
    alpha[i] = new double[r + 1];

/* Save the alphas */
for (j = 1; j <= r; j++)
{
    L = k - p + j;
    for (i = 0; i <= p - j - s; i++)
        alpha[i][j] = (uv - UP[L + i])/(UP[i + k + 1] - UP[L + i]);
}

/* For each row do */
for (row = 0; row <= mp; row++)
{
    /* Save unaltered control points */
    for (i = 0; i <= k - p; i++)
        Qw[i][row] = Pw[i][row];
    for (i = k - s; i <= np; i++)
        Qw[i + r][row] = Pw[i][row];

    /* Load auxiliary control points */
    for (i = 0; i <= p - s; i++)
        Rw[i] = Pw[k - p + i][row];
```

```
            /* Insert the knot r times */
            for (j = 1; j <= r; j++)
            {
                L = k - p + j;
                for (i = 0; i <= p - j - s; i++)
                {
                    Rw[i].wx = alpha[i][j] * Rw[i + 1].wx + (1.0 - alpha[i][j]) * Rw[i].wx;
                    Rw[i].wy = alpha[i][j] * Rw[i + 1].wy + (1.0 - alpha[i][j]) * Rw[i].wy;
                    Rw[i].wz = alpha[i][j] * Rw[i + 1].wz + (1.0 - alpha[i][j]) * Rw[i].wz;
                    Rw[i].w = alpha[i][j] * Rw[i + 1].w + (1.0 - alpha[i][j]) * Rw[i].w;
                }
                Qw[L][row] = Rw[0];
                Qw[k + r - j - s][row] = Rw[p - j - s];
            }

            /* Load the remaining control points */
            if (r == 0)
                L = k - p;
            for (i = L + 1; i < k - s; i++)
                Qw[i][row] = Rw[i - L];
        }

        /* Release memory */
        delete[] Rw;
        delete[] alpha;
    }
    if (dir == V_DIRECTION)
    {
        if (r + s > q)
            throw "Insert v too many times!";
        nq = np;
        mq = mp + r;

        /* Load knot vector of u direction */
        for (i = 0; i <= np + p + 1; i++)
            UQ[i] = UP[i];

        /* Load new knot vector of v direction */
        for (i = 0; i <= k; i++)
            VQ[i] = VP[i];
        for (i = 1; i <= r; i++)
            VQ[k + i] = uv;
```

```
for (i=k+1; i <= mp+q+1; i++)
    VQ[i+r] = VP[i];

/* Memory allocation */
Rw = new Pointw[q+1];
alpha = new double * [q];
for (i=0; i < q; i++)
    alpha[i] = new double[r+1];

/* Save the alphas */
for (j=1; j <= r; j++)
{
    L=k-q+j;
    for (i=0; i <= q-j-s; i++)
        alpha[i][j] = (uv-VP[L+i])/(VP[i+k+1]-VP[L+i]);
}

/* For each row do */
for (col=0; col <= np; col++)
{
    /* Save unaltered control points */
    for (i=0; i <= k-q; i++)
        Qw[col][i] = Pw[col][i];
    for (i=k-s; i <= mp; i++)
        Qw[col][i+r] = Pw[col][i];

    /* Load auxiliary control points */
    for (i=0; i <= q-s; i++)
        Rw[i] = Pw[col][k-q+i];

    /* Insert the knot r times */
    for (j=1; j <= r; j++)
    {
        L=k-q+j;
        for (i=0; i <= q-j-s; i++)
        {
           Rw[i].wx=alpha[i][j] * Rw[i+1].wx+(1.0-alpha[i][j]) * Rw[i].wx;
           Rw[i].wy=alpha[i][j] * Rw[i+1].wy+(1.0-alpha[i][j]) * Rw[i].wy;
           Rw[i].wz=alpha[i][j] * Rw[i+1].wz+(1.0-alpha[i][j]) * Rw[i].wz;
           Rw[i].w=alpha[i][j] * Rw[i+1].w+(1.0-alpha[i][j]) * Rw[i].w;
        }
        Qw[col][L] = Rw[0];
        Qw[col][k+r-j-s] = Rw[q-j-s];
```

```
                }

                /* Load the remaining control points */
                if (r == 0)
                    L = k - q;
                for (i = L + 1; i < k - s; i++)
                    Qw[col][i] = Rw[i - L];
            }

            /* Release memory */
            delete[] Rw;
            delete[] alpha;
        }
    }
```

对于4.2.3.2节中介绍的二阶B样条曲面，其节点向量为$\boldsymbol{U}=(0,0,0,0.4,0.6,1,1,1)$，$\boldsymbol{V}=(0,0,0,0.5,1,1,1)$，现给其$u$方向插入节点$\bar{v}=0.6$，插入节点后的曲面如图4.3-2所示，图中粉色控制点是插入节点之后曲线的控制点。在随书代码文件夹4.3.1_SurfaceKnotInsTest中保存着相关程序，下面是测试程序SurfaceKnotInsTest.cpp的部分内容：

```
int i,j;
int np,mp,p,q;
double UP[8] = { 0,0,0,2/5.0,3/5.0,1,1,1 };
double VP[7] = { 0,0,0,1/2.0,1,1,1 };
p = 2; q = 2;
np = sizeof(UP)/sizeof(double) - 1 - p - 1;
mp = sizeof(VP)/sizeof(double) - 1 - q - 1;
int nd = 2; // The order of derivatives

Pointw CP[5][4] = {
    { { 0,0,0,1 },{ 4,0,0,1 },{ 5,0,3,1 },{ 8,0,3,1 } },
    { { 0,2,0,1 },{ 4,2,0,1 },{ 5,2,3,1 },{ 8,2,3,1 } },
    { { 0,4,0,1 },{ 4,4,0,1 },{ 5,4,3,1 },{ 8,4,3,1 } },
    { { 0,6,3,1 },{ 4,6,3,1 },{ 5,6,5,1 },{ 8,6,5,1 } },
    { { 0,8,3,1 },{ 4,8,3,1 },{ 5,8,5,1 },{ 8,8,5,1 } }
};
Pointw * * Pw = array_new < Pointw > (np + 1,mp + 1);
for (i = 0; i < np + 1; i++)
    for (j = 0; j < mp + 1; j++)
        Pw[i][j] = CP[i][j];
NurbsSurface srf(np,p,UP,mp,q,VP,Pw);
srf.print("Before knot insertion");
```

```
// Insert knots into the surface
int dir = U_DIRECTION;
double uv = 0.6;
int k = 4,s = 1,r = 1;
int nq = np + r,mq = mp;
double * UQ = new double[nq + p + 1 + 1];
double * VQ = new double[mq + q + 1 + 1];
Pointw * * Qw = array_new < Pointw > (np + r + 1,mp + 1);
SurfaceKnotIns( np,p,UP,mp,q,VP,Pw,dir,uv,k,s,r,nq,UQ,mq,VQ,Qw);
NurbsSurface isrf(nq,p,UQ,mq,q,VQ,Qw);
isrf.print("After knot insertion");
```

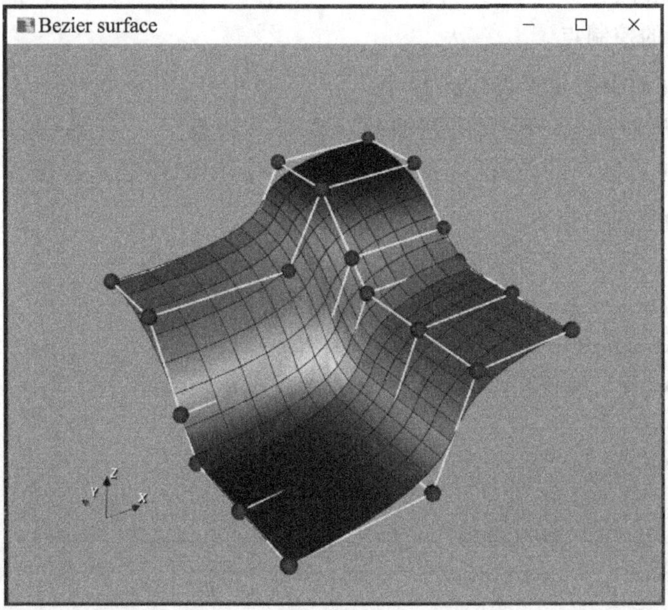

图 4.3-2　给节点向量 $U=(0,0,0,2/5.0,3/5.0,1,1,1)$，$V=(0,0,0,1/2.0,1,1,1)$ 上的二阶 B 样条曲面沿 u 方向插入节点 $\bar{v}=0.6$

4.3.2　节点细化

4.3.2.1 曲线节点细化

节点插入针对的是插入单个节点的问题，尽管可以多次插入该节点，然而在实际应用中往往需要一次插入多个节点，这称为节点细化（knot refinement，或称节点加细）。对于这个问题可以描述如下：设 $C^w(u)=\sum_{i=0}^{n}N_{i,p}(u)P_i^w$ 是定义在节点向量 $U=\{u_0,u_1,\cdots,u_m\}$ 上的 NURBS 曲线，且设 $X=\{x_0,x_1,\cdots,x_r\}$，对所有的 i 有 $x_i\leqslant x_{i+1}$，$u_0\leqslant x_i\leqslant u_m$。把 X 中的元素插入 U 中，计算相应的新的控制点集合 $\{Q_i^w\}$，$i=0,1,\ldots,n+r+1$，在 X 中，新节点 x_i 应该根据其重复度重复出现。例如，如果要分别

插入节点 x 和 $y(x<y)$2 次和 3 次，那么 $\boldsymbol{X}=\{x,x,y,y,y\}$。显然，节点细化可以通过多次应用节点插入算法来实现。但是，本书将区别对待这两个问题，因为节点细化存在更有效的算法。

不需要额外的数学推导来得到一个节点细化算法，这只是一个软件实现的问题。解决的步骤为：

(1) 找出下标 a 和 b，使得对所有的 i，有 $u_a \leqslant x_i \leqslant u_b$。

(2) 控制点 $\boldsymbol{P}_0^w,\cdots,\boldsymbol{P}_{a-p}^w$ 以及 $\boldsymbol{P}_{b-1}^w,\cdots,\boldsymbol{P}_n^w$ 都不变，因此，把这些控制点复制到 $\{\boldsymbol{Q}_i^w\}$ 中合适的位置，并为 $r+p+b-a-1$ 个新控制点留出空间。

(3) 记新节点向量为 $\bar{\boldsymbol{U}}$(由 $\boldsymbol{U}$ 和 $\boldsymbol{X}$ 合并得到)，复制两端没有改变的节点。

(4) 进入循环：

- 计算新的控制点。
- 将 $\boldsymbol{U}$ 和 $\boldsymbol{X}$ 中的元素合并到 $\bar{\boldsymbol{U}}$ 中。

循环可以从 $\boldsymbol{Q}_{a-p+1}^w$ 开始(向前循环)，也可以从 $\boldsymbol{Q}_{b+r-1}^w$ 开始(向后循环)。算法 A4.3.4 采用向后循环的方式，当插入一个节点时，中间控制点被覆盖。在该算法中 Ubar 表示新的节点向量 $\bar{\boldsymbol{U}}$。

算法 A4.3.4

```
/* Refine curve knot vector. It works backward
and overwrites intermediate control points while
inserting a knot. Ubar is the new knot vector.
Input: n,p,U,Pw,X,r
Output: Ubar,Qw
*/
void RefineKnotVectCurve(int n,int p,const double* U,const Pointw *Pw,
    const double* X,int r,double *Ubar,Pointw *Qw)
{
    int i,j,k,l;
    int m,ind;
    int a,b;
    double alfa;
    m = n + p + 1;

    /* Compute the spans of X[0...r],namely,ua <= xi <= xb */
    a = FindSpan(n,p,X[0],U);
    b = FindSpan(n,p,X[r],U);
    b = b + 1;

    /* Copy the unchanged control points */
    for (j = 0; j <= a - p; j++)
```

```
        Qw[j] = Pw[j];
    for (j = b - 1; j <= n; j ++ )
        Qw[j + r + 1] = Pw[j];

    /* Copy the knots on either end which do not change */
    for (j = 0; j <= a; j ++ )
        Ubar[j] = U[j];
    for (j = b + p; j <= m; j ++ )
        Ubar[j + r + 1] = U[j];

    // Compute the new control points and
    // merge the elements from U and X into Ubar
    i = b + p - 1;
    k = b + p + r;
    for (j = r; j >= 0; j -- )
    {
        while (X[j] <= U[i] && i > a)
        {
            Qw[k - p - 1] = Pw[i - p - 1];
            Ubar[k] = U[i];
            k = k - 1;
            i = i - 1;
        }
        Qw[k - p - 1] = Qw[k - p];
        for (l = 1; l <= p; l ++ )
        {
            ind = k - p + l;
            alfa = Ubar[k + l] - X[j];
            if (fabs(alfa) == 0.0)
                Qw[ind - 1] = Qw[ind];
            else
            {
                alfa = alfa/(Ubar[k + l] - U[i - p + l]);
                Qw[ind - 1].wx = alfa * Qw[ind - 1].wx + (1.0 - alfa) * Qw[ind].wx;
                Qw[ind - 1].wy = alfa * Qw[ind - 1].wy + (1.0 - alfa) * Qw[ind].wy;
                Qw[ind - 1].wz = alfa * Qw[ind - 1].wz + (1.0 - alfa) * Qw[ind].wz;
                Qw[ind - 1].w = alfa * Qw[ind - 1].w + (1.0 - alfa) * Qw[ind].w;
            }
        }
        Ubar[k] = X[j];
        k = k - 1;
    }
}
```

对于4.2.4.1节中介绍的二阶NURBS曲线，其节点向量为$\boldsymbol{U}=(0,0,0,0.25,0.25,0.5,0.5,0.75,0.75,1,1,1)$，现给它插入节点向量$\boldsymbol{X}=(0.1,0.35)$，插入节点后的曲线如图4.3-3所示，图中粉色控制点是插入节点之后曲线的控制点。在随书代码文件夹4.3.2_RefineKnotVectCurveTest中保存着相关程序，下面是测试程序RefineKnotVectCurveTest.cpp的部分内容：

```
double U[] = { 0,0,0,0.25,0.25,0.5,0.5,0.75,0.75,1,1,1 };
int p = 2;
int m = sizeof(U)/sizeof(double) - 1;
int n = m - p - 1;
double w = 1/sqrt(2);
Pointw Pw[] = { { 1,0,0,1 },{ w,w,0,w },{ 0,1,0,1 },
{ -w,w,0,w },{ -1,0,0,1 },{ -w, -w,0,w },
{ 0, -1,0,1 },{ w, -w,0,w },{ 1,0,0,1 } };
NurbsCurve crv(p,m,U,Pw);
crv.print("Before knot insertion");

// Insert a knot vector and make a new NURBS curve
double X[2] = { 0.1,0.35 };
int r = 1,mq = m + r + 1;
double * Ubar = new double[mq + 1];
Pointw * Qw = new Pointw[n + 1 + r + 1];
RefineKnotVectCurve(n,p,U,Pw,X,r,Ubar,Qw);
NurbsCurve icrv(p,mq,Ubar,Qw);
icrv.print("After  knot insertion");
```

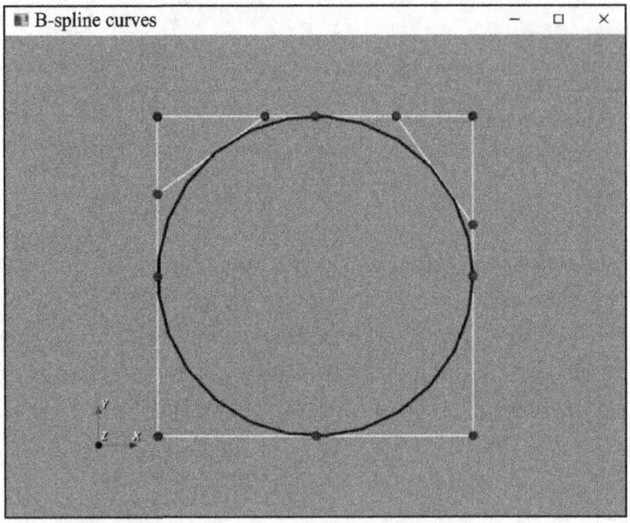

图4.3-3 给节点向量$\boldsymbol{U}=(0,0,0,0.25,0.25,0.5,0.5,0.75,0.75,1,1,1)$上的二阶NURBS曲线插入节点向量$\boldsymbol{X}(0.1,0.35)$

4.3.2.2 曲面节点细化

令 $S^w(u,v)=\sum_{i=0}^{n}\sum_{j=0}^{m}N_{i,p}(u)N_{j,q}(v)P_{i,j}^{w}$ 是定义在 $U\times V$ 上的 NURBS 曲面。对节点向量 U 的细化可以简单地通过对 $m+1$ 列控制点应用算法 A4.3.4 来实现。对节点向量 V 的细化需要应用算法 A4.3.4 $n+1$ 次。通过重新组织算法可以减少多余的运算(例如在最后一个 for 循环中的 alfa 值对 $m+1$ 列中的每一列都是相同的)。算法的框架是:

算法 A4.3.5

```
/* Refine surface knot vector
Input: n,p,U,m,q,V,Pw,X,r,dir
Output: Ubar,Vbar,Qw
 */
void RefineKnotVectSurface(int n,int p,const double *U,
     int m,int q,const double *V,Pointw **Pw,const double *X,
     int r,int dir,double *Ubar,double *Vbar,Pointw **Qw)
{
     int i,j,k,l;
     int row,col;
     int a,b;
     int ind;
     double alfa;

     if (dir == U_DIRECTION)
     {
          /* Compute the spans of X[0...r],namely,ua <= xi <= xb */
          a = FindSpan(n,p,X[0],U);
          b = FindSpan(n,p,X[r],U);
          b = b + 1;

          /* Copy the knots on either end which do not change */
          for (i = 0; i <= a; i++)
               Ubar[i] = U[i];
          for (i = b + p; i <= n + p + 1; i++)
               Ubar[i + r + 1] = U[i];

          /* Copy V into Vbar */
          for (i = 0; i <= m + q + 1; i++)
               Vbar[i] = V[i];
          /* Copy the unaltered control points */
```

```
for (row = 0; row <= m; row++)
{
    for (k = 0; k <= a-p; k++)
        Qw[k][row] = Pw[k][row];
    for (k = b-1; k <= n; k++)
        Qw[k+r+1][row] = Pw[k][row];
}

// Compute the new control points and
// merge the elements from U and X into Ubar
i = b+p-1;
k = b+p+r;
for (j = r; j >= 0; j--) {
    while (X[j] <= U[i] && i > a)
    {
        Ubar[k] = U[i];
        for (row = 0; row <= m; row++)
            Qw[k-p-1][row] = Pw[i-p-1][row];
        k = k-1; i = i-1;
    }
    for (row = 0; row <= m; row++)
        Qw[k-p-1][row] = Qw[k-p][row];
    for (l = 1; l <= p; l++)
    {
        ind = k-p+l;
        alfa = Ubar[k+l] - X[j];
        if (fabs(alfa) == 0.0)
            for (row = 0; row <= m; row++)
                Qw[ind-1][row] = Qw[ind][row];
        else
        {
            alfa = alfa/(Ubar[k+l] - U[i-p+l]);
            for (row = 0; row <= m; row++)
            {
                Qw[ind-1][row].wx =
                  alfa * Qw[ind-1][row].wx + (1.0-alfa) * Qw[ind][row].wx;
                Qw[ind-1][row].wy =
                  alfa * Qw[ind-1][row].wy + (1.0-alfa) * Qw[ind][row].wy;
                Qw[ind-1][row].wz =
                  alfa * Qw[ind-1][row].wz + (1.0-alfa) * Qw[ind][row].wz;
                Qw[ind-1][row].w =
                    alfa * Qw[ind-1][row].w + (1.0-alfa) * Qw[ind][row].w;
            }
```

```
                }
            }
            Ubar[k] = X[j];
            k = k - 1;
        }
    }
    if (dir == V_DIRECTION)
    {
        /* Compute the spans of X[0...r],namely,ua <= xi <= xb */
        a = FindSpan(m,q,X[0],V);
        b = FindSpan(m,q,X[r],V);
        b = b + 1;

        /* Copy the knots on either end which do not change */
        for (i = 0; i <= a; i++)
            Vbar[i] = V[i];
        for (i = b + q; i <= m + q + 1; i++)
            Vbar[i + r + 1] = V[i];

        /* Copy U into Ubar */
        for (i = 0; i <= n + p + 1; i++)
            Ubar[i] = U[i];

        /* Copy the unaltered control points */
        for (col = 0; col <= n; col++)
        {
            for (k = 0; k <= a - q; k++)
                Qw[col][k] = Pw[col][k];
            for (k = b - 1; k <= m; k++)
                Qw[col][k + r + 1] = Pw[col][k];
        }

        // Compute the new control points and
        // merge the elements from U and X into Ubar
        i = b + q - 1;
        k = b + q + r;
        for (j = r; j >= 0; j--)
        {
            while (X[j] <= V[i] && i > a)
            {
                Vbar[k] = V[i];
                for (col = 0; col <= n; col++)
                    Qw[col][k - q - 1] = Pw[col][i - q - 1];
```

```
                k = k - 1;
                i = i - 1;
            }
            for (col = 0; col <= n; col ++ )
                    Qw[col][k - q - 1] = Qw[col][k - q];
                for (l = 1; l <= q; l ++ )
                {
                    ind = k - q + l;
                    alfa = Vbar[k + l] - X[j];
                    if (fabs(alfa) == 0.0)
                        for (col = 0; col <= n; col ++ )
                            Qw[col][ind - 1] = Qw[col][ind];
                    else
                    {
                        alfa = alfa/(Vbar[k + l] - V[i - q + l]);
                        for (col = 0; col <= n; col ++ )
                        {
                            Qw[col][ind - 1].wx =
                              alfa * Qw[col][ind - 1].wx + (1.0 - alfa) * Qw[col][ind].wx;
                            Qw[col][ind - 1].wy =
                              alfa * Qw[col][ind - 1].wy + (1.0 - alfa) * Qw[col][ind].wy;
                            Qw[col][ind - 1].wz =
                              alfa * Qw[col][ind - 1].wz + (1.0 - alfa) * Qw[col][ind].wz;
                            Qw[col][ind - 1].w =
                              alfa * Qw[col][ind - 1].w + (1.0 - alfa) * Qw[col][ind].w;
                        }
                    }
                }
              Vbar[k] = X[j];
              k = k - 1;
              }
        }
    }
```

对于4.2.3.2节中介绍的二阶B样条曲面，其节点向量为$\boldsymbol{U}=(0,0,0,2/5.0,3/5.0,1,1,1)$，$\boldsymbol{V}=(0,0,0,1/2.0,1,1,1)$，现给其$v$方向插入节点向量$\boldsymbol{X}=(0.25,0.75)$，插入节点后的曲面如图4.3-4所示，图中粉色控制点是插入节点之后曲线的控制点。在随书代码文件夹4.3.2_ RefineKnotVectSurfaceTest中保存着相关程序，下面是测试程序RefineKnotVectSurfaceTest.cpp的部分内容：

```
int i,j;
int np,mp,p,q;
double UP[8] = { 0,0,0,2/5.0,3/5.0,1,1,1 };
```

```
double VP[7] = { 0,0,0,1/2.0,1,1,1 };
p = 2; q = 2;
np = sizeof(UP)/sizeof(double) - 1 - p - 1;
mp = sizeof(VP)/sizeof(double) - 1 - q - 1;

Pointw CP[5][4] = {
    { { 0,0,0,1 },{ 4,0,0,1 },{ 5,0,3,1 },{ 8,0,3,1 } },
    { { 0,2,0,1 },{ 4,2,0,1 },{ 5,2,3,1 },{ 8,2,3,1 } },
    { { 0,4,0,1 },{ 4,4,0,1 },{ 5,4,3,1 },{ 8,4,3,1 } },
    { { 0,6,3,1 },{ 4,6,3,1 },{ 5,6,5,1 },{ 8,6,5,1 } },
    { { 0,8,3,1 },{ 4,8,3,1 },{ 5,8,5,1 },{ 8,8,5,1 } }
};
Pointw * * Pw = array_new < Pointw > (np + 1,mp + 1);
for (i = 0; i < np + 1; i++)
    for (j = 0; j < mp + 1; j++)
        Pw[i][j] = CP[i][j];
NurbsSurface srf(np,p,UP,mp,q,VP,Pw);
srf.print("Before knot insertion");

// Insert knots into the surface
int dir = V_DIRECTION;
double X[2] = { 0.25,0.75 };
int r = 1;
int nq = np,mq = mp + r + 1;
double * Ubar = new double[nq + p + 1 + 1];
double * Vbar = new double[mq + q + 1 + 1];
Pointw * * Qw = array_new < Pointw > (nq + 1,mq + 1);
RefineKnotVectSurface(np,p,UP,mp,q,VP,Pw,X,r,dir,Ubar,Vbar,Qw);
NurbsSurface isrf(nq,p,Ubar,mq,q,Vbar,Qw);
isrf.print("After knot insertion");
```

4.3.2.3 将 NURBS 曲线分解为 Bézier 形式

节点细化的一个重要应用是可以把 NURBS 曲线分解为组成它的(四维的)多项式曲线段,这在把 NURBS 曲线转化为另一种样条形式(例如 IGES 参数样条曲线(实体类型 112)[IGES93])时是需要的。在这种转化中,第一步就是把曲线分解为分段 Bézier 形式。插入内部节点使每个内部节点具有重复度 p,就可以得到各个 Bézier 曲线段的控制点,这个过程可以分两步来完成:

(1) 对 $\boldsymbol{U}$ 进行扫描,建立需插入的节点向量 $\boldsymbol{X}$。

(2) 调用算法 A4.3.4。

现在给出一个算法,以高效的方式从左到右提取 NURBS 曲线的所有 Bézier 段。为书写方便,省略控制点的上标 w。设 $\boldsymbol{C}(u)=\sum_{i=0}^{5}N_{i,3}(u)\boldsymbol{P}_i$ 是一条具有两个不同的

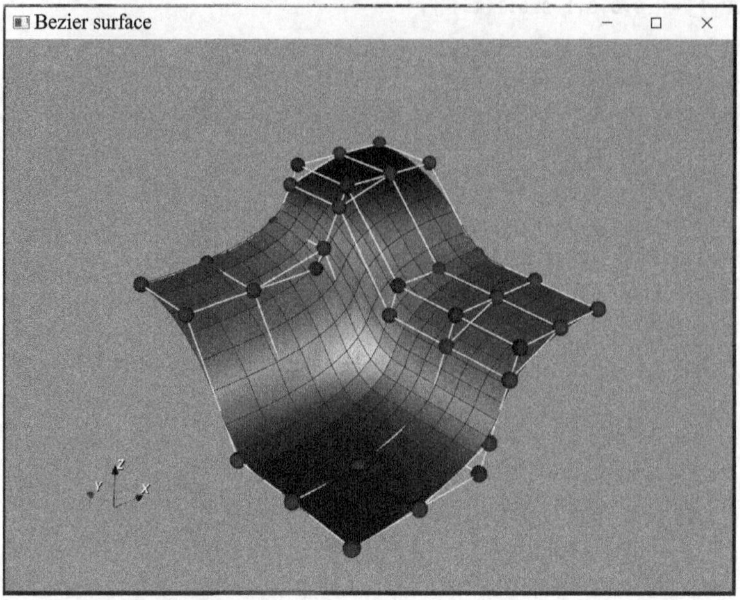

图 4.3-4　给节点向量 $U=(0,0,0,2/5.0,3/5.0,1,1,1)$, $V=(0,0,0,1/2.0,1,1,1)$ 上的二阶 B 样条曲面沿 v 方向插入节点向量 $X=(0.25,0.75)$

内部节点的三阶 NURBS 曲线,令 $Q_k^{\,j}$ 表示第 j 个 Bézier 曲线段的第 k 个控制点, $k=0,1,\cdots,p$, $j=0,1,2$。

算法 A4.3.6 将 NURBS 曲线分解为 nb 个 Bézier 曲线段,其中,Qw[j][k]返回第 j 段 Bézier 曲线的第 k 个控制点,局部数组 alphas[]用来存放 alpha,为此,将 α 的下标平移为从 0 开始。

算法 A4.3.6

```
/ * Decompose curve into Bezier segments
Input: n,p,U,Pw
Output: nb,Qw
 * /
void DecomposeCurve(int n,int p,double * U,Pointw * Pw,int &nb,Pointw * * &Qw)
{
    int i,j,k;
    int m,a,b,mult,r,s;
    int save;
    double numer;
    double alpha;
    double * alphas;
    alphas = new double[p];

    // Get the number of Bezier segments
```

```
nb = 0;
for (int i = p; i <= n; i++)
    if (U[i + 1] > U[i])
    nb = nb + 1;

// Memory allocation
Qw = new Pointw * [nb];
for (i = 0; i < nb; i++)
    Qw[i] = new Pointw[p + 1];

// Begin to decompose the nurbs curve
m = n + p + 1;
a = p;
b = p + 1;
nb = 0;
for (i = 0; i <= p; i++)
    Qw[nb][i] = Pw[i];
while (b < m)
{
    i = b;
    while (b < m && U[b + 1] == U[b])
        b++;
    mult = b - i + 1; /* multiplicity of U[b] */
    if (mult < p)
    {
        /* Numerator of alpha */
        numer = U[b] - U[a];

        /* Compute and store alphas */
        for (j = p; j > mult; j--)
            alphas[j - mult - 1] = numer/(U[a + j] - U[a]);

        /* Insert knot r times */
        r = p - mult;
        for (j = 1; j <= r; j++)
        {
            save = r - j;
            s = mult + j; /* This many new points */
            for (k = p; k >= s; k--)
            {
                alpha = alphas[k - s];
              Qw[nb][k].wx = alpha * Qw[nb][k].wx + (1.0 - alpha) * Qw[nb][k - 1].wx;
              Qw[nb][k].wy = alpha * Qw[nb][k].wy + (1.0 - alpha) * Qw[nb][k - 1].wy;
```

```
                    Qw[nb][k].wz = alpha * Qw[nb][k].wz + (1.0 - alpha) * Qw[nb][k - 1].wz;
                    Qw[nb][k].w = alpha * Qw[nb][k].w + (1.0 - alpha) * Qw[nb][k - 1].w;
                }

                /* Control point of next segment */
                if (b < m)
                    Qw[nb + 1][save] = Qw[nb][p];
            }
        }
        nb = nb + 1;/* Bezier segment completed */
        if (b < m)
        {
            /* Initialize for next segment */
            for (i = p - mult; i <= p; i++)
                Qw[nb][i] = Pw[b - p + i];
            a = b;
            b = b + 1;
        }
    }

    delete[] alphas;
}
```

对于4.2.4.1节中介绍的二阶NURBS曲线,其节点向量为$\boldsymbol{U}=\{0,0,0,0.25,0.25,0.5,0.5,0.75,0.75,1,1,1\}$,现将它分解为Bézier形式,原曲线及分解后的一段Bézier曲线如图4.3-5所示,图中粉色控制点是Bézier曲线段的控制点。在随书代码文件夹4.3.2_DecomposeCurveTest中保存着相关程序,下面是测试程序DecomposeCurveTest.cpp的部分内容:

```
double U[] = { 0,0,0,0.25,0.25,0.5,0.5,0.75,0.75,1,1,1 };
int p = 2;
int m = sizeof(U)/sizeof(double) - 1;
int n = m - p - 1;
double w = 1/sqrt(2);
Pointw Pw[] = { { 1,0,0,1 },{ w,w,0,w },{ 0,1,0,1 },
{ -w,w,0,w },{ -1,0,0,1 },{ -w,-w,0,w },
{ 0,-1,0,1 },{ w,-w,0,w },{ 1,0,0,1 } };

// Make a NURBS curve
NurbsCurve crv(p,m,U,Pw);
crv.print("Before knot insertion");

// Get the number of Bezier segments
```

```
int nb;
Pointw * * Qw;
DecomposeCurve(n,p,U,Pw,nb,Qw);

std::cout << "nb = " << nb << std::endl;
for (int i = 0; i < nb; i++ )
    for (int j = 0; j <= p; j++ ) {
        std::cout << "i = " << i << ",  j = " << j
            << ",  Point = " << Qw[i][j] << std::endl;
    }

// Make a Bezier curve
int ii = 3;
BezierCurve bcrv(p,Qw[ii]);
bcrv.print();
```

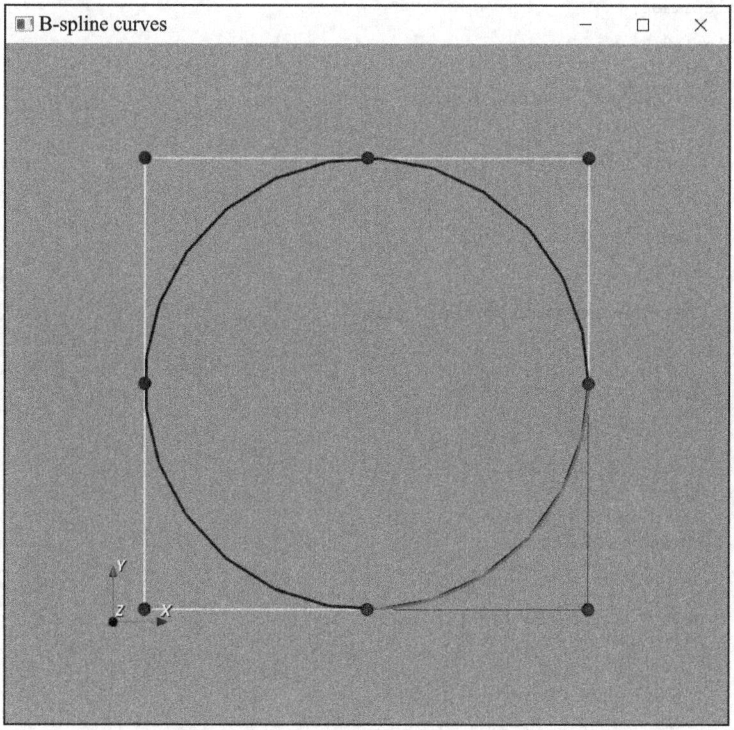

图 4.3-5 节点向量 $U=(0,0,0,0.25,0.25,0.5,0.5,0.75,0.75,1,1,1)$ 上的二阶 NURBS 曲线及分解后的一段 Bézier 曲线

4.3.2.4 将 NURBS 曲面分解为 Bézier 形式

算法 A4.3.7 的算法思路是曲面分解。该算法函数将 NURBS 曲面分解为 Bézier 带(Bézier strip)，即在一个方向上是 Bézier 形式，在另一个方向上是 B 样条形式。为了

得到 Bézier 曲面片,必须调用该函数两次,首先在 u 方向调用一次函数得到 Bézier 带,然后将 Bézier 带作为输入在 v 方向再调用一次函数得到 Bézier 曲面片。

算法 A4.3.7

```
/* Decompose surface into Bezier patches
Input: n,p,U,m,q,V,Pw,dir
Output: nb,Qw
*/
void DecomposeSurface(int n,int p,double *U,
    int m,int q,double *V,
    Pointw **Pw,int dir,int &nb,Pointw ***&Qw)
{
    int i,j,k,r;
    int a,b,mult,s,save;
    int row,col;
    double numer;
    double alfa;
    double *alphas;

    if (dir == U_DIRECTION)
    {
        alphas = new double[p];

        // Get the number of Bezier strips
        nb = 0;
        for (i = p; i <= n; i++)
            if (U[i+1] > U[i])
                nb = nb + 1;

        // Memory allocation
        Qw = new Pointw **[nb];
        for (i = 0; i < nb; i++)
        {
            Qw[i] = new Pointw *[p+1];
            for (j = 0; j < p+1; j++)
                Qw[i][j] = new Pointw[m+1];
        }

        // Begin to decompose the nurbs surface
        a = p;
        b = p+1;
```

```
    nb = 0;
    for (i = 0; i <= p; i++)
        for (row = 0; row <= m; row++)
            Qw[nb][i][row] = Pw[i][row];
    while (b < n + p + 1)
{
        i = b;
        while ((b < n + p + 1) && (U[b + 1] == U[b]))
            b++;
        mult = b - i + 1; /* multiplicity of U[b] */
        if (mult < p)
        {
            /* Numerator of alpha */
            numer = U[b] - U[a];

            /* Compute and store alphas */
            for (j = p; j > mult; j--)
                alphas[j - mult - 1] = numer/(U[a + j] - U[a]);

            /* Insert knot r times */
            r = p - mult;
            for (j = 1; j <= r; j++)
            {
                save = r - j;
                s = mult + j;   /* This many new points */
                for (k = p; k >= s; k--)
                {
                    alfa = alphas[k - s];
                    for (row = 0; row <= m; row++)
                    {
                        Qw[nb][k][row].wx = alfa * Qw[nb][k][row].wx +
                            (1.0 - alfa) * Qw[nb][k - 1][row].wx;
                        Qw[nb][k][row].wy = alfa * Qw[nb][k][row].wy +
                            (1.0 - alfa) * Qw[nb][k - 1][row].wy;
                        Qw[nb][k][row].wz = alfa * Qw[nb][k][row].wz +
                         (1.0 - alfa) * Qw[nb][k - 1][row].wz;
                        Qw[nb][k][row].w = alfa * Qw[nb][k][row].w +
                         (1.0 - alfa) * Qw[nb][k - 1][row].w;
                    }
                }

                /* Control point of next strip */
                if (b < n + p + 1)
```

```
                    {
                        for (row = 0; row <= m; row++)
                            Qw[nb + 1][save][row] = Qw[nb][p][row];
                    }
                }
            }
            nb = nb + 1;    /* Bezier strip completed */
            if (b < n + p + 1)
            {
                /* Initialize for next strip */
                for (i = p - mult; i <= p; i++)
                for (row = 0; row <= m; row++)
                    Qw[nb][i][row] = Pw[b - p + i][row];
                a = b;
                b = b + 1;
            }
        }
        delete[] alphas;
    }
    if (dir == V_DIRECTION)
    {
        alphas = new double[q];

        // Get the number of Bezier strips
        nb = 0;
        for (i = q; i <= m; i++)
            if (V[i + 1] > V[i])
                nb = nb + 1;

            // Memory allocation
            Qw = new Pointw **[nb];
            for (i = 0; i < nb; i++)
            {
                Qw[i] = new Pointw *[n + 1];
                for (j = 0; j < n + 1; j++)
                    Qw[i][j] = new Pointw[q + 1];
            }

            // Begin to decompose the nurbs surface
            a = q;
            b = q + 1;
            nb = 0;
            for (i = 0; i <= q; i++)
```

```
    for (col = 0; col <= n; col ++)
        Qw[nb][col][i] = Pw[col][i];
while (b < m + q + 1)
{
    i = b;
    while ((b < m + q + 1) && (V[b + 1] == V[b]))
        b ++ ;
    mult = b - i + 1;  /* multiplicity of U[b] */
    if (mult < q)
    {
        /* Numerator of alpha */
        numer = V[b] - V[a];

        /* Compute and store alphas */
        for (j = q; j > mult; j -- )
            alphas[j - mult - 1] = numer/(V[a + j] - V[a]);

        /* Insert knot r times */
        r = q - mult;
        for (j = 1; j <= r; j ++ )
        {
            save = r - j;
            s = mult + j;   /* This many new points */
            for (k = q; k >= s; k -- )
            {
                alfa = alphas[k - s];
                for (col = 0; col <= n; col ++ )
                {
                    Qw[nb][col][k].wx = alfa * Qw[nb][col][k].wx +
                        (1.0 - alfa) * Qw[nb][col][k - 1].wx;
                    Qw[nb][col][k].wy = alfa * Qw[nb][col][k].wy +
                        (1.0 - alfa) * Qw[nb][col][k - 1].wy;
                    Qw[nb][col][k].wz = alfa * Qw[nb][col][k].wz +
                        (1.0 - alfa) * Qw[nb][col][k - 1].wz;
                    Qw[nb][col][k].w = alfa * Qw[nb][col][k].w +
                        (1.0 - alfa) * Qw[nb][col][k - 1].w;
                }
            }

            /* Control point of next strip */
            if (b < m + q + 1)
            {
                for (col = 0; col <= n; col ++ )
```

```
                    Qw[nb + 1][col][save] = Qw[nb][col][q];
                }
            }
        }
        nb = nb + 1;    /* Bezier strip completed */
        if (b < m + q + 1)
        {
            /* Initialize for next segment */
            for (i = q - mult; i <= q; i++)
                for (col = 0; col <= n; col++)
                    Qw[nb][col][i] = Pw[col][b - q + i];
            a = b;
            b = b + 1;
        }
    }

    delete[] alphas;
  }
}
```

对于4.2.3.2节中介绍的二阶B样条曲面，其节点向量为$\boldsymbol{U}=(0,0,0,2/5.0,3/5.0,1,1,1)$，$\boldsymbol{V}=(0,0,0,1/2.0,1,1,1)$，现将它分解为Bézier曲面片，分解后的曲面如图4.3-6所示，图中粉色控制点是Bézier曲面片的控制点。在随书代码文件夹4.3.2_DecomposeSurfaceTest中保存着相关程序，下面是测试程序DecomposeSurfaceTest.cpp的部分内容：

```
// Make a NURBS surface
int i,j;
int n,m,p,q;
double U[8] = { 0,0,0,2/5.0,3/5.0,1,1,1 };
double V[7] = { 0,0,0,1/2.0,1,1,1 };
p = 2; q = 2;
n = sizeof(U)/sizeof(double) - 1 - p - 1;
m = sizeof(V)/sizeof(double) - 1 - q - 1;

Pointw CP[5][4] = {
    { { 0,0,0,1 },{ 4,0,0,1 },{ 5,0,3,1 },{ 8,0,3,1 } },
    { { 0,2,0,1 },{ 4,2,0,1 },{ 5,2,3,1 },{ 8,2,3,1 } },
    { { 0,4,0,1 },{ 4,4,0,1 },{ 5,4,3,1 },{ 8,4,3,1 } },
    { { 0,6,3,1 },{ 4,6,3,1 },{ 5,6,5,1 },{ 8,6,5,1 } },
    { { 0,8,3,1 },{ 4,8,3,1 },{ 5,8,5,1 },{ 8,8,5,1 } }
};
Pointw **Pw = array_new<Pointw>(n + 1,m + 1);
```

```
for (i = 0; i < n + 1; i++)
    for (j = 0; j < m + 1; j++)
        Pw[i][j] = CP[i][j];
NurbsSurface srf(n,p,U,m,q,V,Pw);
srf.print("Before decomposition");

// Decompose the surface into Bezier strips
int dir = U_DIRECTION;
int nb;
Pointw * * * Qwu;
DecomposeSurface(n,p,U,m,q,V,Pw,dir,nb,Qwu);
std::cout << "the number of NURBS strips (nb) = " << nb << std::endl;

// Extract a NURBS surface (u direction)
int ii = 2;
double Ui[] = { 0,0,0,1,1,1 };
NurbsSurface psrf(p,p,Ui,m,q,V,Qwu[ii]);
psrf.print("A surface of the NURBS strip");

// Decompose the surface into Bezier patches
dir = V_DIRECTION;
Pointw * * * Qwuv;
DecomposeSurface(p,p,Ui,m,q,V,Qwu[ii],dir,nb,Qwuv);
std::cout << "the number of NURBS patches (nb) = " << nb << std::endl;

// Extract a Bezier surface
int jj = 1;
BezierSurface bsrf(p,q,Qwuv[jj]);
bsrf.print("Bezier surface");
```

4.3.3 基于 NURBS 的基本几何建模

4.3.3.1 矩阵运算库(MATLIB)与 MATLAB、Armadillo 对比

4.2 节及本节的前两小节主要基于 *The NURBS Book* 前五章的内容，该书第六章之后的内容大多没有给出相关程序，因此这里基于开源 MATLAB 程序 NURBS toolbox(https://octave.sourceforge.io/nurbs/index.html)用 C++编写基本的几何建模程序。值得一提的是，该开源 MATLAB 程序包也是基于 *The NURBS Book*。为了把 MATLAB 程序分别转换为 C++程序，需要编写一些有针对性的函数，在 4.1.1.4 节矩阵计算中已经实现了一些 MATLAB 的功能。

商业软件 MATLAB 的矩阵运算功能十分强大，而且使用简单，因此许多学者在学术研究中采用 MATLAB。但 MATLAB 毕竟是解释语言，其 for 循环效率较低，而且

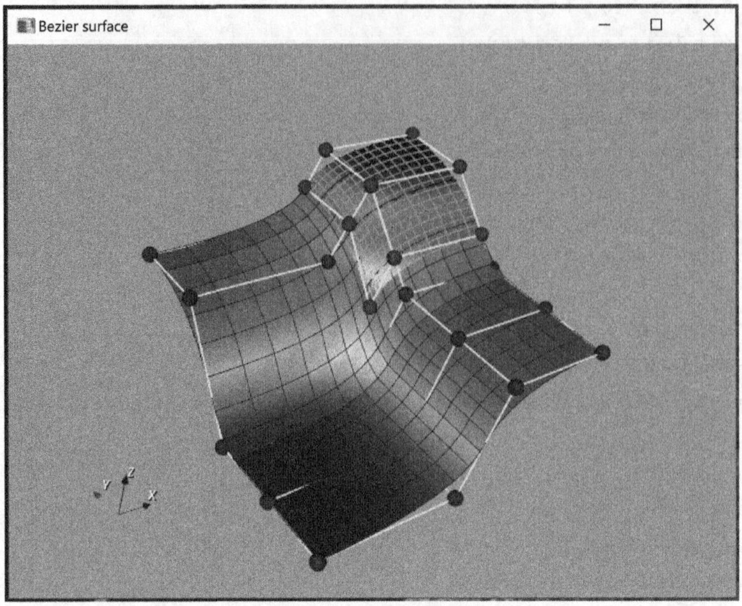

图 4.3-6　将节点向量 $U=(0,0,0,2/5.0,3/5.0,1,1,1)$,$V=(0,0,0,1/2.0,1,1,1)$ 上的二阶 B 样条曲面分解为 Bézier 曲面片

不适合商业软件开发。Armadillo 在 C++平台上实现类似 MATLAB 的功能,但运算效率似乎也比较低。4.1 节定义的矩阵实现了一些类似 Armadillo 的功能,主要关注点有两个:①提高计算效率,使数值计算效率尽可能接近 C 语言;②方便 MATLAB 代码转换为 C++代码。如表 4.3-1 所列是 4.1.1.4 节矩阵运算库(MATLIB)中的一些函数与 MATLAB、Armadillo 函数的对比,其中大写字母是矩阵或向量,小写字母是变量;I 和 J 是整数矩阵或向量,m 和 n 是整数变量。在将 MATLAB 代码转换为 C++代码的过程中,没必要每一步都寻找或编写与 MATLAB 对应的函数,尽可能用最简单的 C++语言简洁地实现相应的 MATLAB 功能,这对提高计算效率很有帮助。

表 4.3-1　矩阵运算库(MATLIB)中的函数与 MATLAB、Armadillo 函数的对比

函　数			功能描述
MATLIB	Armadillo	MATLAB	
unique(X,Y)	Y=unique(X)	Y=unique(X)	返回 X 中按升序排列的唯一元素(去重)
find(X,I) find(X,I,Y)	I=find(X)	I=find(X)	返回一个列向量,其中包含 X 中非零元素的下标
y =norm(X)	y =norm(X)	y =norm(X)	计算 X 的二范数,X 可以是向量或矩阵
mat_cols(X,I,Y)	Y=X(span(),I)	Y=X(:,I)	从给定矩阵中提取一个列子矩阵
mat_rows(X,I,Y)	Y=X(I,span())	Y=X(I,:)	从给定矩阵中提取一个行子矩阵
mat_sub(X,I,J,Y)	Y=X(I,J)	Y=X(I,J)	从给定矩阵中提取子矩阵

续表 4.3-1

函　数			功能描述
MATLIB	Armadillo	MATLAB	
reshape(X,m,n)	reshape(X,m,n)	Y=reshape(X,m,n)	根据给定的大小生成一个矩阵
linspace(a,b,n,X)	X=linspace(a,b,n)	X=linspace(a,b,n)	生成一个包含几个元素的向量,元素值从 a 到 b 线性间隔
n=size(X,i)	n=size(X,i)	n=size(X,i)	得到对象 x 的大小
inv(A)	B=inv(A)	B=inv(A)	一般方阵 A 的逆
peaks(X,Y,Z,a)		Z=peaks(X,Y)	两个变量的样本函数
sum(X,Y)	Y=sum(X)	Y=sum(X)	每行元素的和
mean(X,Y)	Y=mean(X)	Y=mean(X)	每行元素的平均值
polyval(P,X,Y)	Y=polyval(P,X)	Y=polyvalm(p,X)	矩阵多项式计算
polymul(P,Q,S)		S=conv(P,Q)	多项式相乘
polyadd(P,Q,S)			多项式相加
polysub(P,Q,S)			多项式相减
polyder(P,Q)		Q=polyder(P)	多项式微分
polyint(P,Q,k)		Q=polyint(P,k)	多项式积分
polydiv(P,Q,S,R)		[S,R]=deconv(P,Q)	多项式相除

4.3.3.2 基于 NURBS 的基本几何建模程序

下面是基于 MATLAB 开源程序 NURBS toolbox 编写的基本的 C++几何建模程序,下面只列出头文件中的函数代码,各子函数参阅随书代码文件夹 4.3.3_NurbsToolboxTest 中的相关程序。

```
///////////////////////////////////////////////////////////////////
//
//  Collection of routines for the creation and manipulation of B-Spline functions
//  based on matlib
//
///////////////////////////////////////////////////////////////////

// Unirform nurbs knots vector of degree p
void kntdeg(int p,int m,mat& U);

// Find the span of a B-Spline knot vector at a parametric point
int findspan(int n,int p,double u,const mat& U);
void findspan(int n,int p,double u,const mat& U,int& s);
void findspan(int n,int p,const mat& u,const mat& U,mat& s);
```

```
// Basis function for B-Spline
void basisfun(int i,double v,int p,const vec& U,mat& N);
void basisfun(const vec& s,const vec& u,int p,const vec& U,mat& B);

// B-Spline Basis function derivatives
void basisfunder(const vec& s,int p,const vec& u,const vec& U,int nders,cube& dersv);
void basisfunder(int i,int p,double v,const vec& U,int nders,mat& ders);

// Evaluate B-Spline at parametric points
void bspeval(int d,const mat& c,const vec& k,const vec& u,mat& p);

// Evaluate derivatives of B-Spline at parametric points
void bspderiv(int d,mat &c,vec &k,mat &dc,vec &dk);

/* Degree elevation of a univariate B-Spline
%
% Calling Sequence:
%
%    [ic,ik] = bspdegelev(d,c,k,t)
%
%    INPUT:
%
%    d - Degree of the B-Spline.
%    c - Control points,matrix of size (dim,nc).
%    k - Knot sequence,row vector of size nk.
%    t - Raise the B-Spline degree t times.
%
%    OUTPUT:
%
%    ic - Control points of the new B-Spline.
%    ik - Knot vector of the new B-Spline.
*/
void bspdegelev(int d,mat &c,vec &k,int t,mat &ico,vec &ik);

// Insert knots into a B-Spline
void bspkntins(int d,mat& c,vec& k,vec& u,mat &ic,vec &ik);

//////////////////////////////////////////////////////////////////
//
// Collection of routines for the creation and manipulation of NURBS
//
//////////////////////////////////////////////////////////////////
```

```
// NURBS curve,surface or volume structure
struct NurbsSurf
{
    char * form;
    int dim;
    vec number;
    mat coefs;
    cell knots;
    vec order;

public:
    NurbsSurf();                              // Default constructor
    NurbsSurf(mat& coefs,cell& knots);      // Construct through control points and knots
    NurbsSurf(const NurbsCurve& crv);
    NurbsSurf(const NurbsSurface& srf);
    NurbsSurf& operator = (const NurbsSurf& M);// Overload operator  =

public:
    void print(char * message = "none");        // Print the class
    void nrbmak(mat& coefs,cell& knots);     // Construct through control points and knots
    friend std::ostream& operator << (std::ostream& os,NurbsSurf& N); // Output
};

typedef NurbsSurf NurbsCrv;
typedef NurbsSurf NurbsObj;
typedef NurbsSurf NurbsVolum;

// Constructs a simple test nurbs curve
void nrbtestcrv(NurbsCrv &crv);

// Constructs a simple test nurbs surface
void nrbtestsrf(NurbsSurf &srf);
void nrbtestsector(NurbsSurf &srf);

// Constructs a simple test nurbs volume
void nrbtestvol(NurbsVolum &vol);

// Construct a circular arc
void nrbcirc (double radius, const Vector& center, double sang, double eang, NurbsCrv&
curve);
void nrbcirc(NurbsCrv& curve,double radius = 1.0,const Vector& center = { 0,0,0 },
    double sang = 0,double eang = 2 * pi);
```

```
// Construct a straight line
void nrbline(const vec& p1,const vec& p2,NurbsCrv& curve);
void nrbline(const Point& pt1,const Point& pt2,NurbsCrv& curve);
void nrbline(NurbsCrv& curve,const Point& pt1 = { 0,0,0 },const Point& pt2 = { 1,0,0 });

// Evaluate a NURBS at parametric points
void nrbeval(NurbsObj& nurbs,cell& tt,mat& p,mat& w); // Grided points
void nrbeval(NurbsObj& nurbs,cell& tt,mat& p);
void nrbeval(NurbsObj& nurbs,mat& tt,mat& p,mat& w); // Scattered points
void nrbeval(NurbsObj& nurbs,mat& tt,mat& p);

// Elevate the degree of the NURBS curve,surface or volume
void nrbdegelev(NurbsObj& nurbs,uvec& ntimes,NurbsObj& inurbs);

// Insert a single or multiple knots into a NURBS  curve,surface or volume
void nrbkntins(NurbsObj& nurbs,cell& iknots,NurbsObj& inurbs);

// Construct the first and second derivative representation of a NURBS curve, surface
or volume
void nrbderiv (NurbsObj& nurbs, field < NurbsObj > & dnurbs, field < NurbsObj > &
dnurbs2);
void nrbderiv(NurbsObj& nurbs,field < NurbsObj > & dnurbs);

// Evaluation of the derivative and second derivatives of NURBS curve,surface or volume
void nrbdeval(NurbsObj& nurbs,field < NurbsObj > & dnurbs,
              field < NurbsObj > & dnurbs2,cell& tt,mat& pnt,cell& jac,cell& hess);
void nrbdeval(NurbsObj& nurbs,field < NurbsObj > & dnurbs,cell& tt,mat& pnt,cell& jac);
void nrbdeval(NurbsObj& nurbs,field < NurbsObj > & dnurbs,
                 field < NurbsObj > & dnurbs2,mat& tt,mat& pnt,cell& jac,cell& hess);
void nrbdeval(NurbsObj& nurbs,field < NurbsObj > & dnurbs,mat& tt,mat& pnt,cell& jac);

// Apply transformation matrix to the NURBS
void nrbtform(NurbsObj& nurbs,mat& tmat);

// Reverse the evaluation directions of a NURBS geometry
void nrbreverse(NurbsObj& nrb,const vec& idir);
void nrbreverse(NurbsObj& nrb);

// Transpose a NURBS surface,by swapping U and V directions
void nrbtransp(NurbsSurf& srf,NurbsSurf& tsrf);

// Rearrange the directions of a NURBS volume
void nrbpermute(NurbsVolum& vol,uvec& ord,NurbsVolum& tvol);
```

```
// Measure the length of a NURBS curve
double nrbmeasure(NurbsCrv& crv,double sp = 0.0,double ep = 1.0,int k = 10);

// Measure the length of parameric curves on a nurbs surface
void nrbsrfmeasure(NurbsSurf& srf,vec& s,vec& t,vec &Lu,vec &Lv);
void nrbsrfmeasure(NurbsSurf& srf,vec &Lu,vec &Lv);

/* B-Spline interpolation of a 3d curve
    P : A matrix of 3d points
    method : "equally_spaced","chord_length" or "centripetal"
 */
void bspinterpcrv(const mat& P,int p,char * method,NurbsCrv &crv,vec &u);
void bspinterpcrv(const mat& P,int p,char * method,NurbsCrv &crv);

// B-Spline surface interpolation
// X,Y,Z : The x,y,z coordinates of 3d points
// p,q : The order of the NURBS surface
// srf : The nurbs srface
// method : "equally_spaced" or "chord_length"
void bspinterpsurf(mat& X,mat& Y,mat& Z,int p,int q,
    NurbsSurf& srf,char * method = "chord_length");

// Constructs a NURBS bilinear surface
void nrb4surf(const Point& p11,const Point& p12,
    const Point& p21,const Point& p22,NurbsSurf& srf);
void nrb4surf(const vec& p11,const vec& p12,
    const vec& p21,const vec& p22,NurbsSurf& srf);

// Construct a ruled surface between two NURBS curves
// The ruled surface is ruled along the V direction
void nrbruled(NurbsCrv& crv1,NurbsCrv& crv2,NurbsSurf& srf);

// Construction of a Coons patch
void nrbcoons(NurbsCrv& u1,NurbsCrv& u2,NurbsCrv& v1,NurbsCrv& v2,NurbsSurf& srf);

// Construct NURBS curves by extracting the boundaries of a NURBS
// surface,or NURBS surfaces by extracting the boundary of a NURBS volume
void nrbextract(NurbsCrv& crv,mat& pnts);
void nrbextract(NurbsSurf& srf,field < NurbsCrv > & crvs);

// Exatract a curve from a nurbs surface
void nrbsrfextract(NurbsSurf& srf,double iknt,int dim,NurbsCrv& crv);
```

```
// Construct a NURBS surface (volume) by extruding a NURBS curve (surface)
void nrbextrude(NurbsCrv& curve,const Vector& V,NurbsSurf& srf);
void nrbextrude(NurbsCrv& curve,const vec& vector,NurbsSurf& srf);

// Construct a NURBS surface by revolving a NURBS curve,or
// construct a NURBS volume by revolving a NURBS surface
void nrbrevolve(const NurbsCrv& curve,const Point& pnt,const Vector& vect,
    double theta,NurbsSurf& surf);
```

4.3.4 小 结

本节首先介绍了 NURBS 的基本几何算法,包括曲线和曲面的节点插入、细化及分解,这些算法比较常用。在此基础上,基于开源 MATLAB 程序 NURBS toolbox 用 C++编写了基本的 NURBS 建模函数,包括曲线、曲面的值,导数计算,基本的拉伸、旋转、直纹面、孔斯建模方法及曲线、曲面的拟合等,这些内容可为随后的网格生成、模拟计算等提供便利。

4.4 离散多边形曲面的布尔运算

在反向工程中,通过图像获得离散实体模型已成为一种常规操作。这需要组合和操作离散的边界表示模型,因此催生了对相关工具的需求。尽管该问题对计算机辅助工程十分重要,但是目前还是缺乏鲁棒、高效的离散几何布尔运算开源代码。Adam Updegrove 等在 VTK 6.2.0 基础上[4],对 VTK 的三角化实体模型布尔运算类加以改进,使得布尔运算更加鲁棒。例如,对于带 10 000 个相交边的布尔运算,改进后的算法比 VTK 中原来的算法快一个数量级,而且可以处理原来算法失效的一些情况。改进后的算法已包含在 VTK 中,例如 VTK 8.2.0 即包含着 Adam Updegrove 等改进的这两个类。

4.4.1 布尔运算过程

VTK 6.2.0 在实际应用中容易出现失效的情况(见图 4.4-1),因此 Adam Updegrove 等对它做了改进。VTK 6.2.0 中有两个独立的过滤器(几何算法):vtkIntersectionPolyDataFilter 和 vtkBooleanOperationPolyDataFilter。前者用于求交及对求交后的曲面重三角化,后者用于确定输出曲面。经 Adam Updegrove 等改进后的算法仍然保留着这两个类,但这些类中的算法被改进了,被改进的两个类包含在 VTK 8.2.0 源码中。这两个类的分解如图 4.4-2 所示。

图 4.4-1　VTK 6.2.0 在实际应用中出现的一些失效情况

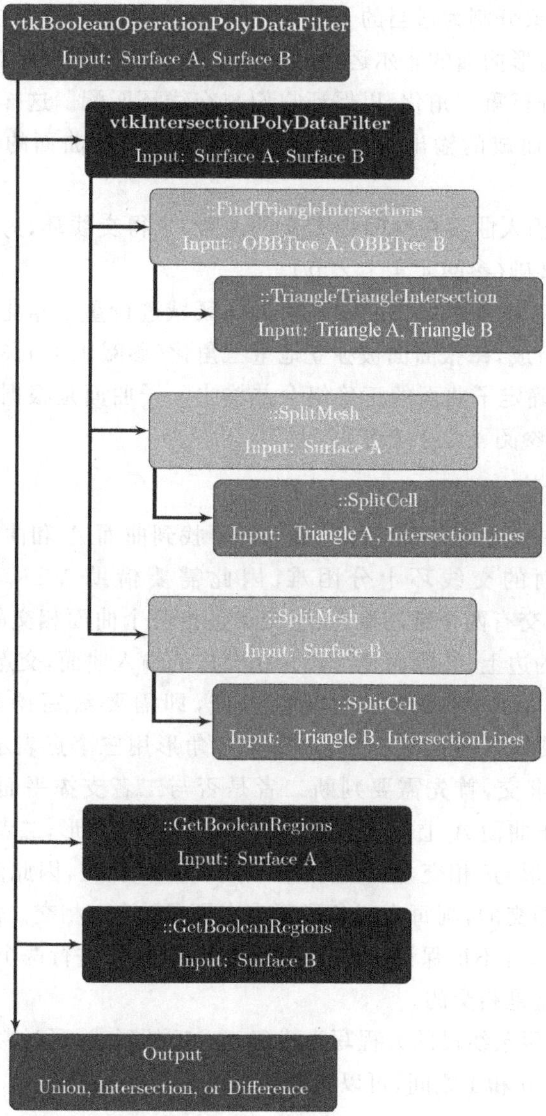

图 4.4-2　VTK 中 vtkIntersectionPolyDataFilter 和 vtkBooleanOperationPolyDataFilter 的分解

4.4.1.1 概　述

布尔运算包括两个输入对象，输出二者的某种组合。将两个输入对象分别记为 A 和 B，二者的布尔运算包括相加（$A\cup B$）、相交（$A\cap B$）和相减（$A-B$ 或 $B-A$），这里假定两个对象都是三角化的曲面网格。此外，还假定这些曲面是三维空间体对象的边界表示模型或表面模型。因此，可以将布尔运算看作封闭体的相加/相交/相减，在运算过程中只考虑表面模型。

为了解释布尔运算过程，需要明确一些定义：**交线环**是两张曲面的封闭交线；**子曲面**是每张曲面被交线环分割后的各独立部分。布尔运算的步骤为：①找到两个对象的交线环；②将两个对象分割为适当的子曲面；③确定子曲面的适当组合，获得布尔运算结果。对于离散多边形曲面的布尔运算，还需要一个额外的步骤：在找到交线环后，需要对两个输入曲面进行重三角化，以保证它们与交线环匹配。这样才能保证完成布尔运算后，子曲面组合而成的输出是有效的。将离散多边形曲面的布尔运算过程总结如下：

(1) **求交**：确定输入曲面在空间中相交的位置，求得交线环，为随后的重三角化和子曲面的确定奠定基础（参阅 4.4.1.2 节）。

(2) **重三角化**：对每张曲面在交线环附近的区域进行重三角化。交线环由每张曲面上的交点和直线组成，每张曲面被独立地重三角化（参阅 4.4.1.3 节）。

(3) **布尔运算**：确定子曲面的正确组合并输出。子曲面是根据它们相对于交线环的方向提取出来的（参阅 4.4.1.4 节）。

4.4.1.2 求　交

布尔运算的第一步是求得交线环。由于需要找到曲面 A 和曲面 B 的所有相交单元，求两个离散曲面的交线环十分困难，因此需要借助 VTK 的方向包围盒 vtkOBBTree。曲面求交有两个常用概念：①**交点**是指两个曲面相交的点，位于两个离散曲面之一的三角形的边上；②**源面**是指包含相交边的输入曲面，交点位于相交边上。离散曲面求交的基础是两个三角形之间的求交，即需要编写函数：: TriangleTriangleIntersection()，其输入为两个三角形，每个三角形用三个点表示，分别来自曲面 A 和 B。两个三角形求交，首先需要判断二者是否与二者支撑平面的交线 l 相交。如图 4.4-3 所示，对于曲面 A 上的三角形与曲面 B 上的三角形，二者支撑平面的交线是 l，虽然 A 上的三角形与 l 相交，但 B 上的三角形不与 l 相交，因此两个三角形不相交。如果两个三角形是相交的，则每个三角形至少有两条边与 l 相交。需要注意的是：①两个三角形都与 l 相交，并不能保证两个三角形是相交的；②进行两个三角形求交的前提是二者的方向包围盒是相交的。

把图 4.4-3 中两条线段的方程写为式（4.4-1）的形式，通过判断两条线段的系数 α_1 和 α_2 的值是否在 0 和 1 之间，可以判断两条线段是否相交。

$$\begin{aligned}\underline{P}&=\underline{a}+\alpha_1(\underline{b}-\underline{a})\\ \underline{P}&=\underline{c}+\alpha_2(\underline{d}-\underline{c})\end{aligned}\tag{4.4-1}$$

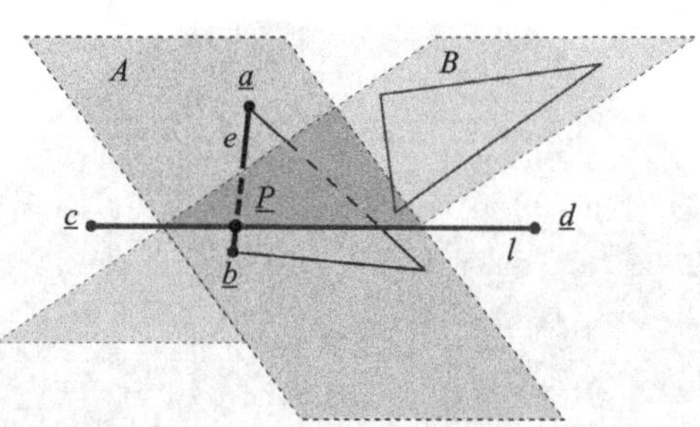

图 4.4-3 两个三角形求交

令 α_A 和 β_A 为曲面 A 上的三角形与 l 相交的两条线段的 α_2 值，α_B 和 β_B 为曲面 B 上的三角形与 l 相交的两条线段的 α_2 值，两个三角形求交可以通过比较这些值(见图 4.4-4)来实现(见算法 A4.4.1::TriangleTriangleIntersection())。

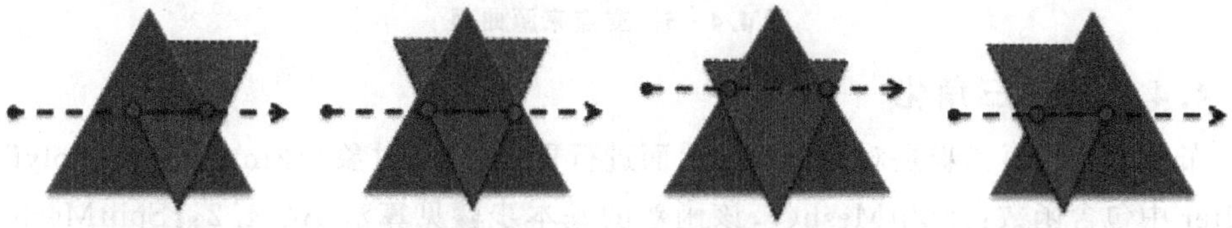

(a) $\alpha_A<\alpha_B$ 且 $\beta_A<\beta_B$ (b) $\alpha_A<\alpha_B$ 且 $\beta_A\geqslant\beta_B$ (c) $\alpha_A\geqslant\alpha_B$ 且 $\beta_A<\beta_B$ (d) $\alpha_A\geqslant\alpha_B$ 且 $\beta_A\geqslant\beta_B$

注：虚线是交线 l，箭头表示点的顺序，蓝色三角形来自曲面 A，红色三角形来自曲面 B。

图 4.4-4 不同的相交形式及如何通过参数确定交点的源面

算法 4.4.1::TriangleTriangleIntersection()

```
if αA < αB
    if βA < βB
        1. 第一个点来自曲面 B,第二个点来自曲面 A。
    else if βA > = βB
        2. 两个点都来自曲面 B。
    end if
else if αA > = αB
    if βA < βB
        3. 两个点都来自曲面 A。
    else if βA > = βB
        4. 第一个点来自曲面 A,第二个点来自曲面 B。
    end if
end if
```

交点可能来源包括：①曲面 A；②曲面 B；③两个曲面。图 4.4-5 所示为交点来源曲面的编号，这些信息在曲面重三角化时需要。每个交点保存在 vtkPoints 对象中，其中还保存着来源曲面的编号。各条交线保存在 vtkCellArray 中。同时，标记各相交三角形以便重三角化。对于第三种情况的交点，至少有两次三角形-三角形求交会得到同样的结果，因此需要删除重复交点。

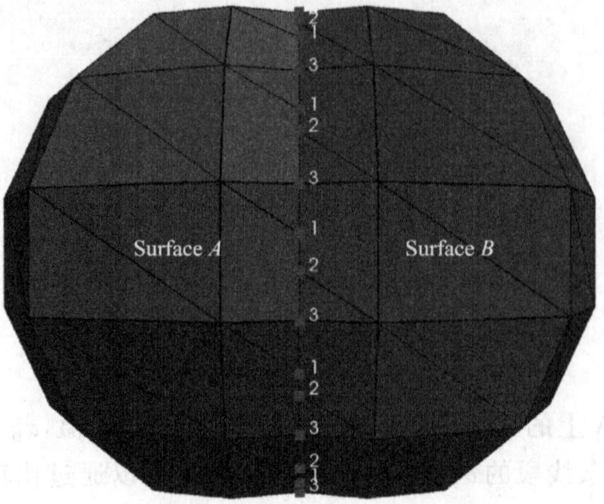

注:1—交点来自曲面 A;2—交点来自曲面 B;3—交点来自两个曲面。

图 4.4-5 交点来源曲面

4.4.1.3 重三角化

布尔运算的第二步是对两个输入曲面进行重三角化,对象 vtkIntersectionPolyDataFilter 中包含函数::SplitMesh(),该函数的基本步骤见算法 A4.4.2::SplitMesh()。在找到交线环后,每个输入曲面需要各自调用该函数。算法 A4.4.2::SplitMesh()中调用了函数 SplitCell(),其作用是三角化每个相交的三角形。算法 A4.4.3::SplitCell()列出了重三角化的一般步骤,该过程首先需要找到被分割三角形的单元环,图 4.4-6 和算法 A4.4.4::GetLoops()演示了查找相交三角形的单元环的方法。

算法 A4.4.2::SplitMesh()

```
for 每个输入曲面 S_in
    for 在 S_in 中的每个单元(C_i)
        if 单元 C_i 不是相交三角形
            把 C_i 复制到 S_out 中
        else
            调用函数 SplitCell(C_i)
            将重三角化后的 C_i 输出到 S_out 中
        end if
    end for
end for
```

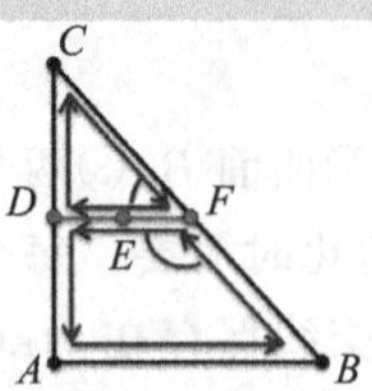

图 4.4-6 带一个交点的三角形被分割为两个单元环
(其中的单元环用算法 A4.4.4 获得)

算法 A4.4.3::SplitCell()

```
调用 GetLoops(C_i)
for 在 C_i 中的单元环(L_j)
    用 Delaunay 2D 重三角化 L_j
end for
将 C_i 中新三角形的信息关联到交线中
返回 C_i 中的新三角形
```

根据算法 A4.4.3::SplitCell(),重三角化后的三角形以及已有的不相交的三角形,被保存到重三角化后的曲面中。交线附近所有三角形的变化被保存为 vtkCellData,用于随后的计算。至此,求交完成,vtkIntersectionPolyDataFilter 结束。

算法 4.4.4::GetLoops()

```
while 存在没触及的单元顶点或线
    从单元的一个起始顶点(v_A)出发,移到下一个顶点(v_next)
    while 下一个顶点(v_next)不是顶点 v_A
        if v_next 仅与两条线相连
            l_next→l_connected(指 l_next 之外的线)
            跟随由 l_next[v_1]和 l_next[v_2]组成的下一条线(l_next)
            v_next→l_next[v_2]
        else
            if 该环没有方向
                找到与当前 l_next 成最小角的直线 l
                计算该环的方向(CW 或 CCW)
            else
                找到沿环方向成最小角的直线 l
            end if
            l_next→l_min
            v_next→l_next[v_2]
            找到沿环方向成最小角的直线 l
        end if
    end while
end while
返回单元环
```

4.4.1.4 布尔运算

为了进行布尔运算,需要对交线环做预处理,以便确定曲面之间的相交类型。离散多边形曲面有 3 种相交类型,如图 4.4-7 所示。在下面的论述中,交线环由交点和交线组成,二者分别对应重三角化后的三角形的顶点或边。

- **硬闭环交线**:每个交点与两条交线相连,任意一点同时为交线环的起点和终点。可以有多个交线环,但没有一个交点与多于两条交线相连。
- **软闭环交线**:每个交线环是封闭的,然而一个交点可能与多于两条的交线相连。

- **开环交线**:交线不封闭,存在仅与一条交线相连的点,该点即为终点。

单次布尔运算中可能包含多种交线类型。一般来说,封闭(水密)曲面之间的交线不可能是开环的。水密曲面的每条边与两个三角形相连,开放曲面至少有一条边仅与一个三角形相连。

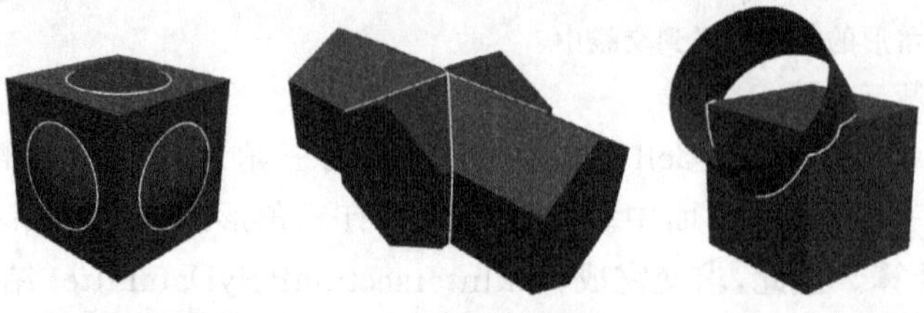

(a) 包含6个硬闭环　　(b) 包含2个软闭环　　(c) 包含1个开环

图 4.4-7　3 种相交类型

作为预处理,需要找到交线环的数目和类型。然后沿着交线环单向移动,用交线环对输入曲面进行分割,获得裁剪子曲面。VTK 的类 vtkBooleanOperationPolyDataFilter 中用于获得每个输入曲面的裁剪子曲面的函数是::GetBooleanRegions(),算法 A4.4.5::GetBooleanRegions()是对该函数的详细介绍。

算法 A4.4.5::GetBooleanRegions()

```
for 每个交线环 L_i
    for 每个曲面 S_j
        for L_i 中的每条交线 l_i
            获得与 l_i 相连的单元(C_1 和 C_2)
            for 每个相连曲面的单元(C_k)
                if 单元没有给定方向 O
                    设定 C_k 的方向为 CW 或 CCW
                    将曲面 S_j 的相关子曲面的单元都填塞为 O
                end if
            end for
        end for
    end for
end for
```

沿交线环的某方向移动,需要根据交线环附近单元相对交线的位置给定单元的方向。例如,图 4.4-8 所示的交线方向由下到上,这要求左侧的单元是逆时针(CCW)方向的,而右侧的单元是顺时针(CW)方向的。一旦有一个单元的方向确定了,子曲面内跟该单元相连的所有单元都需设置为该方向,这个设置过程称作**填塞**。填塞区域的边界即为交线环。对于每个子曲面,填塞算法只需运行一次。图 4.4-9(a)所示为圆柱与球体求交的子曲面,二者的子曲面为 a、b、c 和 e、d、f,黄色代表 CW,蓝绿色代表 CCW。接下来的布尔运算(相加/相交/相减)是子曲面的某些组合,布尔运算 $A\cup B=b+d+f$,$A\cap B=a+c+e$,$A-B=b+e$,$B-A=a+c+d+f$。确定使用哪些子曲面，依赖于交线环和布尔运算的类型。对于图 4.4－9(a)所示情形，所有的交线环都是硬闭环，选择比较直接，布尔运算结果如图 4.4－9(b)所示。

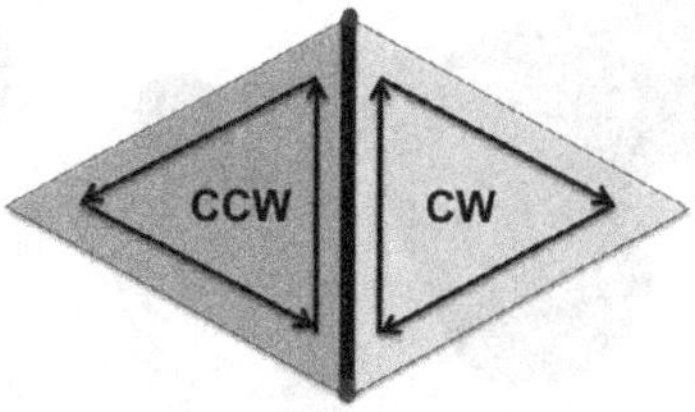

图 4.4－8　交线附近单元的方向(左侧为逆时针(CCW)方向，右侧为顺时针(CW)方向)

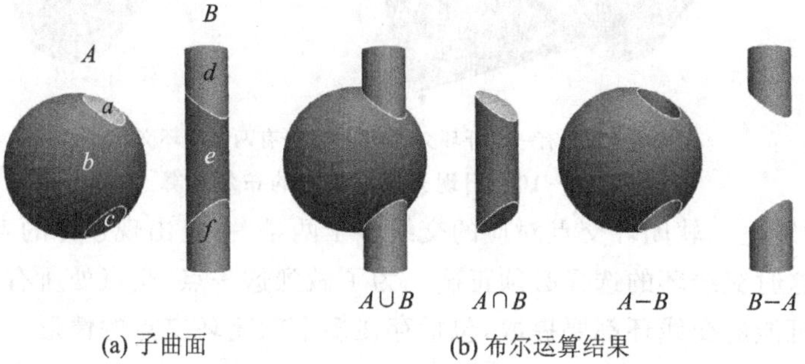

图 4.4－9　球体与圆柱求交

4.4.1.5 特殊情况：开环交线及软闭环交线

开放曲面的“内部”不明显，为了便于理解及对开放曲面做布尔运算，将开放曲面的“外部”定义为其法线方向，其反方向为“内部”。如图 4.4－7 所示，开放曲面的交线可能是开环，这是布尔运算需要考虑的特殊情况之一。另外一种特殊情况是，对两个相同尺寸的曲面做布尔运算，可能会出现交线环相交的情况，即出现软闭环交线。

1. 开环交线

在这种情况下，需要特殊的步骤以保证布尔运算会得到合理的输出。不管何种相交类型，求交过程和重三角化过程是一样的。做布尔运算首先需要区别交线类型(硬闭环、软闭环、开环)，只要存在开环，定义子曲面时就应该最后考虑开环。也就是说，硬闭环和软闭环应该被优先考虑。闭环会保证子曲面方向的正确性，随后考虑开环时剩余的子曲面都有相同的方向。如果仅有开环交线，则可以依次考虑各条交线。然而，可能出现没有包含单元的子曲面，其含义是：①该曲面的其他子曲面包含所有的单元；②该曲面是用于做相加的子曲面。在这种情况下，相加指的是子曲面较大的部分。图 4.4－10 所示为开环相交布尔运算的输出。可见，如果出现开环相交，则布尔运算仅针对曲面之间，而不会考虑曲面内部的体。

2. 软闭环交线

这种情况不常见，一旦出现就需要做特殊处理，以保证布尔运算输出的正确性。与开环交线情况类似，软闭环交线对求交过程和重三角化过程没有影响，特殊性体现在交

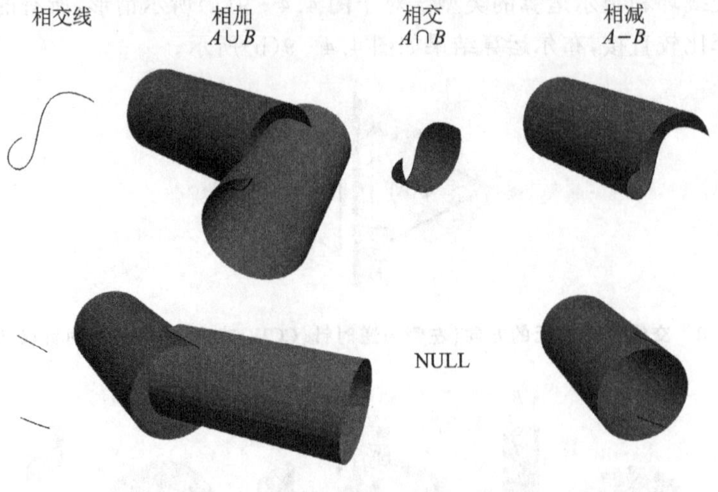

注:上半部分有一条开环交线,下半部分有两条开环交线

图 4.4-10　出现开环交线时的布尔运算

线环类型的确定上。软闭环交点对应的交线多于两条,一旦出现这样的点,就可能出现多个交线环,这时交线环的选择必须正确。为了做到这一点,交点处所有的交线都要加以考虑,所有可能的交线环都要提取,包括存在多个软闭环交点的情形。在子曲面确定过程中,需要考虑所有可能的交线环(参考算法 A4.4.5)。然而,还有其他两个可选方案:①填充区域时只针对仅有一个方向的单元(例如 CCW 情况);②需要跟踪填充区域的数目。如果某个交线环仅返回一个填充区域,则意味着找到了正确的交线环,不再需要测试其余交线环。在完成交线环识别之后,其余的步骤与硬闭环交线类似。图 4.4-11 所示为出现软闭环交线时的布尔运算。

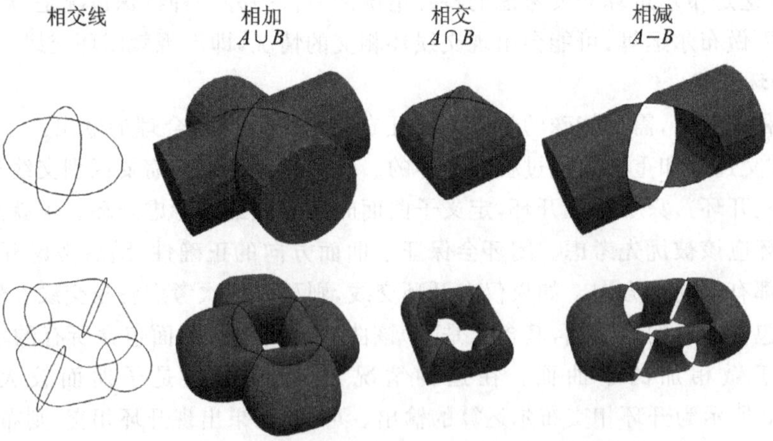

注:上半部分有两个软闭环交线,下半部分有四个软闭环

图 4.4-11　出现软闭环交线时的布尔运算

4.4.2 vtkIntersectionPolyDataFilter

4.4.2.1 简　介

vtkIntersectionPolyDataFilter 用于两个 vtkPolyData 对象求交。其第一个输出是两个输入 vtkPolyData 对象的一组交线,其中还包含着五个不同的数据数组:

- SurfaceID:包含每个点的原始曲面信息的点数据数组。

Input0CellID:包含着第一张输入曲面上的原始单元 ID 数字的单元数据数组。

- Input1CellID:包含着第二张输入曲面上的原始单元 ID 数字的单元数据数组。
- NewCell0ID:包含着接触信息的单元数据数组,即交线与重划分网格后的第一张输入曲面(如果被分割)的哪个单元接触的信息。
- NewCell1ID:包含着接触信息的单元数据数组,即交线与重划分网格后的第二张输入曲面(如果被分割)的哪个单元接触的信息。

第二个和第三个输出分别对应第一个和第二个输入 vtkPolyData。根据选择,两个输出 vtkPolyData 通过重新划分网格可以沿交线分割开来。根据选择,在重划分网格的最后会对曲面进行清理和检查。如果网格被分割,则输出 vtkPolyData 可能包含如下三个数据数组:

- IntersectionPoint:这是一个布尔值,显示该点是否在两个输入对象的边界上。
- BadTriangle:如果曲面被清理和检查,则这是一个单元数据数组,显示单元的边是否有多个临近边。对于流形曲面,这个数组的所有值都为 0。
- FreeEdge:如果曲面被清理和检查,则这是一个单元数据数组,显示单元是否有自由边。对于封闭曲面,这个数组的所有值都为 0。

VTK 类都有 IsA ()、NewInstance ()、PrintSelf ()等公有成员函数,这里不一一介绍。这里介绍一些与离散多边形曲面求交相关的公有成员函数:

- GetNumberOfIntersectionPoints ():返回交点数目。
- GetNumberOfIntersectionLines ():返回交线数目。
- GetComputeIntersectionPointArray ():如果开启,则输出的分割后的曲面会包含哪些点在两个输入曲面的交线上的信息。默认是开启的。
- SetComputeIntersectionPointArray (vtkTypeBool):如果开启,则输出的分割后的曲面会包含哪些点在两个输入曲面的交线上的信息。默认是开启的。

4.4.2.2 例　子

下面介绍一个使用 vtkIntersectionPolyDataFilter 的例子。这里创建了两个球面,求二者的交线。使用 vtkSmartPointer <vtkPolyData >outputi＝intersectionPolyDataFilter—>GetOutput(i)可得到求交的第 i 个输出结果,图 4.4－12 所示为两个球面求交的输出结果(交线及重划分网格后的两个球面),其中 intersectionPolyDataFilter 是 vtkIntersectionPolyDataFilter 的实例。为了显示输出结果的读取方法,将 vtkIntersectionPolyDataFilter 的一些输出结果打印在屏幕上,并绘出 NewCell0ID 与第一个重划

分网格后的球面的关系，如图 4.4－13 所示。代码详见随书代码文件夹 4.4.2_IntersectionPolyDataFilter 中的相关程序，下面是除头文件之外的全部代码：

```
void tripoint(double P1[3],double P2[3],double P3[3],double u,double v,double P[3])
{
    double w = 1 - u - v;
    for (int i = 0; i < 3; i++)
        P[i] = P1[i] * w + P2[i] * u + P3[i] * v;
}

int main(int argc,char * argv[])
{
    ////////////////////////////////////////////////////////////
    // Build two spheres and make the intersection
    ////////////////////////////////////////////////////////////
vtkSmartPointer < vtkSphereSource > sphereSource1 = vtkSmartPointer < vtkSphereSource > ::New();
    sphereSource1 ->SetCenter(0.0,0.0,0.0);
    sphereSource1 ->SetRadius(2.0f);
    sphereSource1 ->SetPhiResolution(6);
    sphereSource1 ->SetThetaResolution(8);
    sphereSource1 ->Update();
vtkSmartPointer < vtkPolyDataMapper > sphere1Mapper = vtkSmartPointer < vtkPolyDataMapper > ::New();
    //sphere1Mapper ->SetInputConnection( sphereSource1 ->GetOutputPort() );
    //sphere1Mapper ->ScalarVisibilityOff();
    //vtkSmartPointer < vtkActor > sphere1Actor = vtkSmartPointer < vtkActor > ::New();
    //sphere1Actor ->SetMapper( sphere1Mapper );
    ////sphere1Actor ->GetProperty() ->SetOpacity(.3);
    //sphere1Actor ->GetProperty() ->SetColor(1,0,0);
    //sphere1Actor ->GetProperty() ->SetEdgeVisibility(1);

    vtkSmartPointer < vtkSphereSource > sphereSource2 =
vtkSmartPointer < vtkSphereSource > ::New();
    sphereSource2 ->SetCenter(1.0,0.0,0.0);
    sphereSource2 ->SetRadius(2.0f);
    sphereSource2 ->SetPhiResolution(6);
    sphereSource2 ->SetThetaResolution(8);
    vtkSmartPointer < vtkPolyDataMapper > sphere2Mapper =
vtkSmartPointer < vtkPolyDataMapper > ::New();
    //sphere2Mapper ->SetInputConnection( sphereSource2 ->GetOutputPort() );
```

```
        //sphere2Mapper->ScalarVisibilityOff();
        //vtkSmartPointer < vtkActor > sphere2Actor = vtkSmartPointer < vtkActor > ::New
();
        //sphere2Actor->SetMapper( sphere2Mapper );
        ////sphere2Actor->GetProperty()->SetOpacity(.3);
        //sphere2Actor->GetProperty()->SetColor(0,1,0);
        //sphere2Actor->GetProperty()->SetEdgeVisibility(1);

    vtkSmartPointer < vtkIntersectionPolyDataFilter > intersectionPolyDataFilter =
vtkSmartPointer < vtkIntersectionPolyDataFilter > ::New();
        intersectionPolyDataFilter->SetInputConnection( 0, sphereSource1->GetOutputPort
() );
        intersectionPolyDataFilter->SetInputConnection( 1, sphereSource2->GetOutputPort
() );

        /////////////////////////////////////////////////////////////
        // Get output from first port
        /////////////////////////////////////////////////////////////

        /*********************************************/
        // You must call update first before trying to fetch the data from vtk filter. It's be-
cause VTK uses
        // lazy evaluation and downstream users needs to ask data from the upstream providers
        intersectionPolyDataFilter->Update();

        vtkSmartPointer < vtkPolyDataMapper > intersectionMapper =
    vtkSmartPointer < vtkPolyDataMapper > ::New();
        intersectionMapper->SetInputConnection( intersectionPolyDataFilter->GetOutputPort
() );
        intersectionMapper->ScalarVisibilityOff();

        vtkSmartPointer < vtkActor > intersectionActor = vtkSmartPointer < vtkActor > ::
New();
        intersectionActor->SetMapper( intersectionMapper );
        intersectionActor->GetProperty()->SetColor(1,1,1);
        intersectionActor->GetProperty()->SetLineWidth(2);

        // Output data of the first port
        vtkSmartPointer < vtkPolyData > output = intersectionPolyDataFilter->GetOutput
(0);
        std::cout << "********** Output data of first port ******************"
<< std::endl;
```

```
        std::cout << "Number of outputPoints = " << output ->GetNumberOfPoints() << std::
endl;
        std::cout << "Number of outputLines = " << output ->GetNumberOfLines() << std::
endl;
        std::cout << "Number of outputCells = " << output ->GetNumberOfCells() << std::
endl;
        std::cout << "Number of arrays in point data = " <<
    output ->GetPointData() ->GetNumberOfArrays() << std::endl;
        auto pd = output ->GetPointData();
        for (int i = 0; i < pd ->GetNumberOfArrays(); i ++ )
        {
            auto array = pd ->GetArray(i);
            std::cout << "  Print data in point array " << array ->GetName() << std::
endl;
            // Let's say we have an array stores data as [[1,2],[2,3],[3,4],[1,2]]. It has 4
tuples and numberOfComponet
            // is 2
            for (int j = 0; j < pd ->GetNumberOfTuples(); j ++ )
            {
                for (int k = 0; k < pd ->GetNumberOfComponents(); k ++ )
                {
                    std::cout << array ->GetComponent(j,k) << " ";
                }
            }
            std::cout << std::endl;
        }
        std::cout << "Number of arrays in cell data = " <<
    output ->GetCellData() ->GetNumberOfArrays() << std::endl;
        auto cd = output ->GetCellData();
        for (int i = 0; i < cd ->GetNumberOfArrays(); i ++ )
        {
            auto array = cd ->GetArray(i);
            std::cout << "  Print data in cell array " << array ->GetName() << std::endl;
            std::cout << "  Number Of Components " << array ->GetNumberOfComponents() <<
std::endl;
            // You can get the array or print out the underlying data using the same logic a-
bove
            for (int j = 0; j < array ->GetNumberOfTuples(); j ++ )
            {
                for (int k = 0; k < array ->GetNumberOfComponents(); k ++ )
                {
```

```
                std::cout << array->GetComponent(j,k) << " ";
            }
        }
        std::cout << std::endl;
    }

    // Same logic to get output data from second and third port
    /*****************************************/

    ////////////////////////////////////////////////////////
    // Get output data from second port
    ////////////////////////////////////////////////////////

     vtkSmartPointer < vtkPolyData > output1 = intersectionPolyDataFilter->GetOutput
(1);
    output1->BuildCells();
    vtkSmartPointer < vtkPoints > points1 = output1->GetPoints();
    std::cout << "********** Output data of second port *****************"
<< std::endl;
    std::cout << "Number of outputPoints = " << output1->GetNumberOfPoints() <<
std::endl;
    std::cout << "Number of outputLines = " << output1->GetNumberOfLines() << std::
endl;
    std::cout << "Number of outputCells = " << output1->GetNumberOfCells() << std::
endl;
    std::cout << "Number of points = " <<
        points1->GetNumberOfPoints() << std::endl;
    double pt1[3];
    for (int i = 0; i < points1->GetNumberOfPoints(); i++)
    {
        points1->GetPoint(i,pt1);
        for (int j = 0; j < 3; j++)
            std::cout << pt1[j] << " ";
        std::cout << std::endl;
    }

    // The intersected triangles and their interpolated centers
    std::cout << "There are " << output1->GetNumberOfPolys() << " polys." << std::
endl;
    vtkIdType *pts1;
    for (int i = 0; i < output1->GetNumberOfPolys(); i++)
    {
```

```
            output1 ->GetCell(i,pts1);
            std::cout << "Poly " << i << " is:  ";
            for (int j = 0; j < pts1[0]; j ++ )
                std::cout << pts1[j + 1] << " ";
            std::cout << std::endl;
        }

        vtkSmartPointer < vtkPoints > points = vtkSmartPointer < vtkPoints > ::New();
        vtkSmartPointer < vtkCellArray > vertices = vtkSmartPointer < vtkCellArray > ::New
();
        auto labelScalars = vtkSmartPointer < vtkDoubleArray > ::New();
        labelScalars ->SetNumberOfComponents(1);
        vtkIdType pid[1];
        double p1[3],p2[3],p3[3],p[3],u = 1.0/3.0,v = u;
        std::cout << std::endl << "******* The intersected triangles ***********"
<< std::endl;
        auto array = cd ->GetArray(2); // For the third port change it to 3
        std::cout << "  Print data in cell array " << array ->GetName() << std::endl;
        std::cout << "   Number Of Components  " << array ->GetNumberOfComponents() <<
std::endl;
    points ->SetNumberOfPoints((array ->GetNumberOfTuples()) * (array ->GetNumberOfCompo-
nents()));
        int i = 0;
        for (int j = 0; j < array ->GetNumberOfTuples(); j ++ )
        {
            for (int k = 0; k < array ->GetNumberOfComponents(); k ++ )
            {
                pid[0] = i;
                vertices ->InsertNextCell(1,pid);
                labelScalars ->InsertNextTuple1(array ->GetComponent(j,k));
                std::cout << array ->GetComponent(j,k) << " ";
                output1 ->GetCell(array ->GetComponent(j,k),pts1);
                points1 ->GetPoint(pts1[1],p1);
                points1 ->GetPoint(pts1[2],p2);
                points1 ->GetPoint(pts1[3],p3);
                tripoint(p1,p2,p3,u,v,p);
                points ->SetPoint(i,p);
                i ++ ;
            }
        }
        std::cout << std::endl;
        std::cout << std::endl << "******* points ***********" << std::endl;
```

```
points->Print(std::cout);
std::cout << std::endl << "******* vertices ***********" << std::endl;
vertices->Print(std::cout);

/////////////////////////////////////////////////////
//   Create a point set
/////////////////////////////////////////////////////

vtkSmartPointer < vtkPolyData > pointsData =
    vtkSmartPointer < vtkPolyData > ::New();
pointsData->SetPoints(points);
pointsData->SetVerts(vertices);
pointsData->GetPointData()->SetScalars(labelScalars);

vtkSmartPointer < vtkSphereSource > sphere =
    vtkSmartPointer < vtkSphereSource > ::New();
sphere->SetPhiResolution(11);
sphere->SetThetaResolution(11);
sphere->SetRadius(0.03);

// Create a mapper and actor
vtkSmartPointer < vtkCellCenters > centers =
    vtkSmartPointer < vtkCellCenters > ::New();
centers->SetInputData(pointsData);
vtkSmartPointer < vtkGlyph3DMapper > pointMapper =
    vtkSmartPointer < vtkGlyph3DMapper > ::New();
pointMapper->SetInputConnection(centers->GetOutputPort());
pointMapper->SetSourceConnection(sphere->GetOutputPort());

vtkSmartPointer < vtkLabeledDataMapper > labelMapper =
    vtkSmartPointer < vtkLabeledDataMapper > ::New();
labelMapper->SetInputData(pointsData);
labelMapper->SetLabelModeToLabelScalars();
labelMapper->SetLabelFormat("%6.0f");

vtkSmartPointer < vtkActor2D > labelActor =
    vtkSmartPointer < vtkActor2D > ::New();
labelActor->SetMapper(labelMapper);

vtkSmartPointer < vtkActor > pointActor =
    vtkSmartPointer < vtkActor > ::New();
pointActor->SetMapper(pointMapper);
```

```
    pointActor ->GetProperty() ->SetPointSize(8);
    pointActor ->GetProperty() ->SetColor(0,1,0);

    ///////////////////////////////////////////////
    // The first split surface
    ///////////////////////////////////////////////
    sphere1Mapper ->SetInputConnection(intersectionPolyDataFilter ->GetOutputPort(1));
    sphere1Mapper ->ScalarVisibilityOff();
    vtkSmartPointer < vtkActor > sphere1Actor =
        vtkSmartPointer < vtkActor > ::New();
    sphere1Actor ->SetMapper(sphere1Mapper);
    //sphere1Actor ->GetProperty() ->SetOpacity(.3);
    sphere1Actor ->GetProperty() ->SetColor(0.0,0.0,1);
    sphere1Actor ->GetProperty() ->SetEdgeVisibility(1);
    sphere1Actor ->GetProperty() ->SetInterpolationToFlat();

    ///////////////////////////////////////////////
    // The second split surface
    ///////////////////////////////////////////////

    sphere2Mapper ->SetInputConnection(intersectionPolyDataFilter ->GetOutputPort(2));
    sphere2Mapper ->ScalarVisibilityOff();
    vtkSmartPointer < vtkActor > sphere2Actor =
        vtkSmartPointer < vtkActor > ::New();
    sphere2Actor ->SetMapper(sphere2Mapper);
    //sphere2Actor ->GetProperty() ->SetOpacity(.3);
    sphere2Actor ->GetProperty() ->SetColor(1,0.0,0.0);
    sphere2Actor ->GetProperty() ->SetEdgeVisibility(1);
    sphere2Actor ->GetProperty() ->SetInterpolationToFlat();

    //////////////////////////////////////////////////////
    //  Rendering
    //////////////////////////////////////////////////////
    vtkSmartPointer < vtkRenderer > renderer = vtkSmartPointer < vtkRenderer > ::New();
    renderer ->AddViewProp(sphere1Actor);
    //renderer ->AddViewProp(sphere2Actor);
    renderer ->AddViewProp(intersectionActor);
    renderer ->AddViewProp(labelActor);
    renderer ->AddViewProp(pointActor);
    renderer ->SetBackground(0,0,0);
    vtkSmartPointer < vtkRenderWindow > renderWindow =
    vtkSmartPointer < vtkRenderWindow > ::New();
    renderWindow ->AddRenderer( renderer );
vtkSmartPointer < vtkRenderWindowInteractor > renWinInteractor =
```

```
vtkSmartPointer < vtkRenderWindowInteractor > ::New();
    renWinInteractor ->SetRenderWindow( renderWindow );

    std::cout << "******* intersectionPolyDataFilter ***********" << std::endl;
    intersectionPolyDataFilter ->Print(std::cout);
    //std::cout << std::endl << "******* intersect ***********" << std::endl;
    //intersect ->Print(std::cout);

    renderWindow ->Render();
    //renWinInteractor ->Start();

    int retVal = vtkRegressionTestImage(renderWindow);
    retVal = 3;
    if (retVal == vtkRegressionTester::DO_INTERACTOR)
    {
        renWinInteractor ->Start();
    }

    return ! retVal;
}
```

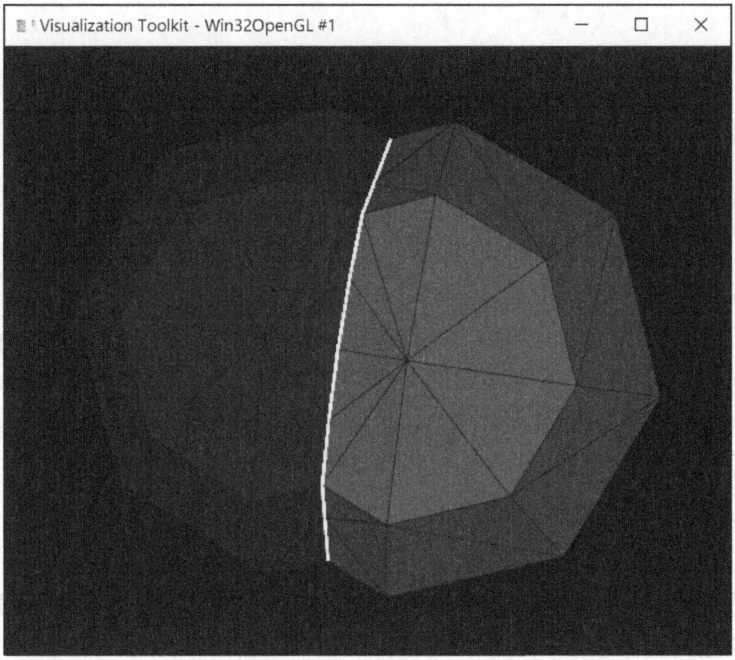

图 4.4-12 使用 vtkIntersectionPolyDataFilter 对两个球面求交的输出结果

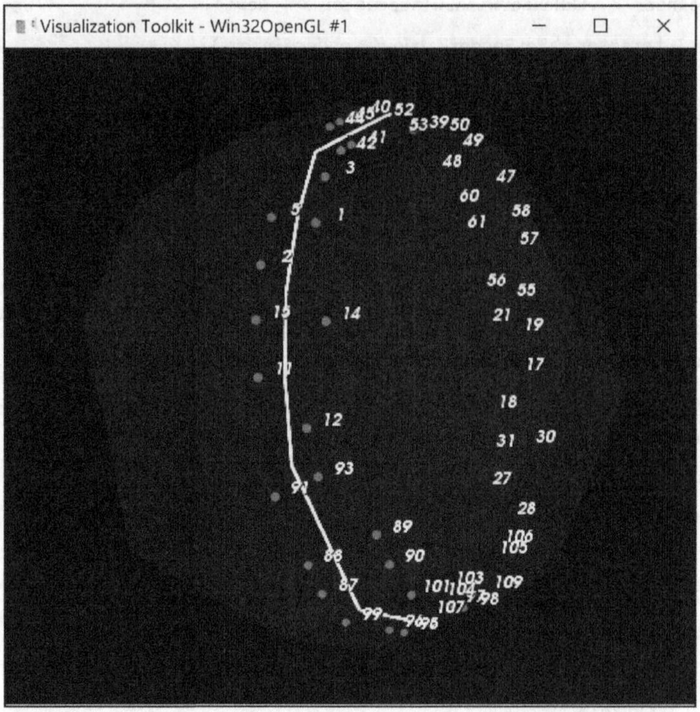

图 4.4-13　NewCell0ID 与第一个重划分网格后的球面的关系

4.5　OCCT 概述

4.5.1　软件系统

4.5.1.1 概　述

Open CASCADE Technology(OCCT)是一个三维曲面和实体、CAD 数据交换，以及图形可视化软件开发平台，大多数的 OCCT 功能以 C++库的形式提供。OCCT 可用于三维建模(CAD)、制造与测量(CAM)，以及数值仿真(CAE)软件开发。本节内容可参阅 OCCT 的内容概览(Overview)和技术概览(Technical Overview)。

4.5.1.2 许可证

OCCT 是免费软件，允许 GNU 宽通用公共许可证(GNU Lesser General Public License，简称 LGPL)下的重新发布和修改。LGPL 对链接 OCCT 有一些强制性的要求，商业化应用需要注意 LGPL 的第六部分，至少需要注意以下要求：

(1) 向用户显著标明该应用在 LGPL 许可下采用了 OCCT，可以将该声明放在“关于(About)”对话框中(如果“关于”对话框中包含版权说明，那么这是强制性要求)，或者文档等类似位置。LGPL 许可要求对用户可见。

(2) 让应用中所用的 OCCT 代码对用户可见,必要时提供该应用编译该代码的方法。保证用户可以在 LGPL 许可下应用修改后的 OCCT。

(3) 如果发布后的应用不允许用户修改 OCCT(例如该应用发布在 iOS 的 App-Store 或 Android 的 GooglePlay、Windows Store 等上),那么该应用及修改后的 OCCT 需要以用户可修改的形式单独发布。

如果不想局限于 OCCT 的 LGPL 许可,那么可联系 Open CASCADE 公司的商业许可。

需要注意的是,OCCT 不对产品的任何问题负责,不承担任何风险。

4.5.1.3 技术文档

OCCT 技术文档包括以下三种形式:

(1) HTML 形式(用 Doxygen 生成)的用户文档和开发文档。

(2) 用户文档和开发文档详细介绍了 OCCT 各模块及各开发工具,而且有 PDF 格式文档。

(3) HTML 形式的包含所有 OCCT 类的完整参考文档。

4.5.1.4 安 装

大多数情况下需要在用户平台上重新编译 OCCT,然后才能在项目中使用 OCCT。在 Windows 平台上可以用预编译好的安装包安装 OCCT,安装包可以在官网上下载。安装后,OCCT 的主目录如图 4.5-1 所示。其中 opencascade-7.3.0 子目录(称作"OCCT root"或 $CASROOT)如图 4.5-2 所示,其内容如下:

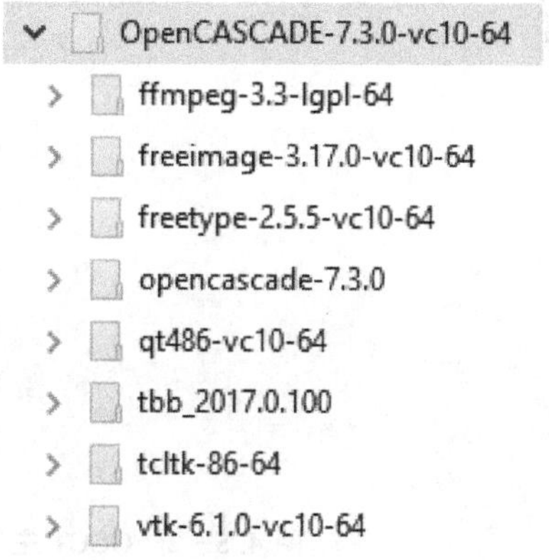

图 4.5-1 OCCT 的主目录

(1) adm 文件夹包含管理文件,可用于重新编译 OCCT。

(2) adm/cmake 文件夹包含 CMake 编译流程文件。

(3) adm/msvc 文件夹包含 Visual Studio 工程,可用于重新编译 OCCT。

(4) data 文件夹包含多种格式的 CAD 文件,可用于测试 OCCT 的功能。

(5) doc 文件夹包含 HTML 和 PDF 格式的 OCCT 技术文档。

(6) dox 文件夹包含纯文本形式的 OCCT 技术文档源。

(7) inc 文件夹包含 OCCT 的所有头文件。

(8) samples 文件夹包含一些应用实例。

(9) src 文件夹包含 OCCT 的源文件,按开发单元分类保存。

(10) tests 文件夹包含 OCCT 测试脚本代码。

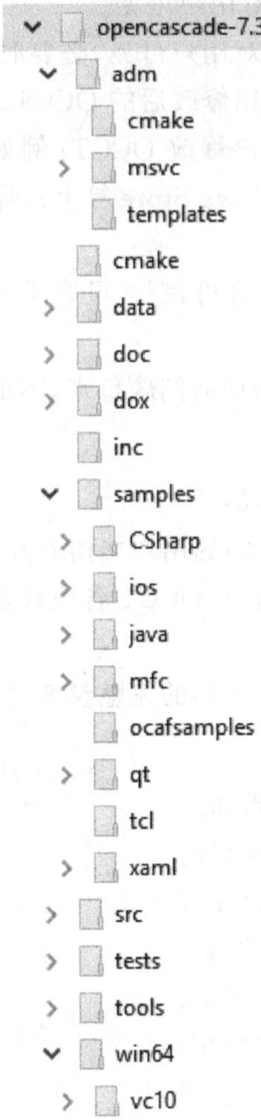

图 4.5-2 OCCT 主目录下的 opencascade-7.3.0 子目录

(11) tools 文件夹包含 Inspector 工具源。

(12) win64/vc10 文件夹包含 Windows 平台上用 Visual C++ 2010 编译的可执行文件及库文件。

4.5.1.5 环境变量

运行 OCCT 应用需要设置环境变量。在 Windows 平台上可以用 $CASROOT 目录下的 env.bat 脚本定义环境变量。该脚本接受两个参数:Visual Studio 的版本(VC10～VC141)和架构(win32 或 win64)。用 Microsoft Visual Studio 编译 OCCT 库和实例的环境变量可通过相同目录下的 custom.bat 脚本设置。如果第三方库没有安装在默认路径,则需要编辑脚本从而调整路径。

脚本 msvc.bat 可以采用同样的参数用于 Visual Studio 编译 OCCT。

4.5.1.6 用 MS Visual C++编译 OCCT

在官网上下载 OCCT 安装包：opencascade-7.3.0-vc14-64.exe（大约 237 M）。打开 Windows 命令输入窗口（比如 Windows PowerShell），进入 Open CASCADE 安装路径（例如 C:\OpenCASCADE-7.3.0-vc14-64\opencascade-7.3.0），输入如图 4.5-3 所示命令“.\genconf.bat”会弹出如图 4.5-4 所示的窗口，取消选中“Search JDK”和“Search Qt4”（分别指 JavaScript 和 Qt4m，如果计算机没有安装则不选），单击“Save”将配置保存在 custom.bat 脚本文件中。

PS C:\OpenCASCADE-7.3.0-vc14-64\opencascade-7.3.0> .\genconf.bat

图 4.5-3 输入命令一

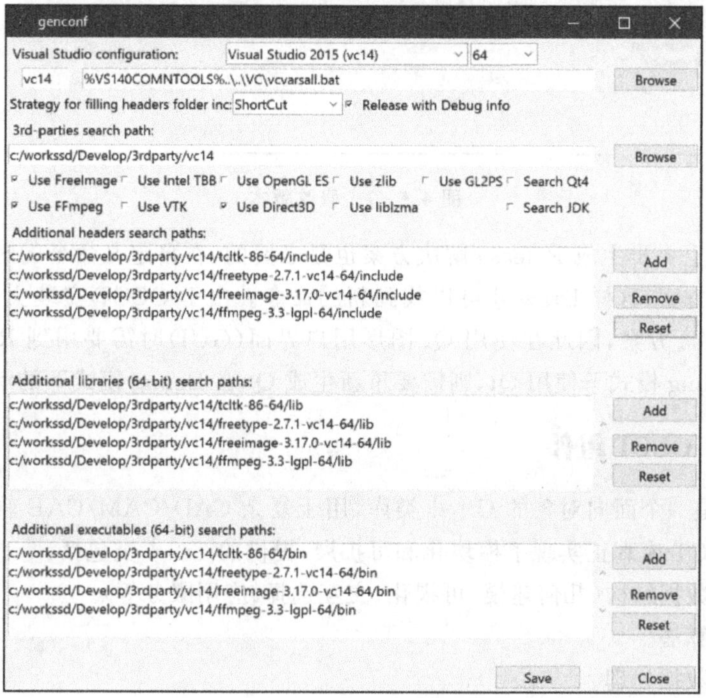

图 4.5-4 “genconf”窗口

输入命令“.\genproj.bat vc14 wnt”，运行结果如图 4.5-5 所示。

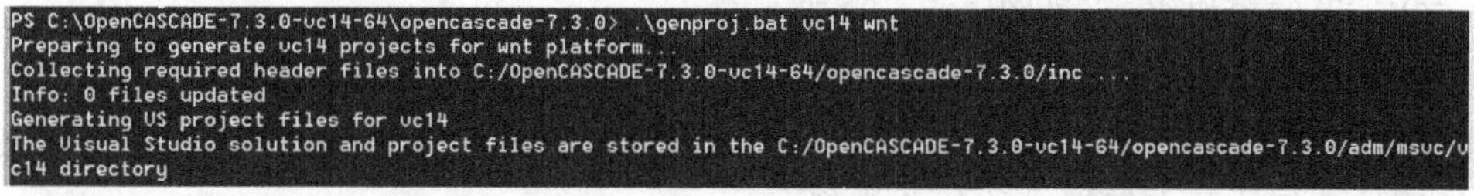
PS C:\OpenCASCADE-7.3.0-vc14-64\opencascade-7.3.0> .\genproj.bat vc14 wnt
Preparing to generate vc14 projects for wnt platform...
Collecting required header files into C:/OpenCASCADE-7.3.0-vc14-64/opencascade-7.3.0/inc ...
Info: 0 files updated
Generating VS project files for vc14
The Visual Studio solution and project files are stored in the C:/OpenCASCADE-7.3.0-vc14-64/opencascade-7.3.0/adm/msvc/vc14 directory

图 4.5-5 运行结果

输入如图 4.5－6 所示命令“.\msvc.bat vc14 win64 Debug”，Visual Studio 会启动（Open CASCADE **一般需要这样启动，若不通则编译会出错**）。启动后按照图 4.5－7 所示修改版本，单击“Build”生成解决方案，大约需要 1 h。编译完成后在目录“C:/OpenCASCADE-7.3.0-vc14-64/opencascade-7.3.0/adm/msvc/vc14”可以看到生成的文件。

```
PS C:\OpenCASCADE-7.3.0-vc14-64\opencascade-7.3.0> .\msvc.bat vc14 win64 Debug
```

图 4.5－6　输入命令二

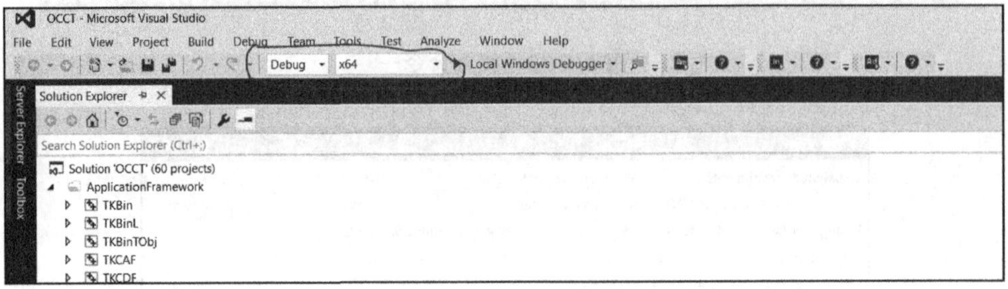

图 4.5－7　修改版本

注意：在上一步生成 Release 解决方案也是必要的，在自定义命令的时候需要生成 Release 解决方案，这样 Draw 才可以找到新的命令。由于 OCCT 安装文件自带的 Qt 模块是 Release 方案，因此在使用 Qt 图形用户界面（GUI）时需要用到 Release 模式。如果想在 Debug 模式下使用 Qt，则需要重新生成 Qt 在 Debug 模式下的解决方案。

4.5.2　OCCT 组件

OCCT 是一个面向对象的 C＋＋类库，用于复杂 CAD/CAM/CAE 软件产品的快速开发。OCCT 库真正实现了模块化和可扩展，提供的 C＋＋类包括：

- 基本数据结构（几何建模、可视化、交互选择、应用服务等）。
- 建模算法。
- 网格数据处理。
- 通过中性格式（IGES、SSTEP）实现数据互操作。

将 C＋＋类及其他类型整合为包（pachage），再将包整合为可供用户链接的工具箱（库，library），最后将工具箱整合为模块（module）。模块的组织结构如图 4.5－8 所示。

OCCT 的模块组成（见图 4.5－9）如下：

（1）**基础类（foundation classes）**模块是所有其他 OCCT 类的基础。

（2）**建模数据（modeling data）**模块提供表示二维和三维 CAD 模型的数据结构，包括原始几何体及它们组成的复杂模型。

（3）**建模算法（modeling algorithms）**模块包含大量的几何及拓扑算法。

（4）**网格（mesh）**模块用于表示离散模型。

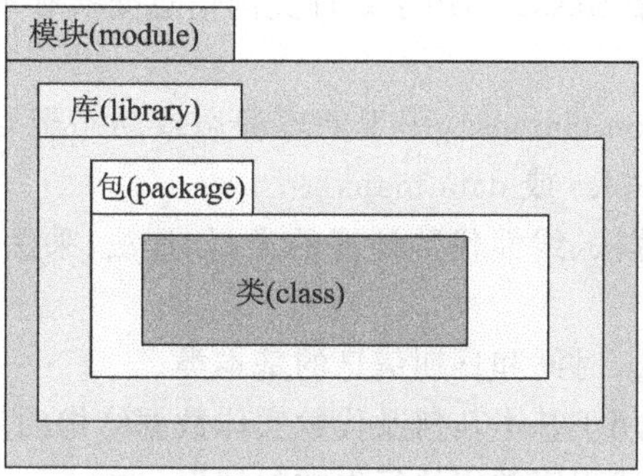

图 4.5-8 模块的组织结构

(5) **可视化**(visualization)模块提供显示图形数据的各种复杂机制。

(6) **数据交换**(data exchange)模块用于各种数据格式的交互操作及形状愈合，从而实现不同提供商的 CAD 软件之间的兼容。

(7) **应用框架**(application framework)模块提供用于专用数据(用户属性)及常用功能(保存、恢复、撤销、重做、复制、粘贴、修改、跟踪等)的即用型解决方案。

除此之外，Open CASCADE Test Harness(也称作 Draw)提供了各个库的入口点，可用作各个模块的测试工具。

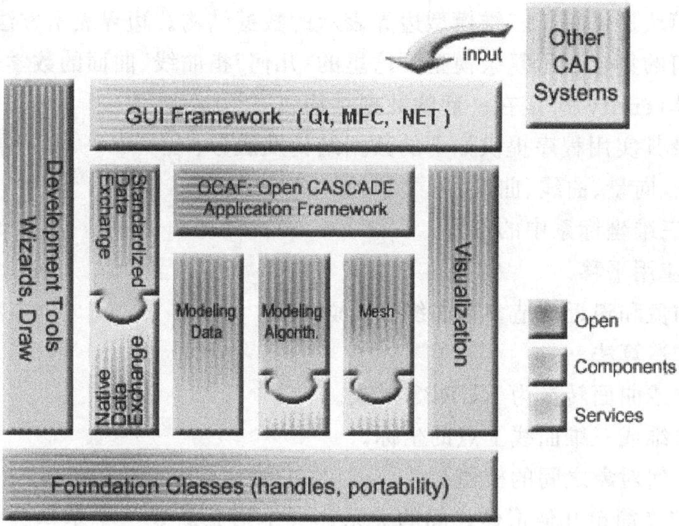

图 4.5-9 OCCT 的模块组成

4.5.2.1 基础类模块

基础类模块包含高层级 OCCT 类所用的数据结构及服务。基础类模块的数据结构可分为如下类别：

(1) 基本数据类，如布尔型、符号型、整型、实型。

(2) 字符串类(string classes),用于处理美国信息交换标准代码(ASCII)和万国码(Unicode)字符串。

(3) 集合类(collection classes),用于处理静态或动态聚合数据,如数组、列表、队列、集合、散列表(hash tables 或 data maps)。

(4) 用于常见数值算法、线性代数计算的类,如加法、乘法、向量或矩阵的转置、线性代数方程组求解等。

(5) 用于表示物理量、时间和日期信息的基本类。

(6) 基本几何体类,用于基本几何及代数实体数据结构的定义和操作。

(7) 异常类,用于表述程序常规执行失败的情形。

这些模块还提供如下各种一般用途的服务:

(1) 安全处理动态创建的对象,自动删除不再引用的对象(智能指针)。

(2) 可配置的优化内存管理,可以提高反复使用的动态创建对象的使用效率。

(3) 扩展的实时类型信息(run-time type information,RTTI)机制,保证完整的层次结构、提供其上的迭代方法。

(4) 封装的 C++数据流。

(5) 通过特定适配器自动管理内存堆(heap memory)等。

更多细节参见基础类用户指南(Foundation Classes User's Guide)。

4.5.2.2 建模数据模块

建模数据模块提供用于三维模型边界表示的数据结构。边界表示方法在一定拓扑下用较简单几何的集合表示复杂模型。这里的“几何”指曲线、曲面的数学表达,“拓扑”指把各几何形体(entity)绑定在一起的数据结构。

几何类型及其实用程序提供如下的数据结构及服务:

(1) 描述点、向量、曲线、曲面:

- 它们在三维坐标系中的位置。
- 对它们应用平移。

(2) 通过插值和逼近构造参数曲线和曲面。

(3) 直接构造算法。

(4) 将曲线或曲面转换为 NURBS 形式。

(5) 计算二维或三维曲线上点的坐标。

(6) 计算几何对象之间的极值。

拓扑用来定义简单几何形体之间的关系。一个形状就是一个基本的拓扑形体,可分割为多个组件(子形状):

- 顶点(vertex)——零维形状,对应于一个点。
- 边(edge)——对应于一条曲线,每个顶端有一个顶点。
- 链(wire)——通过顶点连起来的一系列边。
- 面(face)——平面(二维)或曲面(三维)上被链包围起来的一部分。
- 壳(shell)——被边界链上的边连起来的一组面。

- 实体(solid)——被壳包围起来的三维有限封闭空间。
- 复合体(compound solid)——被边界壳上的面连起来的一组实体。

复杂形状可以看作简单形体的装配体。更多细节参考建模数据用户指南(Modeling Data User's Guide)。在 OCCT 中三维几何模型可以保存为 BREP 格式,可以参考 OCCT 关于 BREP 格式的用户指南。

4.5.2.3 建模算法模块

建模算法模块的多种拓扑和几何算法用于几何建模。简单来说,Open CASCADE 包含以下算法:

(1) 用于实际建模的高层程序。

(2) 用作建模应用程序界面基础的底层数学支撑函数。

(3) 底层几何工具与算法:

- 曲线与曲面之间、曲面与曲面之间求交。
- 将点投影到二维或三维曲线上、将点投影到曲面上或将三维曲线投影到曲面上。
- 根据约束构造直线或圆弧。
- 根据约束(插值、逼近、脱层、填充等)构造自由曲线或曲面。

(4) 底层拓扑工具算法:

- 形状细化。
- 检查形状定义是否正确。
- 确定形状的局部或全局性质(导数、质量惯性等)。
- 进行仿射变换。
- 找到边界所在的平面。
- 将形状转换为 NURBS 几何。
- 将单独的拓扑元素(面、边)链接为拓扑结构(壳、链)。

顶层应用程序界面提供如下功能:

(1) 构造如下原始几何体:

- 盒子。
- 棱柱。
- 圆柱。
- 锥。
- 球。
- 圆环面。

(2) 运动建模:

- 棱柱——线性扫描。
- 旋转体——旋转扫描。
- 管道——一般扫描,图 4.5 - 10 所示为包含通过变直径扫描得到的管道的形状。

• 放样(lofting)。

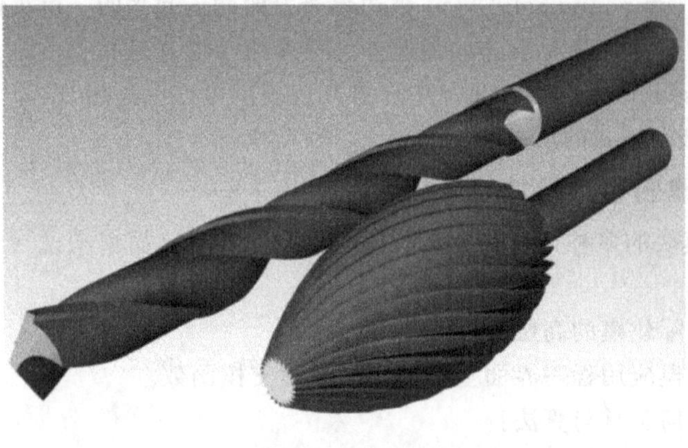

图 4.5-10　包含通过变直径扫描得到的管道的形状

(3) 布尔运算,它允许通过形状的组合创建新的形状。对于形状 S_1 和 S_2:

• 相交——包含形状 S_1 和 S_2 的共有点。
• 相加强——包含形状 S_1 和 S_2 的所有点。
• 相减——包含形状 S_1 的点但不包含 S_2 的点。

更多细节参考建模算法用户指南。

4.5.2.4 网格模块

网格模块提供用三角形面片离散表示模型的相关功能,包括:

(1) 用来保存形状的曲面网格数据及相关指针基本算法的数据结构。

(2) 通过边界表示模型构造三角形曲面网格的数据结构及算法。

(3) 用于显示前处理或后处理(标量或矢量)数据网格的工具。

4.5.2.5 可视化模块

可视化模块提供用于显示形状、网格等各种对象的即用型算法。在 Open CASCADE 中,图形显示与 CAD 数据是分割开的,显示可以根据用户需要自定义。该模块也提供快速、强大的交互选择机制。更多细节参考可视化用户指南。通过 VTK 库可视化 OCCT 拓扑形状的方法单独在 VTK 集成服务用户指南中有详细介绍。

4.5.2.6 数据交换模块

数据交换模块允许开发可与其他 CAD 系统交互模型数据的 OCCT 应用,这种数据交互是通过读写 CAD 模型实现的。Open CASCADE 可采用的 CAD 模型数据格式有 IGES、STEP、STL、VRML 等。

4.5.2.7 形状修复库

形状修复库提供修正和调整从 CAD 系统导入 OCCT 的形状的几何与拓扑算法。形状修复算法包括但不限于以下操作:

(1) 分析形状特性,特别是通过分析几何对象和拓扑,识别与 OCCT 几何或拓扑不匹配的几何和拓扑：

- 检查边和链的一致性。
- 检查链中边的顺序。
- 检查面的边界的顺序。
- 分析形状容差。
- 识别边界上封闭和开放的链。

(2) 修复不正确或不完整的形状：

- 提供三维曲线及对应的参数曲线的一致性。
- 修复有缺陷的链。
- 拟合形状使它们符合用户定义的容差值。
- 修复面片和边之间的缝隙。

(3) 升级和改变形状特性：

- 降低曲线和曲面的阶次。
- 分割曲线以获得 C^1 连续。
- 把任意类型的曲线或曲面转换为 Bézier 或 B 样条曲线或曲面及其逆转换。
- 分割封闭曲面和旋转曲面。

形状修复的每个子区域有自身的功能范围，如表 4.5-1 所列。

表 4.5-1 形状修复的每个子区域的功能范围

子区域	功能描述	对形状的影响
分析	遍历形状特性，计算形状属性，检测违反 OCCT 要求的情况	形状自身没有被修改
修复	修复形状以满足 OCCT 要求	形状可能改变其原始形式：修改、删除或创建子形状等
升级	改进形状以满足一些特殊算法	用新形状代替原来的，但几何不变
自定义	修改形状表示以满足特殊需求	没有修改形状，仅改变了其内在表示的数学形式
过程	基于用户可编辑源文件的形状修改机制	–

4.5.2.8 应用框架模块

Open CASCADE Application Framework(OCAF)处理基于应用/文档范例的应用数据。它使用一个关联引擎简化 CAD 应用的开发，其中要用到以下即用型特征和服务：

(1) 管理应用数据的数据属性，这可以根据开发需求组织。

(2) 数据存储和永久性(打开/保存)。

(3) 修改和重计算文档中属性的可能性，用 OCAF 很容易在模型内表示修改历史和参数依赖性。

(4) 管理多个文档的可能性。

(5) CAD/CAM/CAE 常用的预定义属性(例如保存维度)。

(6) 撤销/重做、复制-粘贴功能。

由于 OCAF 可以处理应用结构,因此仅需要的开发工作是创建因应用而异的数据和图形用户界面。

OCAF 在应用数据组织方面和其他任何 CAD 框架都不同,因为这里的数据结构基于引用键而非形状。在一个模型中,形状数据、演示、材料等属性附属于一个不变的结构,这比形状更深一层。一个形状对象成为形状(Shape)属性的值,同样,一个整数是整数(Integer)属性的值,一个字符串是名称(Name)属性的值。

OCAF 将这些属性组织和存储在一个文档中。反过来,OCAF 文档管理 OCAF 应用。

4.5.2.9 绘图测试工具

绘图测试工具(Draw Test Harness)可以方便地测试 OCCT 库,可以在构造这个算法前方便地测试各种算法,内容包括:

(1) 基于 Tcl 的命令解释器。

(2) 许多二维和三维浏览器。

(3) 一套预定义命令。

图形浏览器支持放大、平移、旋转、全屏等操作。一些基本命令提供一般用途的服务:

(1) 获取帮助。

(2) 文件脚本求值。

(3) 从文件获取命令。

(4) 管理视图。

(5) 显示对象。

除此之外,图形测试工具还提供以下命令:创建和处理曲线、曲面与形状,访问可视化服务,使用 OCAF 文档,执行数据交换,等等。用户可以自定义命令用于测试和展示新的功能。

4.5.3 预备知识/条件

4.5.3.1 预备条件

除了本书外,学习 OCCT 还需要具备以下条件:

- 一台操作系统支持 Open CASCADE 的工作站。
- 将 OCCT 安装在该工作站上。
- 对应操作系统的构建工具。

4.5.3.2 预备知识

为了完成对 OCCT 的学习，读者需要具备以下知识：

- C++面向对象语言。
- 编程技术。

除此之外，具备以下知识也是必要的：

- 基本的数学、代数、几何知识。
- 计算机辅助设计基础。

4.5.3.3 标准数据类型

Open CASCADE 定义了一系列基本数据类型来代替纯 C++中的基本数据类型（见表 4.5-2），这些数据类型用于 Open CASCADE 的所有库中。

表 4.5-2 OCCT 与 C++中的基本数据类型的对比

OCCT 中的基本数据类型	C++ (32 bit)中的基本数据类型
Standard_Integer	int
Standard_Real	double
Standard_Boolean	unsigned int
Standard_CString	const char *
Standard_ExtString	const short *
Standard_Address	void *

4.6 OCCT 典型范例——创建瓶子模型

本节主要介绍怎样使用 OCCT 服务创建三维对象模型，目的不是描述所有的 OCCT 类，而是帮助读者开始用 OCCT 思考问题。

本节内容假定读者已经有较好地使用和设置 C++的经验。从编程的角度考虑，OCCT 设计的三维建模类、方法及函数是提供给用户的高效率 C++建模工具，使用这些资源可以创建大量的应用。

4.6.1 概 述

为了描述三维建模工具提供的类的使用方法，下面将创建如图 4.6-1 所示的瓶子模型。这里将一步一步地给出编写创建该模型的函数的方法。读者可以在发布的 OCCT 安装包中(../samples/qt/Tutorial/src/MakeBottle.cxx)找到这部分内容的完整源代码，包括建模函数 MakeBottle。

模型参数如表 4.6-1 所列。除此之外，将瓶子的(底部)轮廓中心建在全局笛卡尔坐标系的原点(见图 4.6-2)。

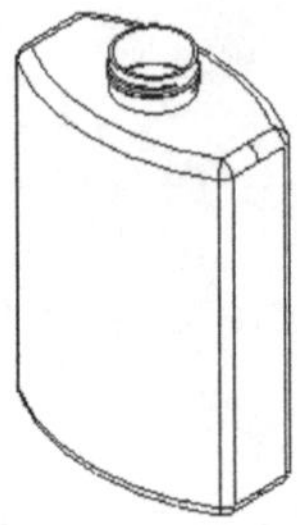

图 4.6-1 瓶子模型

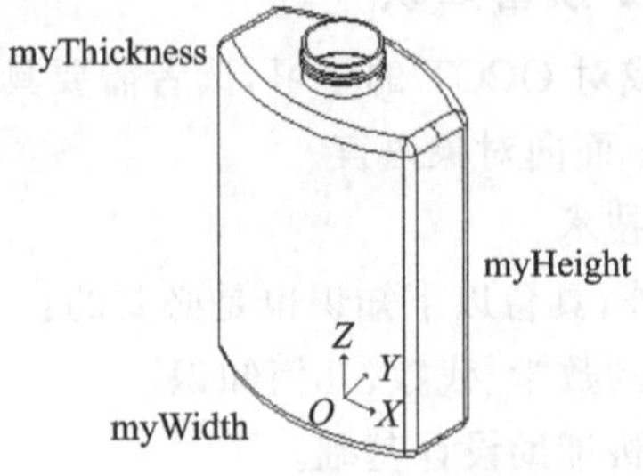

图 4.6-2 将瓶子的(底部)轮廓中心建在全局笛卡尔坐标系的原点

表 4.6-1 模型参数

对象参数	参数名称	参数值
瓶高	myHeight	70 mm
瓶宽	myWidth	50 mm
瓶厚	myThickness	30 mm

创建该模型需要 4 个步骤：

(1) 创建瓶子底部轮廓。

(2) 创建瓶体。

(3) 创建瓶脖上的螺纹；

(4) 创建最终的组合。

4.6.2 创建瓶子底部轮廓

4.6.2.1 定义特征点

创建瓶子底部轮廓，需要首先创建如图 4.6-3 所示的 *XOY* 平面特征点及其坐标，这些点是瓶子轮廓几何定义的支撑。

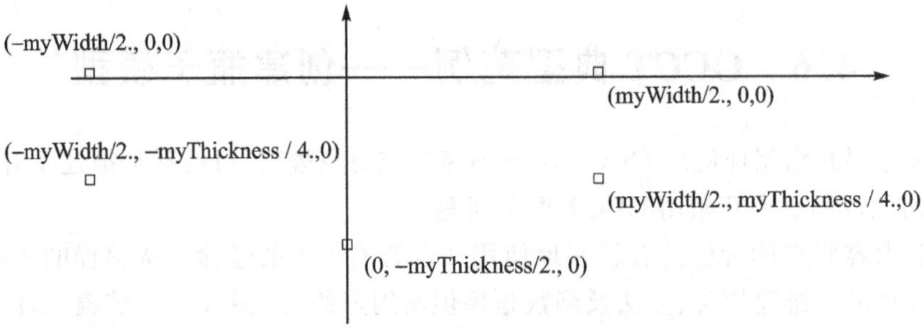

图 4.6-3 *XOY* 平面特征点及其坐标

在 OCCT 中有两个通过 *X*、*Y* 和 *Z* 坐标描述三维空间笛卡尔坐标点的类：

- 原始几何 gp_Pnt 类。
- 用句柄操作的瞬态 Geom_CartesianPoint 类。

句柄是一种智能指针，用于内存自动管理。为了选择这个应用中最合适的类，需要考虑以下因素：

- gp_Pnt 是用值操作的，像所有该类型的对象一样，其寿命是有限的。
- Geom_CartesianPoint 是用句柄操作的，可以有多个引用，寿命也较长。

由于要将定义的所有点仅用于创建瓶子底部轮廓曲线，因此使用寿命较短的对象即可，即选择 gp_Pnt 类。为了实例化 gp_Pnt 对象，需要指定全局笛卡尔坐标系下点的 X、Y 和 Z 坐标：

```
gp_Pnt aPnt1(-myWidth/2.,0,0);
gp_Pnt aPnt2(-myWidth/2.,-myThickness/4.,0);
gp_Pnt aPnt3(0,-myThickness/2.,0);
gp_Pnt aPnt4(myWidth/2.,-myThickness/4.,0);
gp_Pnt aPnt5(myWidth/2.,0,0);
```

一旦实例化了对象，可以使用该类提供的方法访问或修改其中的数据。例如，获取一个点的 X 坐标的方法是：

```
Standard_Real xValue1 = aPnt1.X();
```

4.6.2.2 定义轮廓几何

在 4.6.2.1 节定义的点的帮助下，可以计算瓶子底部轮廓几何的一半。如图 4.6-4 所示，该轮廓由两条线段和一段圆弧组成。

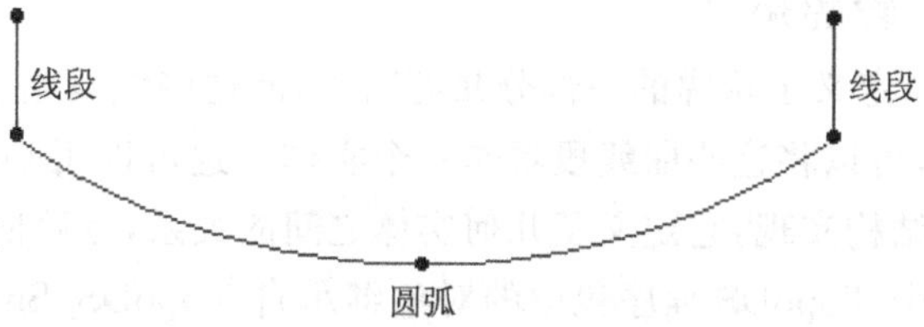

图 4.6-4 瓶子底部轮廓几何的一半

为了创建这样的实体(entity)，需要特定的数据结构，以便用于三维几何对象，这可以在 OCCT 的 Geom 程序包中找到。在 OCCT 中，程序包是提供关联功能的一组类。这些类有一个以所属程序包名称开头的名称。例如，Geom_Line 和 Geom_Circle 类属于 Geom 程序包。Geom 程序包实现三维几何对象：提供基本的曲线、曲面及更复杂的(如 Bézier 和 B 样条)曲线、曲面。然而，Geom 程序包仅提供几何实体的数据结构。可以直接实例化属于 Geom 的类，但是用 GC 程序包计算基本曲线、曲面更简单。这是因为 GC 程序包正好提供了上面轮廓所需的两个算法：

(1) GC_MakeSegment 类用于创建线段，其中一个构造函数允许通过两个端点 P_1 和 P_2 定义一条线段。

(2) GC_MakeArcOfCircle 类用于创建一段圆弧，其中一个构造函数通过两个端点 P_1 和 P_3 及之间任意一点 P_2 创建圆弧。

这两个类都返回一个用句柄操作的 Geom_TrimmedCurve。该实体代表一个由两个参数值限定的基本曲线(在此是直线或圆弧)。例如，圆弧 C 的参数是 0～2PI。如果需要创建圆周的 1/4，则需要创建一个 C 上限制在 0～M_PI/2 的 Geom_Trimmed-Curve。

```
Handle(Geom_TrimmedCurve) aArcOfCircle = GC_MakeArcOfCircle(aPnt2,aPnt3,aPnt4);
Handle(Geom_TrimmedCurve) aSegment1 = GC_MakeSegment(aPnt1,aPnt2);
Handle(Geom_TrimmedCurve) aSegment2 = GC_MakeSegment(aPnt4,aPnt5);
```

所有的 GC 类提供一个构造方法,可以通过一个类似函数的调用自动获取结果。注意,如果构造失败,则该方法可能返回例外。为了更明显地处理可能出现的错误,可以使用 IsDone 和 Value 方法。例如:

```
GC_MakeSegment mkSeg (aPnt1,aPnt2);
Handle(Geom_TrimmedCurve) aSegment1;
if(mkSegment.IsDone()){
    aSegment1 = mkSeg.Value();
}
else {
    // handle error
}
```

4.6.2.3 定义轮廓拓扑

4.6.2.2 节已经定义了轮廓的一部分几何图形,但这些线段相互独立、没有任何关系。为了简化建模,可以将这些曲线段看作一个实体。这可以用 OCCT 的 TopoDS 程序包中的拓扑数据结构实现:它定义了几何实体之间的关系,然后把这些实体联系起来表示复杂形状。每个 TopoDS 程序包中的对象继承自 TopoDS_Shape 类,用于描述拓扑形状,如表 4.6-2 所列。

表 4.6-2　用于描述拓扑形状的 OCCT 类

形　状	OCCT 类	描　述
顶点	TopoDS_Vertex	对应于一个几何点的零维形状
边	TopoDS_Edge	对应于一条两端由顶点约束的曲线的一维形状
链	TopoDS_Wire	通过顶点顺次相连的一组边
面	TopoDS_Face	封闭链包围的曲面的一部分
壳	TopoDS_Shell	通过边相连的一组面
体	TopoDS_Solid	由壳包围起来的三维空间的一部分
复合体	TopoDS_CompSolid	通过面相连的一组体
组合	TopoDS_Compound	任意一组以上形状

基于表 4.6-2,为了创建轮廓,需要创建:

- 通过 4.6.2.2 节计算的曲线创建 3 条边,如图 4.6-5 所示。
- 通过这些边创建一个链。

然而,TopoDS 程序包仅提供拓扑实体的数据结构。用于计算标准拓扑对象的算法类可在 BRepBuilderAPI 程序包中找到。创建一条边需要使用 BRepBuilderAPI_

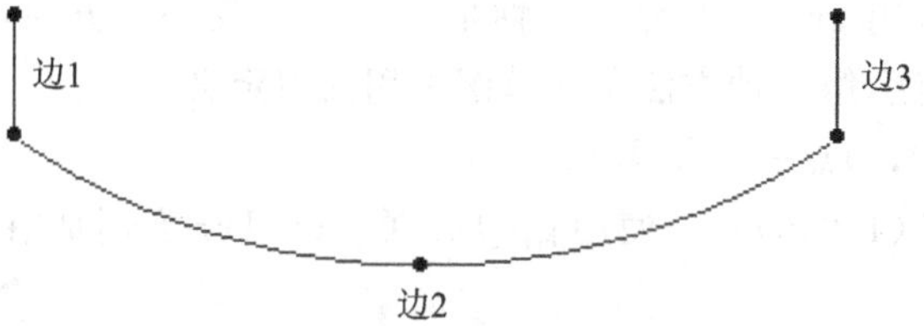

图 4.6-5 创建 3 条边

MakeEdge 类及 4.6.2.2 节计算的曲线：

```
TopoDS_Edge aEdge1 = BRepBuilderAPI_MakeEdge(aSegment1);
TopoDS_Edge aEdge2 = BRepBuilderAPI_MakeEdge(aArcOfCircle);
TopoDS_Edge aEdge3 = BRepBuilderAPI_MakeEdge(aSegment2);
```

在 OCCT 中，有几种创建边的方法。其中之一是直接由两个点创建一条边，这种情况下所得的边是一条直线，该直线自动由所给定的两个输入点对应的顶点约束。例如，aEdge1 和 aEdge3 可以通过如下更简单的方法计算得到：

```
TopoDS_Edge aEdge1 = BRepBuilderAPI_MakeEdge(aPnt1,aPnt3);
TopoDS_Edge aEdge2 = BRepBuilderAPI_MakeEdge(aPnt4,aPnt5);
```

连接这些边需要用 BRepBuilderAPI_MakeWire 类创建一个链。用这个类有两种创建链的方法：

- 直接由 1～4 条边创建。
- 把其他的链或边添加到现有的链中(参见 4.6.2.4 节)。

像当前例子一样，由少于 4 条的边创建一个链，可以直接使用如下的构造函数：

```
TopoDS_Wire aWire = BRepBuilderAPI_MakeWire(aEdge1,aEdge2,aEdge3);
```

4.6.2.4 完成轮廓定义

一旦链的第一部分创建好了，就需要计算完整的轮廓。实现该目的的一个简单方法是：

- 通过反射现有的链得到新的链，如图 4.6-6 所示。
- 把新的链添加到已有的链中。

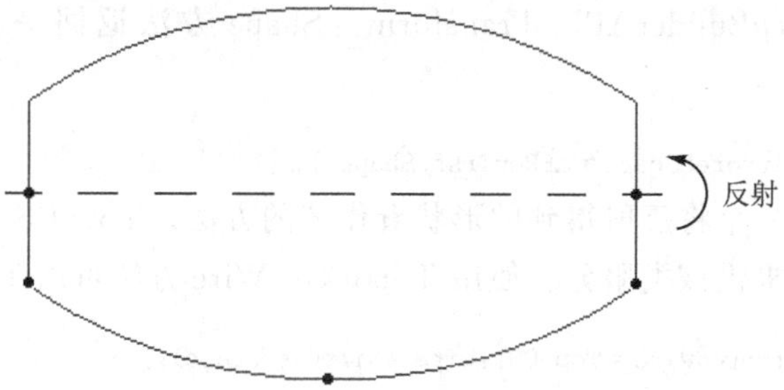

图 4.6-6 通过反射现有的链得到新的链

对形状(包括链)施加一个转换，首先需要用 gp_Trsf 类定义三维几何转换的属性。该转换可以是平移、旋转、缩放、反射，或它们的组合。在此，需要定义一个关于全局坐标系的 X 轴的反射。用 gp_Ax1 类定义轴是用一个点及一个方向(三维单位向量)。有两种定义该轴的方法,第一种方法是在草图上用几何定义:

- X 轴经过(0,0,0)点——使用 gp_Pnt 类。
- X 轴的方向是(1,0,0)——使用 gp_Dir 类。gp_Dir 实例是用 X、Y 和 Z 坐标创建的。

```
gp_Pnt aOrigin(0,0,0);
gp_Dir xDir(1,0,0);
gp_Ax1 xAxis(aOrigin,xDir);
```

第二种方法也是最简单的方法,使用 gp 程序包中定义的几何常量(原点、主方向、全局坐标系的坐标轴)定义。获取 X 轴仅需要调用 gp::OX 方法:

```
gp_Ax1 xAxis = gp::OX();
```

像前面解释的一样,三维几何转换是用 gp_Trsf 类定义的。有两种不同的使用该类的方法:

- 用所有的值定义一个几何转换矩阵。
- 用对应于需要的转换的恰当方法(平移是 SetTranslation,反射是 SetMirror,等等):矩阵是自动计算的。

最简单的方法总是最好的方法,因此应该使用以轴为对称中心的 SetMirror 方法。

```
gp_Trsf aTrsf;
aTrsf.SetMirror(xAxis);
```

现在有了通过下面信息使用 BRepBuilderAPI_Transform 类施加转换的所有必要的数据:

- 施加转换的形状。
- 几何转换。

```
BRepBuilderAPI_Transform aBRepTrsf(aWire,aTrsf);
```

BRepBuilderAPI_Transform 不改变形状的属性:链的反射结果仍然是链。但类似函数的调用或 BRepBuilderAPI_Transform::Shape 方法返回一个 TopoDS_Shape 对象:

```
TopoDS_Shape aMirroredShape = aBRepTrsf.Shape();
```

现在需要的是一个将反射得到的形状看作链的方法。TopoDS 全局函数通过把形状转换为实际类型提供该类服务。使用 TopoDS::Wire 方法可以转换所得的链。

```
TopoDS_Wire aMirroredWire = TopoDS::Wire(aMirroredShape);
```

瓶子底部轮廓几乎要建成了。现在创建了两个链:aWire 和 aMirroredWire,需要将它们连接起来计算单个的形状。可以使用如下的 BRepBuilderAPI_MakeWire 类实现:

- 创建一个 BRepBuilderAPI_MakeWire 的实例。

• 使用 Add 方法把两个链的所有的边添加到该对象中。

```
BRepBuilderAPI_MakeWire mkWire;
mkWire.Add(aWire);
mkWire.Add(aMirroredWire);
TopoDS_Wire myWireProfile = mkWire.Wire();
```

4.6.3 创建瓶体

4.6.3.1 创建有轮廓顶点棱柱

为了计算瓶子的主体,需要生成一个体形状。最简单的方法是使用 4.6.2.4 节创建的轮廓沿一个方向扫描。OCCT 的 Prism 功能是完成这个任务最恰当的方法。它接受一个形状和一个方向作为输入参数,根据表 4.6-3 所列的规则生成新的形状。

当前的轮廓是一个链,根据表 4.6-3,需要由链计算得到面进而生成体。为了生成一个面,需要使用 BRepBuilderAPI_MakeFace 类。如表 4.6-2 所描述的,一个面是由封闭链包围的曲面的一部分。一般来说,BRepBuilderAPI_MakeFace 通过一个曲面或一个/多个链计算面。当链位于平面上,曲面会自动计算得到。

```
TopoDS_Face myFaceProfile = BRepBuilderAPI_MakeFace(myWireProfile);
```

BRepPrimAPI 程序包提供创建拓扑基元构造的所有类:盒子、锥、柱、球等。其中需要用到的是 BRepPrimAPI_MakePrism 类。如前面讨论的,棱柱的定义方法是:

• 将要扫描的基础形状。

• 有限棱柱的一个向量或有限或无限棱柱的方向。

如果想要体是有限的,那么沿 Z 轴扫描并使高度为 myHeight,如图 4.6-7 所示。通过 X、Y 和 Z 坐标用 gp_Vec 类定义的向量是:

```
gp_Vec aPrismVec(0,0,myHeight);
```

现在创建瓶子主体所需的所有数据都有了,使用 BRepPrimAPI_MakePrism 类即可计算得体:

```
TopoDS_Shape myBody = BRepPrimAPI_MakePrism(myFaceProfile,aPrismVec);
```

表 4.6-3 形状/生成结果规则

形 状	生成结果
顶点	边
边	面
链	壳
面	体
壳	组合体

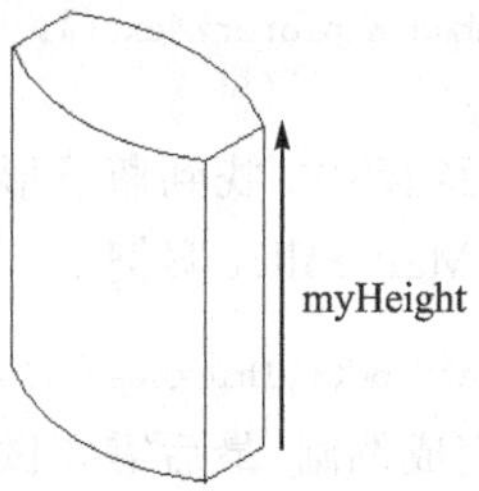

图 4.6-7 沿 Z 轴扫描并使高度为 myHeight

4.6.3.2 对瓶体倒圆

瓶体的边非常锋利。为了用圆面代替它们，需要使用 OCCT 的 Fillet 功能。所需的倒圆（见图 4.6-8）必须是：

- 应用于形状的所有边。
- 半径为 myThickness/12。

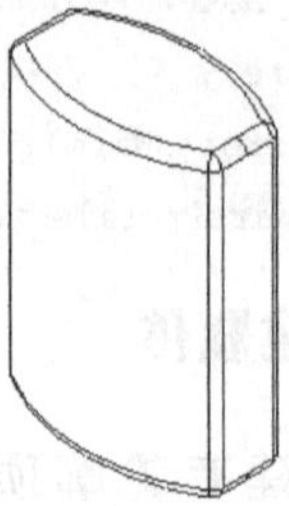

图 4.6-8　所需的倒圆

为了对形状的边应用倒圆，需要使用 BRepFilletAPI_MakeFillet 类。该类通常按如下方式使用：

- 用 BRepFilletAPI_MakeFillet 构造函数指定将要倒圆的形状。
- 使用 Add 方法添加倒圆属性（边及半径，可以添加任意数量的边）。
- 用 Shape 方法检查倒圆后的形状。

```
BRepFilletAPI_MakeFillet mkFillet(myBody);
```

为了添加倒圆属性，需要知道属于形状的边。最好的结果是遍历体以便获取边。该功能是由 TopExp_Explorer 类提供的，该类遍历 TopoDS_Shape 中的数据结构，提取所需的子形状。通常来说，遍历需要提供下面的信息：

- 将要遍历的形状。
- 将要查找的子形状的类型。该信息是由 TopAbs_ShapeEnum 枚举提供的。

遍历通常是在循环中实现的，其中需要用到 3 个主要方法：

- More()用于判断是否仍有子形状需要遍历。
- Current()用于当前正在遍历的子形状（仅当 More()方法时返回真）。
- Next()用于转向下一个将要遍历的子形状。

```
while(anEdgeExplorer.More()){
    TopoDS_Edge anEdge = TopoDS::Edge(anEdgeExplorer.Current());
    //Add edge to fillet algorithm
    ...
    anEdgeExplorer.Next();
}
```

在遍历循环中，找到瓶子形状的所有边。每条边必须用 Add()方法添加在 BRepFilletAPI_MakeFillet 实例中。不要忘记指定沿边的倒圆半径：

```
mkFillet.Add(myThickness/12.,anEdge);
```

一旦完成倒圆，最后需要做的步骤是得到倒圆形状：

```
myBody = mkFillet.Shape();
```

4.6.3.3 添加瓶脖

为了给瓶子添加瓶脖，需要创建一个圆柱并将它熔合在体上。需要将圆柱放在瓶子的顶面，其半径是 myThickness/4，高度是 myHeight/10，如图 4.6－9 所示。

为了放置圆柱，需要用 gp_Ax2 类定义一个坐标系，该坐标系是由一个点和两个方向定义的右手坐标系，其中两个方向为主(Z)轴方向和 X 轴方向(Y 方向可以由二者计算得到)。为了将瓶脖与顶面中心对齐，即在全局坐标系(0,0,myHeight)中、方向沿全局 Z 方向，局部坐标系可以按如下方式定义：

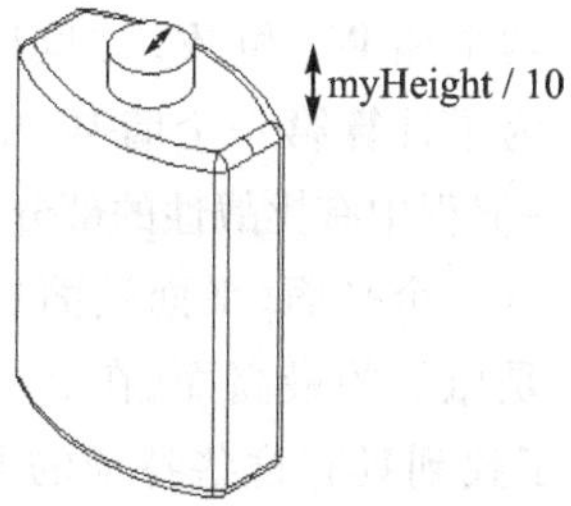

图 4.6－9 圆柱的半径和高度

```
gp_Pnt neckLocation(0,0,myHeight);
gp_Dir neckAxis = gp::DZ();
gp_Ax2 neckAx2(neckLocation,neckAxis);
```

使用创建基本几何元素的程序包中的另一个类创建一个圆柱，即 BRepPrimAPI_MakeCylinder 类。必须提供的信息是：

- 圆柱将要放置的坐标系。
- 圆柱的半径和高度。

```
Standard_Real myNeckRadius = myThickness/4.;
Standard_Real myNeckHeight = myHeight/10;
BRepPrimAPI_MakeCylinder MKCylinder(neckAx2,myNeckRadius,myNeckHeight);
TopoDS_Shape myNeck = MKCylinder.Shape();
```

现在有两个独立部分：一个主体和一个瓶脖，需要将它们熔合在一起。BRepAlgoAPI 程序包提供形状直接布尔运算的服务，例如交(布尔相交)、减(布尔相减)、加(布尔相加)。使用 BRepAlgoAPI_Fuse 将两个形状熔合起来：

```
myBody = BRepAlgoAPI_Fuse(myBody,myNeck);
```

4.6.3.4 创建空心体

由于真实的瓶子用于装液体材料，因此需要从瓶子的顶面创建一个空心体(见图 4.6－10)。在 OCCT 中，空心体称作厚壁体(thick solid)，其内在的计算方法是：

- 从原来的体去除一个或多个面，从而获得空心体的第一个墙 W_1。
- 由 W_1 创建一个平行的墙 W_2，二者之间的距离为 D。如果 D 是正的，则 W_2 位于原始体的外侧，否则位于其内侧。
- 由墙 W_1 和 W_2 计算获得体。

图 4.6－10 创建空心体

为了计算厚壁体，需要用下面的信息创建一个 BRepOffsetAPI_MakeThickSolid 类的实例：

- 需要空心化的形状。
- 计算需要的容差(生成形状的容差准则)。
- 两个墙 W_1 和 W_2 之间的厚度(距离 D)。
- 为了计算第一个墙 W_1 而从原始体去除的面。

这一流程中有挑战性的部分是找到将要从形状去除的面——瓶脖的顶面,其特征为:

- 有一个平面(平面端面)。
- 是瓶子的最高面(在 Z 坐标方向)。

为了找到具有这些特征的面,需要用一个遍历器再次对瓶子的所有面进行迭代,从而找到恰当的面。

```
for(TopExp_Explorer aFaceExplorer(myBody,TopAbs_FACE) ; aFaceExplorer.More() ; aFaceExplorer.Next()){
    TopoDS_Face aFace = TopoDS::Face(aFaceExplorer.Current());
}
```

对每个检测到的面,需要访问该形状的几何特性,这需要用到 BRep_Tool 类。该类中最常用的方法是:

- 面用于访问面(拓扑)的曲面。
- 曲线用于访问边(拓扑)的三维曲线。
- 点用于访问顶点(拓扑)的三维点。

```
Handle(Geom_Surface) aSurface = BRep_Tool::Surface(aFace);
```

可见,BRep_Tool::Surface 方法返回用句柄操作的 Geom_Surface 类的一个实例。然而,Geom_Surface 类不提供 aSurface 对象真实类型的信息,这可以是 Geom_Plane、Geom_CylindricalSurface 等的一个实例。所有用句柄操作的对象继承自 Standard_Transient 类,例如 Geom_Surface。Standard_Transient 类提供两个关于类型的十分有用的方法:

- DynamicType 用于判断对象的真实类型。
- IsKind 用于判断对象是否继承自某一类型。

DynamicType 返回对象的真实类型,但现在需要将它与已知类型做对比,从而确定 aSurface 是否为平面、柱面或其他类型。为了对比给定的类型与寻找的类型,需要使用 STANDARD_TYPE 宏,该宏返回类的类型:

```
if(aSurface->DynamicType() == STANDARD_TYPE(Geom_Plane)){
    //
}
```

如果对比结果是真,则 aSurface 的真实类型是 Geom_Plane。然后用 DownCast()方法将它从 Geom_Surface 转换为 Geom_Plane,该方法由每个继承自 Standard_Transient 的类提供。如其名称所示,该静态方法用于将对象转换为给定的类型,该转换的语法为:

```
Handle(Geom_Plane) aPlane = Handle(Geom_Plane)::DownCast(aSurface);
```

所有这些转换的目的是找到瓶子位于一个平面的最高面。假设有两个全局变量：

```
TopoDS_Face faceToRemove;
Standard_Real zMax = -1;
```

则很容易找到原点沿 Z 最大的平面，该平面的位置是由 Geom_Plane::Location 方法给出的。例如：

```
gp_Pnt aPnt = aPlane->Location();
Standard_Real aZ = aPnt.Z();
if(aZ > zMax){
    zMax = aZ;
    faceToRemove = aFace;
}
```

现在找到了瓶脖的顶面。创建空心体最后的步骤是将该面放在一个列表中。由于不止一个面可从原始体去除，因此 BRepOffsetAPI_MakeThickSolid 构造函数将面的列表作为参数。OCCT 提供不同种类对象的许多集合：参见用于 Geom 程序包对象的集合的 TColGeom 程序包，以及用于 gp 程序包对象的集合的 TColgp 程序包。形状的集合可以在 TopTools 程序包中找到。由于 BRepOffsetAPI_MakeThickSolid 需要一个列表，因此需要使用 TopTools_ListOfShape 类。

```
TopTools_ListOfShape facesToRemove;
facesToRemove.Append(faceToRemove);
```

所有需要的数据都备齐了，现在可以通过调用 BRepOffsetAPI_MakeThickSolid 的 MakeThickSolidByJoin 方法创建空心体了：

```
BRepOffsetAPI_MakeThickSolid BodyMaker;
BodyMaker.MakeThickSolidByJoin(myBody,facesToRemove, - myThickness/50,1.e-3);
myBody = BodyMaker.Shape();
```

4.6.4 创建瓶脖上的螺纹

4.6.4.1 创建曲面

到目前为止，本节已经介绍了怎样通过三维曲线创建边，现在介绍怎样通过曲面和二维曲线创建边。为了掌握 OCCT 这方面的知识，本小节将通过圆柱面和二维曲线创建螺旋轮廓。该理论比前面理论的步骤更复杂，但应用它却很简单，其中第一步是计算这些圆柱面。读者已经熟悉了 Geom 程序包中的曲线，现在可以使用下面信息创建一个圆柱曲面(Geom_CylindricalSurface)：

- 一个坐标系。
- 一个半径。

使用与瓶脖相同的坐标系 neckAx2，用如图 4.6-11 所示的半径创建两个圆柱曲面 Geom_CylindricalSurface。

注意:其中一个圆柱曲面比瓶脖小。这有着充分的理由:创建螺纹后,需要将它与瓶脖熔合。必须保证两个形状是接触的。

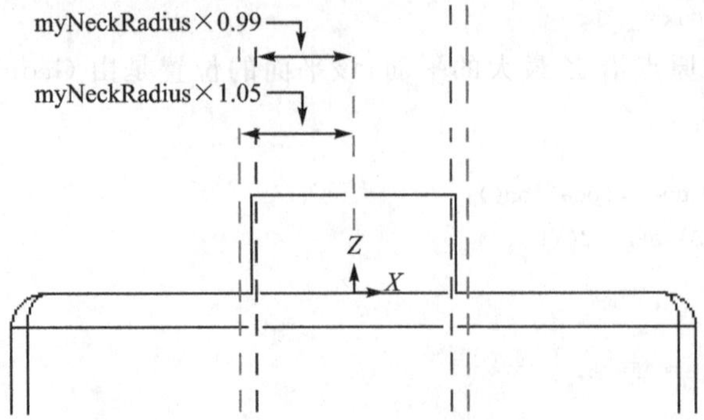

图 4.6-11　圆柱曲面的半径

```
Handle(Geom_CylindricalSurface) aCyl1 = new Geom_CylindricalSurface(neckAx2,myNeckRadius * 0.99);
Handle(Geom_CylindricalSurface) aCyl2 = new Geom_CylindricalSurface(neckAx2,myNeckRadius * 1.05);
```

4.6.4.2 定义二维曲线

为了创建瓶子的瓶脖,4.6.3.3 节基于圆柱面建了一个圆柱体。下面将通过创建该曲面上的二维曲线创建螺纹的轮廓。所有定义在 Geom 程序包中的几何是参数化的。这意味着来自 Geom 的每个曲线或曲面是计算自一个参数方程。如图 4.6-12 所示,一个 Geom_CylindricalSurface 曲面是通过参数方程

$$P(U,V) = O + R \times (\cos(U) \times x\mathrm{Dir} + \sin(U) \times y\mathrm{Dir}) + V \times z\mathrm{Dir}$$

定义的。其中,P 是由参数(U,V)定义的点;O、$x\mathrm{Dir}$、$y\mathrm{Dir}$ 和 $z\mathrm{Dir}$ 分别是圆柱曲面局部坐标系的原点、X 方向、Y 方向和 Z 方向;R 是圆柱曲面的半径;U 的范围是[0, 2PI],V 的范围是无限的。

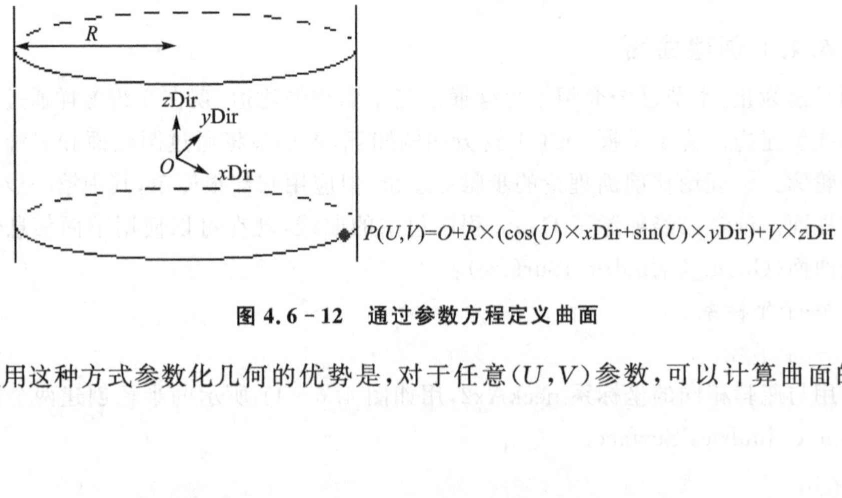

图 4.6-12　通过参数方程定义曲面

使用这种方式参数化几何的优势是,对于任意(U,V)参数,可以计算曲面的如下信息:

• 三维点。
• 该点处 1,2,…,n 阶的导矢。

这些参数方程的另外一个优势是:可以将曲面当作一个定义在(U,V)坐标系的二维参数空间。例如,瓶脖曲面的参数范围如图 4.6-13 所示。

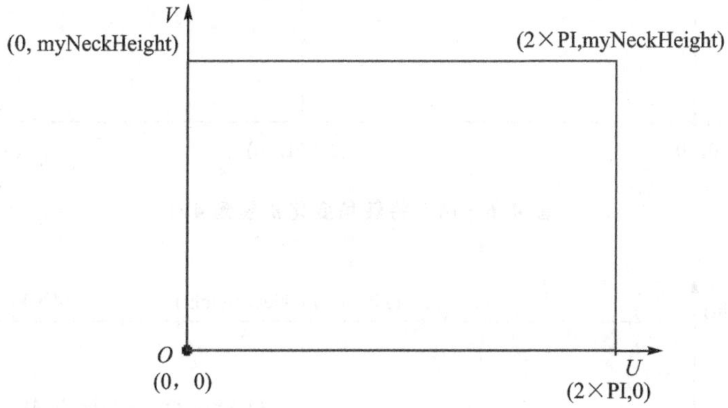

图 4.6-13 瓶脖曲面的参数范围

假设在参数空间(U,V)上创建了一条二维直线,要计算其三维参数曲线,根据直线的定义方式,结果如表 4.6-4 所列。

表 4.6-4 由二维直线计算其三维参数曲线

情 况	参数方程	参数曲线
U=0	$P(V)=O+V\times z\mathrm{Dir}$	平行于 Z 方向的直线
$V=0$	$P(U)=O+R\times(\cos(U)\times x\mathrm{Dir}+\sin(U)\times y\mathrm{Dir})$	平行于(O,X,Y)平面的圆
U ! = 0, V ! = 0	$P(U,V)=O+R\times(\cos(U)\times x\mathrm{Dir}+\sin(U)\times y\mathrm{Dir})+V\times z\mathrm{Dir}$	圆柱上描述高度和角度变化过程的螺旋曲线

螺旋曲线类型正好是所需要的。在瓶脖曲线上,曲线的发展规律是:
• 在 V 参数上:高度定义在 0~myNeckHeigh。
• 在 U 参数上:角度定义在 0~2×PI。但是,由于圆柱曲面关于 U 是周期性的,因此可以将转角变化扩展到 4×PI,如图 4.6-14 所示。

在该(U,V)参数空间,可以创建一个局部(X,Y)坐标系,如图 4.6-15 所示,从而可以定位将要创建的曲线。该坐标系通过以下信息定义:
• 一个位于瓶脖圆柱参数空间的 U,V 坐标系的中心点(2×PI,myNeckHeight/2)。
• 一个 U,V 坐标系上用向量(2×PI,myNeckHeight/4)定义的 X 方向,这样曲线占据瓶脖空间的一半。

为了使用 OCCT 的二维基本几何类型定义一个点和一个坐标系,需要再次从 gp 程序包实例化类:

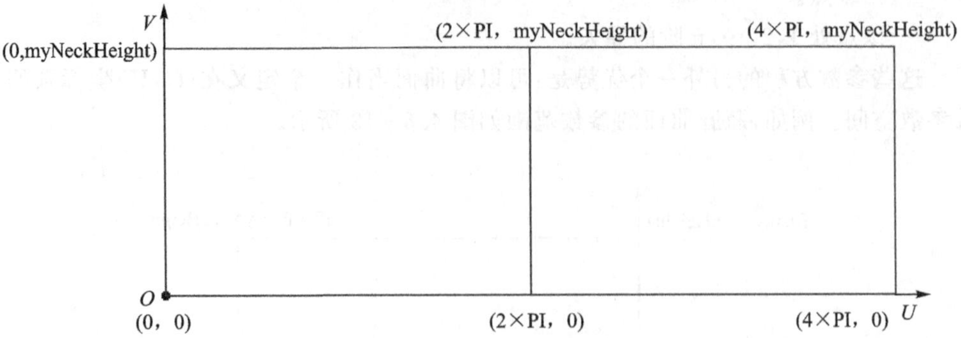

图 4.6-14 将转角变化扩展到 4PI

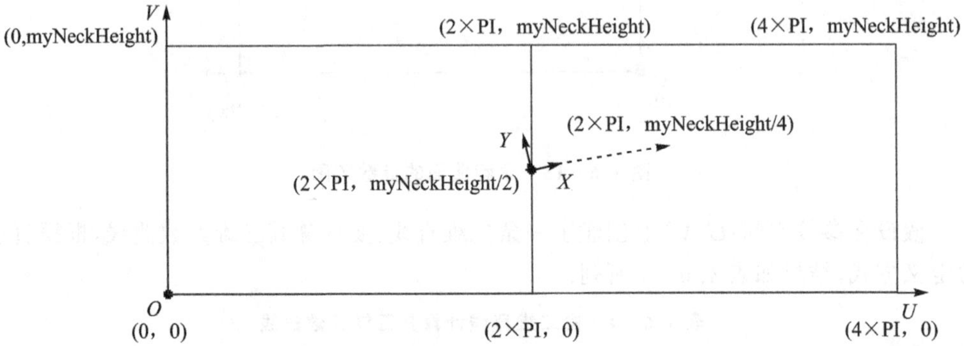

图 4.6-15 创建一个局部(*X*,*Y*)坐标系

- 使用 gp_Pnt2d 类由 *X* 和 *Y* 坐标系定义一个二维点。
- 使用 gp_Dir2d 类由 *X* 和 *Y* 坐标系定义一个二维方向(单位向量)。该坐标系会自动单位化。
- 使用 gp_Ax2d 类定义一个二维右手坐标系，该坐标系由一个点(坐标系的原点)和一个方向(坐标系的 *X* 方向)计算得到。*Y* 方向自动计算得到。

```
gp_Pnt2d aPnt(2. * M_PI,myNeckHeight/2.);
gp_Dir2d aDir(2. * M_PI,myNeckHeight/4.);
gp_Ax2d anAx2d(aPnt,aDir);
```

现在将定义曲线。如前面提到的，这些螺纹轮廓是在两个圆柱曲面之间计算的。图 4.6-16(a)所示曲线定义了基(在 aCyl1 曲面上)，图 4.6-16(b)所示曲线定义了螺纹形状的顶部(在 aCyl2 曲面上)。

现在已经使用了 Geom 程序包来定义三维几何实体。对于二维情况，将使用 Geom2d 程序包。在 Geom 中所有的几何是参数化的，例如一个 Geom2d_Ellipse 椭圆定义自：

- 一个坐标系，其原点是椭圆的中心。
- 一个定义在主轴上的主半径，主轴由坐标系的 *X* 轴定义。

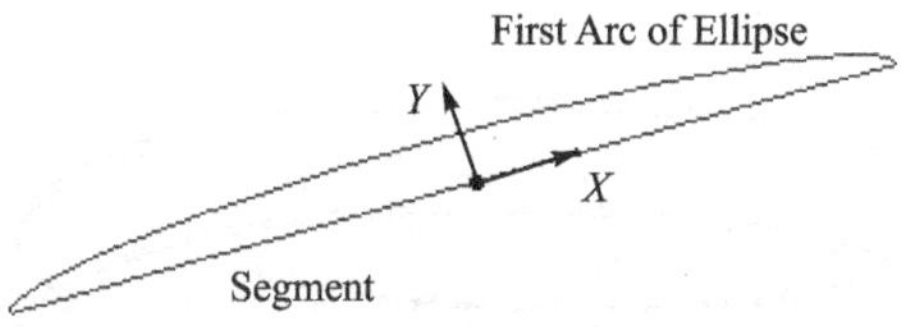

(a) 定义基

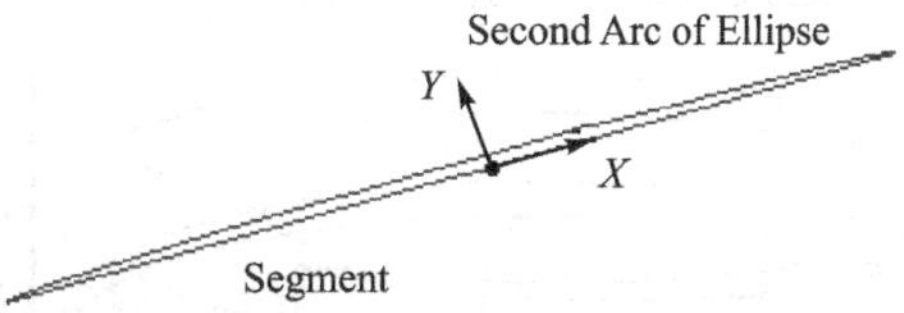

(b) 定义螺纹形状的顶部

图 4.6-16 定义曲线

- 一个定义在次轴上的次半径，次轴由坐标系的 *Y* 轴定义。

假定：

- 两个椭圆有相同的主半径 2×PI。
- 第一个椭圆的次半径是 myNeckHeight/10。
- 第二个椭圆的次半径是前一个椭圆的次半径的 1/4。

两个椭圆的定义如下：

```
Standard_Real aMajor = 2. * M_PI;
Standard_Real aMinor = myNeckHeight/10;
Handle(Geom2d_Ellipse) anEllipse1 = new Geom2d_Ellipse(anAx2d,aMajor,aMinor);
Handle(Geom2d_Ellipse) anEllipse2 = new Geom2d_Ellipse(anAx2d,aMajor,aMinor/4);
```

为了描述前面画弧线的曲线部分，通过椭圆和两个限定参数定义了 Geom2d_TrimmedCurve 裁剪曲线。由于椭圆的参数方程是 $P(U) = O + (\text{MajorRadius} \times \cos(U) \times X\text{Direction}) + (\text{MinorRadius} \times \sin(U) \times Y\text{Direction})$，因此椭圆需要限定在 0～M_PI。

```
Handle(Geom2d_TrimmedCurve) anArc1 = new Geom2d_TrimmedCurve(anEllipse1,0,M_PI);
Handle(Geom2d_TrimmedCurve) anArc2 = new Geom2d_TrimmedCurve(anEllipse2,0,M_PI);
```

最后的步骤是定义线段，这对于两个轮廓是一样的：一条由弧线起点和终点限定的直线。为了访问曲线或曲面的参数对应的点，使用值或 D0 方法(即 0 阶导数)。D1 方法用于一阶导数，D2 方法用于二阶导数。

```
gp_Pnt2d anEllipsePnt1 = anEllipse1 ->Value(0);
gp_Pnt2d anEllipsePnt2;
anEllipse1 ->D0(M_PI,anEllipsePnt2);
```

创建瓶子底部轮廓时，使用了提供创建基本几何算法的 GC 程序包中的类。在二维几何中，这类算法可以在 GCE2d 程序包中找到，其中类名及行为与 GC 程序包中的一样。例如，通过两个点创建二维线段：

```
Handle(Geom2d_TrimmedCurve) aSegment = GCE2d_MakeSegment(anEllipsePnt1,anEllipsePnt2);
```

4.6.4.3 创建边和链

如 4.6.2 节创建瓶子底部轮廓所做，如图 4.6-17 所示，现在可以：

- 计算瓶脖螺纹的边。

• 通过这些边计算两个链。

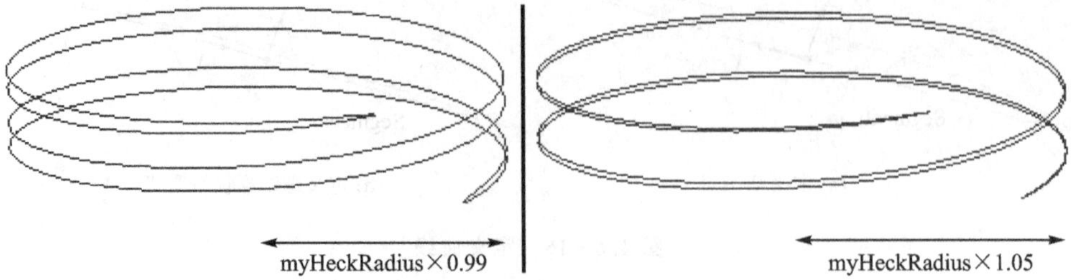

图 4.6－17 创建边和链

在 4.6.4.1 节和 4.6.4.2 节已经创建：

• 螺纹的两个圆柱面。

• 定义螺纹基础较好的 3 条二维曲线。

为了通过曲线计算边，需要再次使用 BRepBuilderAPI_MakeEdge 类，其中一个构造函数允许通过曲面的二维参数空间描述的曲线创建一条边。

```
TopoDS_Edge anEdge1OnSurf1 = BRepBuilderAPI_MakeEdge(anArc1,aCyl1);
TopoDS_Edge anEdge2OnSurf1 = BRepBuilderAPI_MakeEdge(aSegment,aCyl1);
TopoDS_Edge anEdge1OnSurf2 = BRepBuilderAPI_MakeEdge(anArc2,aCyl2);
TopoDS_Edge anEdge2OnSurf2 = BRepBuilderAPI_MakeEdge(aSegment,aCyl2);
```

现在可以创建分别位于两个曲面的螺纹的两个轮廓：

```
TopoDS_Wire threadingWire1 = BRepBuilderAPI_MakeWire(anEdge1OnSurf1,anEdge2OnSurf1);
TopoDS_Wire threadingWire2 = BRepBuilderAPI_MakeWire(anEdge1OnSurf2,anEdge2OnSurf2);
```

这些链是通过曲面和二维曲线创建的。考虑到这些链，一个重要的数据项丢失了：没有三维曲线的任何信息。庆幸的是，读者不需要自己计算。由于数学上太复杂，因此这些计算可能很难。当一个形状包含除三维曲线外所有需要的信息时，OCCT 提供一个自动构造三维曲线的工具。在 BRepLib 工具程序包中，可以使用 BuildCurves3d 方法计算形状所有边的三维曲线。

```
BRepLib::BuildCurves3d(threadingWire1);
BRepLib::BuildCurves3d(threadingWire2);
```

4.6.4.4 创建螺纹

4.6.4.3 节已经计算得到螺纹的链。因为螺纹是一个体形状，所以必须计算链的面，面可以把链连接起来，由这些面可得到壳，进而得到体。这可能是一个很长的操作，但一旦有了基础拓扑，总是有建体的更快的方法。如图 4.6－18 所示，可以用两个链建一个体。OCCT 提供了一个像建阁楼一样的快速方法：

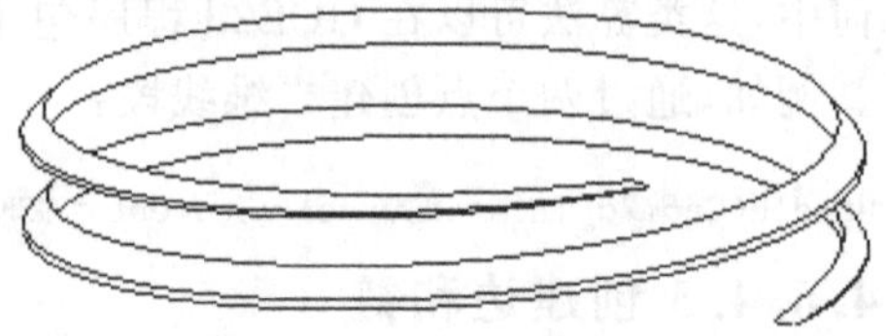

图 4.6－18 创建螺纹

壳或体按照一定的顺序通过一组链。阁楼函数在 BRepOffsetAPI_ThruSections 类中实现,可以按以下方式使用:

- 通过创建类的一个实例,初始化算法。如果想要建一个体,必须给定构造函数的第一个参数。默认使用 BRepOffsetAPI_ThruSections 建壳。
- 使用 AddWire 方法依次添加链。
- 使用 CheckCompatibility 方法激活(或禁止)检查链的数目是否一致的选项。在这里每个链都有两条边,因此可以禁止。
- 使用 Shape 方法询问所得楼阁形状。

```
BRepOffsetAPI_ThruSections aTool(Standard_True);
aTool.AddWire(threadingWire1); aTool.AddWire(threadingWire2);
aTool.CheckCompatibility(Standard_False);
TopoDS_Shape myThreading = aTool.Shape();
```

4.6.5 创建最终的组合

瓶子的创建几乎完成了。使用 TopoDS_Compound 和 BRep_Builder 类,通过 myBody 和 myThreading 建单个形状:

```
TopoDS_Compound aRes;
BRep_Builder aBuilder;
aBuilder.MakeCompound (aRes);
aBuilder.Add (aRes,myBody);
aBuilder.Add (aRes,myThreading);
```

恭喜!瓶子创建完成。图 4.6-19 所示为该应用的屏幕抓拍效果。

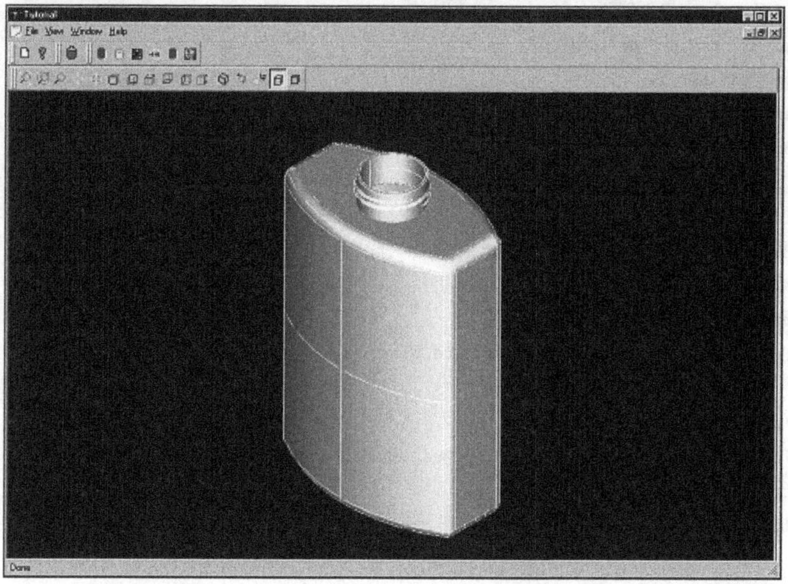

图 4.6-19 屏幕抓拍效果

4.6.6 全部代码

完整的 MakeBottle 函数(在 OCCT 安装路径下的 $CASROOT/src/MakeBottle.cxx 文件中定义)如下:

```
TopoDS_Shape MakeBottle(const Standard_Real myWidth,const Standard_Real myHeight,
const Standard_Real myThickness)
{
    // Profile : Define Support Points
    gp_Pnt aPnt1(_myWidth/2.,0,0);
    gp_Pnt aPnt2(_myWidth/2.,_myThickness/4.,0);
    gp_Pnt aPnt3(0,-myThickness/2.,0);
    gp_Pnt aPnt4(myWidth/2.,_myThickness/4.,0);
    gp_Pnt aPnt5(myWidth/2.,0,0);

    // Profile : Define the Geometry
    Handle(Geom_TrimmedCurve) anArcOfCircle = GC_MakeArcOfCircle(aPnt2,aPnt3,aPnt4);
    Handle(Geom_TrimmedCurve) aSegment1 = GC_MakeSegment(aPnt1,aPnt2);
    Handle(Geom_TrimmedCurve) aSegment2 = GC_MakeSegment(aPnt4,aPnt5);

    // Profile : Define the Topology
    TopoDS_Edge anEdge1 = BRepBuilderAPI_MakeEdge(aSegment1);
    TopoDS_Edge anEdge2 = BRepBuilderAPI_MakeEdge(anArcOfCircle);
    TopoDS_Edge anEdge3 = BRepBuilderAPI_MakeEdge(aSegment2);
    TopoDS_Wire aWire = BRepBuilderAPI_MakeWire(anEdge1,anEdge2,anEdge3);

    // Complete Profile
    gp_Ax1 xAxis = gp::OX();
    gp_Trsf aTrsf;
    aTrsf.SetMirror(xAxis);
    BRepBuilderAPI_Transform aBRepTrsf(aWire,aTrsf);
    TopoDS_Shape aMirroredShape = aBRepTrsf.Shape();
    TopoDS_Wire aMirroredWire = TopoDS::Wire(aMirroredShape);
    BRepBuilderAPI_MakeWire mkWire;
    mkWire.Add(aWire);
    mkWire.Add(aMirroredWire);
    TopoDS_Wire myWireProfile = mkWire.Wire();

    // Body : Prism the Profile
    TopoDS_Face myFaceProfile = BRepBuilderAPI_MakeFace(myWireProfile);
    gp_Vec aPrismVec(0,0,myHeight);
    TopoDS_Shape myBody = BRepPrimAPI_MakePrism(myFaceProfile,aPrismVec);

    // Body : Apply Fillets
```

```
    BRepFilletAPI_MakeFillet mkFillet(myBody);
    TopExp_Explorer anEdgeExplorer(myBody,TopAbs_EDGE);
    while(anEdgeExplorer.More()){
        TopoDS_Edge anEdge = TopoDS::Edge(anEdgeExplorer.Current());
        //Add edge to fillet algorithm
        mkFillet.Add(myThickness/12.,anEdge);
        anEdgeExplorer.Next();
    }
    myBody = mkFillet.Shape();

    // Body : Add the Neck
    gp_Pnt neckLocation(0,0,myHeight);
    gp_Dir neckAxis = gp::DZ();
    gp_Ax2 neckAx2(neckLocation,neckAxis);
    Standard_Real myNeckRadius = myThickness/4.;
    Standard_Real myNeckHeight = myHeight/10.;
    BRepPrimAPI_MakeCylinder MKCylinder(neckAx2,myNeckRadius,myNeckHeight);
    TopoDS_Shape myNeck = MKCylinder.Shape();
    myBody  = BRepAlgoAPI_Fuse(myBody,myNeck);

    // Body : Create a Hollowed Solid
    TopoDS_Face faceToRemove;
    Standard_Real zMax = -1;
    for(TopExp_Explorer aFaceExplorer(myBody,TopAbs_FACE); aFaceExplorer.More(); aFa-
ceExplorer.Next()){
        TopoDS_Face aFace = TopoDS::Face(aFaceExplorer.Current());
        // Check if < aFace > is the top face of the bottles neck
        Handle(Geom_Surface) aSurface = BRep_Tool::Surface(aFace);
        if(aSurface->DynamicType() == STANDARD_TYPE(Geom_Plane)){
            Handle(Geom_Plane) aPlane = Handle(Geom_Plane)::DownCast(aSurface);
            gp_Pnt aPnt = aPlane->Location();
            Standard_Real aZ = aPnt.Z();
            if(aZ > zMax){
                zMax = aZ;
                faceToRemove = aFace;
            }
        }
    }
    TopTools_ListOfShape facesToRemove;
    facesToRemove.Append(faceToRemove);
    BRepOffsetAPI_MakeThickSolid BodyMaker;
    BodyMaker.MakeThickSolidByJoin(myBody,facesToRemove,_myThickness/50,1.e_3);
```

```
    myBody = BodyMaker.Shape();

    // Threading : Create Surfaces
    Handle(Geom_CylindricalSurface) aCyl1 = new Geom_CylindricalSurface(neckAx2,myNeck-
Radius * 0.99);
    Handle(Geom_CylindricalSurface) aCyl2 = new Geom_CylindricalSurface(neckAx2,myNeck-
Radius * 1.05);

    // Threading : Define 2D Curves
    gp_Pnt2d aPnt(2. * M_PI,myNeckHeight/2.);
    gp_Dir2d aDir(2. * M_PI,myNeckHeight/4.);
    gp_Ax2d anAx2d(aPnt,aDir);
    Standard_Real aMajor = 2. * M_PI;
    Standard_Real aMinor = myNeckHeight/10;
    Handle(Geom2d_Ellipse) anEllipse1 = new Geom2d_Ellipse(anAx2d,aMajor,aMinor);
    Handle(Geom2d_Ellipse) anEllipse2 = new Geom2d_Ellipse(anAx2d,aMajor,aMinor/4);
    Handle(Geom2d_TrimmedCurve) anArc1 = new Geom2d_TrimmedCurve(anEllipse1,0,M_PI);
    Handle(Geom2d_TrimmedCurve) anArc2 = new Geom2d_TrimmedCurve(anEllipse2,0,M_PI);
    gp_Pnt2d anEllipsePnt1 = anEllipse1 ->Value(0);
    gp_Pnt2d anEllipsePnt2 = anEllipse1 ->Value(M_PI);
    Handle(Geom2d_TrimmedCurve) aSegment = GCE2d_MakeSegment(anEllipsePnt1, anEl-
lipsePnt2);

    // Threading : Build Edges and Wires
    TopoDS_Edge anEdge1OnSurf1 = BRepBuilderAPI_MakeEdge(anArc1,aCyl1);
    TopoDS_Edge anEdge2OnSurf1 = BRepBuilderAPI_MakeEdge(aSegment,aCyl1);
    TopoDS_Edge anEdge1OnSurf2 = BRepBuilderAPI_MakeEdge(anArc2,aCyl2);
    TopoDS_Edge anEdge2OnSurf2 = BRepBuilderAPI_MakeEdge(aSegment,aCyl2);
    TopoDS_Wire threadingWire1 = BRepBuilderAPI_MakeWire(anEdge1OnSurf1,
anEdge2OnSurf1);
    TopoDS_Wire threadingWire2 = BRepBuilderAPI_MakeWire(anEdge1OnSurf2,
anEdge2OnSurf2);
    BRepLib::BuildCurves3d(threadingWire1);
    BRepLib::BuildCurves3d(threadingWire2);

    // Create Threading
    BRepOffsetAPI_ThruSections aTool(Standard_True);
    aTool.AddWire(threadingWire1);
    aTool.AddWire(threadingWire2);
    aTool.CheckCompatibility(Standard_False);
    TopoDS_Shape myThreading = aTool.Shape();
```

```
    // Building the Resulting Compound
    TopoDS_Compound aRes;
    BRep_Builder aBuilder;
    aBuilder.MakeCompound (aRes);
    aBuilder.Add (aRes,myBody);
    aBuilder.Add (aRes,myThreading);
    return aRes;
}
```

4.7 OCCT 绘图测试工具

本节主要介绍 OCCT 绘图测试工具 Draw，这是一个基于 Tcl 和图形系统的命令解释器，用于测试和展示 OCCT 的建模库。该工具可用于交互创建、展示和修改曲线、曲面、拓扑形状等对象。用户可以用 C++ 编程语言编写脚本自定义新的命令或对象并用它们进行测试。绘图测试工具中包含：

(1) 基于 Tcl 命令语言的命令解释器。

(2) 基于 X 系统的三维图形浏览器。

(3) 关于脚本、变量、图形的基本命令。

(4) 允许用户创建和修改曲线与曲面、使用 OCCT 几何算法的几何命令。

(5) 允许用户创建和修改边界表示形状、使用 OCCT 拓扑算法的拓扑命令。

本节仅对绘图测试工具做简要介绍，详细内容参阅 OCCT 用户指南，用户指南中有关于以下内容的详细介绍：

- 命令语言(Tcl)。
- 基本绘图命令。
- 图形(graphics)命令。
- 几何(geometry)命令。
- 拓扑(topology)命令。
- OCAF 命令。
- 数据交换命令。
- 形状修复命令。

4.7.1 引　言

4.7.1.1 入门指南

单击开始菜单 Open CASCADE Technology 7.3.0 VS 2017 64 bit 下的 Draw Test Harness 即可运行 OCCT 绘图测试工具，也可以单击安装路径(比如 C:/OpenCASCADE-7.3.0-vc14-64/opencascade-7.3.0)下的 draw.bat 运行。为了加载所有的

绘图命令,输入如下命令:

```
• Draw[1] > pload ALL
```

由于 Tcl 编写的程序调试困难,因此绘图测试工具只适合于测试,不适用于大规模程序开发。

所有的绘图测试命令可以在通用的 DRAWEXE 可执行文件中激活。这些命令打包成为工具箱(toolkit),可以在允许程序中加载,从而应用到动态加载的插件中。因此,可以仅动态加载需要的命令,而不离开绘图测试会话。

声明已有插件是通过特殊的源文件实现的,pload 命令根据给定的源文件加载插件,并激活插件中的命令。

4.7.1.2 插件源文件

在 OCCT 安装目录下的 $CASROOT/src/DrawResources 文件夹中有 DrawPlugin 的源码文件,该文件与标准的 OCCT 源文件(详情参阅 Resource_Manager.hxx 文件)是兼容的。每个关键词定义了一系列相互嵌套的关键词或一个动态库的名称。关键词之间可以相互嵌套到任意层级,然而系统并不检查关键词的循环嵌套(除 DrawPlugin 外),例如(摘自 DrawPlugin):

```
OCAF : VISUALIZATION,OCAFKERNEL
VISUALIZATION : AISV
OCAFKERNEL : DCAF
DEFAULT : TKTopTest
DCAF : TKDCAF
AISV : TKViewerTest
```

4.7.1.3 插件中命令的激活

为了加载在源文件中声明的插件并激活绘图命令,必须在绘图测试工具中使用下面的命令

```
pload [-PluginFileName] [[Key1] [Key2]...]
```

- -PluginFileName——定义了前面所述插件源文件的名字(前缀"-"是必须的)。如果忽略了这个参数,那么系统会使用默认名称 DrawPlugin。
- Key. . . ——枚举将被加载的插件关键词。如果没有关键词输入,那么系统会使用 DEFAULT(如果没有该关键词那么系统不会加载任何插件)。

根据 OCCT 源文件管理规则,为了访问源文件,必须设置环境变量 CSF_PluginFileNameDefaults(或者 CSF_PluginFileNameUserDefaults)并使它指向保存源文件的目录。如果忽略了该步骤,那么插件源文件会在 $CASROOT/src/DrawResources 文件夹里搜索。

下面的命令将从 OCAF 关键词出发,使用变量 CSF_DrawPluginDefaults(以及 CSF_PluginFileNameUserDefaults)搜索源文件 DrawPlugin:

```
Draw[] pload -DrawPlugin OCAF
```

由于 DrawPlugin 是 OCCT 自带的，可以在 $CASROOT/src/DrawResources 目录下找到(除非用户重新定义了该路径)。关键词 OCAF 会被递推提取到两个工具箱(或插件)中：TKDCAF 和 TKViewerTest(例如在 Windows 中二者对应于 TKDCAF.dll 和 TKViewerTest.dll)，因此 Visualization 和 OCAF 中的命令会在绘图测试工具中被加载和激活。命令

```
Draw[] pload
```

(等价于 pload-DrawPlugin DEFAULT)会找到默认的 DrawPlugin 文件及默认(DEFAULT)关键词。后者最终被映射到 TKTopTest 工具箱，其中包含有基本的建模命令。

4.7.2 命令语言

绘图测试工具中的命令语言是 Tcl。John K. Ousterhout 编写的 *Tcl and the Tk Toolkit* 是一本很有用的 Tcl 文档，值得一读。本小节会提纲式介绍 Tcl 及绘图工具中对它做的一些扩展。本小节包含以下主题：

- Tcl 的语法。
- 访问 Tcl 和 Draw 中的变量。
- 列表。
- 控制结构。
- 函数。

4.7.2.1 Tcl 的语法

Tcl 是一个解释性命令语言，与 C、Pascal、LISP 或 Basic 等结构化语言不同。Tcl 定义控制结构和函数比其他命令语言要简单，而且运行速度也更快。基本的 Tcl 程序是脚本，一个脚本由一个或多个命令组成，命令之间用新的行或分号分开：

```
set a 24
set b 15
seta 25; set b 15
```

这里的 set 将一个字符串赋值给一个变量。一个命令包含一个或多个单词，其中第一个单词是该命令的名称，其他单词是该命令的参数，单词之间用空格分开。例如：

```
> box b 10 10 10
```

命令之间用下一行或分号分隔。例如：

```
> box b 10 10 10; fit
```

也可以用 source 命令通过文件读取命令。例如：

```
> source myscript.txt
```

其中 myscript.txt 的内容为

```
box b 10 10 10
fit
```

在 Tcl 中,变量替代由 $ 触发,$ 后的变量由它代指的变量替代。可以用{}把变量名称括起来。

例子:

```
# set a variable value
set file documentation
puts $file; #to display file contents on the screen

# a simple substitution,set psfile to documentation.ps
set psfile $file.ps
puts $psfile

# another substitution,set pfile to documentationPS
set pfile ${file}PS
```

命令替代由[]触发,方括号内必须是有效的脚本。脚本会被求值,结果会被替代。

例子:

```
set degree 30
set PI 3.14159265
# expr is a command evaluating a numeric expression
set radian [expr $PI * $degree/180]
```

反斜杠替代由反斜杠符号触发,这可用于 $、[、]等特殊符号。Tcl 使用两种形式的引用(quoting)来避免替代或单词断开。双引号引用激活带空格字符串的定义,将它看作一个单词。引号内仍然可以进行替代。

例子:

```
# set msg to ;the price is 12.00;
set price 12.00
set msg "the price is $price"
```

大括号引用会阻止所有的替代。大括号也可以嵌套。大括号的主要用处是,在函数和控制结构中延迟求值。大括号用于多行 Tcl 脚本的更清晰显示。

例子:

```
set x 0
# this will loop for ever
# because while argument is ;0 < 3;
while "$x < 3"{set x [expr $x+1]}

# this will terminate as expected because
# while argument is {$x < 3}
while {$x < 3} {set x [expr $x+1]}
```

```
# this can be written also
while { $x < 3} {
set x [expr $x+1]
}

# the following cannot be written
# because while requires two arguments
while { $x < 3}
{
set x [expr $x+1]
}
```

在一个命令中如果第一个非空格字符是“#”，则为注释。在一行的最后添加注释，注释前必须用分号与前面的命令分开。

例子：

```
# This is a comment
set a 1 # this is not a comment
set b 1; # this is a comment
```

4.7.2.2 访问 Tcl 和 Draw 中的变量

Tcl 变量仅有字符串值，即使数值也是以字符串形式逐字保存的，使用expr 命令的计算也是通过解析字符串实现的。然而，Draw 需要值为其他形式的变量，例如曲线、曲面、拓扑形状等。

Tcl 提供连接用户数据与变量的机制。使用该功能，Draw 将其变量定义为带相关数据的 Tcl 变量。

Draw 变量的字符串值没有意义，一般设置为变量自己的名称。因此，对变量执行 $ 并不改变一个命令的结果。Draw 变量的内容是通过适当的命令访问的。

有许多种 Draw 变量，可以用 C++添加新的变量。下面介绍一些几何和拓扑变量。

Draw 的数值变量可以在 Draw 命令需要数值的任何表达式内使用。在这种情况下 expr 命令没有用，这是因为该变量不是以字符串形式，而是以数值形式存储的。

例子：

```
# dset is used for numeric variables
# pi is a predefined Draw variable
dsetangle pi/3 radius 10
pointp radius * cos(angle) radius * sin(angle) 0
```

建议仅对字符串使用 Tcl 变量，仅对数值使用 Draw 变量，这样可以避免 expr 命令。原则上，几何和拓扑需要数值而非字符串。

set、unset 语法：

```
set varname [value]
unset varname [varname varname ...]
```

set 将字符串值赋值给变量,如果该变量不存在,则会生成一个。

如果没有给赋值,则 set 返回变量自身的内容。

unset 删除变量,也可以删除 Draw 变量。

例子:

```
set a "Hello world"
set b "Goodbye"
set a
== "Hello world"
unset a b
set a
```

注意:set 命令只可以设置一个变量,而 unset 命令可以删除多个变量。

dset、dval 语法:

```
dset var1 value1 var2 value2 ...
dval name
```

dset 给 Draw 数值变量赋值,参数可以是包括在 Draw 数值变量内的任意数值表达式。由于所有的 Draw 命令需要数值表达式,因此没有必要使用 $ 或 expr。dset 命令可以给多个变量赋值,如果有奇数个参数,则最后的变量会被赋予 0 值;如果该变量不存在,则会创建一个。

dval 计算一个包含 Draw 数值变量的表达式,结果以字符串形式返回,即使单个变量也是如此。该命令不用于 Draw 命令,因为 Draw 命令通常会解释表达式。该命令用于期待字符串的基本 Tcl 命令。

例子:

```
# z is set to 0
dset x 10 y 15 z
== 0
# no $ required for Draw commands
point p x y z
# "puts" prints a string
puts "x = [dval x],cos(x/pi) = [dval cos(x/pi)]"
== x = 10,cos(x/pi) = _0.99913874099467914
```

注意:在 Tcl 中,圆括号不是特殊字符。如果存在空格,则不要忘记使用引号将表达式括起来,从而避免解析错误。(a+b)会被解析为三个单词,"(a+b)"或(a+b)是正确的。

del、dall 语法:

```
del varname_pattern [varname_pattern ...]
dall
```

del 命令与 unset 命令做相同的事情，但仅删除符合类型的变量。

dall 命令删除会话中的所有变量。

4.7.2.3 列　表

Tcl 使用列表。列表是包含用空格分割开的单元的字符串。如果字符串中包含大括号，则括起来的部分看作一个单元。这样可以在列表中插入列表。许多 Tcl 命令返回列表，foreach 是在列表元素上创建循环的有用工具。

4.7.2.4 控制结构

Tcl 允许使用控制结构循环。控制结构通过命令实现，其语法与 C 语言语法（if 、while 、switch 等）十分相似。在这种情况下，C 语言和 Tcl 的主要区别为：

- 使用大括号而非圆括号把条件括起来。
- 脚本不是从命令的下一行开始的。

if 语法：

```
if condition script [elseif script ... else script]
```

if 计算条件及脚本的值，看条件是否为真。

例子：

```
if { $x > 0} {
puts "positive"
} elseif { $x == 0} {
    puts "null"
}else {
    puts "negative"
}
```

while、for、foreach 语法：

```
while condition script
for init condition reinit script
foreach varname list script
```

这三个循环结构与 C 语言循环结构相似，很重要的是需要使用大括号来延迟估值。foreach 先将列表的元素赋值给变量，然后才计算脚本的值。

例子：

```
# while example
dset x 1.1
while {[dval x] < 100} {
    circle c 0 0 x
    dset x x * x
}
```

```
# for example
# incr var d,increments a variable of d (default 1)
for {set i 0} { $ i < 10} {incr i} {
    dset angle $ i * pi/10
    point p $ i cos(angle) sin(angle) 0
}
# foreach example
foreach object {crapo tomson lucas} {display $ object}
```

break、continue 语法：

```
break
continue
```

在循环内，break 和continue 命令的功能与 C 语言中的相同。

break 中断最内层的循环，continue 跳跃到下一次迭代。

例子：

```
# search the index for which t $ i has value "secret"
set t1 secret
for {set i 1} { $ i <= 100} {incr i} {
    if {[set t $ i] == "secret"} break;
}
```

4.7.2.5 函　数

通过使用proc 命令定义函数可以开展 Tcl，从而设置局部变量的环境、捆绑参数并执行 Tcl 脚本。

函数的唯一问题是变量是严格的局部变量。而且，由于变量是在使用的时候隐式定义的，因此难以检测错误。

有两种在当前函数外访问函数内的变量的方法：global 声明一个全局变量（在所有函数外的变量），upvar 在调用的函数内访问一个变量。由于 Tcl 参数的值总是字符串，因此传递 Draw 变量的唯一方式是引用，即传递变量的名称并使用upvar 命令。

proc 语法：

```
proc argumentlist script
```

proc 定义了一个过程，参数可以有默认值，即{参数值}形式的列表。函数体是脚本，return 返回函数的返回值。

例子：

```
# simple procedure
proc hello {} {
    puts "hello world"
}
```

```
# procedure with arguments and default values
proc distance {x1 y1 {x2 0} {y2 0}} {
    set d [expr (x2 - x1) * (x2 - x1) + (y2 - y1) * (y2 - y1)]
    return [expr sqrt(d)]
}

proc fact n {
    if { $n == 0} {return 1} else {
        return [expr n * [fact [expr n - 1]]]
    }
}
```

global、**upvar** 语法：

```
global varname [varname ...]
upvar varname localname [varname localname ...]
```

global 访问高层变量。不同于 C 语言，全局变量在函数中不可见。

upvar 在当前调用范围内给变量一个新的名称。当一个参数是变量的名称而非值时，该命令会很有用。这是引用调用，是把 Draw 变量作为参数的仅有的方式。

注意：在下面的例子中，$ 符号对于访问参数总是必要的。

例子：

```
# convert degree to radian
# pi is a global variable
proc deg2rad (degree) {
    return [dval pi * $degree/2.]
}
# create line with a point and an angle
proc linang {linename x y angle} {
    upvar linename l
    line l $x $y cos($angle) sin($angle)
}
```

4.7.3 基本命令

本小节介绍定义在基本 Draw 程序包中的所有命令，其中部分是 Tcl 命令，但大多数已经改写为 Draw 命令。这些命令可以分为四组：

(1) 一般命令：用于 Draw 和 Tcl 管理。

(2) 变量管理命令：用于管理 Draw 变量，例如存储和管理。

(3) 图形命令：用于管理图形系统，使它适合于显示。

(4) 变量显示命令：用于在给定视图内管理对象的显示。

注意：Draw 还有图形用户界面工具条，提供另一种一般命令、图形命令和变量显示命令的使用方法。

4.7.3.1 一般命令

以下介绍常用的一般命令：

(1) help：用于获取信息。语法为

```
help [command [helpstring group]]
```

用getsource command_name 命令可以找到命令对应的 C++源文件的路径。注意：如果命令是用 Tcl 实现的则不会返回路径。

(2) source：用于从文件运行脚本。语法为

```
source filename
```

(3) spy：用于从文件获取命令。语法为

```
spy [filename]
```

(4) cpulimit：用于限制中央处理器(CPU)运行时间。语法为

```
cpulimit [nbseconds]
```

(5) wait：等待(消耗)一些时间。语法为

```
wait [nbseconds]
```

(6) chrono：计时命令。语法为

```
chrono [ name start/stop/reset/show/restart/[counter text]]
```

4.7.3.2 变量管理命令

(1) isdraw：用于测试一个变量是否为 Draw 命令。语法为

```
isdraw varname
```

(2) directory：返回某一类型(pattern)的 Draw 全局变量。语法为

```
directory [pattern]
```

(3) whatis：返回 Draw 变量的简短信息，一般是类型名称。语法为

```
whatis varname [varname ...]
```

(4) dump：返回 Draw 变量的简短描述、坐标及参数。语法为

```
dump varname [varname ...]
```

(5) renamevar：改变 Draw 变量的名称(原变量已不存在，新变量与原变量内容相同)。语法为

```
renamevar varname tovarname [varname tovarname ...]
```

(6) copy：创建一个新的变量并将原变量的内容复制进来(原变量仍存在)。语法为

```
copy varname tovarname [varname tovarname ...]
```

(7) datadir：当没有参数时返回当前数据目录的路径，当有参数时设置数据目录的路径。语法为

```
datadir [directory]
```

(8) save：把一个变量的内容写进数据目录的文件中。语法为

```
save variable [filename]
```

(9) restore：将数据目录中文件的内容读取到一个局部变量中，默认变量名为文件名，使用新的名称需要用到第二个参数。语法为

```
restore filename [variablename]
```

4.7.3.3 图形命令

图形命令用于管理 Draw 的图形系统，Draw 提供二维和三维浏览器，可达到 30 个窗口。视图可以编号，视图编号显示在窗口标题中。二维和三维浏览器分别只能显示二维和三维对象。

1. 轴侧视图命令

在使用 OCCT 的 Draw 绘图工具时，轴侧视图会随着模型的创建自动绘出，而且可以显示一些模型内部结构信息，因此它十分方便而且有用。但其交互功能较弱，为了改善显示效果，可使用应用交互视图或 VTK 集成服务。

(1) view：基本的视图创建命令，需要给定窗口坐标及宽度和高度，默认值是 0,0,500,500。更简单的方法是使用 axo、top、left 等函数或直接单击工具条上对应的命令。语法为

```
view index type [X Y W H]
```

type 可以是以下参数：AXON(轴侧视图)、PERS(透视图)、$+X+Y$(两个坐标轴的视图，即顶视图)、−2D−(二维视图)。

(2) delete：删除视图。如果没有给定指标(index)，则会删除所有视图。语法为

```
delete [index]
```

(3) axo、pers、top……：定义标准屏幕布局语法为

```
axo…(输入命令即可)
```

- axo：创建大的轴侧视图窗口。
- pers：创建大的透视图窗口。
- top、bottom、left、right、front、back：创建大的轴切图窗口。
- mu4：创建四个小窗口视图——front、left、top 和 axo。
- v2d：创建大的二维视图窗口。
- av2d：创建两个小视图窗口——一个二维的、一个 axo。
- smallview：在屏幕右下角创建给定类型的小窗口。

(4) mu、md、2dmu、2dmd、zoom、2dzoom：视图放大(mu、2dmu、zoom)或缩小(md、2dmd)、形状区域放大(wzoom)。语法为

```
mu [index] value、2dmu [index] value、zoom [index] value、wzoom
```

(5) pu、pd、pl、pr、2dpu、2dpd、2dpl、2dpr：视图上下、左右平移，每次平移 40 个像素。如果不给定指标，则会对所有视图进行平移。语法为

```
pu [index]、pd [index]
```

(6) fit、2dfit：自动缩放、平移让视图适合窗口大小。语法为

```
fit [index]、2dfit [index]
```

(7) u、d、l、r：对视图向左、向右、向上、向下旋转，仅限轴侧和透视视图。语法为

```
u [index]、d [index]
```

(8) focal、fu、fd：改变透视图的观测点，增加会接近轴侧视图、减小会增强透视效果。语法为

```
focal [f]、fu [index]、fd [index]
```

(9) color：设置颜色值，指标值为 0～15，名称是操作系统颜色名称，可以在系统库命令的 rgb. txt 文件中找到。语法为

```
color index name
```

(10) dtext：在视图中显示字符串，其中坐标是真实的空间坐标。语法为

```
dtext [x y [z]] string
```

(11) hardcopy、hcolor：创建打印文档、改变文字宽度和颜色，有多个视图的时候需要指定视图指标。语法为

```
hardcopy [index]、hcolor index width gray
```

(12) wclick、pick：延迟一个事件以等待鼠标点击(wclick)、获取图形输入(pick)。语法为

```
wclick、pick index X Y Z b [nowait]
```

参数 index 是输入视图指标，X、Y、Z 是三维物理坐标，b 是鼠标键(1,2,3)。

(13)“.”：(dot)变量名称，在 Draw 中有特殊作用，其含义为

- 如果“.”是输入参数，则会产生图像选择，即需要在视图中选择对象。
- 如果“.”是输出参数，则会产生未命名对象(仅用于显示、无法访问)。

(14) display、donly：显示对象(display)、仅显示一个对象(donly)。语法为

```
display varname [varname ...]、donly varname [varname ...]
```

(15) erase、clear、2dclear：删除所有视图中的所有对象(erase)、删除三维对象(clear)、删除二维对象(2dclear)。语法为

```
erase [varname varname ...]、clear、2dclear
```

2. 应用交互视图(AIS view)命令

这一部分的大多数命令重复了前面的轴侧视图命令。在大多数情况下，在曲面的命令前加 v 就是这一部分命令，但这部分命令更加丰富。这里仅介绍部分常用命令：

(1) vinit：创建新的视图窗口。使用 AIS 显示需要首先用 vinit 打开窗口，然后用 vdisplay 显示对象。

(2) vhelp：在三维视图窗口显示帮助。

(3) vtop、vaxo：显示顶视图(vtop)、轴侧视图(vaxo)。

(4) vsetbg：加载图片并将它设置为背景。

(5) vclear：删除所有视图中的所有对象。

(6) vfit：自动缩放、平移使视图适合窗口大小。

(7) vhlr：删除隐藏线算法。

(8) vcamera：改变相机参数。

(9) vdisplay：显示所给名称对象

(10) verase：删除某些对象。

(11) vsetdispmode：设置显示模式(0 为线框、1 为着色、2 和 3 为隐藏线删除模式)。

(12) vaspects：管理显示属性。

(13) vsetam：激活选择模式。

(14) vr：读取边界表示模型并显示。

(15) vsetcolorbg：设置背景颜色。

(16) vpoint：创建一个点。

(17) vtrihedron：创建坐标标架。

(18) vpoint：通过坐标创建点。

(19) vplane：创建平面。

(20) vline：创建直线。

(21) vcircle：创建圆弧。

3. VTK 集成服务(VIS)命令

为了在绘图测试工具中使用 VIS 功能，需要首先通过下面的命令加载 VIS 插件，然后才可以使用 VIS 命令。

```
pload VIS
```

下面介绍一些常用 VIS 命令：

(1) ivtkinit：创建 VTK 显示窗口。使用 VTK 显示需要首先用 pload VIS 命令，然后用 ivtkinit 打开窗口，最后用 ivtkdisplay 显示对象。

(2) ivtkdisplay：显示对象。语法为

```
ivtkdisplay name1 [name2] …[name n]
```

(3) ivtkerase：删除对象。

(4) ivtkfit：自动缩放、平移使视图适应窗口大小。

(5) ivtksetdispmode：显示模式(线框或着色)。

(6) ivtkdump：将 VTK 视图输出到图片中。

(7) ivtkbgcolor：设置背景颜色。

4.7.4 几何命令

Draw 提供了一组测试几何库的命令，这些命令可以在 TGEOMETRY 可执行文

件中找到,也可以在包含 GeometryTest 命令的 Draw 可执行文件中找到。Draw 中包含如下类型的几何变量:

(1) 二维和三维点。

(2) 二维曲线,对应于 Geom2d 中的 Curve。

(3) 三维曲线和曲面,对应于 Geom 程序包中的 Curve 和 Surface。

Draw 几何变量不共享数据,copy 命令总是对变量内容进行完整复制。本小节涵盖以下主题:

- **曲线创建**:介绍各种类型的曲线及其创建方法。
- **曲面创建**:介绍各种类型的曲面及其创建方法。
- **曲线和曲面修改命令**:介绍修改曲线和曲面定义的命令,大多数针对的是 Bézier 和 B 样条曲线或曲面的修改。
- **几何转换**:包括平移、旋转、镜像对称、比例缩放等转换。
- **曲线和曲面分析命令**:介绍计算点、导数、曲率的命令。
- **求交命令**:介绍曲面和曲线求交的命令。
- **逼近命令**:介绍通过一组点创建曲线和曲面的命令。
- **投影命令**:介绍将点/线投影在曲线/曲面上的命令。
- **约束命令**:介绍让二维圆弧和直线与曲线相切的命令。
- **显示命令**:介绍控制曲线和曲面显示的命令。

下面几个小节会简要介绍其中一些功能,详细内容请参阅在线文档。

4.7.4.1 曲线创建

这部分涵盖的曲线类型有:

(1) 解析曲线,例如直线、圆、椭圆、抛物线、双曲线。

(2) 极点曲线,例如 Bézier 和 B 样条曲线(控制点为极点)。

(3) 通过裁剪(trim)和偏移(offset)命令从其他曲线得到的裁剪曲线和偏移曲线。

(4) 通过其他类型的曲线创建的 NURBS 曲线。

(5) 使用 uiso 和 viso 命令通过曲面的等参线创建的曲线。

(6) 通过 to3d 和 to2d 命令,三维曲线和二维曲线之间可以互相转换;用投影(project)命令计算的三维曲面上的二维曲线。

为了显示最后的参数,显示曲线的时候会带箭头。

4.7.4.2 曲面创建

这里涵盖以下类型的曲面:

(1) 解析曲面:平面、圆柱、锥面、球面、圆环面。

(2) 极点曲面:Bézier 和 B 样条曲面(控制点为极点)。

(3) 裁剪和偏移曲面。

(4) 用 revsurf 和 extsurf 通过旋转或拉伸曲线得到的曲面。

(5) NURBS 曲面。

曲面是通过等参线显示的,为了显示参数化,将 U 和 V 参数分割为 1/10 来得到细化的参数线。

4.7.4.3 曲线和曲面修改

Draw 提供一些修改曲线和曲面的命令，其中一些是通用的，其他的则仅限于 Bézier、B 样条曲线或曲面。

(1) 通用的修改命令：

参数反转：reverse、ureverse、vreverse。

(2) Bézier、B 样条曲线和曲面修改命令：

- 交互曲面的 U、V 参数：exchuv。
- 分割：segment、segsur。
- 升阶：incdeg、incudeg、incvdeg。
- 删除极点：cmovep、movep、movecolp、moverowp。

(3) Bézier 曲线修改命令：

增加或删除极点：insertpole、rempole、remcolpole、remrowpole。

(4) B 样条曲面修改曲线或命令：

- 插入或删除节点：insertknot、remknot、insertuknot、remuknot、insetvknot、remvknot。
- 修改周期曲线或曲面：setperiodic、setnotperiodic、setorigin、setuperiodic、setunotperiodic、setuorigin、setvperiodic、setvnotperiodic、setvorigin。

4.7.4.4 曲线和曲面分析命令

Draw 提供以下计算曲线和曲面信息的一些命令：

(1) coord ：用于找到一个点的坐标。

(2) cvalue 和2dcvalue ：用于计算曲线上的点和导数。

(3) svalue ：用于计算曲面上的点和导数。

(4) parameters ：用于计算曲面上一点的 U、V 参数。

(5) proj 和2dproj ：用于将一个点投影到曲线或曲面上。

(6) surface_radius ：用于计算曲面的曲率。

4.7.4.5 求交命令

(1) intersect ：曲面求交。

(2) dintersect ：二维曲线求交。

(3) intconcon ：二维圆锥曲线求交。

4.7.4.6 逼近命令

(1) 2dapprox ：通过二维点拟合曲线。

(2) appro ：通过三维点拟合曲线。

(3) surfapp 和grilapp ：通过三维点拟合曲面。

(4) 2dinterpolate ：插值曲线。

4.7.4.7 投影命令

(1) proj ：把点投影到曲线/曲面上。

(2) project：把三维曲线投影到曲面上。

(3) projponf：把点投影到面上。

4.7.4.8 约束命令

(1) cirtang：让二维圆弧与曲线相切。

(2) lintan：让直行与曲线相切。

4.7.4.9 显示命令

Draw 提供控制几何对象显示的命令，一些显示参数用于所有对象，一些显示参数仅用于曲面，一些显示参数用于 Bézier 和 B 样条曲线及曲面，一些显示参数只用于 B 样条。

对于曲线和曲面，可以用dmode 命令控制显示模式；可以用 defle 和 discr 命令控制模式参数，二者分别控制挠度和离散。

对于曲面，可以用nbiso 命令控制曲面上参数线的个数。

对于 Bézier 和 B 样条曲线及曲面，可以用clpoles 和shpoles 命令选择是否显示控制点。

对于 B 样条曲线及曲面，可以用shknots 和clknots 命令选择是否显示节点。

4.7.5 拓扑命令

Draw 提供了测试 OCCT 拓扑库的一组命令，这些命令可以在 DRAWEXE 可执行文件中找到，也可以在包含 BRepTest 命令的任意可执行文件中找到。

拓扑定义了简单几何实体之间的关系，把简单几何实体连接起来可以显示复杂形状。在 Draw 中拓扑使用的变量类型是形状变量：组合、复合体、体、壳、面、链、边、顶点。

形状变量通常是共享的，copy 命令创建的新形状与原始形状共享数据。尽管二者拓扑相同，但移动是独立的(参考transformation 部分)。

本小节主要涵盖以下主题：

- 基本拓扑命令，处理形状结构并控制其显示。
- 曲线和曲面拓扑命令，即从几何创建拓扑的方法，或反之。
- 扫描形状命令。
- 形状转换命令：平移、复制等。
- 拓扑运算或布尔运算命令。
- 拔模或倒圆命令。
- 去除特征命令。
- 形状分析命令。

4.7.5.1 基本拓扑命令

这组基本命令用于对形状的简单操作，或对象的逐步构造。这些命令对于分析形状结构是有用的，包括：

(1) isos 和discretisation：通过等参曲线控制形状曲面的显示。

(2) orientation、complement 和invert：修改方向等拓扑属性。

(3) explode、exwire 和nbshapes：分析形状结构。

(4) emptycopy、add、compound：逐步构造形状。

在 Draw 中，形状是用等参曲线显示的。边的演示编码为：

(1) 红色的边是孤立边，不属于任何面。

(2) 绿色边是自由边界上的边，仅属于一个面。

(3) 黄色边是共享边，至少属于两个面。

4.7.5.2 曲线和曲面拓扑命令

这组命令用于通过形状创建拓扑或从几何提取形状。下面简要介绍一些命令：

(1) vertex：创建顶点。

(2) edge、mkedge：创建边。

(3) wire、polyline、polyvertex：创建链。

(4) mkplane、mkface：创建面。

(5) mkcurve 和mkface：从边或面中提取几何。

(6) pcurve：从边或面中提取二维曲线。

4.7.5.3 基本形状命令

基本形状命令可以创建一些简单形状，包括：

(1) box 和wedge 命令。

(2) pcylinder、pcone、psphere、ptorus 命令。

(3) halfspace 命令。

4.7.5.4 扫描命令

扫描命令将一个形状沿给定路径扫描得到新的形状：

(1) prism：沿一个方向扫描。

(2) revol：绕轴扫描。

(3) pipe：沿链扫描。

(4) mksweep 和buildsweep：通过定义参数和算法创建扫描形状。

(5) thrusections：通过链在不同平面创建扫描。

4.7.5.5 拓扑转换命令

转换是通过矩阵实现的。如果转换过程中没有发生变形(例如平移和旋转)，则不需要复制对象。转换使用拓扑局部坐标系特征，可以通过tcopy 命令强制复制。

(1) tcopy：形状结构复制。

(2) ttranslate、trotate、tmove 和reset：移动形状。

(3) tmirror 和tscale：修改形状。

4.7.5.6 拓扑运算命令

拓扑运算命令有旧命令和新命令，旧命令的布尔运算算法的缺点和局限较多，新命令克服了这些问题。以下是旧命令：

(1) fuse、cut,common :布尔运算命令。

(2) section、psection :计算截面。

(3) sewing :链接形状。

以下是新命令：

(1) bparallelmode :激活或取消布尔运算并行模式,默认的是串行计算。

(2) bop :定义将要做布尔运算的两个形状。

(3) bopfuse、bopcut、boptuc、bopcommon :布尔运算命令。

(4) bopsection :计算截面。

(5) bopcheck :检查自相交。

(6) bopargcheck :检查布尔运算的有效性。

4.7.5.7 拔模和倒圆命令

拔模指按一定角度拉伸面得到新的形状,倒圆指对模型的边界做圆弧过渡。拔模和倒圆命令包括：

(1) depouille :拔模。

(2) chamf :倒角。

(3) blend :做简单倒圆。

(4) bfuseblend、bcutblend :布尔运算+倒圆。

(5) buildevol、mkevol、updatevol :变半径倒圆。

4.7.5.8 拓扑和几何分析命令

形状分析命令包括计算长度、面积、体积及惯量属性命令,也包括计算影响形状验证方面的一些命令：

(1) lprops、sprops、vprops :计算积分属性。

(2) bounding :计算和显示形状的包围盒。

(3) distmini :计算两个形状之间的最短距离。

(4) isbbinterf :检查两个形状的包围盒是否干涉。

(5) xdistef、xdistcs、xdistcc、xdistc2dc2dss、xdistcc2ds :检查两个对象在均匀网格下的距离。

(6) checkshape :检查形状的有效性。

(7) tolsphere :观察形状所有顶点的容差球。

(8) validrange :检查边的范围没有被顶点覆盖。

4.7.5.9 曲面创建命令

曲面创建命令包括从形状的边界创建曲面和通过形状之间的空间创建曲面：

(1) gplate :通过边界定义创建曲面。

(2) filling :通过一组曲面创建曲面。

4.7.5.10 复杂拓扑命令

复杂拓扑命令是修改形状拓扑的一组命令，包括特征建模。下面简要介绍一下：

(1) offsetshape、offsetcompshape：给定形状边的厚度

(2) featprism、featdprism、featrevol、featlf、featrf：加载形状(棱柱或加筋)的参数。

(3) draft：通过链计算拔模角度曲面。

(4) deform：通过 x、y、z 参数修改形状。

(5) nurbsconvert：将 NURBS 曲线转换为 B 样条曲线。

4.7.5.11 历史命令

Draw 的历史消息支持模块中包含一些保存布尔运算及相关命令产生的修改历史的命令，这些命令保存在可绘制对象中。下面是对这些命令的简介：

(1) savehistory：用所给名称将进程历史保存在可绘制对象中。

(2) isdeleted：检查所给形状是否已从所给历史中删除。

(3) modified：返回在所给历史中修改后的形状。

(4) generated：返回在所给历史中生成的形状。

4.7.5.12 形状纹理

纹理映射允许将纹理映射到形状上。纹理是图片文件，一般是预先给定的。纹理在面上出现的次数、位置及缩放比例是可以被控制的。

4.7.6 数据交换命令

数据交换的目的是把各种格式的文件(IGES、STEP)转换为 OCCT 形状及其属性(颜色、图层等)。这些文件包含一定数量的实体，每个实体有其编号，这些编号称作标签，在 STEP 文件中用 # 表示，在 IGES 文件中用 D 表示。每个文件有称作根的实体(一个或多个)。下面介绍几个常用的转换命令：

(1) igesread、stepread：读取 IGES 或 STEP 文件。语法为

```
igesread file_name result_shape_name [selection]
stepread file_name result_shape_name [selection]
```

例子：

```
igesread /disk01/files/model.igs a  *
stepread /disk01/files/model.stp a  *
```

(2) brepiges、stepwrite：将 OCCT 文件写入 IGES 或 STEP 文件。语法为

```
brepiges < shape_name > < filename.igs >
stepwrite mode shape_name file_name
```

例子：

```
brepiges aa /disk1/tmp/aaa.igs
stepwrite 0 a /disk1/tmp/aaa.igs
```

第 5 章　一体化建模与网格生成

有限元仿真流程历经从 CAD 建模到 CAE 分析计算的过程。传统的低阶有限元分析方法常存在如下缺陷：CAD/CAE 的几何表达方式不统一可能导致模型几何误差过大和拓扑结构错误；通过网格加密来提升求解精度，模型网格求解等工作耗费大量时间和精力；计算结果对网格质量的依赖性太强导致精度和收敛性不能得到保证。以升阶谱求积单元方法（HQEM）等为代表的高阶有限元方法近年来快速发展，它具有高精度、高效率和数值稳定等特点且各种常用的拓扑单元已经设计完毕，有望克服上述低阶有限元分析方法中的各种缺陷。目前制约 HQEM 投入应用的一个重要因素就是缺乏相应的高阶网格生成器。

为了促使 HQEM 能够应用到工程实践当中，本章以作者开发的一套易于拓展、交互友好的计算力学前处理软件作为研究平台，用以设计、实现和优化高阶网格求解算法，集成几何建模功能以及高阶方法的有限元求解器。在参考多个 CAD/CAE 软件的功能和开源项目后，采用内核、模块两部分功能模块以满足建模和网格求解功能的插件式拓展，基于分层结构实现了图形用户界面操作、信号、几何算法和数据的分离。

统一的几何内核是 CAD 和 CAE 无缝衔接与高阶网格算法的核心。本章借助开源几何内核 Open CASCADE 完成几何模型的参数存储，并基于它提供的数学库以及建模算法库拓展应用 NURBS 的相关数值方法，实现低阶网格的高阶化算法。本章所设计的高阶网格求解方法基于高阶网格生成的“间接法”，即先获得低阶二三维网格，再通过曲边化和曲面化的步骤，根据源几何数据找形求解低阶网格的各积分点，从而实现高阶二三维网格的生成。在此基础上，日后可以拓展高阶网格的直接自动生成算法，即基于原几何的离散化三角面片或者 NURBS 表达实现直接自动求解出高阶三维网格。

本章内容存在如下创新点：①开发易于拓展的计算力学前处理平台软件，可以直接作为 CAD 软件/网格求解器使用，且提供直观可视易操作的高阶网格算法和有限元算法研究平台；②基于 Open CASCADE 几何内核实现低阶网格高阶化算法，实现求解 HQEM 边界的积分点，大大缩小 CAD 与 CAE 集成的鸿沟。

5.1　IGES 文件读取

CAD/CAM 技术的发展和应用促使各企业积极采用 CAD/CAM 技术进行研究与生产工作。不同的 CAD/CAM 软件基于不同的开发目的，其内部数据的记录和处理方式都是不尽相同的，因此，CAD/CAM 的数据交换与共享是目前计算几何领域面临的重要课题。从 20 世纪 80 年代起，国内外在数据交换标准的研究和制定工作上做出了很多贡献，制定的标准主要有美国的 DXF、IGES、ESP、PDES，法国的 SET，德国的 VDAIS、VDAFS，ISO 的 STEP 等。CAD 及 CAM 技术在世界各国的推广应用离不开这些标准的促进作用。

初始图形交换规范（The Initial Graphics Exchange Specification，IGES）是被定义为基于 CAD&CAM（计算机辅助设计 & 计算机辅助制造系统）不同计算机系统之间的通用 ANSI 信息交换标准。IGES 格式的数据特性使得用户可以读取从不同平台生成的 NURBS 几何数据，例如 Maya、Pro/ENGINEER、SOFTIMAGE、CATIA 等软件。

本节基于 GB/T 14213—2008《初始图形交换规范》对 IGES 文件进行读取和解析。

5.1.1 IGES 文件规则

一个 IGES 文件按下述次序由五个或六个顺序编号的段组成：

Flag（标志段）：可选段，仅用于提示文件采用了压缩的 ASCII 格式或二进制格式，不推荐采用二进制格式。

Start（开始段）：发送方的说明。

Global（全局段）：文件的一般特性。

Directory Entry（目录条目段）：实体索引及公共属性。

Parameter Data（参数数据段）：实体数据。

Terminate（结束段）：控制总数。

标志段、目录条目段和结束段含有固定长度字段的数据；全局段和参数数据段包含无限制的可变长度字段；开始段是自由格式的。

在文件中，数据的基本单元是实体。实体可分成几何和非几何类型的，并且它们可根据产品定义数据的表达要求不限数量地使用。

(1) 几何实体定义产品的物理形状，包括点、线、面、体及相似类构实体集合的关系。

(2) 非几何实体指定注释、定义及结构。它们作为平面图样的构成部分，提供了一种视图浏览机制。它们还指定实体的属性，例如颜色和状态、实体之间的关系以及灵活的分组结构，以允许实例化包含有该文件中的实体或含有外部定义文件中实体的实体组。

每个实体的格式包括实体类型和格式编号。虽然目前尚未全部分配，但已将类型号 0000～0599 和 0700～5000 分配给本标准定义的实体，而将类型号 0600～0699 和 10000～99999 留给实现者定义的（即宏）实体。

5.1.2 数据格式

该标准支持固定或压缩格式的 ASCII 码文本文件的数据交换。固定格式的 ASCII 码文件以第一个字符作为开头。每行 80 列，这些行分成若干段。每行的第 1～72 列包含特定段的数据域，第 73 列是标识字母代码，第 74～80 列是一个递增的序号。

在每一段中，序号都从1开始，且每增加一行，序号加1。序号在其域中右对齐，其左侧用前导空格或前导零填充。固定格式的诸段应按表5.1-1所列的次序出现。固定格式的IGES文件结构如图5.1-1所示。

表5.1-1　固定格式段名及代码

段　名	第73列字母代码
Start(开始段)	S
Global(全局段)	G
Directory Entry(目录条目段)	D
Parameter Data(参数数据段)	P
Terminate(结束段)	T

<table>
<tr><td>1~8</td><td>9~16</td><td>17~24</td><td>25~32</td><td>33~40</td><td>41~48</td><td>49~56</td><td>57~64</td><td>65~72</td><td>73~80</td></tr>
<tr><td colspan="9">开始段：人可读的文件序言。
它含有1行或多行；
在1～72列使用ASCII字符</td><td>S0000001
S0000002
⋮
S000000N</td></tr>
<tr><td colspan="9">全局段：发送系统和文件的信息。
它含有用参数分界符分隔的、保持参数域所需的行数；
用一个记录分界符结束</td><td>G0000001
G0000002
G0000003
⋮
G000000N</td></tr>
<tr><td colspan="9">目录条目段：每个实体含有两行。
在9个8列宽的域中的目录条目域1～9；
在9个8列宽的域中的目录条目域10～18</td><td>D0000001
D0000002</td></tr>
<tr><td colspan="9">参数数据段：值和参数分界符。
在1～64列中用一个记录分界符结束；65列不使用</td><td>P0000001
P0000002</td></tr>
<tr><td colspan="7">S0000020 G0000003 D0000500 P0000261</td><td colspan="2">结束段前面诸段的记录计数，33～72列不使用</td><td>T0000001</td></tr>
</table>

图5.1-1　固定格式的IGES文件结构

对于要读取的标准文件，所有几何相关的信息均保存在目录条目段及参数数据段当中。

5.1.2.1 目录条目段

每个实体的目录条目记录的大小是固定的，相邻两行每行80个字符，每个域8个字符，共20个域。在每个域中的值是右对齐的。除编号为10,16,17,18和20的域外，本段的所有其他域均为整数数据类型或指针数据类型。目录条目段不同域内的信息含义如图5.1-2所示。

图5.1-2中涉及读取过程的几何信息域主要有域(1)/域(11)实体类型号、域(2)参数数据、域(14)参数行计数。其中，实体类型号指明了当前实体类型；参数数据表示该实体第一个参数数据记录的序号，该序号应大于0且小于或等于结束段中参数数据

1~8	9~16	17~24	25~32	33~40	41~48	49~56	57~64	65~72	73~80
(1) 实体类型号	(2) 参数数据	(3) 结构	(4) 线型模式	(5) 层	(6) 视图	(7) 变换矩阵	(8) 相关性	(9) 状态号	(10) 序号
(11) 实体类型号	(12) 线宽	(13) 颜色号	(14) 参数行计数	(15) 格式号	(16) 保留	(17) 保留	(18) 实体标号	(19) 实体下标	(20) 序号

图 5.1-2 目录条目段不同域内的信息含义

行数字段的值；参数行计数表示该实体参数数据记录行的数目，用于读取数据时对不同实体的区分。表 5.1-2 所列为几种常见的实体类型号。

表 5.1-2 几种常见实体类型号

实体类型号	实体类型
102	复合曲线
108	平面
110	直线
112	参数样条曲线
114	参数样条曲面
116	点
118	直纹面
120	回转曲面
126	有理B样条曲线
128	有理B样条曲面
130	偏置曲线
140	偏置曲面
142	参数曲面上的曲线

5.1.2.2 参数数据段

参数数据是自由格式的，但其第一个域总含有实体类型号。对于不同类型实体，其参数数据段各数据域的含义是不同的，以有理B样条曲面为例。

有理B样条曲面表示普通意义下的各种解析曲面。其曲面形式可参数化表示为

$$G(s,t)=\frac{\sum_{i=0}^{K_1}\sum_{j=0}^{K_2}W(i,j)P(i,j)b_i(s)b_j(t)}{\sum_{i=0}^{K_1}\sum_{j=0}^{K_2}W(i,j)b_i(s)b_j(t)}$$

其中，$W(i,j)$为权值；$P(i,j)$为控制点；b_i 是由节点序列 $S(-M_1),\cdots,S(N_1+M_1)$定义的 M_1 次B样条基函数；b_j 是由节点序列 $T(-M_2),\cdots,T(N_2+M_2)$定义的 M_2 次B

样条基函数；$N_1=K_1-M_1+1$，$N_2=K_2-M_2+1$。

当满足 $S(0)\leqslant U(0)<U(1)\leqslant S(N_1)$ 且 $T(0)\leqslant V(0)<V(1)\leqslant T(N_2)$ 时，曲面参数化 s、t 的取值范围为 $U(0)\leqslant s\leqslant U(1)$ 和 $V(0)\leqslant t\leqslant V(1)$。

有理 B 样条曲面参数数据段的信息含义如表 5.1-3 所列。

表 5.1-3　有理 B 样条曲面参数数据段的信息含义

索　引	参数数据段	类　型	说　明
1	K_1	整数	第一个求和符号的上标，即第一个方向控制点个数+1
2	K_2	整数	第二个求和符号的上标，即第二个方向控制点个数+1
3	M_1	整数	第一组基函数的次数
4	M_2	整数	第二组基函数的次数
5	$PROP1$	整数	在第一个参数变量方向上封闭；0，不封闭
6	$PROP2$	整数	在第二个参数变量方向上封闭；0，不封闭
7	$PROP3$	整数	有理的；多项式
8	$PROP4$	整数	在第一个参数变量方向上是非周期性的；在第一个参数变量方向上是周期性的
9	$PROP5$	整数	在第二个参数变量方向上是非周期性的；在第二个参数变量方向上是周期性的
10	$S(-M_1)$	实数	第一个节点序列的第一个值
⋮	⋮	⋮	⋮
$10+A$	$S(N_1+M_1)$	实数	第一个节点序列的最后一个值
$11+A$	$T(-M_2)$	实数	第二个节点序列的第一个值
⋮	⋮	⋮	⋮
$11+A+B$	$T(N_2+M_2)$	实数	第二个节点序列的最后一个值
$12+A+B$	$W(0,0)$	实数	第一个加权值
$13+A+B$	$W(1,0)$	实数	第二个加权值
⋮	⋮	⋮	⋮
$11+A+B+C$	$W(K_1,K_2)$	实数	最后一个加权值
$12+A+B+C$	$X(0,0)$	实数	第一个控制点的第一维度
$13+A+B+C$	$Y(0,0)$	实数	第一个控制点的第二维度
$14+A+B+C$	$Z(0,0)$	实数	第一个控制点的第三维度
⋮	⋮	⋮	⋮
$9+A+B+4\times C$	$X(K_1,K_2)$	实数	最后一个控制点的第一维度
$10+A+B+4\times C$	$Y(K_1,K_2)$	实数	最后一个控制点的第二维度

续表 5.1-3

索引	参数数据段	类型	说明
$11+A+B+4\times C$	$Z(K_1,K_2)$	实数	最后一个控制点的第三维度
$12+A+B+4\times C$	$u(0)$	实数	第一个参数方向上的始值
$13+A+B+4\times C$	$u(1)$	实数	第一个参数方向上的终值
$14+A+B+4\times C$	$v(0)$	实数	第二个参数方向上的始值
$15+A+B+4\times C$	$v(1)$	实数	第二个参数方向上的终值

注：设 $N_1=1+K_1-M_1$；$N_2=1+K_2-M_2$；$A=N_1+2\times M_1$；$B=N_2+2\times M_2$；$C=(1+K_1)\times(1+K_2)$。

5.1.3 文件读取流程

任意一个 IGES 文件可通过常见 CAD 软件（如 CATIA、Solidworks 等）导出。以 CATIA V5R19 为例，在软件中完成建模后，进行工作环境设置，如图 5.1-3 所示，打开 CATIA 的工具→选项，出现图示选项卡，用鼠标选取左侧“常规”复选项中“兼容性”选项，在右侧上方选项栏中选择“IGES”，最后在“导出”一栏“曲线和曲面类型”中选择“B 样条线”。

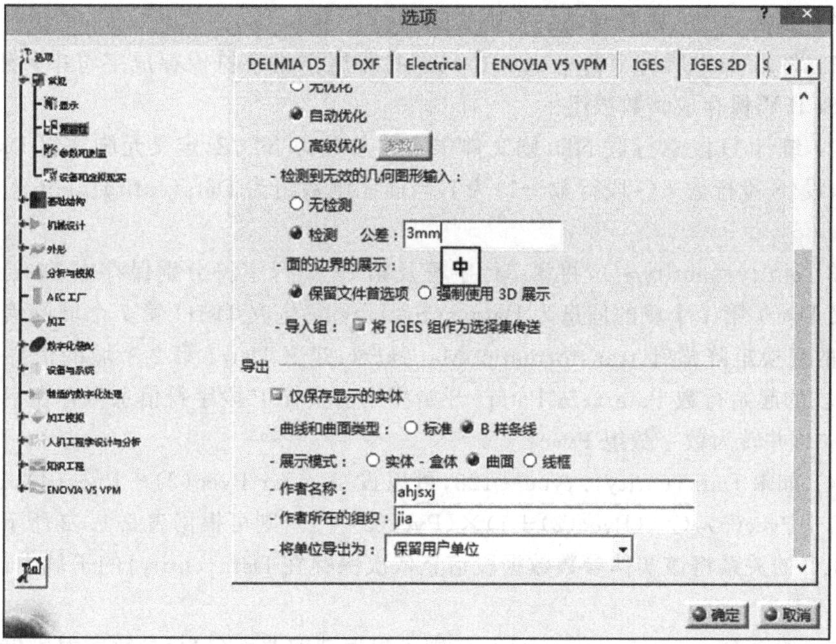

图 5.1-3 CATIA 导出 IGES 文件的设置

获取 IGES 文件后，可通过如下步骤将文件内容在 MATLAB 中重构：

(1) 利用 MATLAB 内置文件流处理函数 fopen、fread、fclose 读入由 CAD 软件导出的.igs 模型文件，读入一列数组，存储文件所有字符的 ASCII 码。

(2) 根据总字符数除以每行 81 个字符（80 个域内字符和一个换行符）计算文件总

行数。

(3) 统计每行最后一个域第一个字符的 ASCII 码值(83—S; 71—G; 68—D; 80—P; 84—T),对各行进行分段并统计行数。

(4) 将 S 段信息直接转化为字符信息用 disp 函数直接显示。

(5) 将 G 段每行前 9 个域的信息(72 字符)存储到字符列向量 Gstr 中。

(6) 如果 Gstr 的前两个字符为 1 和 H,则第三个字符代表文件全局的参数分隔符,读取位置符号 st=4;否则参数分隔符为缺省值",",读取位置符号 st=1。

(7) 如果 Gstr 的第 5,6 个字符(当参数分隔符为非缺省值时)或第 1,2 个字符(当参数分隔符为缺省值时)为 1 和 H,则第 7 个字符(当参数分隔符为非缺省值时)或第 3 个字符(当参数分隔符为缺省值时)为记录分界符,st=st+4;否则记录分界符为缺省值";",st=st+1。

(8) G 段有效信息共 25 个域,定义元胞数组 G{1×25},其中前两个域定义参数分隔符和记录分界符,定义 i=3。

(9) 从 Gstr(st+1)起顺序读取 Gstr 的每一个字符,当遇到第 j 个字符为(6)、(7)中定义的参数分隔符或记录分界符时,记录上一参数分隔符或记录分界符到当前位置的字符信息,作为一个有效信息域保存在元胞数组 G{i}中,i=i+1,st=j。

(10) 如果 i<26,则转到(9);否则转到(11)。

(11) 将 G{i}中所有字符串 ASCII 码剔除首尾空格字符保存成字符串数组;所有数字 ASCII 码保存成整数数组。

(12) 统计 D 段总行数 ND,则文件中实体总数为 ND/2,定义元胞数组 Data(1×ND/2),设(S 段行数+G 段行数+1)为 i,当前元胞数组为 Data{entity},entity 初始化为 0。

(13) entity=entity+1,将第 i 行字符及第 i+1 行字符分别保存在 Dstr1、Dstr2 中;定义 Dstr1 第 1 个域的信息为 Data{entity}. type;定义 Dstr1 第 7 个域的信息为当前实体的变换矩阵指针 transformationMatrixPtr;定义 Dstr1 第 2 个域的信息为当前实体 P 段的起始行数 Pstart;从 Pstart 开始将当前实体 P 段字符信息保存在字符串数组 Pstr 中,并转为数字数组 Pvec。

(14) 如果 Data{entity}. type=128,可以设 A=1+Pvec(2)+Pvec(4),B=1+Pvec(3)+Pvec(5),C=(Pvec(2)+1)×(Pvec(3)+1),则可根据表 5.1-3 所示各参数与 A、B、C 的关系将该实体参数数据段信息依次保存在 Data{entity}的子域中;否则转到(15)。

(15) 如果 Data{entity}. type=144,则可根据裁剪曲面(144)参数数据段信息格式依次处理 Pvec 信息,并保存成对应变量。

(16) 与(14)、(15)方法相同,判断当前实体是否为其余各类型实体,按照格式标准处理并保存,共读取 9 种主要曲面实体、9 种主要曲线实体和 1 种点实体,具体读取流程不再赘述;当前实体类型读取完毕后,i=i+2。

(17) 如果 i<(S 段总行数+G 段总行数+D 段总行数),则重复(13)~(16),否则退出循环,程序终止。

对于(13)中读取的变换矩阵指针变量 transformationMatrixPtr 需要特别说明,该变量指向定义当前实体的变换矩阵实体所在行数。变换矩阵实体(类型号 124)利用一个矩阵乘法和加法定义了一个坐标变换,该变换可表示为式

$$\begin{bmatrix} R_{11} R_{12} R_{13} \\ R_{21} R_{22} R_{23} \\ R_{31} R_{32} R_{33} \end{bmatrix} \begin{bmatrix} X_{\text{in}} \\ Y_{\text{in}} \\ Z_{\text{in}} \end{bmatrix} + \begin{bmatrix} T_1 \\ T_2 \\ T_3 \end{bmatrix} = \begin{bmatrix} X_{\text{out}} \\ Y_{\text{out}} \\ Z_{\text{out}} \end{bmatrix}$$

其中,$[X_{\text{in}} Y_{\text{in}} Z_{\text{in}}]^{\text{T}}$ 为被变换坐标,$[X_{\text{out}} Y_{\text{out}} Z_{\text{out}}]^{\text{T}}$ 为变换后坐标,$\boldsymbol{R}=[R_{ij}]$是一个 3 行 3 列的实数矩阵,$\boldsymbol{T}=[T_1 T_2 T_3]^{\text{T}}$ 是一个 3 行的实数列向量。这样,对于一个矩阵变换实体就需要 12 个实数,该实体可以认为是一个"算子"实体,输入坐标经由该算子生成输出坐标。除特殊声明外,所有坐标系都为正交笛卡尔右手坐标系。

在通常情况下,变换矩阵实体应用于:输入坐标指的是对特定实体的定义空间坐标系,而输出坐标指的是模型空间坐标系,在这种情况下,定义 R 和 T 的变换矩阵实体由该实体的目录条目的域 7(变换矩阵域)指出。变换矩阵的参数数据格式如表 5.1-4 所列。

表 5.1-4 变换矩阵的参数数据格式

索 引	参数名称	类 型
1	R_{11}	实数
2	R_{12}	实数
3	R_{13}	实数
4	T_1	实数
5	R_{21}	实数
6	R_{22}	实数
7	R_{23}	实数
8	T_2	实数
9	R_{31}	实数
10	R_{32}	实数
11	R_{33}	实数
12	T_3	实数

在表 5.1-4 中,Rij 代表矩阵 $\boldsymbol{R}=[R_{ij}]$ 中的对应元素,Ti 代表向量 $\boldsymbol{T}=[T_1 T_2 T_3]^{\text{T}}$ 中的对应元素。上述完整的读取流程可用图 5.1-4 表示。

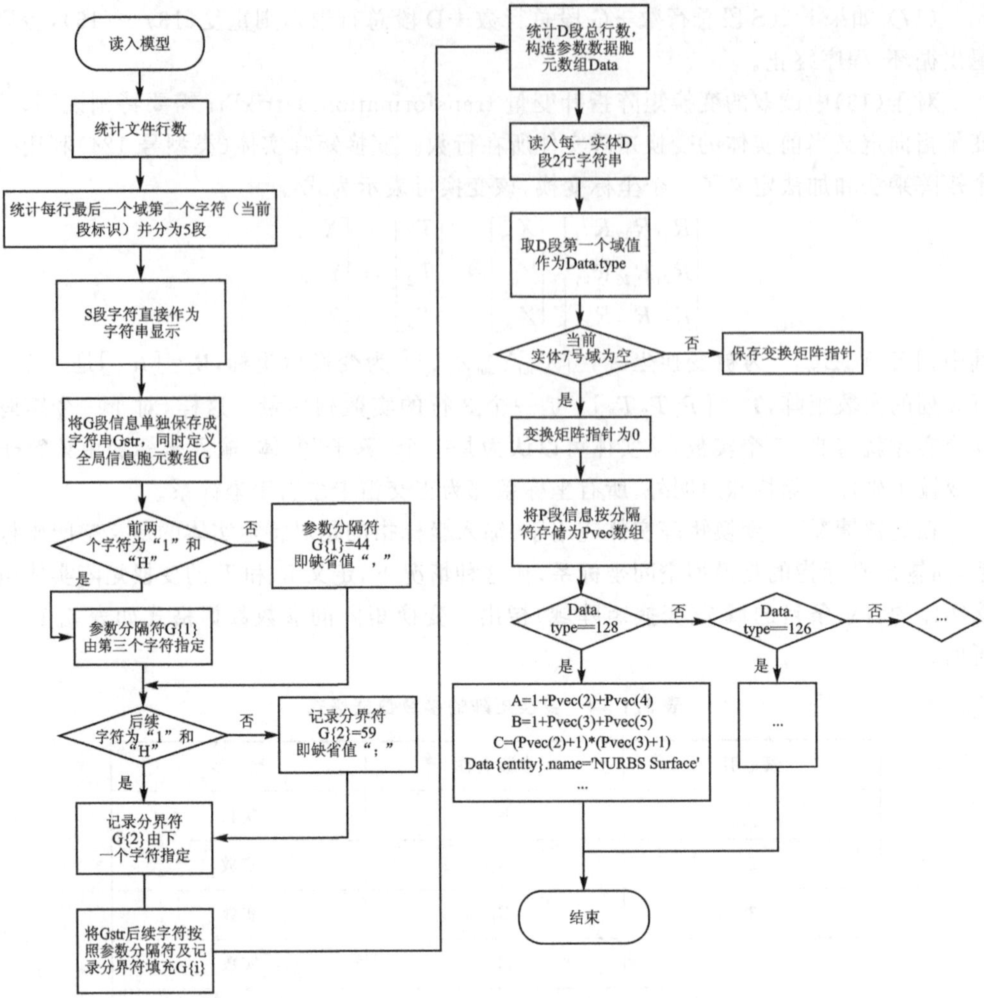

图 5.1-4　读取 IGES 文件的完整流程

5.1.4　文件示例

以一个曲轴零件为例,如图 5.1-5 所示为 CATIA V5R19 建立的一个简单曲轴模型,将它另存为 crankshaft.igs 文件后,打开即可看到其文本信息如图 5.1-6 所示。

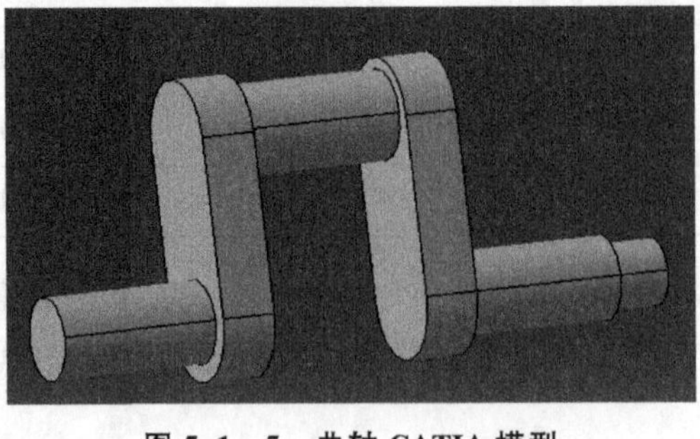

图 5.1-5　曲轴 CATIA 模型

```
START RECORD GO HERE.                                                    S      1
1H,,1H;,20HCNEXT - IGES PRODUCT,14Hcrankshaft.igs,44HIBM CATIA IGES - CAG      1
TIA Version 5 Release 19 ,27HCATIA Version 5 Release 19 ,32,75,6,75,15, G      2
5HPart2,1.0,2,2HMM,1000,1.0,15H20181017.234310,0.001,10000.0,7Hidea_PC, G      3
3HG-S,11,0,15H20181017.234310,;                                         G      4
     128       1       0       0       0       0       0      001010001D      1
     128       0       0      14       0                             0D      2
     126      15       0       0       0       0       0      001010001D      3
     126       0       0      13       0                             0D      4
     126      28       0       0       0       0       0      001010001D      5
     126       0       0       3       0                             0D      6
     126      31       0       0       0       0       0      001010001D      7
     126       0       0      13       0                             0D      8
     126      44       0       0       0       0       0      001010001D      9
     126       0       0       2       0                             0D     10
     102      46       0       0       0       0       0      001010001D     11
     102       0       0       1       0                             0D     12
     126      47       0       0       0       0       0      001010501D     13
     126       0       0       2       0                             0D     14
     126      49       0       0       0       0       0      001010501D     15
     126       0       0       2       0                             0D     16
     126      51       0       0       0       0       0      001010501D     17
     126       0       0       3       0                             0D     18
     126      54       0       0       0       0       0      001010501D     19
     126       0       0       2       0                             0D     20
     102      56       0       0       0       0       0      001010501D     21
     102       0       0       1       0                             0D     22
     142      57       0       0       0       0       0      001010001D     23
     142       0       0       1       0                             0D     24
     144      58       0       0   10000       0       0      000000000D     25
     144       0       0       1       0               A____         0D     26
```

图 5.1-6 曲轴模型的 IGES 文件

由图 5.1-7 所示的 T 段信息可知该文件共有 322 个有效实体。

```
S   1G   4D   644P   1631                T   1
```

D段共644行，即322个实体

图 5.1-7 IGES 文件 T 段

以一个曲面实体为例，从图 5.1-8 所示的 D 段信息可得到对应 P 段信息的起始位置和 P 段行数。

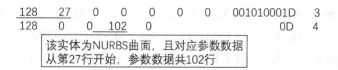

```
128    27    0    0    0    0    0   001010001D    3
128     0    0  102    0                    0D    4
```

该实体为NURBS曲面，且对应参数数据从第27行开始，参数数据共102行

图 5.1-8 IGES 文件 D 段

从图 5.1-9 所示的 P 段信息可读取其全部几何信息,包括基函数次数、节点向量、控制点坐标、权因子等。

分别为K_1、K_2、M_1、M_2(两个参数方向的控制点个数和基函数的次数)

两个方向的节点向量

```
128,14,5,5,5,0,0,1,0,0, 0.0,0.0,0.0,0.0,0.0,0.0,0.0, 78.53981634,            27P    76
78.53981634,78.53981634,157.0796327,157.0796327,157.0796327,              27P    77
235.619449,235.619449,235.619449,314.1592654,314.1592654,                 27P    78
314.1592654,314.1592654,314.1592654,314.1592654,-17.29627405,             27P    79
-17.29627405,-17.29627405,-17.29627405,-17.29627405,                      27P    80
-17.29627405,78.53981634,78.53981634,78.53981634,78.53981634,             27P    81
78.53981634,78.53981634,1.0,1.0,1.0,1.0,1.0,1.0,1.0,1.0,1.0,1.0,          27P    82
1.0,1.0,1.0,1.0,1.0,1.0,1.0,1.0,1.0,1.0,1.0,1.0,1.0,1.0,1.0,1.0,          27P    83
```

图 5.1-9　IGES 文件 P 段

按照 5.1.3 节所述的文件读取流程对该文件进行读取,即可将所有几何信息读入 MATLAB,并利用 plotIGES 函数显示完整实体,如图 5.1-10 所示。

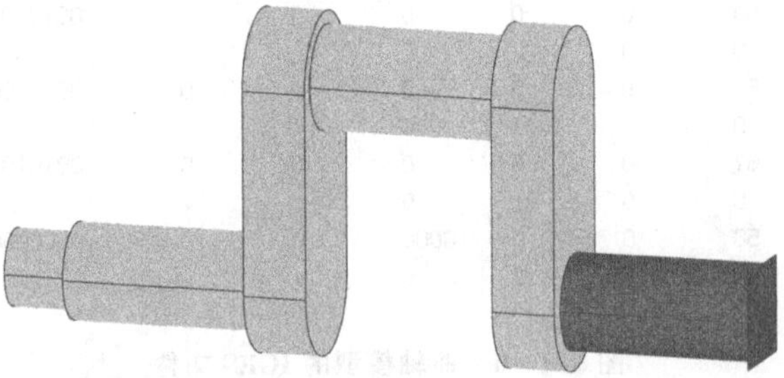

图 5.1-10　读入 MATLAB 的曲轴模型

可视化所用到的 plotIGES 函数可以在 MATLAB 第三方库 IGES Toolbox 中找到,IGES Toolbox 的安装文件可以在 MATLAB 官方网站(http://cn.mathworks.com/matlabcentral/fileexchange/13253-iges-toolbox)中下载(非官方网站下载可能会缺失某些文件)。

若安装有 MATLAB R2014b 或更新版本则可下载 Toolbox,本例通过 MATLAB R2016b 和 Visual Studio 2015 版本编译成功。

将解压后的文件放入"/…/MATLAB/toolbox",在 MATLAB 中打开 igesToolbox,右击 Add to Path/Selected Folders and Subfolders 添加到路径中。由于工具箱的很多底层函数由 C 语言编写,因此需要先将 C 语言代码编译为 MATLAB 可调用的函数格式 *.mexw64。工具箱中直接集成了编译功能,打开 makeIGESmex.m 文件并运行开始编译 IGEStoolbox 源码,编译完成后即可使用此工具箱中的所有函数(此后文件中出现 makeIGESmex 函数即可注释掉,不需要进行再次编译)。

本例主要调用其中的图形绘制函数 plotIGES 及 plotIGESentity，其中 plotIGES 函数将读入的完整 IGES 文件作为输入参数，可以绘制出与建模软件中完全一致的完整 IGES 模型；plotIGESentity 用于绘制 IGES 文件中的指定几何实体，包括点、线、面，该函数以读入的完整 IGES 文件和指定实体在文件中的索引作为输入参数，如图 5.1－10 中曲轴右端深色部分的柱面即由该文件中的 1,2,3 号曲面实体组成。

除常见的工程零件模型之外，也可以读取更为复杂的 IGES 几何模型。如图 5.1－11 所示为 IGES 读入的 CAD 文件模型。

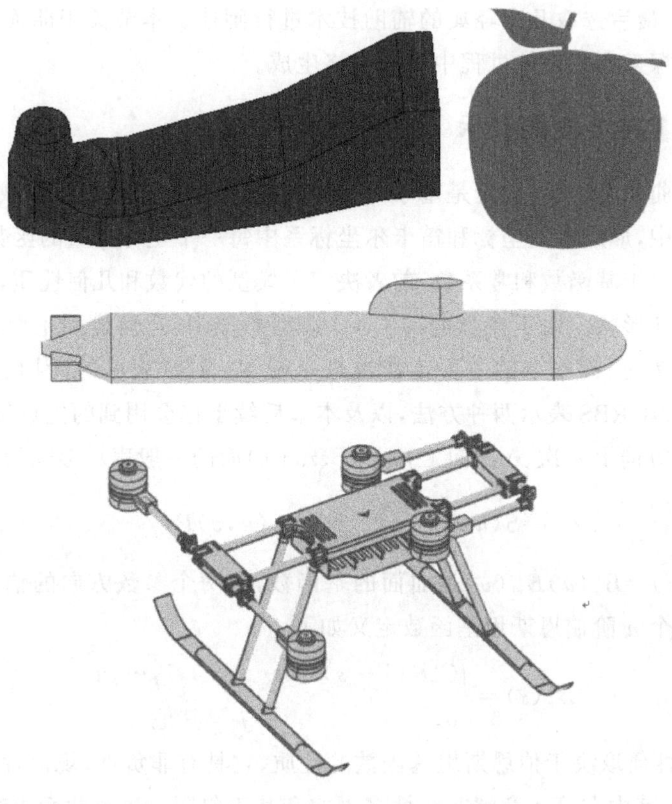

图 5.1－11 IGES 读入的 CAD 文件模型

5.1.5 小 结

本节从 IGES 文件的基本结构出发，详细介绍了 IGES 文件编码时遵循的规则和数据格式，包括开始段、全局段、目录条目段、参数数据段和结束段五个文件段落，以及各类参数曲线、曲面实体几何信息。以一个工程曲轴模型为例，详细介绍了模型的读取流程以及最终利用第三方工具箱进行可视化的结果。

需要注意的是，IGES 文件中的 NURBS 曲线、曲面参数域不一定是规范的，为了能与后续的网格剖分与曲面裁剪算法相结合，需要先对参数域进行规范化，即使 NURBS

曲线参数域为 $t\in[0,1]$,NURBS 曲面参数域为 $u\in[0,1]$,$v\in[0,1]$。

5.2 参数曲面求交和裁剪

本节详细介绍了参数曲面(包括 Bézier 曲面和 NURBS 曲面)的求交算法和实现过程,进一步介绍了求交之后,基于得到的交点进行排序得到交线、沿交线如何裁剪曲面以及进行无缝拼接。由于求交依赖于大量的辅助技术,用以提高其计算效率、精度和鲁棒性,因此本节最后选取几个经典的辅助技术进行阐述。本节关于曲面求交技术的探讨主要是为了探索在建模的过程中实现网格生成。

5.2.1 参数曲面的表示

对于参数曲面的表示,无论是基于哪种算法,其基本思想是将参数域上的参数值映射到欧氏空间中,形成参数坐标和笛卡尔坐标系中每一个坐标分量的函数,一个模型的参数表达式取决于基函数和常系数,前者决定了模型的代数和几何性质,后者决定了该模型的唯一性和形状。由于在当前的 CAD 造型系统中,几何模型主要以 Bézier 表示和 B 样条表示为主,而本节的主要工作也是基于 NURBS 表示的,因此以下简要介绍 Bézier 表示和 NURBS 表示两种方法,以及本节后续工作会用到的优良性质。

一张在 u 方向上 n 次、v 方向上 m 次 Bézier 曲面的一般表示形式为

$$S(u,v)=\sum_{i=0}^{n}\sum_{j=0}^{m}B_{i,j}(u,v)P_{i,j}$$

其中,$B_{i,j}(u,v)=B_n^i(u)B_m^j(v)$是曲面的基函数,由两个参数方向的伯恩斯坦基函数相乘得到。某个 n 阶伯恩斯坦基函数定义如下:

$$B_n^i(s)=\begin{cases}C_n^i t^i(1-s)^{n-i}, & j=0,1,\cdots,n\\ 0, & j=\text{其他}\end{cases}$$

Bézier 曲面的性质取决于伯恩斯坦基函数的性质,它具有非负性、规范性、对称性、单位分割性等性质,其中在第 4 章解非线性多项式和基于包围盒进行曲面求交时,多次用到了其递推性质和线性精度性质。

伯恩斯坦基函数的递推公式:

$$B_{i,n}(s)=(1-s)B_{i,n-1}(s)+B_{i+1,n-1}(s)$$

几何模型的导数信息也可以通过对基函数的求导而直接得到,一个 Bézier 模型的导数表达式仍然是 Bézier 表示形式,其实质是保持原来的控制顶点不变,而阶次降低的曲线或者曲面。

伯恩斯坦基函数的线性精度:

$$s=\sum_{i=0}^{n}\frac{i}{n}B_{i,n}(s)$$

并且由此可以推论得到其最大值性质，即 $B_{i,n}(s)$ 在 $\frac{i}{n}$ 处取得最大值。该性质说明，t 可以表示为伯恩斯坦多项式的组合，加权系数均匀地分布在参数定义区间内。

除此以外，基函数的升阶公式、分割、积分等公式的推导，此处不予赘述，详细内容参考相关教材。Bézier 曲线具有几何不变性、凸包性、变差减少等优良性质，曲面与曲线相比，性质近似，只是没有了变差减少性。

同样的，一张在 u 方向上 p 次、v 方向上 q 次 NURBS 曲面的一般表示形式为

$$S(u,v)=\sum_{i=0}^{n}\sum_{j=0}^{m}R_{i,j}(u,v)\boldsymbol{P}_{i,j} \tag{5.2-1}$$

引入基函数 $R_{i,j}(u,v)=\dfrac{N_{i,p}(u)N_{j,p}(v)\omega_{i,j}}{\sum_{k=0}^{n}\sum_{l=0}^{m}N_{k,p}(u)N_{l,q}(v)\omega_{k,l}}$，是分段有理基函数，式中 $\boldsymbol{P}_{i,j}$ 是控制顶点坐标矢量，$\omega_{i,j}$ 是权因子。其中的 $N_{i,p}$ 是 B 样条基函数，可以通过多种方法进行定义，例如截尾幂函数的差商定义、开花定义等，而在计算机编程实现时，最有效的是由 de Boor 等人提出的递推算法，定义为(以 u 方向的为例)：

$$N_{i,0}(u)=\begin{cases}1, & u_i\leqslant u<u_{i+1}\\ 0, & \text{其他}\end{cases}$$

$$N_{i,p}(u)=\frac{u-u_i}{u_{i+p}-u_i}N_{i,p-1}(u)+\frac{u_{i+p+1}-u}{u_{i+p+1}-u_{i+1}}N_{i+1,p-1}(u)$$

相比较 Bézier 表示而言，NURBS 表示由于基函数是用 B 样条基函数推导得来的，且引入了权因子和有理多项式，因此能更灵活地调整几何模型和表示更多的几何体。

在 5.2.3.1 节进行 NURBS 模型向 Bézier 模型的转化，以及 5.2.3.2 节基于分割法曲面求交时，多次用到了 Bézier 曲线、曲面的分割算法，在计算机上进行实现时，其中用到了 de Casteljau 递推三角形：

$$\begin{array}{ccccc}
b_0 & & & & \\
 & b_0^1 & & & \\
b_1 & & \cdots & & \\
 & b_1^1 & & b_0^{n-1} & \\
\cdots & & \cdots & & b_0^n \\
 & b_{n-2}^1 & & b_0^{n-1} & \\
b_{n-1} & & \cdots & & \\
 & b_{n-1}^1 & & & \\
b_n & & & &
\end{array}$$

关于 NURBS 曲线、曲面,也有类似的 de Boor 递推三角形,此处不予赘述。

基本 NURBS 曲面(以下简称基本曲面)采用式(5.2-1)表示的张量积形式构造,通过建立参数域和几何域的映射关系,使得 NURBS 模型具备一系列优良性质。通过由 D. M. Spink 和 Penguian(澳大利亚政府-澳大利亚气象局)开发、优化的 MATLAB 工具箱 NURBS Toolbox 中的函数(https://www.mathworks.cn/matlabcentral/fileexchange/26390-nurbs-toolbox-by-d-m-spink),能够实现对自由曲面、二次曲面等基本模型的构造,并配备了节点插入(删除)、升阶(降阶)、拟合、反求等基础操作,还有坐标转换、图形的绘制和显示等后处理函数。在该工具箱的基础上,本小节进行了代码的优化和改进,使之适用于模型转换、曲面求交等后续工作。

图 5.2-1 和图 5.2-2 所示分别表示由工具箱生成的二次自由曲面(正则)和球面(非正则),其中球面是由圆弧经过旋转操作而成的。

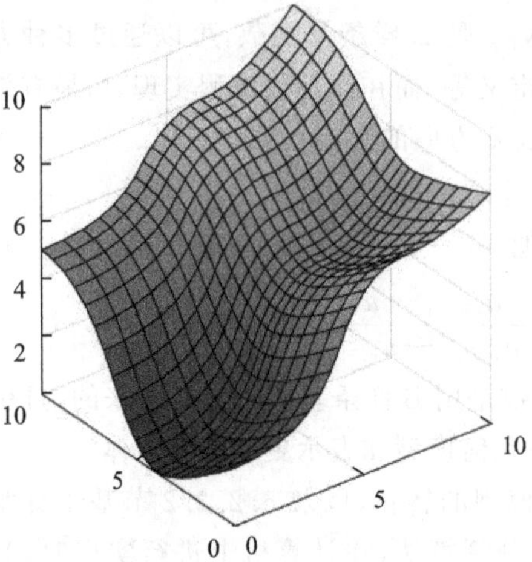

图 5.2-1　二次自由曲面(两个参数方向上的节点向量均为(0,0,0,1/3,2/3,1,1,1))

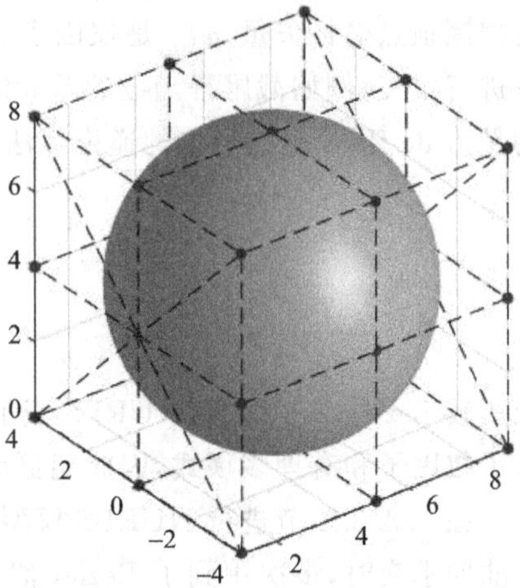

图 5.2-2　二次旋转球面及其控制顶点

在将 NURBS 曲面转换成 Bézier 曲面,或者进行曲面细分时,需要用到节点的插入和升阶技术(见图 5.2-3)。曲面细分将在 5.2.3 节进行详细介绍,此处以曲线为例介绍节点的插入和细化技术,设

$$C^{\omega}(u)=\sum_{i=0}^{n}N_{i,p}(u)P_i^{\omega} \tag{5.2-2}$$

定义在节点向量 $\boldsymbol{U}=(u_0,u_1,\cdots,u_m)$ 上,将 $\bar{u}$ 插入后形成新的节点向量 $\bar{\boldsymbol{U}}$,则曲线新的表示形式为

$$C^{\omega}(u)=\sum_{i=0}^{n+1}\bar{N}_{i,p}(u)Q_i^{\omega} \tag{5.2-3}$$

比较式(5.2-2)和式(5.2-3),可见节点插入是由原来的控制顶点 P_i^{ω} 确定新的控制顶点 Q_i^{ω} 的过程,改变的是基底,而不改变曲线的形状和参数化。

对于曲面，节点插入方法和曲线相同，只是要同时在两个参数方向上进行插入，而节点细化本质上是进行多次插入，当然也有其自身的加速算法，此处不做赘述。注意公式中的坐标均带有上标 ω，即表示的是齐次坐标。

$\bar{n}$ 节点升阶则是寻找一组新的节点向量 $\bar{U}$ 和控制顶点 Q_i^{ω}，使得 $C_p^{\omega}(u)=C_{p+1}^{\omega}(u)=\sum_{i=0}^{\bar{n}}\bar{N}_{i,p+1}(u)Q_i^{\omega}$ 升阶前后表示的是同一条曲线，形状和参数化都不变，仅仅是升阶到更高维的向量空间里。

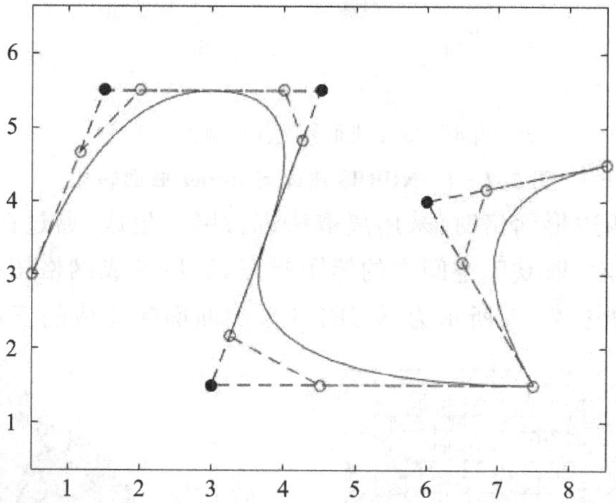

注：●—升阶前，2次；○—升阶后，3次。

图 5.2-3 曲线升阶

5.2.2 四种数据格式的相互转化

由于 Bézier 模型是 NURBS 模型的特殊情况，而对于 Bézier 模型的操作和计算，算法更清晰、实现更容易，因此凡涉及对 NURBS 模型的操作，可以将它转换成 Bézier 模型(见图 5.2-4)后转化为对后者的操作。而无论是进行网格生成或是求交，都需要将原来的光滑的 NURBS/Bézier 模型离散，成为三角形或四边形网格结构，因此复杂模型建模首要的工作是实现以下四种模型表示形式的相互转换：NURBS 模型—Bézier 模型—三角形网格表示—四边形网格表示。

其中在转化为 Bézier 模型时，基础是 5.2.1 节介绍的节点插入和细化技术。由于转化之后每张 Bézier 曲面片属于原来 NURBS 模型的一部分，因此其参数域不是[0,1]的规范域，需通过以下公式进行域变换，对每张 Bézier 曲面片实现从局部域到整体域的相互转化：

局部到整体：

$$u(t)=\frac{t-t_1}{t_2-t_1},\quad t\in[t_1,t_2]$$

整体到局部

$$u(t)=(1-t)u_1+tu_2,\quad t\in[0,1]$$

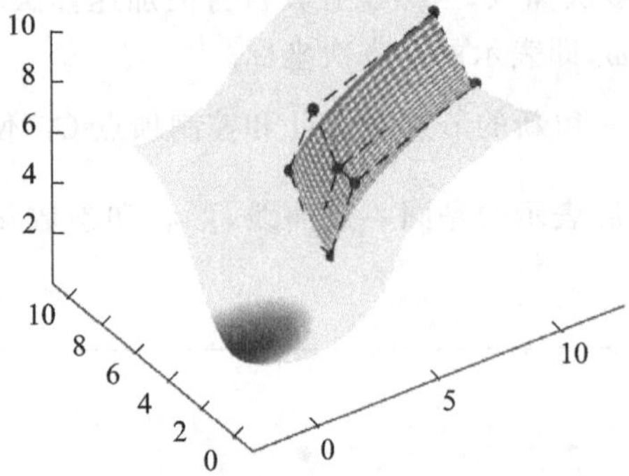

注：第4个Bézier曲面片及其控制点。

图 5.2-4 NURBS 曲面向 Bézier 曲面转化

当转化成三角形或四边形网格时，采用离散法进行网格生成，通过在几何域上取等参数线，给定网格种子长度，取欧氏空间中的等距样点，然后形成网格拓扑结构，具体网格生成算法见 5.3 节。图 5.2-5 所示为 NURBS 自由曲面转化成的三角形网格结构。

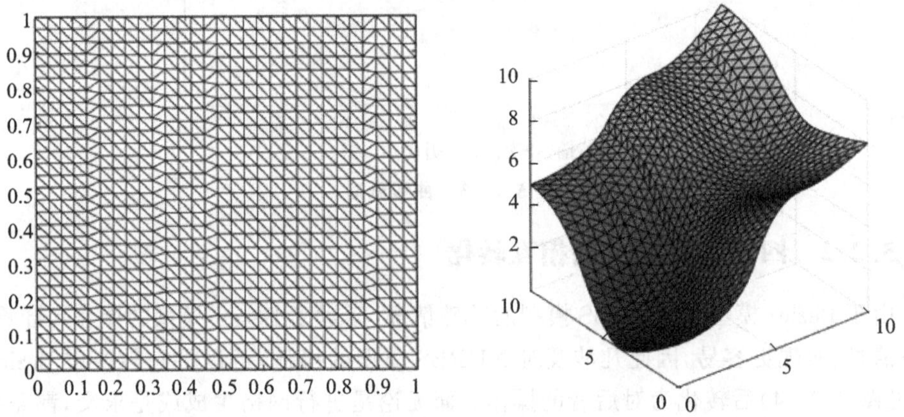

(a) 参数域　　(b) 几何域

图 5.2-5 NURBS 自由曲面转化成的三角形网格结构

对于四种表示形式，作者定义了合适的数据结构，以保存模型的几何信息、拓扑信息等，表 5.2-1 所列为四种模型的数据结构中主要的域名。

表 5.2-1 NURBS 模型—Bézier 模型—三角形网格表示—四边形网格表示的自定义数据结构中主要的域名

数据结构中的域名	模 型			
	NURBS 模型	Bézier 模型	三角形网格表示	四边形网格表示
form	“B-NURBS”	“Bézier”	“Tri-NURBS”	“Quad-NURBS”
dim	模型的维数：曲线=1，曲面=2，实体=3			
coefs	控制顶点的齐次坐标		—	—
knots	节点向量		—	—

续表 5.2-1

数据结构中的域名	模型			
	NURBS 模型	Bézier 模型	三角形网格表示	四边形网格表示
numbers	控制顶点的个数		三角形个数	四边形个数
order	模型的阶次		—	—
nurbs	—	转化之前的 NURBS 模型的信息		
nodes	—	—	网格结点的参数坐标	
points	—	—	网格结点的物理坐标	
delaunay	—	—	三角形拓扑结构	—
quad	—	—	—	四边形拓扑结构
pt2ed	—	—	点对应边的拓扑信息	
pt2tri/qd	—	—	点对应三角形或四边形的拓扑信息	
ed2tri/qd	—	—	边对应三角形或四边形的拓扑信息	
Uniq-func	—	—	非正则曲面,拓扑结构校正	

5.2.3 两张基本曲面的求交

中外学者提出了多种求交算法,但每种算法都有各自的优缺点和适应范围,没有一个通用的健壮性算法。由于单纯使用任何一种经典求交算法都会导致问题出现,因此,选取几种常用的经典算法,在其基础上进行改进和结合,从而提出一种混合方法综合权衡程序的精度、效率和健壮性,是目前学者们的普遍做法。本小节提出以追踪法和分割法为主,结合运用离散法、对分法和迭代法等多种求交算法的策略,利用分割法的高效性和较高的准确性先求得初始交点,再根据模型的复杂程度和交线的拓扑结构是否被破坏,选择性地使用离散法、追踪法进行校正;如果需要加密交线(即增加离散交点的密度),则不需要重新进行求交,只需在已得到的交点基础上,采用对分法细化交线;当追求交点的精度时,再基于迭代的思想,通过初始值求交点的精确值。通过这种思路,能在保证计算效率的同时,提高求交的准确性和健壮性。下面分别介绍所采用的各种算法的原理和优缺点,以及在计算机实现时所采用的辅助技术。

5.2.3.1 离散法求交

将两个原始光滑曲面离散成一系列三角面片后,原本的参数曲面相交问题转化为平面三角形面片之间的相交运算,进一步又可以转化为直线段(第一个曲面三角形的边)和平面(第二个曲面三角形所在的面)相交的问题,从而将解非线性方程组问题转化成线性问题。设平面上的任意一点表示为 $\boldsymbol{P}(u,\omega)=\boldsymbol{A}+u\boldsymbol{B}+\omega\boldsymbol{C}$,直线段上一点表示为 $\boldsymbol{C}(t)=\boldsymbol{D}+t\boldsymbol{E}$,二者若相交,则其交点 $\boldsymbol{R}$ 满足:

$$\boldsymbol{R}=\boldsymbol{P}(u,\omega)=\boldsymbol{C}(t)$$

可以解出交点对应的直线和平面上的参数值:

$$\begin{cases} t = \dfrac{(\boldsymbol{B} \times \boldsymbol{C}) \cdot \boldsymbol{A} - (\boldsymbol{B} \times \boldsymbol{C}) \cdot \boldsymbol{D}}{(\boldsymbol{B} \times \boldsymbol{C}) \cdot \boldsymbol{E}} \\ u = \dfrac{(\boldsymbol{C} \times \boldsymbol{E}) \cdot \boldsymbol{D} - (\boldsymbol{C} \times \boldsymbol{E}) \cdot \boldsymbol{A}}{(\boldsymbol{C} \times \boldsymbol{E}) \cdot \boldsymbol{B}} \\ \omega = \dfrac{(\boldsymbol{B} \times \boldsymbol{E}) \cdot \boldsymbol{D} - (\boldsymbol{B} \times \boldsymbol{E}) \cdot \boldsymbol{A}}{(\boldsymbol{B} \times \boldsymbol{E}) \cdot \boldsymbol{C}} \end{cases}$$

最简单的曲面求交情形,是空间中任意两张平面三角形面片求交,容易想到将一个三角形的每一条边和另一个三角形分别作求交运算,但这无疑会加大计算负担。本小节采用如下算法实现,既能快速排除大量不相交的情形,又能判断出两张曲面重叠的情形,并求其重叠区域。

设两个三角形 T_1 和 T_2,其三个顶点分别为 $\boldsymbol{V}_1^1$、$\boldsymbol{V}_1^2$、$\boldsymbol{V}_1^3$ 和 $\boldsymbol{V}_2^1$、$\boldsymbol{V}_2^2$、$\boldsymbol{V}_2^3$,两个三角形所在的平面分别是 $\boldsymbol{P}_1$ 和 $\boldsymbol{P}_2$,某个顶点 $\boldsymbol{V}_i^j$ 到另一张曲面所在的平面的距离为 $d_{i,j}$,其上的投影点为 $\boldsymbol{K}_{i,j}$,投影点到交线的投影点为 $p_{i,j}$,则如图 5.2-6 所示,平面 $\boldsymbol{P}_2$ 的表达式为:

$$\boldsymbol{N}_2 \cdot \boldsymbol{p} + d_2 = 0$$

其中法向量 $\boldsymbol{N}_2 = (\boldsymbol{V}_2^2 - \boldsymbol{V}_2^1) \times (\boldsymbol{V}_2^3 - \boldsymbol{V}_2^1)$,$d_2 = -\boldsymbol{N}_2 \cdot \boldsymbol{V}_2^1$。$T_1$ 上的顶点到 $\boldsymbol{P}_2$ 平面上的带符号距离为:

$$d_{i,j} = \boldsymbol{N}_2 \cdot \boldsymbol{V}_1^i + d_2, \quad i = 1,2,3$$

注意该距离是有符号的,根据其正负性,可以快速判断出两张三角形的相交、相离、重合情况,表 5.2-2 列出了三种情形对应的距离。

表 5.2-2　两张三角形相交、相离、重合情形对应的距离

两张三角形相交、相离、重合情形	带符号距离
两张三角形不相交	同号($d_{i,j}>0, i=1,2,3$ 或者 $d_{i,j}<0, i=1,2,3$)
两张三角形所在的平面相交,三角形可能相交	异号($d_{i,j}$ 有正有负)
两张三角形共面	所有的 $d_{i,j}$ 全部为 0

如果经过判定两张平面 $\boldsymbol{P}_1$ 和 $\boldsymbol{P}_2$ 相交,还不能完全断定三角形有交线,必须进一步判断是否在有效域内相交,令

$$\boldsymbol{L} = \boldsymbol{O} + t\boldsymbol{D}, \quad \boldsymbol{D} = \boldsymbol{N}_1 \times \boldsymbol{N}_2$$

则投影点 $p_{i,j}$ 为

$$p_{i,j} = \boldsymbol{D} \cdot (\boldsymbol{V}_i^j - \boldsymbol{O})$$

而交线起始端点的参数为(以第一张三角形 T_1 为例):

$$t_1 = p_{1,1} + (p_{1,2} - p_{1,1}) \frac{d_{1,1}}{d_{1,1} - d_{1,2}}$$

类似地,可以求得交线在 T_2 上的端点对应的参数值 t_2。如果 $t_1 = t_2$,则两张三角形相交,并可求得交线段,否则三角形不相交,只是三角形所在的平面有交线。

交点的排序是和求交同步进行的,每求完一个交点后,记录交点所在的三角形的

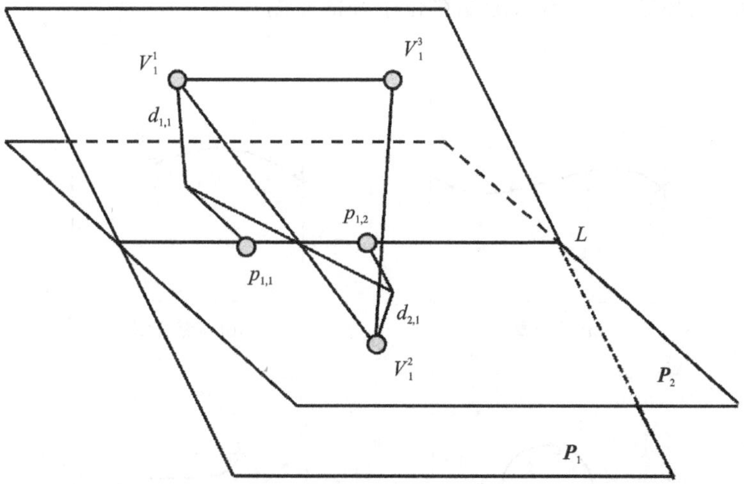

图 5.2-6　两张三角形面片的快速求交

边，然后根据参数域上的三角形网格拓扑结构，依次查找和交点所在边相邻的三角形，检测新的邻接三角形的各边，若某条边有交点，且之前没有被遍历过，则将该交点作为新的交线端点，继续查找下一个三角形，直到到达曲面的边界，最后顺次连接成一条连续的交线(见图 5.2-7)。

对于得到的交线，实际上是由一系列离散交点连接而成的折线段，如果用户对交线的光顺度有要求，则可以按以下步骤进行交线的后处理：先剔除三维空间中距离过近的交点(坏点)，然后运用 NURL 插值或者 NURBS 插值拟合成一条光滑交线，在新的光滑交线上重新均匀取样点，不过这样会破坏两个相交曲面的水密性，两者在交线处不能很好地进行边界匹配，需要进一步处理水密性问题。

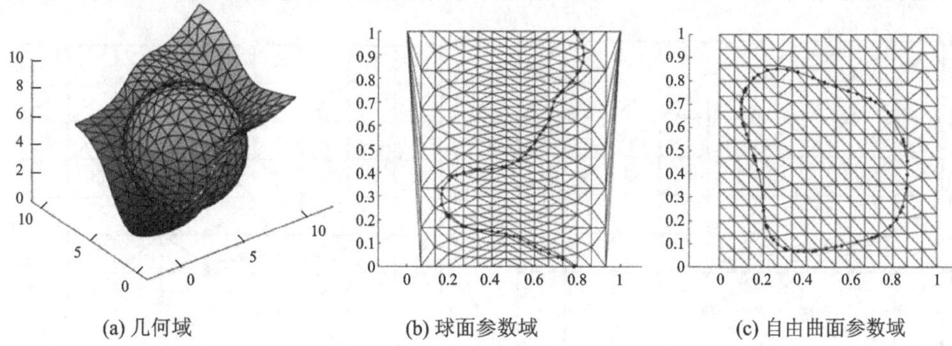

图 5.2-7　自由曲面和球面相交

得到交线后，需要根据交线的不同类型(裁开型、半裁开型、内部型、封闭型)将两个子曲面分开(见图 5.2-8)，真正达到“裁开”的效果，而不是像常规 CAD 软件那样仅仅对用户显示不可见。利用模型的边界表示法，分别构造参数域和物理域上两个子曲面的边界和有效域，如果是内部挖孔的情况，则还需要构造内外边界线，并定义好有效域

(外环逆时针,内环顺时针,有效域始终位于环的左侧)。

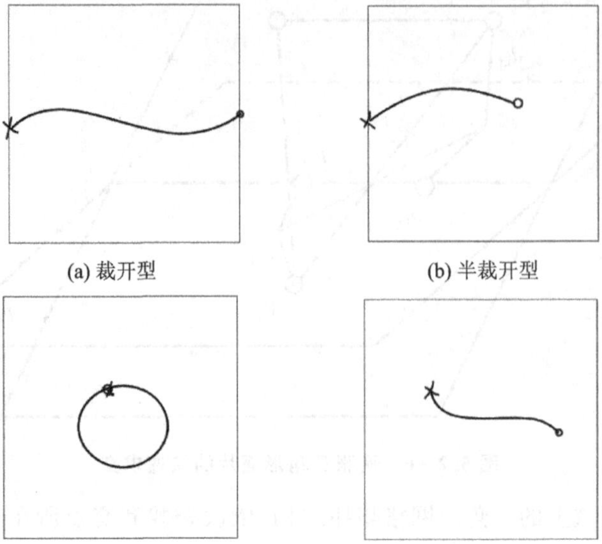

(a) 裁开型　(b) 半裁开型

(c) 封闭型　(d) 内部型

图 5.2-8　四种交线类型

得到曲面的有效域和边界信息后,利用 MATLAB 自带的实现 DT 剖分函数 delaunayTriangulation,能够在参数域上实现带边界约束剖分的功能。但是,该函数只能适应于常规情况,如果约束边界比较复杂(例如有交线自交),或者有重复点(例如旋转曲面的汇聚点),则该函数会自动添加约束点或者删除重复点,使得输出结果产生错误。为此应编写对应的后处理函数,当 delaunayTriangulation 函数出现上述问题而报错时进行处理。如图 5.2-9(a)所示,由于原来给定约束的边界点(带红圈绿点)太少,

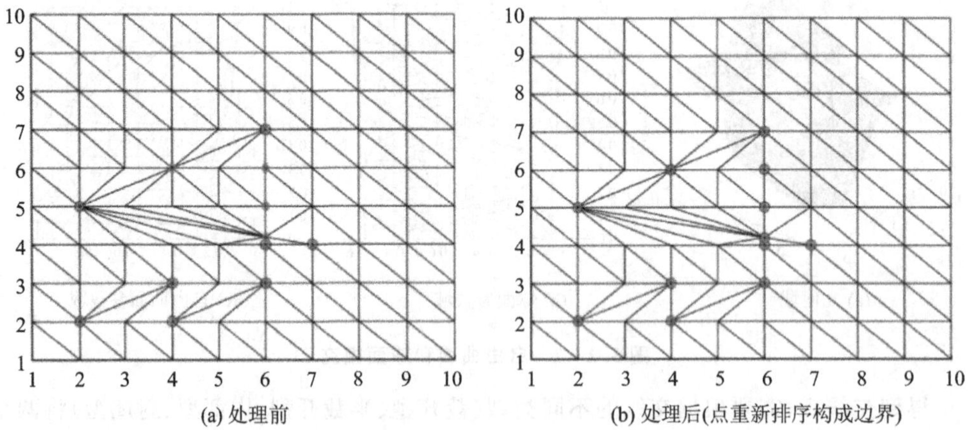

(a) 处理前　(b) 处理后(点重新排序构成边界)

注：绿点表示新插入的节点，带红圈绿点表示边界点。

图 5.2-9　自带函数插入和包含新的节点

导致新插入和包含了节点(绿点),破坏了原来交线的拓扑结构,需要根据新引入的节点参数坐标,重新排布边界点(见图 5.2-9(b)),保证交线的拓扑正确性,再求几何域上对应新节点的物理坐标,保证从参数域到几何域的映射关系不出错。

图 5.2-10 所示为球面物理域和参数域上经过求交、构造边界和有效域之后,对两个子曲面进行带边界约束的网格生成结果,可以见到其中的交线已被作为一条约束边界。

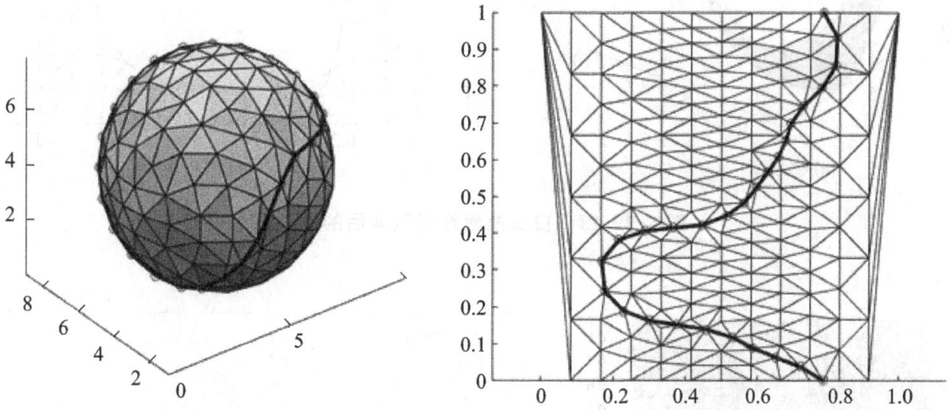

(a) 物理域 (b) 参数域

图 5.2-10 两个裁剪曲面进行带边界约束的网格生成

通过域内域外判断算法,删除有效域外的网格节点和三角形,只保留边界和有效域。图 5.2-11~图 5.2-13 所示分别为球面、自由曲面、矩形面经过裁剪后,剩余有效域部分的离散模型。

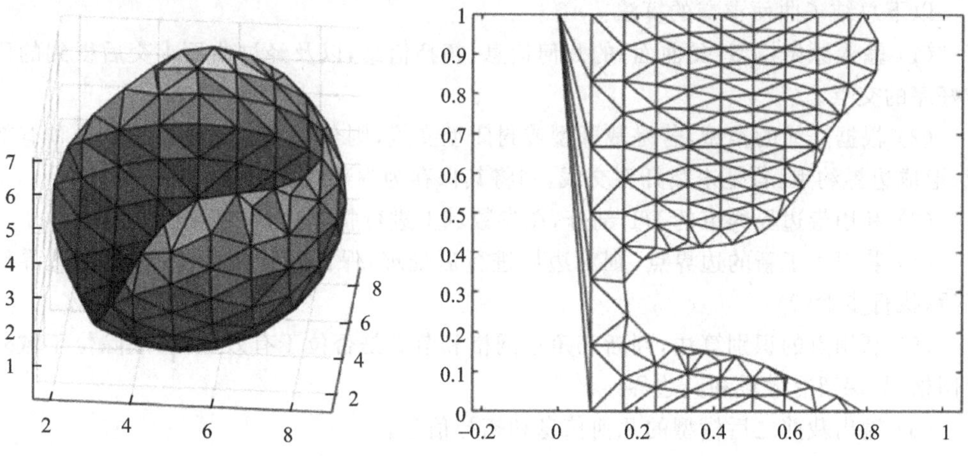

(a) 物理域 (b) 参数域

图 5.2-11 球面经过裁剪后的有效域

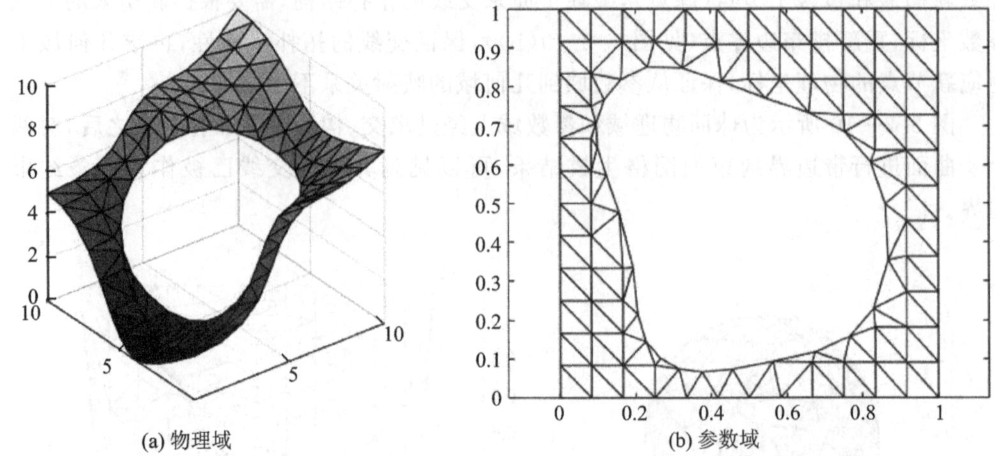

(a) 物理域　　(b) 参数域

图 5.2－12　自由曲面经过裁剪后的有效域

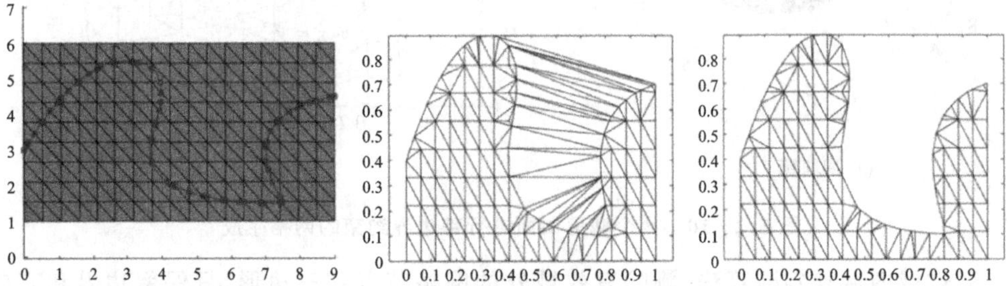

(a) 几何域上离散交点　　(b) 有效域外网格　　(c) 去掉域外网格

图 5.2－13　平面矩形裁剪

以下总结了曲面求交的算法：

(1) 输入原始模型(父曲面)的几何信息、拓扑信息，以及经过曲面求交后得到的已排好序的交点。

(2) 根据交线的类型，若是裁开型或封闭型交线，则分别构造子曲面的边界和有效域，形成边界约束；若是未裁开型交线，则将其保存为内部约束，执行步骤(6)。

(3) 利用带边界约束的 DT 剖分，在参数域上进行整体法网格生成。

(4) 若引入了新的边界点，则对边界进行后处理，保证拓扑正确性，在更新边界约束后，执行步骤(2)。

(5) 利用点的识别算法，判断三角形网格和节点是否位于有效域内，删除位于域外的网格，只保留有效域和其边界。

(6) 输出裁剪之后模型的几何信息和拓扑信息。

5.2.3.2 分割法求交

分割法求交利用了 de Casteljau 算法(非有理形式)或 Farin 算法(有理形式)和 NURBS/Bézier 模型的凸包性，基本思想是将要进行求交的两曲面进行凸包相交测试。

可以用凸包控制多面体，也可以重新构造长方体包围盒(轴对齐包围盒，或方向包围盒，详见5.2.5.1节)。若凸包相交，则进一步分割两曲面，将父曲面四分成四个更小的子曲面，重新构造各子曲面的凸包进行相交测试，重复这个过程，直到曲面分割到一定程度，或者凸包足够小时，此时只需要对相交的凸包所包含的子曲面片进行求交即可。由于曲面的细分本身就是一个不断离散的过程，因此分割法除了进行求交，还可以通过构造树结构，保存每个子曲面片及其结点，完成网格生成。

分割法一般分为等深度分割和自适应分割(见图5.2-14)，前者是事先指定一个分割深度，当分割层次达到这个深度时，认为曲面片足够平坦，则停止分割，用此时相交包围盒内的子曲面片进行求交；后者是在分割过程中，同时检测每一步所得曲面片的平坦度，若某一步分割达到一定的平坦度准则，就认为曲面片已经被分割的接近平面，则停止分割进行求交。两者相比，等深度分割实现起来较为简单，分割效率取决于指定的分割深度，而自适应分割速度快，能够自适应的反映原曲面的局部信息，分割效率取决于原始曲面自身的平坦程度。

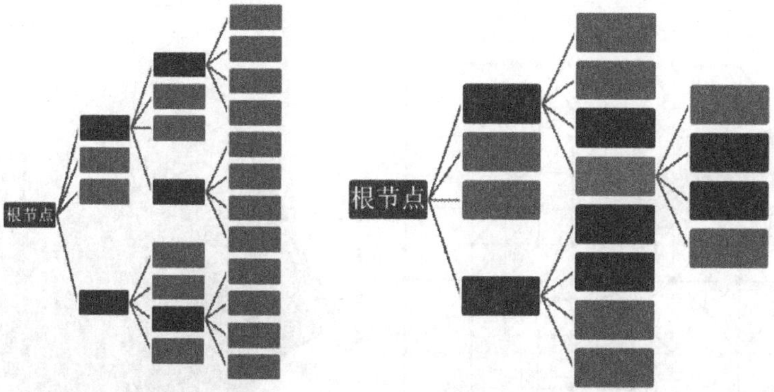

(a) 等深度分割 (b) 自适应分割

图5.2-14 分割法四叉树

当曲面被分割到一定程度后，则认为叶节点所代表的曲面片近似平坦，此时进行近似求交时，可将两个子曲面片直接对半分：连接子曲面片的对角线，将它分成两个线性三角形，将两个子曲面片的非线性求交问题转化为四个平面三角形的线性运算问题。在用三角形求交时，如果直接将三角形相交得到的直线段作为交线的近似，则可能出现拓扑结构被破坏的情况。

图5.2-15所示即为由于分割层次不同，相邻两曲面片在近似成线性问题求交时交线断开的情况，这会导致原本的拓扑结构遭到破坏。因此，为了能得到满足精度要求和健壮性的算法，采用分割法求得的是交点(排好序)，而不是最终的交线，需要根据得到的离散交点，进一步采用迭代法求精确值。

还有个不容忽视的问题，当求交的两张曲面实际情况接近平行，将它们近似成平面三角形面片时，可能导致平面三角形面片平行而无法求得交点，这种交点的漏求也会导致交线的拓扑结构遭到破坏，如图5.2-16和图5.2-17所示。

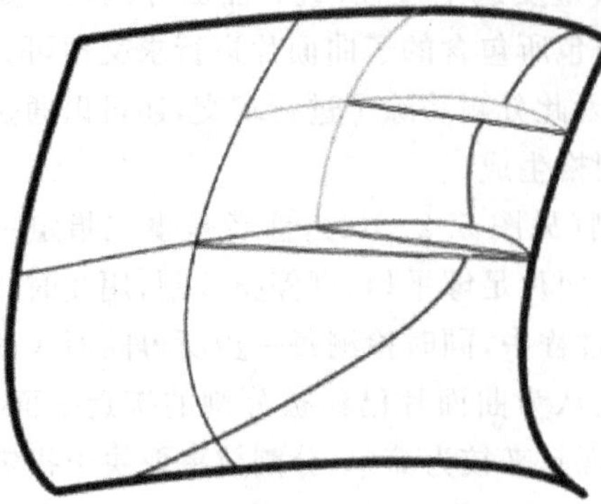

图 5.2-15　分割层次不同导致交线断开

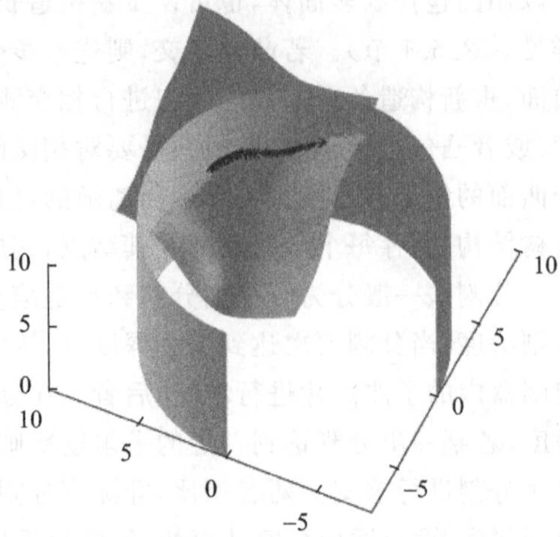

图 5.2-16　自由曲面和柱面相交的实际交线情况

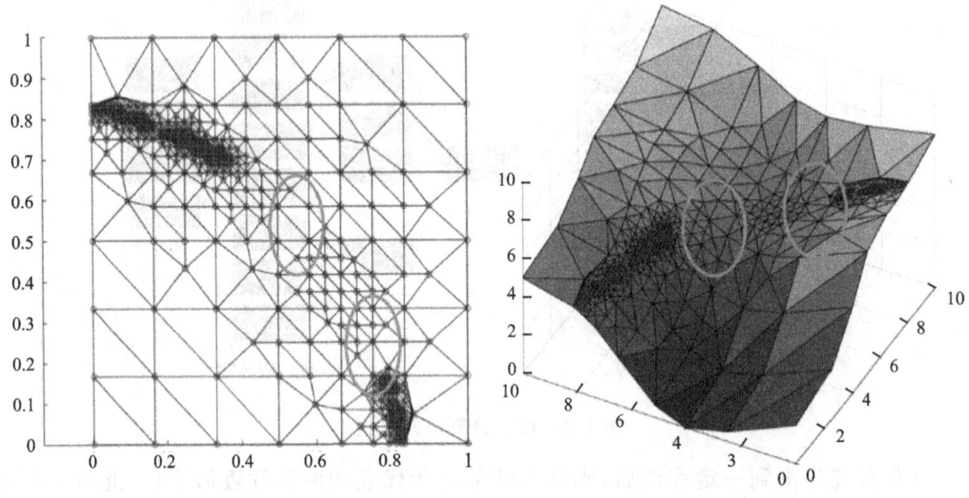

图 5.2-17　由于交点漏求导致交线断开(网格加密示意图)

为了解决这种漏求的问题，本节提出结合追踪法追捕漏求交点的情况，即先用前述方法(离散法或分割法结合迭代法)尽可能求出所有交点，并将交点尽可能排序成交线，如果最终输出的"裁开型"或者"未裁开型"交线多于一条，则遍历所有交线，从交线的两个端点开始，采用追踪法向外"延长"交线，若实际情况中交线因为漏求交点而断开，则必然会追踪到它本来的子曲线段，届时只要将子曲线段合并即可；反之，当追踪到一定程度后子曲线段不能合并，则说明交线在实际情况中是分成多段的，停止追踪直接输出即可。追踪法和迭代法的算法步骤在 5.2.3.3 节和 5.2.3.5 节介绍，关于交点漏求的问题在 5.2.5.7 节进行特殊说明。

综上所述，当采用分割法求交时，其算法(流程见图 5.2-18)如下：

(1) 确定分割深度(等深度分割法)或平坦度误差精度(自适应分割法),设置交线表,并初始化交线表。

(2) 建好两张要求交的基本曲面,构造两张曲面的轴对齐包围盒并进行碰撞检测,若包围盒不相交,则两张曲面分离,转向步骤(8),否则转向步骤(3)。

(3) 构造两张曲面的方向包围盒,并进行碰撞检测,若不相交,则转向步骤(8),否则转向步骤(4)。

(4) 若曲面分割层次没有达到预设的分割深度,或者曲面没有达到平坦度检测要求,则对曲面进行四叉分割(等深度分割法)或自适应地进行任意多叉树分割(自适应分割法),对得到的子曲面片进一步构造包围盒判断其相交情况,转向步骤(2)递归调用函数。

(5) 若已经达到分割深度或者达到平坦度标准,则用两个三角形面片分别代表两个要求交的子曲面片,对一个曲面的两个三角形,分别和另一个曲面的两个三角形求交,得到交点。

(6) 将交点归并到交线表中,按照如下规则进行合并:遍历所有交线分支,若交点所在的交线段和交线表中已有的某个分支能首尾连接起来,则将它合并到该分支,归并结束,否则该交点作为新的分支的起始点,单独保存在新的数组里。

(7) 求交结束后,检测交线表中的交线分支,若不封闭的交线有超过一条,则预设追踪次数,遍历所有这样的交线,从其两端开始,利用追踪法向外"延伸",当在追踪次数内某条分支"延长"到另一分支的端点时,则将两条分支合并成一条,并调整交线中交点的顺序,否则将其作为两条独立的分支。

(8) 返回交线表。

无论是离散栅格法还是递归分割法,通常采用逼近思想、以平代曲来简化计算的方法,它们都面临两个核心问题:离散算法和离散标准。前者根据精度、效率和鲁棒性来判断一个算法的优劣,后者则需要构造一个衡量离散程度的标准以及离散终止的条件。无论是曲线的"化直"还是曲面的"化平",判断是否能用一条直线段逼近一段曲线或者用一个平面片逼近一张曲面片,最常用的方法是计算其高度。

定义一段曲线段 $r(t)$,$a\leqslant t\leqslant b$,设其两端点为 $A=r(a)$,$B=r(b)$,曲线上任意一点为 p,则该曲线段的高为

$$d(r(t),[a,b])=\sup(\inf\|r(t)-p\|)$$

定义一张曲面片 $r(u,v)$,$a\leqslant u\leqslant b$,$c\leqslant v\leqslant d$,构造其相关四边形(四个端点为 A'、B'、C'、D'),曲面上任意一点为 p,则该曲面片的高为

$$d(r(u,v),[a,b;c,d])=\sup(\inf\|r(u,v)-p\|)$$

其中相关四边形的四个端点按照如下公式计算:

$$A=r(a,c),\quad B=r(b,c),\quad C=r(b,d),\quad D=r(a,d)$$

$$\Delta=\frac{(B+D)-(A+C)}{4}$$

$$A'=A+\Delta,\quad B'=B-\Delta,\quad C'=C+\Delta,\quad D'=D-\Delta$$

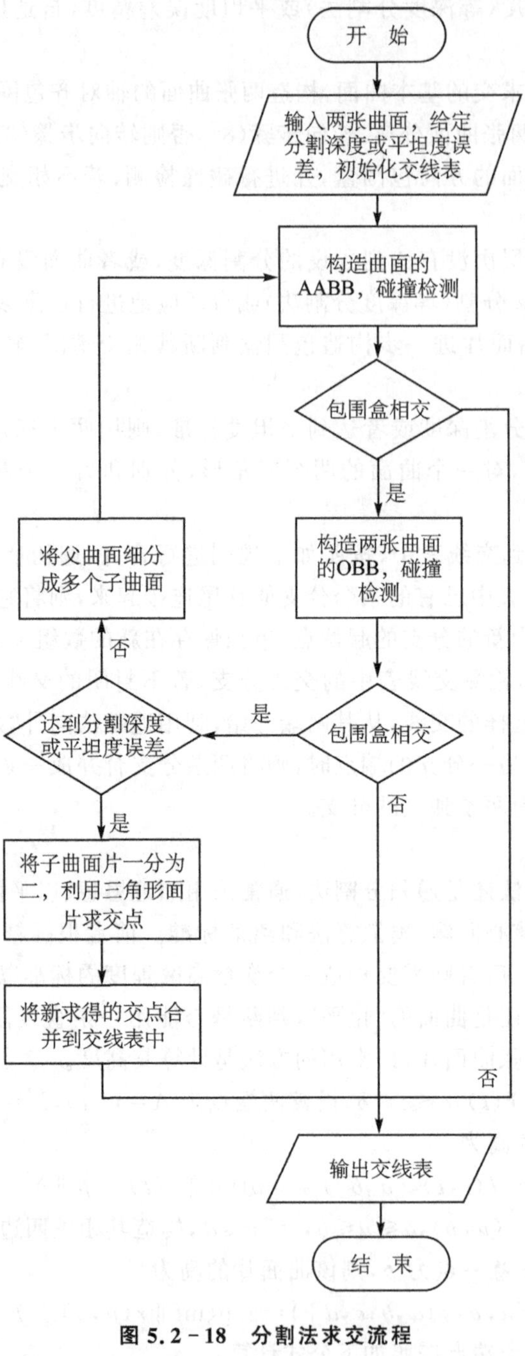

图 5.2-18 分割法求交流程

由于 $A'+C'=B'+D'$，因此相关四边形的四个顶点位于同一平面上，而实际上它就是四边形 $ABCD$（一般不是平面）四条边中点确定的平面。

当曲线、曲面的高不超过一个给定的误差精度 ε，即曲线、曲面上所有的点到其线性逼近（曲面的时候是相关四边形）的距离都不超过某个给定值时，可以近似看成离散模型能够逼近原始的光滑模型。但是，在实际应用时不可能计算出所有的曲线、曲面上的点的距离，并加以比较大小，因此，可以充分利用 Bézier 模型的凸包特性，只采用其控制顶点，近似地算出其先验离散层次。

设给定 n 次 Bézier 曲线 $r(t)$，$a \leqslant t \leqslant b$，各控制顶点为 P_i，设置误差精度 ε，则曲线的先验离散层次为

$$r \geqslant \log_2 [(n(n-1)L_0)/(8\varepsilon)]/2$$

其中，$L_0 = \max \| \Delta^2 P_i \|$。

对于 $m \times n$ 次曲面 $r(u,v)$，$a \leqslant u \leqslant b$，　$c \leqslant v \leqslant d$，其先验离散层次为

$$r \geqslant \log_2 \{[m(m-1)L_1 + 2mnL_2 + n(n-1)L_3]/(8\varepsilon)\}/2$$

其中，$L_1 = \max \| \Delta_1^2 P_{i,j} \|$，$L_2 = \max \| \Delta_1 \Delta_2 P_{i,j} \|$，$L_3 = \max \| \Delta_2^2 P_{i,j} \|$。

可以近似地认为，当曲线、曲面经过 r 次“化直”和“化平”后，所得到的直线段和平面片能够很好地逼近原始模型。然后可根据具体情况，决定是否进一步离散。

5.2.3.3 追踪法求交

当出现交点漏求或用离散法、分割法无法准确求解的特殊情况时，采用追踪法弥补常规求交方法的不足(见图 5.2-19)。追踪法主要分为三个步骤：

第一步：搜索。两个曲面相交，可能会产生多条交线，第一步需要求得每条交线分支上稀疏的交点作为初始点。初始交点的确定有多种方法，可以在第一个参数曲面 P 上取等参数线，和另一个参数曲面 Q 进行线面相交求解，将问题转化为参数曲线和曲面的相交问题。由于本节将追踪法作为一种混合方法，用于解决曲面求交过程中的非常规情况，因此不应在初始交点的求解和追踪过程上浪费太多计算效率，所以初始交点由前述介绍的离散法、分割法、迭代法来确定，这样可以保证初始点的完整性，不至于漏掉某条交线分支。

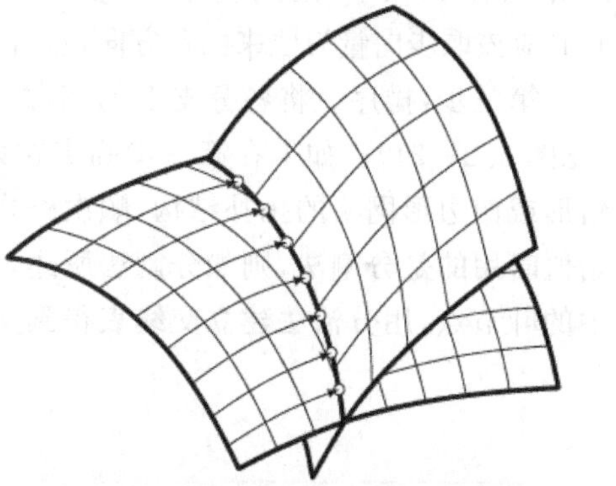

图 5.2-19　追踪法求交点(利用一个曲面的等参数线和另一个参数曲面求交)

第二步：追踪。通过得到的初始交点求后继交点，该步骤又分成三个小步——计算步向量、计算步长以及把近似交点迭代到精确交点上。第一步：求步向量。一般是用交点处两个曲面的切平面法向量的叉积方向，若在该点处两个切平面接近平行，则把前面求得的两个交点的差作为步向量方向；若前面的交点不足两个，则采用辐射法：从初始交点向该点在参数域上的对应点四周各方向“辐射”，作为猜测的步向量方向，直至找到一个新的交点为止，然后连接初始交点到新找到的交点作为新的步向量方向。但在实际应用时，作者辐射了 8 个方向，发现效率大大降低，且寻找新交点的过程本身就是一个求交的过程，还不如直接采用别的措施处理这种情况(两曲面接近平行，法矢消失，产生“迷向”问题)。作者在实现时，当遇到“迷向”问题时，则停止追踪法，改用对分法试求

中间交点。第二步:求步长。本节采用参数域上固定步长的方法,但也可以基于曲率和转角容差自适应确定步长,如果是二阶可导的曲面,其步长为 $L=\rho\Delta\theta$,其中 ρ 是曲线的曲率半径,$\Delta\theta$ 是角度容差;如果曲面仅仅是一阶可导,就不能通过二阶导数确定曲率半径。设一个试探步长 ε,在交点的切向量方向和其反方向上,根据 ε 迭代求得两个精确交点 Q 和 R,将 P、Q 和 R 三点看成此处密切圆上的三个点,从而计算曲率公式

$$\rho=\frac{|a||b||a-b|}{2|a\times b|}$$

其中,$a=Q-P$,$b=R-P$。结合 5.2.3.5 节介绍的牛顿-拉弗森(Newton-Raphson)迭代法,利用追踪到的后继交点初始近似值迭代到精确值,此处不予赘述。

求得步向量后,还要进一步判定方向(是否需要加负号),否则可能又倒退回去重复求已经得到的交点。如图 5.2-20 所示,当交线表中最后一个交点 P_1 和求得的步向量 $\boldsymbol{v}$ 作矢量相加时,得到的可能是 Q_2(Q_1 才是作者想要的下一个交点的初始迭代点),所以在得到 Q 点后,对两个矢量作点乘:$\boldsymbol{P_1Q}\cdot\boldsymbol{P_1P_2}$,当点积为正时,说明此时 Q 对应的是点 Q_2,此时应该取步向量为原来的负方向,然后重新将 P_1 和步向量相加得到正确的 Q_1 点。

第三步:排序。将各分支上的离散交点按顺序连接,或拟合成一条连续光滑交线(见图 5.2-21)。如果在第一步确定初始值时用的是离散法或等参线求交,则利用三角形或四边形网格的拓扑结构,顺次查找交点所在的边并连接成一条交线;如果确定初始值时用的是分割法,则如分割法所述,利用曲面递归分割建立的树结构,根据树结构中的叶节点,用分治法建立交线表得到交点序列。

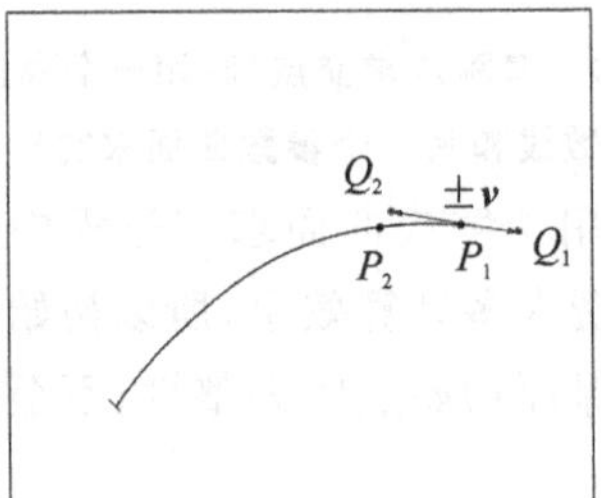

图 5.2-20　检查步向量的方向是否正确

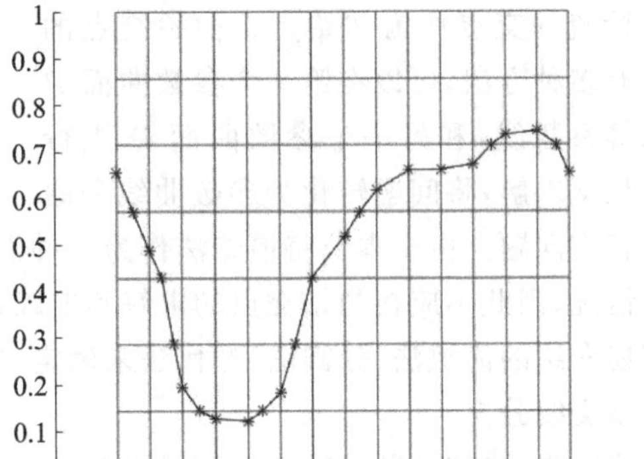

图 5.2-21　根据球面参数域上的四边形网格排序交点

本节作者利用追踪法求交在计算机实现时,总结了五个迭代终止条件以及三个追踪终止条件(前提是始终保持在定义域内和有效域内)。

迭代终止条件:

(1) 误差精度:设给定误差精度 ε,第 k 次和$(k+1)$次迭代得到的函数值分别为 $F(x_k)$和$F(x_{k+1})$,则当自变量满足 $\|x_{k+1}-x_k\|\leqslant\varepsilon$,或因变量满足 $\|F(x_{k+1})-$

$F(x_k)\| \leqslant \varepsilon$，迭代结束。

(2) 迭代次数：预先给定一个最大迭代次数，当得到迭代次数后，输出结果，再根据结果是否满足精度要求进行下一步处理。

(3) 下山因子达到极限值：当应用下山法时，由于下山因子 μ 从 1 开始每次取半，因此当取到很小时，如果此时 μ 不大于给定误差精度(默认是 2E−10)，则停止下山法，输出结果。

(4) 导数为零或者不能求导：当曲线切矢为零(切矢消失)或曲面法向量为零时，由于此时雅可比矩阵奇异，不能进行迭代，应该终止；如果在曲线或者曲面的某一点不能通过对参数求导得到导数值，应该考虑利用差商近似代替导数值，如果利用差商仍然不能求得导数信息，则终止。

(5) 向量点乘为零：在求投影点或者极值问题时，当给定点 P_0 到曲面上一点的矢量和曲面上该点的切矢量点积为零时，说明此时点 P_0 到曲面上该点的连线垂直于该点处的切平面，则该点即为 P_0 的投影点。如图 5.2－22 所示，由于 $\boldsymbol{P_0P_1}\cdot\boldsymbol{\tau}_1\neq 0$，$\boldsymbol{P_0P_2}\cdot\boldsymbol{\tau}_2=1$，则点 P_2 为 P_0 的投影点，也就是 P_0 距离曲面最近的点。此时终止迭代，输出投影点即可。

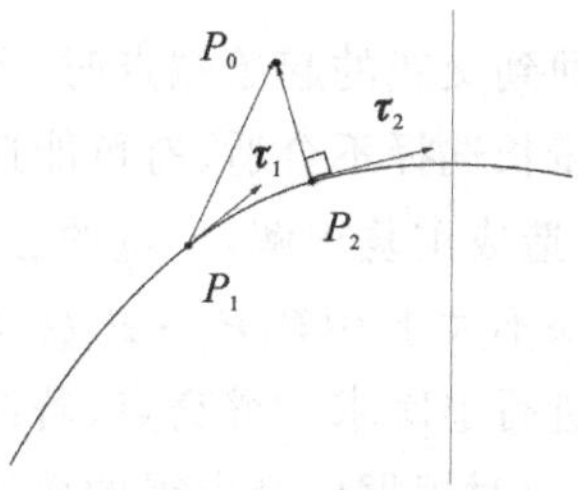

图 5.2－22　求投影点时向量点乘示意图

判断是否追踪结束时，一共有三个判定条件，只要达到其中一个就终止追踪：

(1) 到达边界(两张曲面的参数域上只要有一张到达了边界就停止)。

(2) 回到起点(形成封闭环)，或者到达另一条交线分支(两条交线连接成一条)。

(3) 迷向。

无论是什么情况，求完交点后要及时判断误差(两个交点的距离 d 是否小于给定精度)，根据距离 d 分别选取合适的策略进行下一步，以下是当追踪到边界附近或者交线端点附近时，应该采取的具体做法：

• 追踪结束条件之一：边界判定。

如图 5.2－23 所示，默认参数域上安全域区间是 0.1，整个参数域分成了Ⅰ、Ⅱ、Ⅲ三个部分。给定一条交线(AB)，进行边界判定。若交线端点位于Ⅲ区域，则根据步长计算安全次数：在安全次数内全部用四参数迭代法，而不必每次都进行判定。当在安全次数内利用四参数迭代法成功求完全部交点后，接下来应该重新进行边界判定，根据端点和边界距离的远近，视情况改用三参数迭代法或者继续使用四参数迭代法(BC 段)；若交线端点位于Ⅱ区域，则采用四参数迭代法，只不过每求得一个后继交点都要跟随一次判定(CD 段)，当判定发现交线端点到达Ⅰ区域时，此时改用三参数迭代法(DE 段)。

• 追踪结束条件之二：点的判定。

如图 5.2－24 所示，P_1 和 P_2 是一段给定交线的前两个交点，当追踪到一定程度，

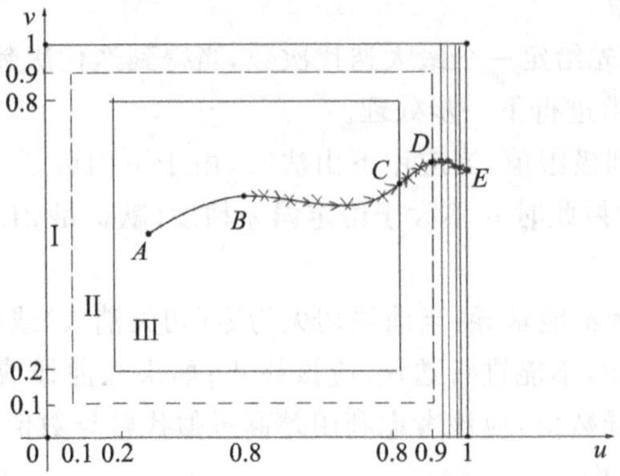

注：Ⅰ区域—四参数迭代无检测；Ⅱ区域—四参数迭代有检测；Ⅲ区域—三参数迭代。

图 5.2-23 边界判定

快要回到交线的起始端点时，采用三参数迭代法，尝试将整条交线“封闭”起来。但是，由于步长选择不合适，有可能造成图中的情况：末端点 Q_1“进入”交线，此时若再继续追踪，会造成重复求解，严重的会陷入死循环。所以应该进行判定：作点乘 $\boldsymbol{P_1P_2} \cdot \boldsymbol{P_1}Q$，若结果不大于 0($\boldsymbol{P_1P_2} \cdot \boldsymbol{P_1Q_2}$)，则说明此时的 Q 点(Q_2)还没有和起始端点 P_1 重合，继续进行追踪求后继交点；若结果大于 0($\boldsymbol{P_1P_2} \cdot \boldsymbol{P_1Q_1}$)，则此时的 Q 点(Q_1)已“进入”交线，此时根据已经求得的离散交点拟合整条交线，然后判断 Q_1 到拟合交线的距离；当距离小于误差精度时，近似认为 Q_1 已经位于整条交线上了，此时应去掉 Q_1，输出整条交线表，结束追踪。

同样的，如果给定两条交线分支①和②，尝试是否能将两者连成一条连续交线，其方法和上述情况是一样的，只不过要先构造待处理的点表，将两条分支共四个端点组成待处理点表，从中依次遍历每个待处理点，先找到两两距离最近的端点(如图 5.2-25 所示，①的 B 端点和②的 C、D 两端点相比，B 和 D 距离最近，所以检查 B 和 D 能否通过追踪后继交点连接)，至于如何判定两端点是否重合、后继交点是否“进入”另一条交线分支，方法和上面介绍的一样。

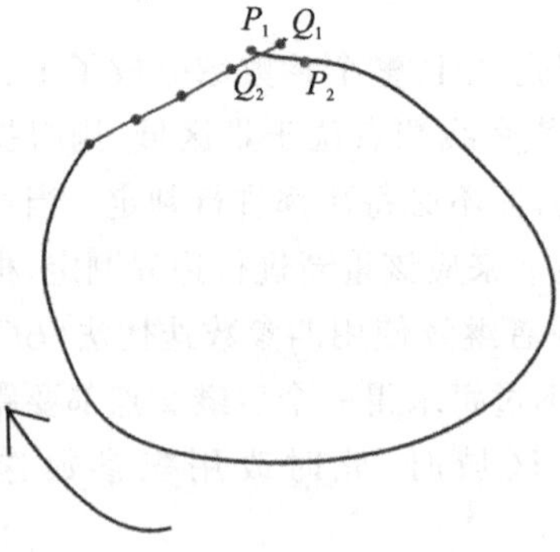

图 5.2-24 追踪法将一条曲线“封闭”起来

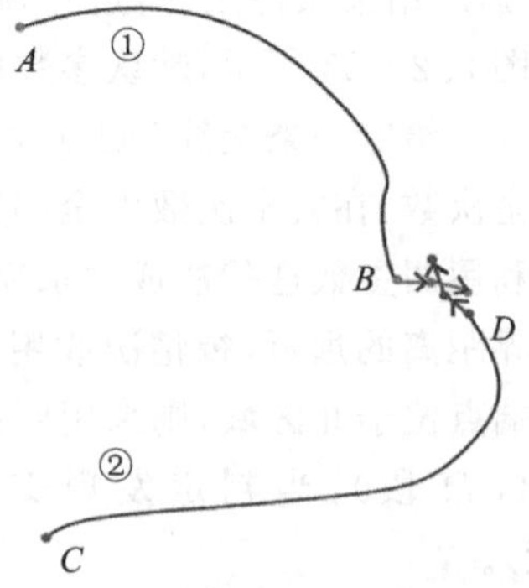

图 5.2-25 追踪法将两条曲线分支“连接”起来

追踪法算法和流程(见图5.2-26)如下:

(1) 输入一条或两条交线,对应的拓扑结构要一致,交点是已经求好的精确值且已在交线中排好序。

(2) 如果是一条交线,则取交线的两个端点构成待处理点表;若是两条交线,则取其四个端点构成待处理点表。

(3) 若待处理点表为空,则转步骤(10);否则取待处理点表中剩余的端点,对每个端点都进行边界检测:若有端点严格位于边界上,则将该端点从待处理点表中去除,转步骤(10);若端点在边界附近,则转步骤(4);若端点远离边界,则转步骤(7)。

(4)【边界附近】在两个曲面参数域上,找到离边界最近的一个端点,判断是否需要用三参数迭代,若不需要,则转步骤(5);否则转步骤(6)。

(5)【边界附近,四参数迭代】利用四参数迭代求下一交点,"延长"交线,然后对新求得的交点进行判定:若是正常求得的交点,则更新交线表,转步骤(4);否则转步骤(7)。

(6)【边界附近,三参数迭代】用三参数迭代法"延长"交线至边界,每求一个交点都进行判定:若不能正常求得交点,则转步骤(7);若能正常求得交点,到达边界后更新交线表,并去掉待处理点表中的该端点,转步骤(10)。

(7)【远离边界】若待处理点表中剩余点个数少于2个,则转步骤(9);否则对剩余的待处理点进行点的检测:判断是否需要进行三参数迭代,如需三参数迭代,则转步骤(8);如需四参数迭代,则转步骤(9);若两端点重合或者其中一端点已"进入"另一个端点所在的交线,则在待处理点表中去掉这两个端点,转步骤(10)。

(8)【两端点靠近,三参数迭代】进行三参数迭代求后继交点。若成功"延长"交线至两端点重合,则更新交线表,在待处理点表中去掉这两个端点,转步骤(10);否则若中途中止,则转步骤(9)。

(9)【远离边界,四参数迭代】计算安全次数,在次数范围内,利用四参数迭代求后继交点,而不必进行额外的判定。若成功求完所有的允许次数,则更新交线表,转步骤(3);否则在待处理点表中去掉该端点,转步骤(10)。

(10) 若待处理点表为空,则输出更新后的交线表,结束程序;否则转步骤(3)。

5.2.3.4 对分法试求中间交点和加密

求完交线后,若存在多条分支,想验证这些分支能否合并成一条,避免由于"迷向"造成的拓扑结构的破坏(见图5.2-27),则可以利用对分法:选择两个疑似端点,做矢量加法取其平均值,用中间点作为初始点,然后利用迭代法求其精确值,看精确点和曲面的距离是否满足精度要求。若不满足,则证明这两个端点所在的交线分支实际上就是不连续的;若满足精度要求,则以新求得的精确交点初始化一条新的交线分支,再利用前述的求交方法进行新的交线分支的求解。

当求得的交线上交点数量过少或者交线太粗糙时,也可以利用对分法,在两个相邻交点之间插入新的交点,加密交点以细化交线。

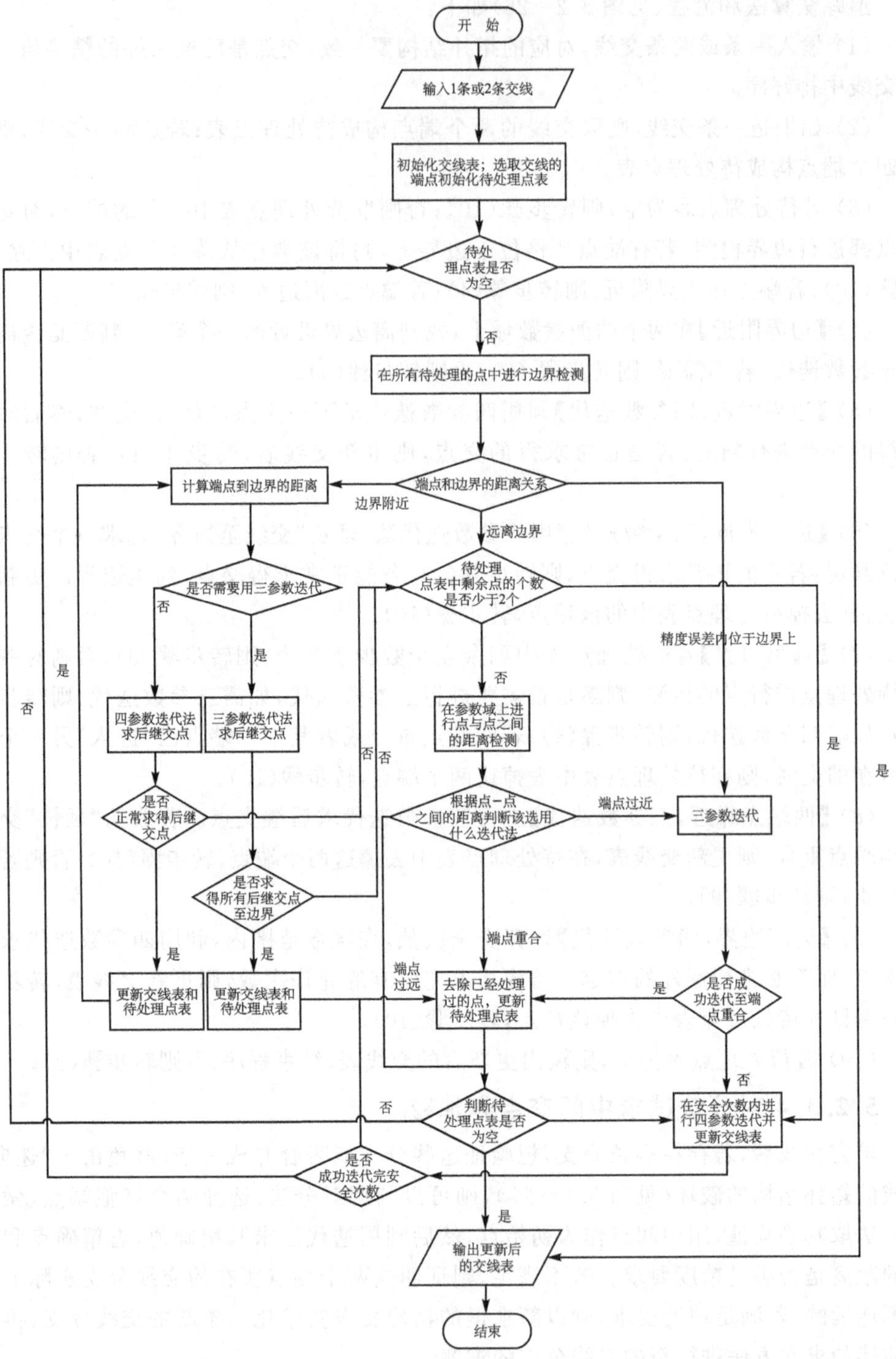

图 5.2－26　追踪法求交流程

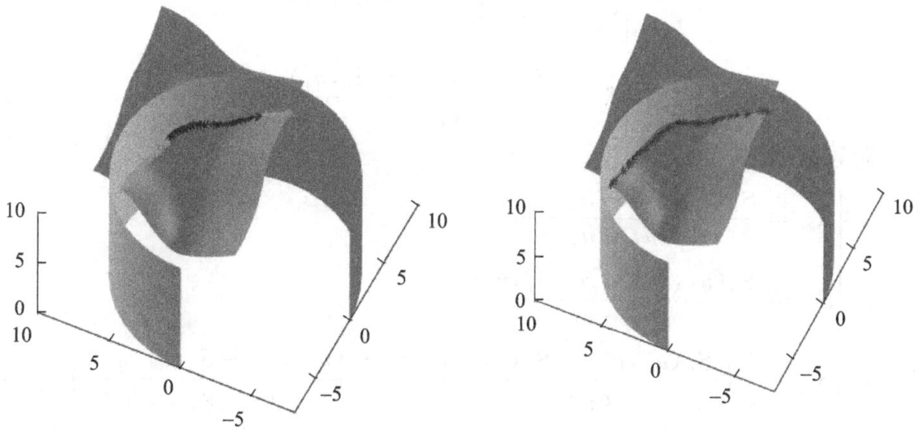

(a) 交线拓扑校正前　　(b) 交线拓扑校正后

图 5.2-27　交线拓扑校正前后

5.2.3.5 迭代法精化

由离散法或分割法得到的初始交点，只是通过平面三角形面片求交得到的近似点，为了求精确点，固然可以将网格加密或者将曲面细分得非常小，但这无疑会降低计算效率。而采用迭代法就可在不改变网格结构的情况下，直接由得到的初始交点计算对应的精确值。迭代法以牛顿-拉弗森迭代法最为常用。由于一张参数曲面有两个参数，两张曲面求交就有四个参数待确定，在求一般的交点时，四个参数都作为变量参与迭代过程，即四参数迭代法。在每一次迭代过程都会寻找离初始值最近的精确点，由于其搜索方向不受控制，因此在求解位于边界附近的精确交点时，容易出现收敛慢甚至发散的问题。在求解边界附近的精确点时，宜将其中一个参数固定，将问题转化为一张曲面的等参线和另一张曲面求交，即三参数迭代法，所选择的固定参数(等参线)即为边界线，这样求得的精确交点便位于边界上。

传统的牛顿迭代法对初值依赖性很高，且当方程无解(无零点，即实际曲面不相交或无法求出求点)时，迭代发散。尽管可以事先通过其他方法(例如离散法、分割法等)预先求得初始迭代点，但还是应采取一定的数值方法降低对初值依赖性的要求，且当迭代发散时，能自动终止或进行后续处理。本小节提出改进的牛顿迭代法，应用下山法进一步克服牛顿迭代法对初值的依赖性，同时加速收敛。如果方程无解(无零点，迭代发散)，则采用下山法可以自动求出极值点，即由求解方程的零点问题转化为求极值点问题。反映到实际的曲面求交时，即当曲面实际不相交而得不到交点时，自动求出两曲面距离最近的点。为了提高求导效率或者解决不能直接对参数坐标求导时的缺陷，结合离散牛顿法，用差商代替一阶导数、二阶导数。本小节用向后差分近似求导，图 5.2-28 所示为利用差商表示点 $S(u_1, v_1)$ 处的一阶导数和二阶导数。

一阶导数：

$$\begin{cases} S_u = \dfrac{S(u_2,v_1) - S(u_1,v_1)}{u_2 - u_1} \\ S_v = \dfrac{S(u_1,v_2) - S(u_1,v_1)}{v_2 - v_1} \end{cases}$$

二阶导数：

$$\begin{cases} S_{uu} = \dfrac{S_u(u_2,v_1) - S_u(u_1,v_1)}{u_2 - u_1} \\ S_{vv} = \dfrac{S_v(u_1,v_2) - S_v(u_1,v_1)}{v_2 - v_1} \\ S_{uv} = \dfrac{1}{2}\left(\dfrac{S_u(u_1,v_2) - S_u(u_1,v_1)}{v_2 - v_1} + \dfrac{S_v(u_2,v_1) - S_v(u_1,v_1)}{u_2 - u_1}\right) \end{cases}$$

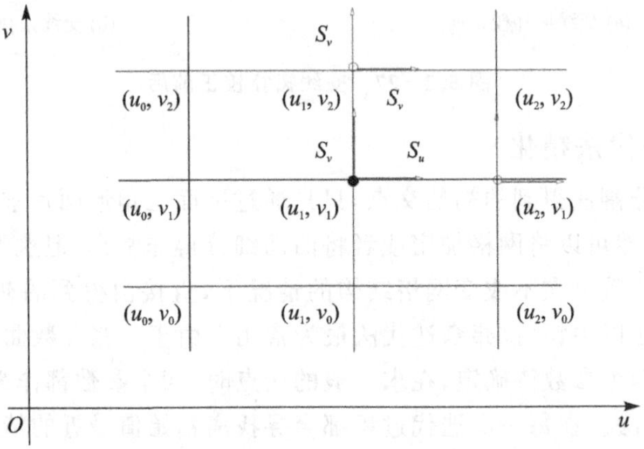

图 5.2-28　向后差分近似求导数

如图 5.2-29 所示，设 $P_0 = S_1(u_0, v_0)$ 是初始交点 P_1^0 在曲面 $S_1(u,v)$ 上的投影点，$P_2 = S_2(s_0, t_0)$ 是初始交点 P_2^0 在曲面 $S_2(s,t)$ 上的投影点，使用四参数迭代法确定精确交点 P_1。

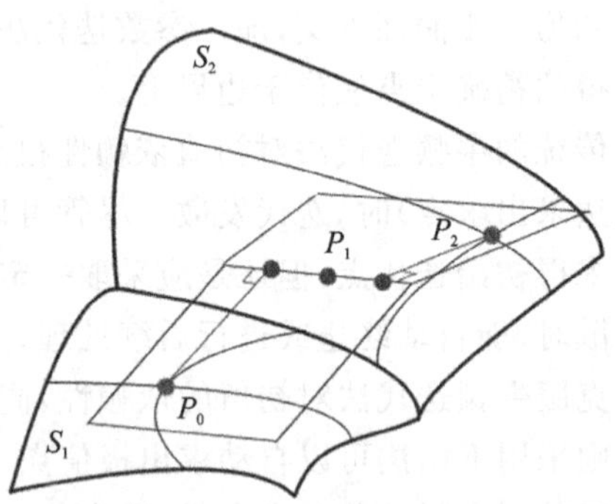

图 5.2-29　四参数迭代法

过 P_0 和 P_2 分别作两个曲面的切平面，取两个点在两切平面交线上投影的中点 P_1 作为初始近似点，设 $\boldsymbol{m}$ 和 $\boldsymbol{n}$ 分别是两曲面在两个点处的单位法矢，则 P_1 由以下公式确定：

$$P_1 = \frac{1}{2}[P_0 + P_2] + \frac{1}{2}\,\frac{1}{(\boldsymbol{m}\cdot\boldsymbol{n})^2 - 1} \times [(\Delta P\cdot\boldsymbol{n})((\boldsymbol{m}\cdot\boldsymbol{n})\boldsymbol{m} - \boldsymbol{n}) - (\Delta P\cdot\boldsymbol{m})((\boldsymbol{m}\cdot\boldsymbol{n})\boldsymbol{n} - \boldsymbol{m})] \qquad (5.2-4)$$

其中，$\Delta P = P_2 - P_0$。由公式(5.2-4)可知，当两张曲面在交点附近接近相切时，法矢量点乘结果为1,会造成计算数值不稳定,因此需要追加判定条件。本小节提出在每次计算 P_1 之前,先进行相切与否的判定,当两张曲面在容差限内接近平行时,不再采用四参数迭代法求交点,而采用5.2.5.7节的特殊情况处理方法求解。

四参数迭代法的算法(见图5.2-30)如下:

(1) 给定初始估计值 P_1^0 和 P_2^0 及其参数坐标。

(2) 利用雅可比矩阵反求 P_1^0 和 P_2^0 在两曲面的投影点 P_0 与 P_2 及其参数值。

(3) 计算 P_0 和 P_2 处的单位法矢 $\boldsymbol{m}$ 和 $\boldsymbol{n}$ 及 $\Delta P=P_2-P_0$。

(4) 若 $\|\Delta P\|\leqslant\varepsilon$,则转步骤(7),否则转步骤(5)。

(5) 计算式(5.2-4)得到 P_1。

(6) 将 P_1 作为新的初始值,转到步骤(2),迭代计算。

(7) 求得满足误差精度的 P_1,作为精确交点,并得到在两张曲面上对应的参数坐标。

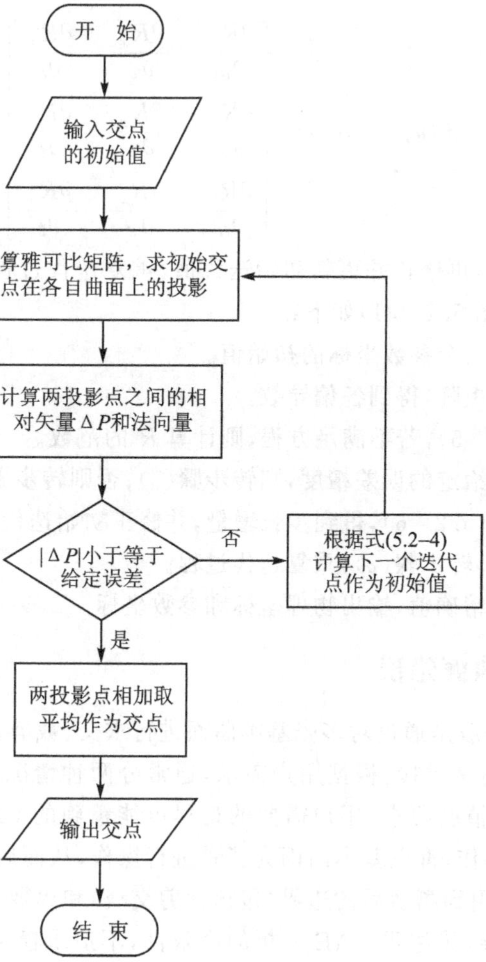

图5.2-30 四参数迭代法求交流程

当要求的交点位于边界附近，或者想把交点迭代到具体某条等参线上时，则采用三参数迭代法：设要求的初始估计点为 P^0，其在两张曲面上的投影点仍为 $P_0=S_1(u_0,v_0)$ 和 $P_2=S_2(s_0,t_0)$，固定参数 s_0，则求解另外三个参数坐标就是求解如下非线性方程组：

$$\begin{cases} R_x(u,v,t)=S_{1x}(u,v)-S_{2x}(s_0,t)=0 \\ R_y(u,v,t)=S_{1y}(u,v)-S_{2y}(s_0,t)=0 \\ R_z(u,v,t)=S_{1z}(u,v)-S_{2z}(s_0,t)=0 \end{cases} \tag{5.2-5}$$

用牛顿-拉弗森迭代法求解方程组(5.2-5)能达到二阶收敛，其迭代公式为：

$$\mathbf{J}(u_k,v_k,t_k)\begin{bmatrix}\Delta u\\ \Delta v\\ \Delta t\end{bmatrix}=-\begin{bmatrix}R_x(u_k,v_k,t_k)\\ R_y(u_k,v_k,t_k)\\ R_z(u_k,v_k,t_k)\end{bmatrix} \tag{5.2-6}$$

其中雅可比矩阵

$$\mathbf{J}(u_k,v_k,t_k)=\begin{bmatrix}\dfrac{\partial R_x}{\partial u} & \dfrac{\partial R_x}{\partial v} & \dfrac{\partial R_x}{\partial t}\\ \dfrac{\partial R_y}{\partial u} & \dfrac{\partial R_y}{\partial v} & \dfrac{\partial R_y}{\partial t}\\ \dfrac{\partial R_z}{\partial u} & \dfrac{\partial R_z}{\partial v} & \dfrac{\partial R_z}{\partial t}\end{bmatrix}$$

求得迭代增量后，再修正并更新初始迭代值，重复迭代过程，直到满足给定的误差精度。算法(流程见图5.2-31)如下：

(1) 给定要求的三个参数坐标的初始值。

(2) 计算雅可比矩阵，得到各偏导数。

(3) 计算式(5.2-5)，若不满足方程，则计算 R 的范数。

(4) 若范数满足给定的误差精度，则转步骤(7)；否则转步骤(5)。

(5) 求解迭代式(5.2-6)，得到步长增量，并修正初始迭代值。

(6) 令下标增一，转步骤(2)，重复迭代过程。

(7) 计算交点的精确值，输出物理坐标和参数坐标。

5.2.4 复杂曲面建模

复杂曲面建模一般是通过对多张基本曲面进行求交、裁剪，进而拼接成一个完整的模型。无论是裁剪还是拼接，根据用户需求，通常分两种情况考虑：①注重 CAD 建模的精确性，保证模型精度要求，用户需要的是尽可能精确的 CAD 模型：无论后续进行多少次裁剪和其他操作，都以基本曲面为背景进行操作，从而后续得到的几何元素都位于基本曲面上，同时用到离散后的边界(包括裁剪交线)和离散后的网格模型，这在计算机上实现时比较复杂；②注重 CAE 分析的高效性，不追求模型本来精度，主要为有限元分析服务，用户需要的是建好后能直接拿来进行力学分析的网格模型：后续的所有操作都在离散后的模型上进行处理(因此，可以打破常规流程，先进行网格生成，再进行曲

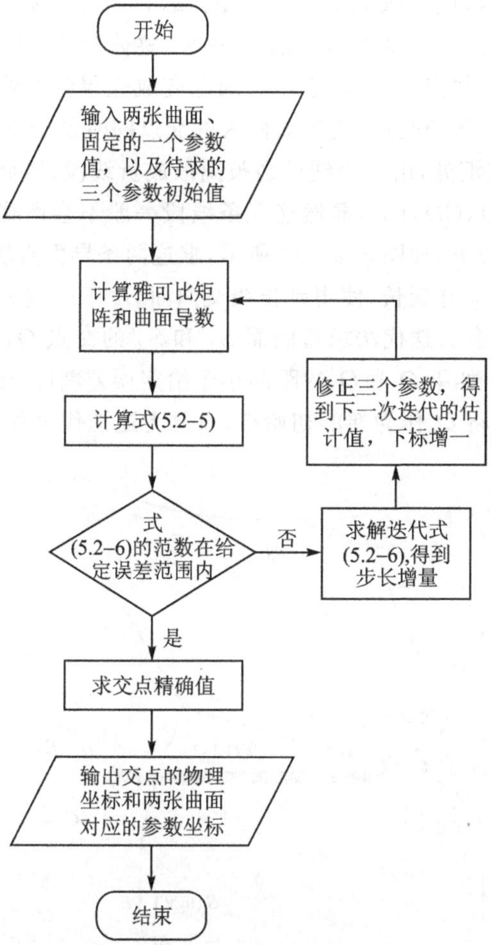

图 5.2-31　三参数迭代法求交流程

面裁剪，提高整体效率)，并随时进行点的增删、网格局部细化等操作，更新拓扑结构的信息。对于后者，可以脱离参数域，直接针对几何域进行操作和线性计算，因为：①进行CAE分析时，用不到参数域上的信息；②以离散模型为基础新插入或删除的节点，一般不精确位于任何一张原始的光滑曲面上，当然也没有对应的参数坐标。

对于边界匹配而言，进一步再分为两种情况：①“即裁即拼”，参与求交的两张曲面，在求完交点并完成裁剪后直接进行拼接；②“独立拼接”，完全不相干的两张裁剪曲面进行边界拼接(当然要拼接的边界要大致接近，否则是不能拼接的)。

5.2.4.1 曲面多次裁剪

多次裁剪是以两张基本曲面的单次裁剪为基础的，本质是三张曲面进行相交求解的问题。在曲面的内部，可以分别进行单次裁剪，按照前述的求交算法求解，但在三张曲面交汇于一点处时，如果想要交汇点严格位于三张曲面上，则可以采用两种算法：①四参数迭代法＋投影点判定；②六参数迭代法。

如图 5.2-32 所示,设三张裁剪曲面为 $S_1(u_1,v_1)$、$S_2(u_2,v_2)$、$S_3(u_3,v_3)$,假设 S_1 先和 S_2 求交并拼接后,再将拼接后的 S_1+S_2 整体和 S_3 求交并拼接。设曲面 S_i 和 S_j 相交所得的交线用“交线 $i-j$”表示。问题变成先得到交线 1-2,再在交线 1-2 上合适位置处插入一个新的交点,使得新插入的交点同时位于三张曲面上。如图 5.2-32 所示,在三张曲面交汇处,由于交线已经被离散成折线段,因此实际上进行交汇附近是三条异面直线段:AB,CD,EF,显然这三条线段一般不会严格交于一点。所以先取两条线段,例如 CD 和 EF,如图 5.2-33 所示,求这两条异面直线段距离最近的两个端点 P_1 和 P_2,连接 P_1P_2 并延长,使得延长线交曲面 S_3 于一点 P,然后以 S_3 上的该点 P 作为初始点,利用四参数迭代法求得曲面 S_1 和 S_2 的交点 Q,将求得的交点 Q 投影到曲面 S_3 上得到 Q'。如果 Q 和 Q' 的距离小于给定误差精度,则两者取平均作为三张曲面的公共交点;否则将 Q' 作为新的初始点,重复上述迭代过程。

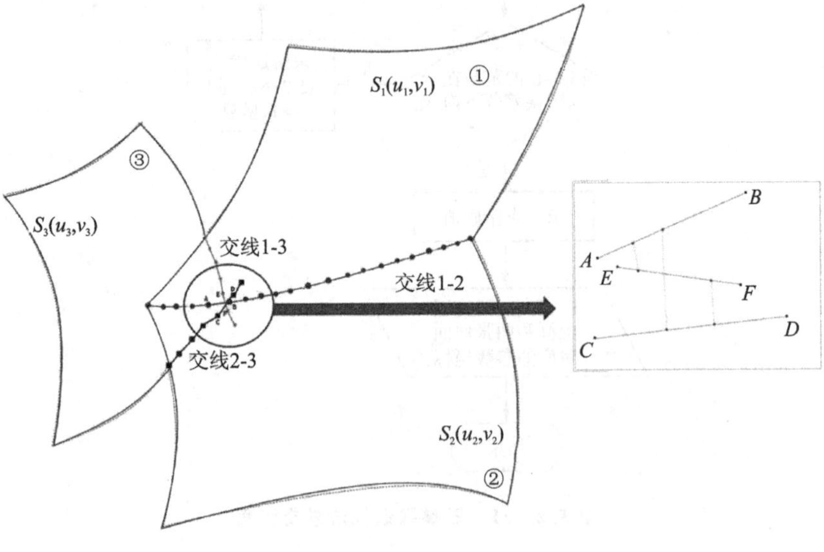

图 5.2-32 三张曲面求交

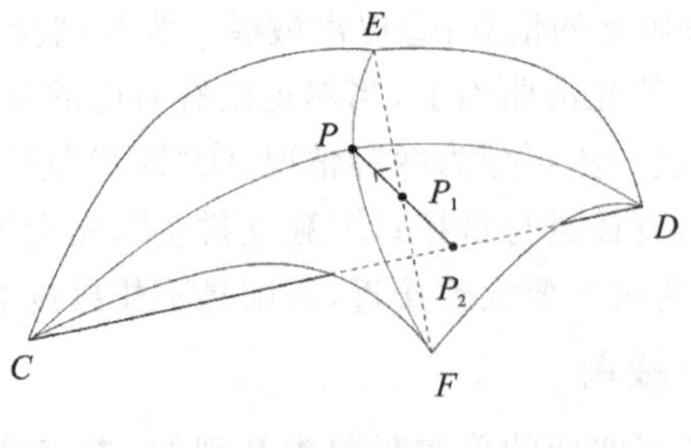

图 5.2-33 四参数迭代配合投影点检测

另一种方法是类比两张曲面求交的四参数迭代过程,在三张曲面求交时进行六参数迭代(见图 5.2-34)。

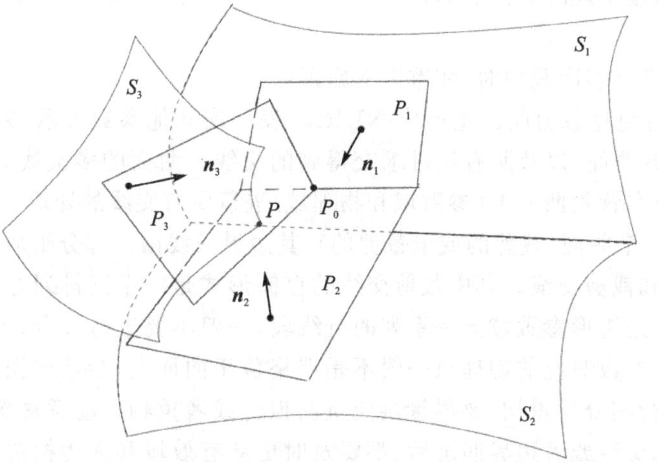

图 5.2-34 六参数迭代法(三张平面相交)

设三张曲面的交点为

$$\boldsymbol{p}=k_1\boldsymbol{l}+k_2\boldsymbol{m}+k_3\boldsymbol{n} \tag{5.2-7}$$

其中,$\boldsymbol{l}$、$\boldsymbol{m}$、$\boldsymbol{n}$ 是三张曲面在该点处的法向量,k_1、k_2、k_3 是待定常数。在该点处满足

$$\begin{cases}(\boldsymbol{p}-\boldsymbol{p}_1)\cdot\boldsymbol{l}=0\\(\boldsymbol{p}-\boldsymbol{p}_2)\cdot\boldsymbol{m}=0\\(\boldsymbol{p}-\boldsymbol{p}_3)\cdot\boldsymbol{n}=0\end{cases} \tag{5.2-8}$$

将式(5.2-8)代入式(5.2-7)并展开,得到

$$\begin{cases}k_1+k_2\boldsymbol{m}\cdot\boldsymbol{l}+k_3\boldsymbol{n}\cdot\boldsymbol{l}-\boldsymbol{p}_1\cdot\boldsymbol{l}=0\\k_1\boldsymbol{l}\cdot\boldsymbol{m}+k_2+k_3\boldsymbol{n}\cdot\boldsymbol{m}-\boldsymbol{p}_2\cdot\boldsymbol{m}=0\\k_1\boldsymbol{l}\cdot\boldsymbol{n}+k_2\boldsymbol{m}\cdot\boldsymbol{n}+k_3-\boldsymbol{p}_3\cdot\boldsymbol{n}=0\end{cases}$$

整理得

$$\begin{bmatrix}a_{11}&a_{12}&a_{13}\\a_{21}&a_{22}&a_{23}\\a_{31}&a_{32}&a_{33}\end{bmatrix}\begin{bmatrix}k_1\\k_2\\k_3\end{bmatrix}=\begin{bmatrix}\boldsymbol{l}&\boldsymbol{l}\cdot\boldsymbol{m}&\boldsymbol{l}\cdot\boldsymbol{n}\\\boldsymbol{l}\cdot\boldsymbol{m}&\boldsymbol{l}&\boldsymbol{m}\cdot\boldsymbol{n}\\\boldsymbol{l}\cdot\boldsymbol{n}&\boldsymbol{m}\cdot\boldsymbol{n}&\boldsymbol{l}\end{bmatrix}\begin{bmatrix}k_1\\k_2\\k_3\end{bmatrix}=\begin{bmatrix}\boldsymbol{p}_1\cdot\boldsymbol{l}\\\boldsymbol{p}_2\cdot\boldsymbol{m}\\\boldsymbol{p}_3\cdot\boldsymbol{n}\end{bmatrix}=\begin{bmatrix}b_1\\b_2\\b_3\end{bmatrix}$$

根据克拉默(Cramer)法则求解 k_1、k_2、k_3 即可:

$$k_1=\frac{\boldsymbol{D}_x}{\boldsymbol{D}},\quad k_2=\frac{\boldsymbol{D}_y}{\boldsymbol{D}},\quad k_3=\frac{\boldsymbol{D}_z}{\boldsymbol{D}}$$

其中

$$\boldsymbol{D}=\begin{vmatrix}a_{11}&a_{12}&a_{13}\\a_{21}&a_{22}&a_{23}\\a_{31}&a_{32}&a_{33}\end{vmatrix},\ \boldsymbol{D}_x=\begin{vmatrix}b_1&a_{12}&a_{13}\\b_2&a_{22}&a_{23}\\b_3&a_{32}&a_{33}\end{vmatrix},\ \boldsymbol{D}_y=\begin{vmatrix}a_{11}&b_1&a_{13}\\a_{21}&b_2&a_{23}\\a_{31}&b_3&a_{33}\end{vmatrix},\ \boldsymbol{D}_z=\begin{vmatrix}a_{11}&a_{12}&b_1\\a_{21}&a_{22}&b_2\\a_{31}&a_{32}&b_3\end{vmatrix}$$

设距离公式 $d=\frac{1}{3}(|\boldsymbol{p}_1\boldsymbol{p}_2|+|\boldsymbol{p}_2\boldsymbol{p}_3|+|\boldsymbol{p}_1\boldsymbol{p}_3|)$,当距离 d 满足给定的误差精度时,停

止六参数迭代，输出此时交汇点的物理坐标和在三个曲面参数域上的参数坐标，并且更新交线表。

本小节在进行多次裁剪时，注重以下原则：

(1) 尽量避免将裁剪曲面重构成 NURBS 表示或其他参数表示，采用最原始的那张基本 NURBS 曲面，以及所有经过求交得到的交线。曲面的多次裁剪是在所有裁剪过程完成后，再在背景曲面上(参数域和物理域)进行所有交线的处理。

(2) 对于一个曲面(裁剪的或未裁剪的)，其边界曲线由两部分组成：未经裁剪的原始曲面的边界和裁剪交线。其中裁剪交线的存储形式是一系列排列好的离散交点，反映到参数域上，是矩形参数域上一系列的折线段，一般不要进行拟合，因为拟合之后除了型值点，其余参数对应的物理点一般不是严格位于曲面上，会造成误差。同样，不要对裁剪曲面进行细分后重构，要尽量避免重新拟合或者重构。注意每次裁剪或者拼接时，在求完新的交线或者边界匹配后，都要及时更新有效域和人为构造边界，并记录好拓扑信息。

(3) 对参数域上得到的交线进行集合运算，通过用户指定的点识别有效域，合并交线，人为构造内外边界，保存所有的交线信息，有效域边界的存储内容是曲面参数域上各交线分支已排好序的离散交点、各交线相交处的分隔点、各交线的拓扑信息等。

(4) 曲面每次裁剪之后，都要及时保存每一条交线的几何信息(交点的坐标)和拓扑信息(交线中交点的排列顺序、交线之间的邻接关系、交线和两侧区域的邻接关系)，虽然会造成计算机存储的负担，但却保留了造型过程中最完整的信息，以方便后续操作和对错误进行回溯。

(5) 曲面的多次裁剪交线结果始终是四种基本交线的组合：裁开型、封闭型、半裁开型、内部型。多次裁剪时，两张裁剪曲面求交不一定非得求完全部的交点，无论采用哪种求交算法，都可以事先规定好交线的两个端点，在靠近端点附近利用三参数迭代法，求到端点后即可停止。

5.2.4.2 边界匹配

在进行边界匹配时，先通过图形用户界面或者输入参数固定住待匹配边界的两个端点，即分别找到两张曲面拼接处公共交线的两个终端，然后再固定住公共边界中间的任意一点(注意这个第三点不要和两个端点成一线)，由于三个不共线的点确定一个平面，因此只要固定住拼接处的三个点，即可完全确定两张拼接曲面的相对位置，接下来只要处理拼接边界上剩余的每一个离散点，完成符合水密性的边界匹配即可。

"即裁即拼"时，由于在求交的过程中已经采用各种方法提高交点的精度，因此最后在进行边界匹配时，两张曲面拼接处的公共点(物理坐标)只需任意选择一张曲面上的交点表即可，当然用户也可将两张曲面上对应的一对交点相加取平均作为最终的公共点，不过在误差范围内，这样做对精度并没有什么大的提升。

如果是独立拼接，则同样根据更偏向于哪一方面的应用(是 CAD 准确建模还是 CAE 高效分析)，采取两种方案(无论哪种方案都能满足水密性要求)：

(1) 追求模型精度：固定住两张待拼接曲面的相对位置，然后针对拼接边界，从一个端点开始，顺次分别找到每一个点距离对方交线上最近的“配偶点”，根据距离进行判断，如果没能找到这样的“配偶点”，则在对方直线段上投影，插入新的交点进行打断；取每一对“配偶点”，将它们作为初始点，求其精确值，实际上问题就转化为已知初始点，对两张不相干的曲面进行求交(利用前面介绍的求交算法)，只不过操作对象不是输入的实际裁剪好的模型，而是这两张裁剪曲面所在的背景曲面。重新求完交点后，更新交线表，更新每个交点以及整条交线的几何信息和拓扑信息。

(2) 为有限元分析考虑：不追求原来光滑模型的准确性，此时两张待拼接曲面都已经被离散成三角形网格结构，拼接的目的是直接得到一个能用于有限元分析的力学模型。因此直接处理离散模型，确切的说是直接处理每一张平面三角形面片及其边，利用离散交点和三角形面片的几何信息和拓扑信息，适当插入、删除相关的节点，将两条不相关的交线合并成同一条交线，交线上的离散交点为两张拼接曲面共有，然后更新参数表，并以新增删后的节点为基础在局部对三角形网格进行重新划分。

5.2.4.3 保存信息

由于采用离散交点近似表示真实的连续交线，尽量避免对模型的拟合和重构，因此需要在每次操作后及时保存并更新大量的信息。表 5.2-3 根据点、线、面三大类列出了需要保存的主要内容。

表 5.2-3 曲面建模过程中需要保存的主要信息

点	线	面
点的参数和物理坐标	交线和边界线的标识符，起始端点和终止端点	基本 NURBS 曲面的参数域、物理域坐标
交点的拓扑结构(连接关系)	交线由哪两张曲面求交得到(给两张曲面设置标识符)	有效域
边界匹配时，参与的交点标识符	内外边界，以及组成边界的交线标识符、交线分割点	拼接时，参与拼接的边界标识符及其两个端点

5.2.5 辅助技术

本节介绍在求交过程中，为了提高计算效率、保证计算精度所采取的一系列辅助技术，其中包括进行相交测试的包围盒技术、离散曲面片时的平坦度检测技术、递归编程时多叉树结构的构造方式、构造有效域及其边界的识别算法、几何变换和投影变换、汇聚点的处理，以及前面提到的关于交点漏求等特殊情况下的处理。

5.2.5.1 包围盒的构造和碰撞检测

在进行凸包的构造和测试时，常用的凸包有圆(三维：球体)(见图 5.2-35(a))、长方形包围盒(三维：长方体)(见图 5.2-35(b)、图 5.2-35(c))、K-DOP(离散方向多边形或多面体)(见图 5.2-36(c))。圆(球)的构造和碰撞检测比较简单，根据圆心距和半径判断即可；K-DOP 是由 $K/2$ 对平行边围成的包围盒，一般由长方体包围盒经过

“切割”得到,相比较长方形包围盒而言具有更好的紧致性,但由于它是多边形(三维:多面体),在后续的碰撞检测中计算量会更大,考虑到构造包围盒的目的是为曲面求交服务,需要涉及大量的碰撞检测运算,而不必刻意追求凸包的紧致性,因此主要用长方形包围盒。长方形包围盒又分为轴对齐包围盒(AABB)和方向包围盒(OBB),前者的棱边和三个坐标轴平行,后者的棱边不一定和坐标轴平行,但具有更大的紧致性。平面包围盒紧致性的比较如图 5.2-36 所示。下面分别介绍 AABB 和 OBB 这两种包围盒的构造方法和碰撞检测算法。

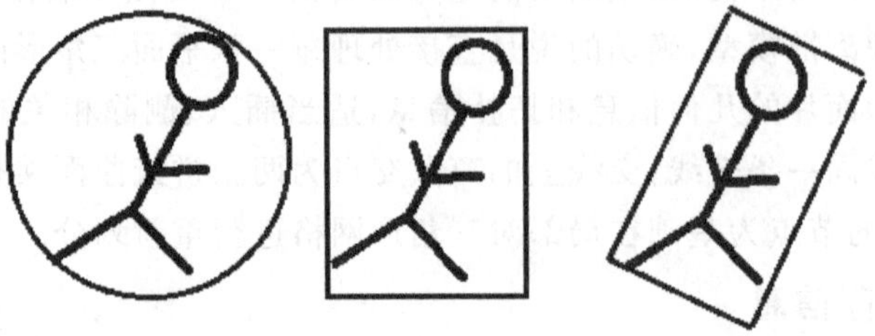

(a) 圆　　(b) AABB　　(c) OBB

图 5.2-35　平面包围盒

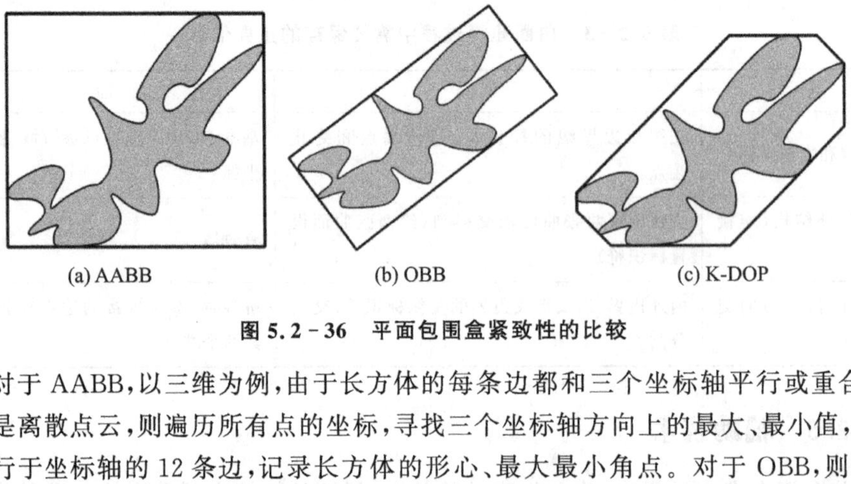

(a) AABB　　(b) OBB　　(c) K-DOP

图 5.2-36　平面包围盒紧致性的比较

对于 AABB,以三维为例,由于长方体的每条边都和三个坐标轴平行或重合,若输入的是离散点云,则遍历所有点的坐标,寻找三个坐标轴方向上的最大、最小值,然后构造平行于坐标轴的 12 条边,记录长方体的形心、最大最小角点。对于 OBB,则根据输入的离散点云坐标,采用概率论中的统计学原理进行主成分分析,计算给定离散点的协方差矩阵

$$\boldsymbol{A}=\begin{bmatrix}\mathrm{cov}(x,x) & \mathrm{cov}(x,y) & \mathrm{cov}(x,z)\\ \mathrm{cov}(y,x) & \mathrm{cov}(y,y) & \mathrm{cov}(y,z)\\ \mathrm{cov}(z,x) & \mathrm{cov}(z,y) & \mathrm{cov}(z,z)\end{bmatrix}$$

求矩阵的特征向量,归一化得到分离轴(separated axis)方向矢量,如图 5.2-37 所示,进一步求盒子的 12 条边和质心坐标。

当输入不是离散点云,而是 NURBS/Bézier 曲线、曲面时,当然也可以在模型上取大量样点,将模型转化为离散点云,再用上述方法构造包围盒,但这无疑会使计算效率

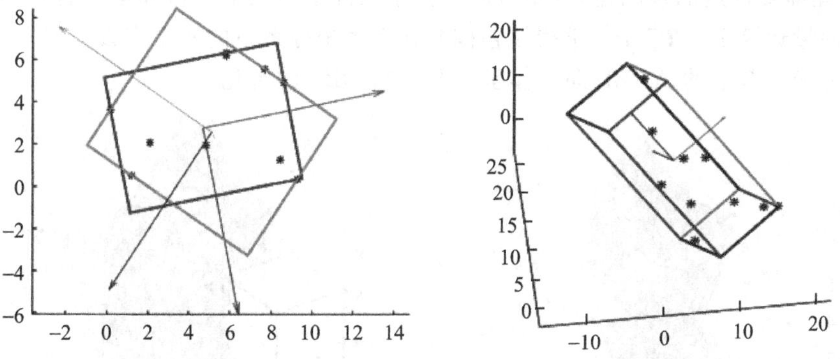

(a) 二维矩形　　(b) 三维长方体

图 5.2-37　主成分分析法构造 OBB 及其分离轴

大大降低。由于它们自带凸包性质，可以利用 MATLAB 自带的边界构造函数和凸包构造函数，先根据模型的控制顶点构造一般的凸多面体包围盒，盒子的顶点数和面数取决于模型的阶次，然后将多面体转化成 AABB 或 OBB，如图 5.2-38 和图 5.2-39 所示。当需要构造的盒子数较多，或者想以某些特殊点（平面曲线斜率为零的点、斜率无限大的点、驻点、断点、端点、非正则点等）作为盒子的角点，可以利用节点插入技术，不断在节点向量中插入新的节点，并求解对应的物理坐标，然后分区间构造子包围盒。

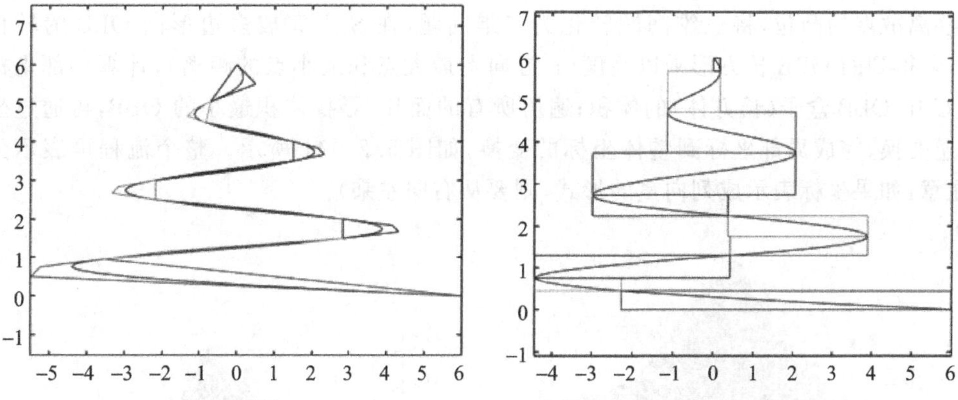

(a) 多边形　　(b) 在特殊点处构造AABB

图 5.2-38　NURBS 曲线构造区间包围盒

由控制多面体转化为 AABB（见图 5.2-40）时，将多面体的所有角点作为一系列离散点，然后利用前述的 AABB 构造方法构造即可；当转化为 OBB 时，核心是 5.2.5.5 节介绍的几何变换和坐标转换。

对于二维多边形，选取多边形的某一条边作为新的局部坐标轴 x，计算所有角点在新的局部坐标系 C 下的坐标值，设从整体坐标系到局部坐标系的转换矩阵为 $\boldsymbol{T}_1$，原来点的坐标为 P，则新的坐标值 $P'=\boldsymbol{T}_1 P$，注意这里的坐标指的是齐次坐标。以此求得局部坐标系下的 AABB，并计算 AABB 的面积；遍历所有的边，寻找面积最小的

AABB,此即要构造的包围盒,只不过现在位于局部坐标系下。再和坐标转换矩阵的逆矩阵做向量运算 $P=\boldsymbol{T}_1^{-1}P'$,求得该包围盒在整体坐标系下的各角点以及形心的坐标,完成局部坐标系下的 AABB 向整体坐标系下的 OBB 的转化。

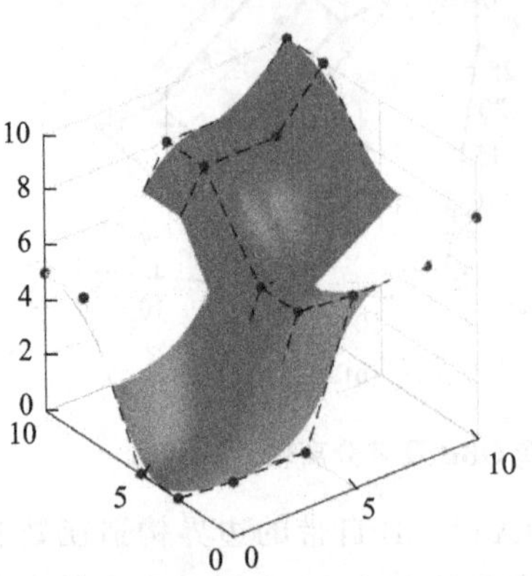

图 5.2-39　NURBS 曲面转化为 Bézier 面片后构造第 3 个和第 7 个面片的控制多面体

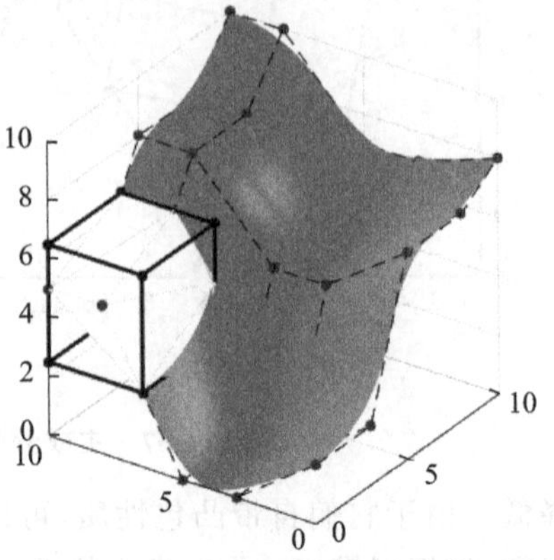

图 5.2-40　第 7 个 Bézier 面片的多面体转化成 AABB

对于三维多面体,则选取多面体的某一个面片作为局部坐标系 C 的一个平面 S(该平面也是要构造的 OBB 的底面),以 S 的法矢量作为第三条新的坐标轴 z,将多面体所有角点投影到 S 上,设坐标转换矩阵为 $\boldsymbol{T}_2$,得到局部坐标系下 S 面上的离散点,构造这些离散点的凸包,将三维问题转化为二维问题,在 S 上完成多边形向 OBB 的转化后,以得到的 OBB 长方形乘以高度(z 方向上最大点和最小点的距离),计算局部坐标系 C 中 OBB 盒子(长方体)的体积;遍历所有的面片,寻找体积最小的 OBB,再通过坐标逆变换,完成局部坐标到整体坐标的变换,如图 5.2-41 所示。整个流程可表示为(注意:如果坐标表示成列向量的形式,则要从右向左乘):

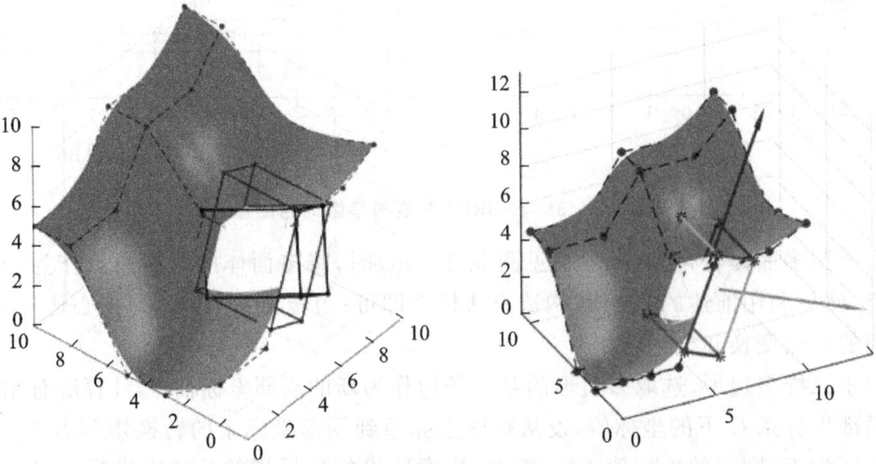

图 5.2-41　第 2 个 Bézier 面片的多面体转化成 OBB 及其 3 个分离轴

$$P = \boldsymbol{T}_2^{-1}\boldsymbol{T}_1^{-1}(\max\{Vol(P') \mid P' = \boldsymbol{T}_1\boldsymbol{T}_2 P\})$$

无论是球、AABB、OBB 还是任意多面体，在完成凸包的构造并输出必要的几何信息和拓扑信息后，都有必要构造一个统一的数据结构，专门用来保存盒子的所有信息，这样才能在接下来的碰撞检测中提高数据查找和计算的效率。表 5.2-4 所列为作者构造的存储包围盒信息的数据结构中主要的域名。

表 5.2-4 三维包围盒(球、AABB、OBB、多面体)的自定义数据结构

数据结构中的域名	三维包围盒			
	球	AABB	OBB	多面体
form	"Sphere"	"AABB"	"OBB"	"Polyhedron"
radius	半径	—	—	—
center	盒子形心的坐标			
points	—	盒子所有角点的物理坐标		
idedge	—	盒子的边，用边的两个端点下标表示，对应于 points		
idface	—	盒子的面，用面的 3/4 个端点下标表示，对应于 points		
sa	—	3 个分离轴	3 个分离轴	任意个分离轴

对包围盒的碰撞检测，迄今已有大量的碰撞检测算法，本小节借助分离轴(见图 5.2-42)理论(SAT)，采用投影半径法(见图 5.2-43)进行碰撞检测，以二维 OBB 为例。

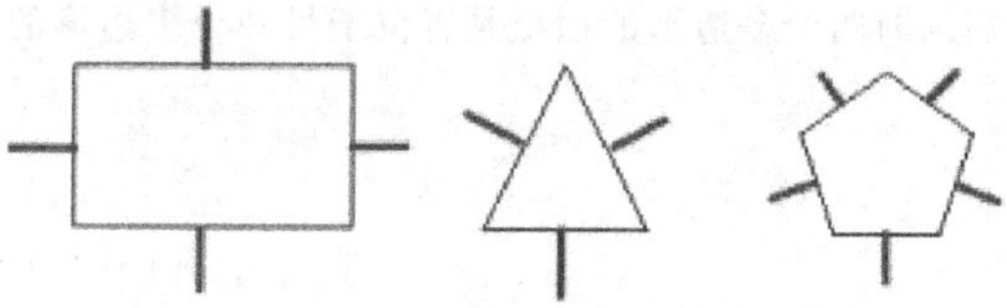

图 5.2-42 矩形、三角形、五边形的分离轴

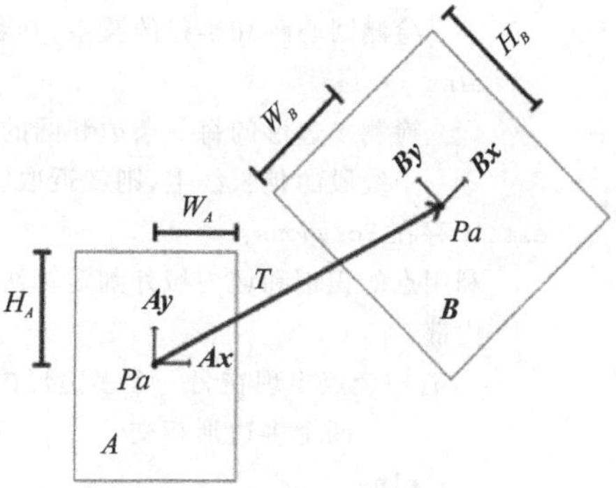

图 5.2-43 投影半径法

设两个 OBB 盒子 A 和 B，其中 A 的半高和半宽为 H_A 与 W_A，B 的半高和半宽为 H_B 与 W_B，$\boldsymbol{A}_x$、$\boldsymbol{A}_y$、$\boldsymbol{B}_x$、$\boldsymbol{B}_y$ 分别是 A 和 B 的分离轴单位方向向量，A_0 和 B_0 分别是 A 和 B 的形心，$\boldsymbol{L}$ 是某一条分离轴的方向向量，则用投影半径法判定两个矩形是否碰撞，就是计算不等式

$$|A_0B_0 \cdot \boldsymbol{L}| > |W_A \cdot \boldsymbol{A}_x \cdot \boldsymbol{L}| + |H_A \cdot \boldsymbol{A}_y \cdot \boldsymbol{L}| + |W_B \cdot \boldsymbol{B}_x \cdot \boldsymbol{L}| + |H_B \cdot \boldsymbol{B}_y \cdot \boldsymbol{L}| \tag{5.2-9}$$

当不等式(5.2-9)成立时,说明在该分离轴方向上两个盒子不相交。遍历所有的分离轴,当在所有分离轴方向上都相交时,则两个盒子发生碰撞;只要有一个方向上的分离轴经过计算满足不等式(5.2-9),则两个盒子不碰撞,计算终止。需要注意的是,分离轴投影法只适应于凸多边形的碰撞检测,且无法告知我们究竟是哪个地方发生了碰撞,这可以在前面构造凸包时构造凸多边形加以保证。

类似的,两个三维长方体进行碰撞检测时,需要检测在以下 15 个分离轴方向上是否发生碰撞:A_x、A_y、A_z、B_x、B_y、B_z、$A_x\times B_x$、$A_x\times B_y$、$A_x\times B_z$、$A_y\times B_x$、$A_y\times B_y$、$A_y\times B_z$、$A_z\times B_x$、$A_z\times B_y$、$A_z\times B_z$。在编程实现时,需要注意当两个盒子的局部坐标系有两条坐标轴平行时,此时对应的两个分离轴张量积为零,即需要检测的分离轴少于 15 个,需要额外判定排除多余的情况,否则会造成计算错误。对三维情况,设两个长方体的长为 L_A 和 L_B,沿长度方向的分离轴单位向量是 $\boldsymbol{A}_z$ 和 $\boldsymbol{B}_z$,则三维空间的检验不等式为

$$|A_0B_0\cdot\boldsymbol{L}|>|W_A\cdot\boldsymbol{A}_x\cdot\boldsymbol{L}|+|H_A\cdot\boldsymbol{A}_y\cdot\boldsymbol{L}|+|L_A\cdot\boldsymbol{A}_z\cdot\boldsymbol{L}|+ \\ |W_B\cdot\boldsymbol{B}_x\cdot\boldsymbol{L}|+|H_B\cdot\boldsymbol{B}_y\cdot\boldsymbol{L}|+|L_B\cdot\boldsymbol{B}_z\cdot\boldsymbol{L}| \tag{5.2-10}$$

同样遍历所有分离轴,检测不等式(5.2-10)是否成立,只要有一个方向上成立,则两个包围盒不发生碰撞。

如果是混合情况,即不确定包围盒是什么形式,可能有各种形式的包围盒共存时,则采用如下碰撞检测算法(以两个二维包围盒判断为例):

```
if 存在 Circle
    if  Circle-Circle
        检测圆心距和半径的关系,判断相交、相切、相离的关系
    else
        检测多边形的每一条边和圆的相交情况,计算圆心到线段的投影距离(如果投影点位
        于线段的延长线上,则就近取线段的端点),和半径做比较,判断是否碰撞
elseif 存在 Polygons:
    利用点的识别和域内域外判定算法,分别判断两个多边形的顶点是否位于另一个多边形的
    内部
    if 有一个点出现在另一个多边形内部
            两个多边形相交
        else
            取一个多边形的边,判断是否和另一个多边形的边相交,遍历两个多边形的所有
            边,只要有一条边相交,则两个包围盒发生碰撞,否则不碰撞
elseif 存在 OBB
    遍历所有分离轴(若有分离轴平行于其他的,则要筛选掉),计算不等式(5.2-9)或(5.2-
    10),判断是否发生碰撞
else
    两个包围盒都是 AABB 式,分别在三个坐标轴上投影,比较两个包围盒的坐标分量大小,即
    可判定是否发生碰撞
```

由于分割法求交每次在进行曲面细分时,是在两个参数方向上各插入一个节点,因

此每次进行的是四分，又因为分割是个递归的过程，自然地想到应该构造树结构，用于保存每次分割的节点信息、几何信息和拓扑信息。等深度分割法构造的是四叉树，而自适应分割法在进行网格生成时，构造的是任意多叉树，前者是后者的特例，因此在5.2.5.3节详细介绍任意多叉树结构的构造方法和相应的遍历、查找操作。

5.2.5.2 局部曲率估算

如果模型比较复杂，或者要处理的样点数量很多，则想精确地计算每个点的准确曲率值是一件很困难的事，而实际上在应用时往往并不需要某个点处的精确曲率，只需要给出某种估计就可以。因此本小节所采用的局部曲率估算方法有两种：一种方法用于递归曲面细分过程中，通过局部曲率进行曲面的平坦度检测，由于处理的是Bézier曲面和NURBS曲面，因此根据其控制顶点和凸包性质，可以估算局部曲率，该方法简单易行、计算效率高，但只适用于具有凸包性质的参数曲面；另一种方法是在5.3.5节提出的利用曲面上的差分估算局部曲率，该方法应用于基于分子动力学网格生成方法中的模拟布点过程，该方法也能做到较好地估计曲率，同时适应于任意曲面，但它的计算效率相比第一种方法而言略微降低。

设给定NURBS/Bézier曲面，若要检测曲面沿u方向哪里的曲率较大，则找到沿v方向的每条控制折线段，如图5.2-44所示，计算某个点到折线段两端点连线的距离C。沿u方向遍历所有的折线段，计算出全部的距离$C_1, C_2, \cdots$，如图5.2-45所示，然后取所有距离的平均值$C_0 = \dfrac{\sum_{i=1}^{N} C_i}{N}$，即为曲面在该控制点周围沿着$u$方向的近似曲率。沿着$v$方向计算所有的控制点周围的曲率，然后根据事先设定的误差精度，寻找不满足误差精度的曲率所在的控制点，再根据双向平均规范积累弦长参数化法，计算这些控制点所对应的参数值，则这些参数值就是曲面接下来进行细分时，在v方向上要插入的节点的位置。用同样的方法，计算u方向上要插入的节点位置。

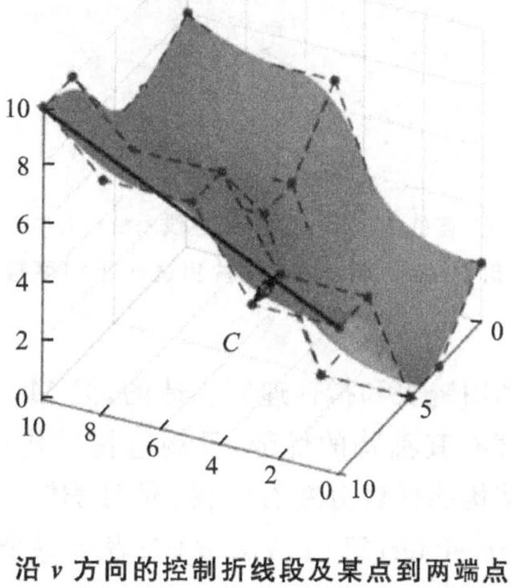

图 5.2-44 沿v方向的控制折线段及某点到两端点连线的距离

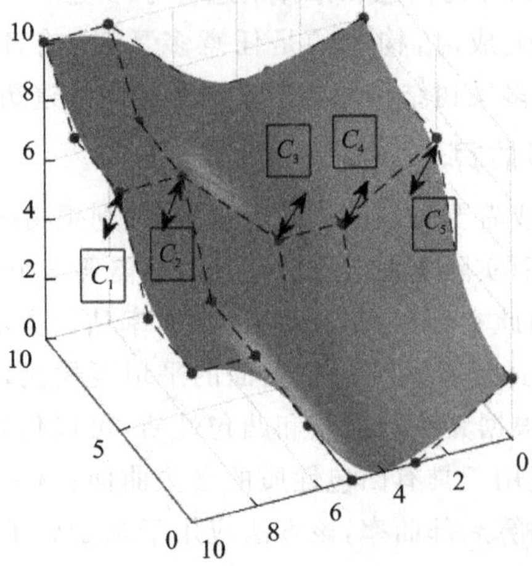

图 5.2-45　沿 u 方向所有对应点到两端点连线的距离

由于这种平坦度检测是根据整张曲面的控制点信息进行全部检测(见图 5.2-46),因此它是自适应的,凡是不满足误差精度的地方会全部被查找出来,并给出应插入的节点值,因此每次并不一定是进行四分,分割的子曲面数取决于曲面的阶次和本身的弯折程度。相应的构造的树结构也不一定是四叉树,而取决于每次经过平坦度检测得到的待插入节点个数。

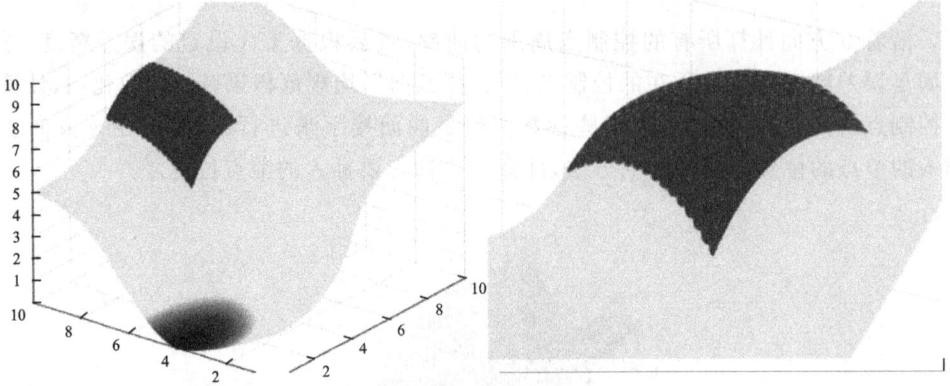

注:蓝色线—沿 u 方向;红色线—沿 v 方向。

图 5.2-46　Bézier 曲面片自适应平坦度检测

5.2.5.3 树结构

一般而言,树结构是利用链表和指针递归构造的,但 MATLAB 对链表和指针结构应用不方便,而对矢量运算有其独特的优势,且构造树结构是为了曲面求交和网格生成,并不需要如通常的树结构那样区分左右子树、兄弟子树、节点插入和删除等复杂操作。因此本小节提出用一个四元数组 $[a,b,c,d]$ 来表示每个节点,其中 a 表示当前节点所在树的深度；b 表示当前节点父节点的编号；c 表示当前节点的编号；d 表示当前节点的子节点个数。

如图 5.2-47 所示，采用这种方式为节点编码，则根节点的编号为 [1,0,1,2]，左下角叶节点编号为 [5,b,c,0]，每个节点都有唯一的标识符，利用编写的树遍历和查找函数，能够快速找到任意一个节点，例如想查找叶节点，则只须查找 $d=0$ 的所有节点即可。

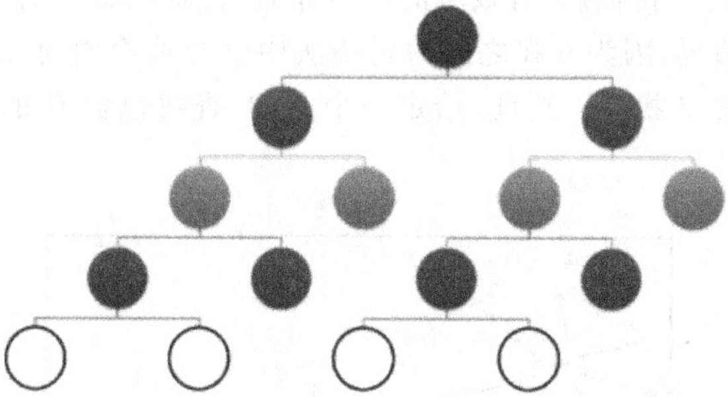

图 5.2-47 树结构示意图

5.2.5.4 点的识别算法

在拼接完成后，还要人为构造边界和有效域。判定一点是否位于某一区域内叫作点的识别算法(见图 5.2-48)。

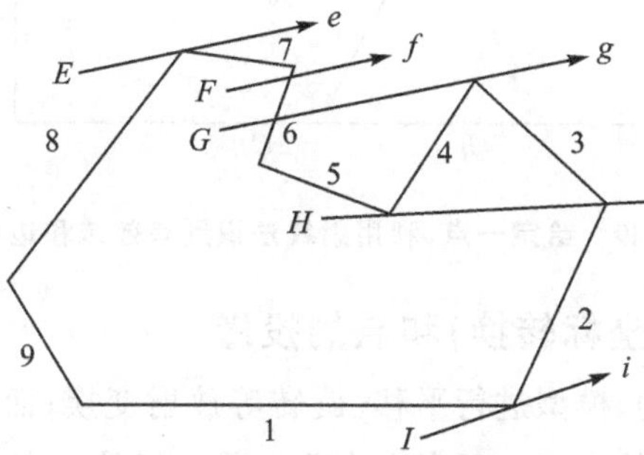

图 5.2-48 点的识别(交点计数检验法判断一点是否位于多边形内)

如果基于点的识别，取所有样点分别判断它们是否位于有效域内，则显然不可行。本小节提出给定一点、识别包含该点的有效域和边界的射线法。

如图 5.2-49 所示，1～7 代表参数域上 7 条交线，A～H 代表交线分支相交得到的各交线段之间的分隔点。若给定一点 P，要求包含 P 的有效域(及其边界)，可以以 P 为中心，向四周辐射一定数量的射线(默认 8 个均匀方向)，当检测到射线和某个边界(包括参数域本身的 4 条边界和交线)相交时，则记录该边界及其两个分隔点，通过辐射，可以正常查找到 EF、FG、GH、HA、AB 这几条分支，当多条交线同时相交于同一段分支时，只要记录一次即可，将已查找到的各段边界尽可能在分隔点处顺次连接起来

形成 $E-F-G-H-A-B-C$ 的外边界以及交线 6 构成的内边界。如果射线和一条封闭的内环(交线 6)相交,则记录该分支作为内边界,继续延长射线,直至交于一条不封闭的边界,期间经过的所有内环全部保存成内边界。这样 BC 段也被查找到。最终还剩下 CD、DE 以及一个内边界(交线内环 7)没有被找到,由于前面 $E-F-G-H-A-B-C$ 没有形成封闭的外边界,因此提取两个端点 E 点和 C 点,根据之前求交得到的各曲线的拓扑结构,顺次查找到与 E 和 C 有连接关系且能形成封闭外边界的剩余部分(CD 段和 DE 段)。当构造好有效域的外边界后,再根据交线的拓扑信息,查找有效域内可能存在的内边界,因为 6 在之前的射线法中已经被检测到,所以避免重复检测,最终将剩余的内边界 7 找到。至此,给定一个点 P,查找包含 P 的有效域及其内外边界全部完成。

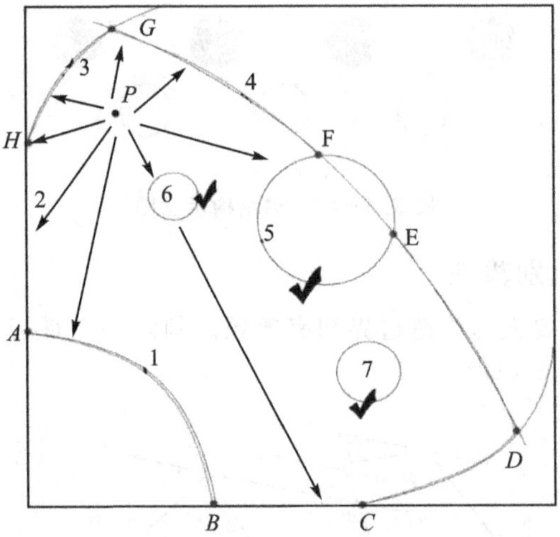

图 5.2-49 给定一点,利用射线法识别有效域和边界

5.2.5.5 几何变换(坐标转换)和点的投影

几何变换是坐标系不动,模型进行平移、旋转等放射变换;而坐标转换则是模型不动,求模型在新的坐标系下的坐标。两者在本质上是一样的。在三维空间中,对一般模型的几何变换是对模型上点的操作,采用齐次坐标表示,能够通过和 4×4 变换矩阵的乘法运算快速实现:

$$\boldsymbol{T}=\begin{bmatrix} a_{11} & a_{12} & a_{13} & a_{14} \\ a_{21} & a_{22} & a_{23} & a_{24} \\ a_{31} & a_{32} & a_{33} & a_{34} \\ a_{41} & a_{42} & a_{43} & a_{44} \end{bmatrix}$$

其中各系数和仿射变换或投影变换相对应,任意的复合变换都可以通过变换矩阵的相乘实现。而对于参数表示的曲面,由于它是由基函数和系数矢量的张量积得到的,因此在得到变换矩阵后,可以通过对其几何系数矩阵或代数系数矩阵做变换而直接实现对

整个模型的变换，不必再通过以模型上的点为单位进行。

5.2.3.5提到 P_1 是由 P_0 和 P_2 在交线上的投影得来的，同时在得到初始点 P_1 后，需要将它投影到参数曲面上求解精确值（见图5.2-50）。在迭代过程中经常要用到求一给定点在一张曲面上的投影（及其投影距离），计算投影过程采用雅可比逆矩阵，设 u_0 和 v_0 是投影点的参数初始估计值，u^* 和 v^* 为要求的参数精确值，问题等价于在参数曲面上寻找一个点 $S_1=S_1(u^*,v^*)$，使它与 P_1 距离最近，令

$$e=S_1(u^*,v^*)-P_1$$

$$d=P_1-S_1(u_0,v_0) \tag{5.2-11}$$

为了使 e 的范数最小，令

$$\begin{cases}\Delta u=\dfrac{(S_{1u}\cdot d)(S_{1v}\cdot S_{1v})-(S_{1u}\cdot d)(S_{1u}\cdot S_{1v})}{(S_{1u}\cdot S_{1u})(S_{1v}\cdot S_{1v})-(S_{1u}\cdot S_{1v})^2}\\[2ex]\Delta v=\dfrac{(S_{1v}\cdot d)(S_{1u}\cdot S_{1u})-(S_{1v}\cdot d)(S_{1v}\cdot S_{1u})}{(S_{1v}\cdot S_{1v})(S_{1u}\cdot S_{1u})-(S_{1u}\cdot S_{1v})^2}\end{cases} \tag{5.2-12}$$

则

$$\begin{cases}u_1=u_0+\Delta u\\ v_1=v_0+\Delta v\end{cases} \tag{5.2-13}$$

以 u_1 和 v_1 作为新的估计值迭代，不断重复过程直到求得的精确值和估计值距离满足误差精度。算法步骤如下：

(1) 给定 P_1^0 及其参数值。

(2) 计算雅可比矩阵 $S_1(u_0,v_0)$，$S_{1u}(u_0,v_0)$，$S_{1v}(u_0,v_0)$ 以及式(5.2-11)。

(3) 设 ε 是给定的精度误差，如果 $\|d\|\leqslant\varepsilon$，则转向(6)。

(4) 计算式(5.2-12)，得到步长。

(5) 计算式(5.2-13)，得到新的估计值，转到(2)，重复迭代过程。

(6) 结束，输出满足精度误差的 $S_1=S_1(u^*,v^*)$，即为求得的精确值。

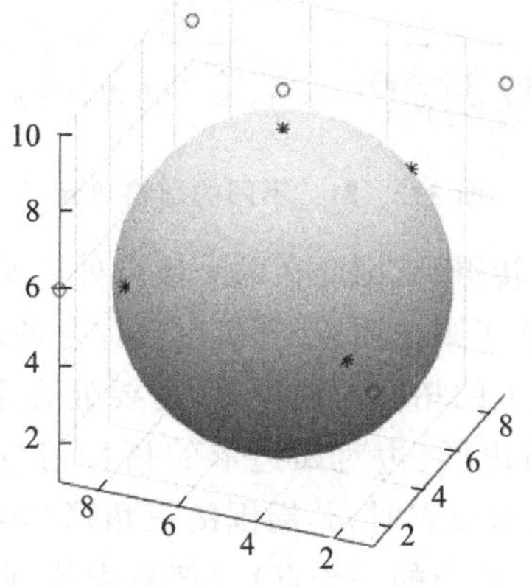

图5.2-50 将给定点(红色圆圈)投影到球面上(蓝色点)

5.2.5.6 四边形网格交点排序和汇聚点处理

如果网格不是三角形,而是利用四边形网格进行的求交运算,则需要重新改进点的排序算法。对于一个四边形网格单元,在理想情况下(见图 5.2－51(a)),每个矩形单元只有两条边含有交点,且每条边上只含有一个交点,根据单元拓扑结构,按顺序保存点的几何信息即可完成排序操作。但是,如果不是理想情况,例如一个单元上存在多于两个待排序的点(见图 5.2－51(c)),或单元的某条边上有多个待排序点(见图 5.2－51(b)),则需要按以下步骤,可以对任意复杂情况的单元交点进行排序处理:

去掉参数域上的重复点→将所有交点按照理想情况处理,尽可能地排序连接成一系列曲线分段或孤立点:选择从某个初始交点开始,沿着某个方向查找、排序,保证每个边只查找一次,如果已经查找过,则将边上其他的交点保存成孤立点或保存在另一端曲线分支上→在交线上某相邻两点间插入第三点,根据交线的走向趋势会有三种结果,由矢量点乘的正负将所有孤立点插入它们所在的曲线分段→将所有孤立点插入它们所在的曲线分支,并将所有曲线分支尽可能合并,最终结果得到一条完整的曲线或两段曲线分支;同时处理封闭圆环,若曲线能围成一个闭环,则第一个和最后一个点的信息相同,即首末端点重合→输出最终的一条或两条连续曲线,如图 5.2－52 所示。

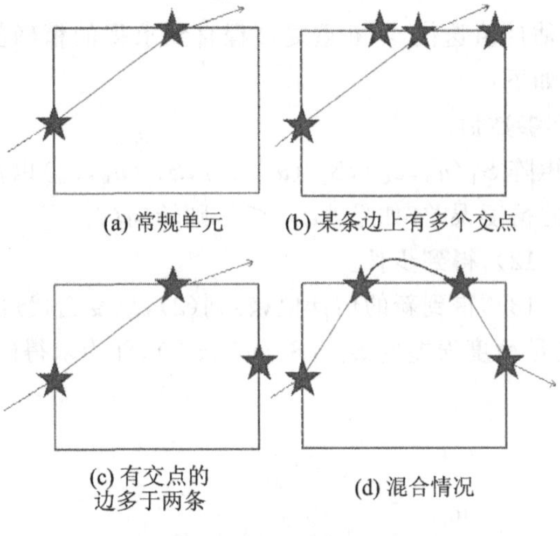

图 5.2－51　不同的网格单元

由于球面由圆弧经过旋转得到,因此在两个极点处以及旋转边,都会出现点的退化和边的重合现象,即球面是非正则曲面,计算机内部保存的球面实际上不是一个完整的封闭模型。为了保证几何域上的拓扑结构正确,需要处理重合边或退化点处的拓扑结构,通过查找点对边、点对四边形、边对四边形的拓扑信息,从而排除退化点的情况。图 5.2－53 所示是当取球面的极点时,其周围的三角形(实际上是四边形,由于点的汇聚,四边形的一条边退化成三角形的一个点)全部被查找到,可见已经保证了球面拓扑结构的正确性。

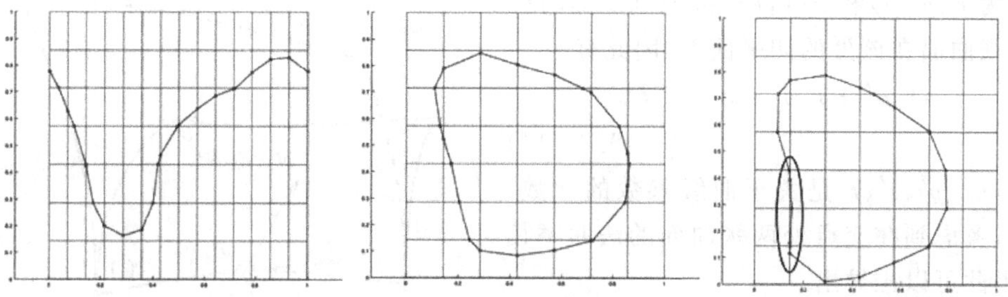

(a) 球面参数域　　(b) 自由曲面参数域　　(c) 自由曲面参数域存在非常规单元

图 5.2-52　参数域上排好序的交点

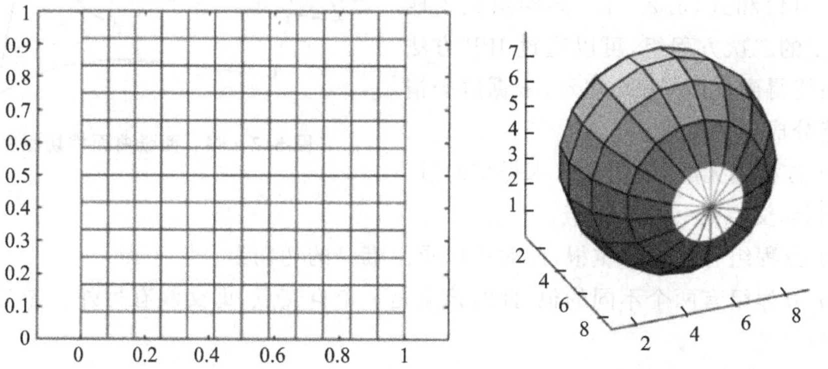

(a) 参数域　　(b) 几何域

图 5.2-53　球面的四边形网格结构

5.2.5.7 特殊情况的处理

采用追踪法求交时，第一步也是最难以实现的一步，就是确定所有交线分支的初始交点，一般而言选取特征点作为交线分支的起始点比较常见，所谓的特征点包括边界点(位于参数域上四条边界所对应的点)、拐点(参数域上沿着某个参数方向的切矢为零的点)和奇异点。边界点可以通过固定某个参数值，求解一个单变量方程得到；拐点需要用到模型的一阶导数，通过求解两个双变量方程得到；奇异点则可以通过求解三个双变量过约束方程组得到。实际上，可以根据给定的模型表示形式，预先计算出一个模型可能存在的拐点、奇异点的最大个数，但在实际应用中一般不会出现这么多特征点的情况。

奇异点，或者非正常交点的求解都需要进行特别处理，其中包括相切交点、自交点、封闭环、重叠情况，以下分别介绍其处理方法。

1. 相切交点

相切交点(见图 5.2-54)指的是两张曲面在该交点处相切，该点处的两个法向量互相平行，其叉乘结果为 0，因此不能按照传统的方法求解步向量，导致追踪法中止。相切交点可通过 IPP 方法求得，但为了进一步求出交线在相切交点处的切向量 $\boldsymbol{t}$，设两

曲面为 $r(u,v)$ 和 $r(s,t)$，考虑到 $\boldsymbol{t}$ 同时位于两张曲面在该处的切平面内，因此有

$$\boldsymbol{t}=\boldsymbol{r}_u u'+\boldsymbol{r}_v v'=\boldsymbol{r}_s s'+\boldsymbol{r}_t t' \tag{5.2-14}$$

其中，u'、v'、s'、t' 是关于曲线参数的导数；同时，考虑到在交点处两张曲面的法曲率相等，因此可以推导出

$$\boldsymbol{L}^A(u')^2+2\boldsymbol{M}^A u'v'+\boldsymbol{N}^A(v')^2=\boldsymbol{L}^B(s')^2+2\boldsymbol{M}^B s't'+\boldsymbol{N}^B(t')^2 \tag{5.2-15}$$

式(5.2-14)和式(5.2-15)共同组成了四个四变量的二次方程组，可以通过 IPP 方法求解，最终得到切向量 $\boldsymbol{t}$。注意，根据解的情况，可能分成四种结果：

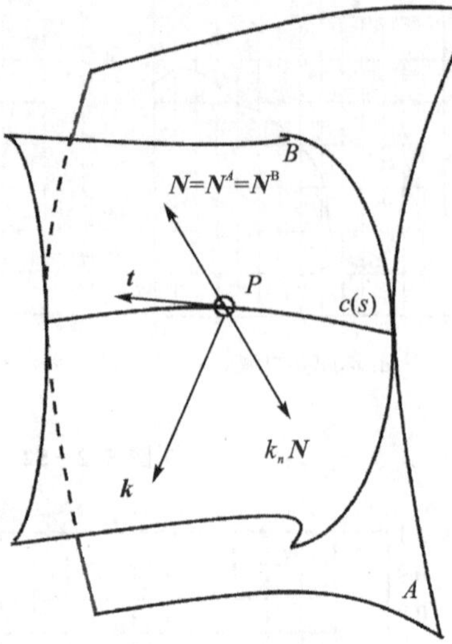

图 5.2-54 两张曲面相切相交

(1) 方程组无解，说明无法求得切向量，此时的相切交点是一个孤立点。

(2) 方程组有一个二重根，此时可以求出唯一的切向量。

(3) 方程组有两个不同的根，此时该点是一个自交点，即交线有另外一条分支通过交点。

(4) 高阶切触点。

2. 自交点

所谓自相交是指不同的参数值对应于同一个几何域上的点，以平面有理参数曲线为例，在自交点处满足公式

$$r(s_1)=r(s_2)$$

将其坐标分量 x、y 展开，得到两个含有双变量的方程组：

$$\begin{cases}\sum_{i=0}^{n}\sum_{j=0}^{n}w_i w_j x_i\left[B_{i,n}(s_1)B_{j,n}(s_2)-B_{j,n}(s_1)B_{i,n}(s_2)\right]=0\\ \sum_{i=0}^{n}\sum_{j=0}^{n}w_i w_j y_i\left[B_{i,n}(s_1)B_{j,n}(s_2)-B_{j,n}(s_1)B_{i,n}(s_2)\right]=0\end{cases} \tag{5.2-16}$$

基于 IPP 求解非线性方程组(5.2-16)，可以求出所有的自交点及其参数坐标。需要注意的是，由于需要排除平凡解，对曲线情况而言平凡解可以很快地被排除，但对于曲面情况，平凡解不容易删除，因此会降低计算效率。

3. 封闭环

追踪法求交时，如果实际交线是位于有效域内的一条封闭环，则不容易找到它的起始交点。因此有必要事先判定两张曲面相交是否可能存在环，以及存在环的情况下如何求其初始交点。

Sinha 等提出了平行法向点的概念，即两张曲面在这些点处的法向量是互相平行

的;进一步,Sederberg 等提出了共线法向点,两张曲面在这些点处的法向量共线。后者要具有更加严格的限制条件,是前者的子集。为了判断封闭环的存在性(称为环检测),要计算出共线法向点,它满足方程

$$\begin{cases}(\boldsymbol{r}_u \times \boldsymbol{r}_v) \cdot \boldsymbol{r}_s = 0 \\ (\boldsymbol{r}_u \times \boldsymbol{r}_v) \cdot \boldsymbol{r}_t = 0 \\ (\boldsymbol{r}(u,v) - \boldsymbol{r}(s,t)) \cdot \boldsymbol{r}_u = 0 \\ (\boldsymbol{r}(u,v) - \boldsymbol{r}(s,t)) \cdot \boldsymbol{r}_v = 0\end{cases}$$

这是四个具有四变量的非线性方程组,通过 IPP 求解出四个参数坐标,即可得到共线法向点处对应的参数值。进一步,在共线法向点处利用等参线对曲面四分,如果该处存在一个包围共线法向点的环,则经过四分后,环被分成了四部分,环在每一张子曲面上必然存在两个边界点,这就是追踪法的起始点。将所有的环的分支求完后,再重新组合成一个完整的封闭环。其他环检测的方法(例如拓扑结构法、包围盒金字塔方法等),此处不再赘述,可参考相关文献。

4. 重　叠

首先需要明确一个定理,即如果出现重叠情况,则对曲线而言,两条曲线要么完全重叠(见图 5.2-55(b)),要么重叠结束于曲线的端点(见图 5.2-55(a)),不可能出现重叠一部分突然在有效域内的某处又分离的情况(见图 5.2-56);对曲面而言,要么完全重叠,要么重叠结束于曲面的边界,不可能在曲面的有效域内只重叠一部分,或者在有效域内有一条不封闭的交线。因此,基于上述定理,可以方便地查找重叠区域的起始点和终止点,或者重叠边界线,进而确定整个重叠区域。

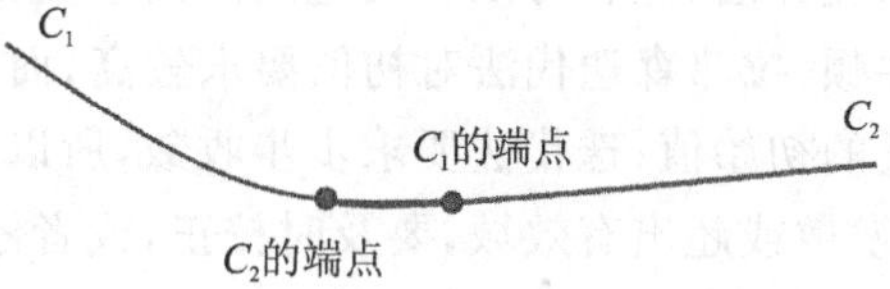

(a) 部分重叠

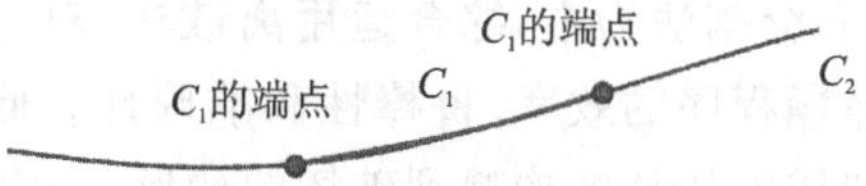

(b) 完全重叠

图 5.2-55　曲线重叠的两种可能情况

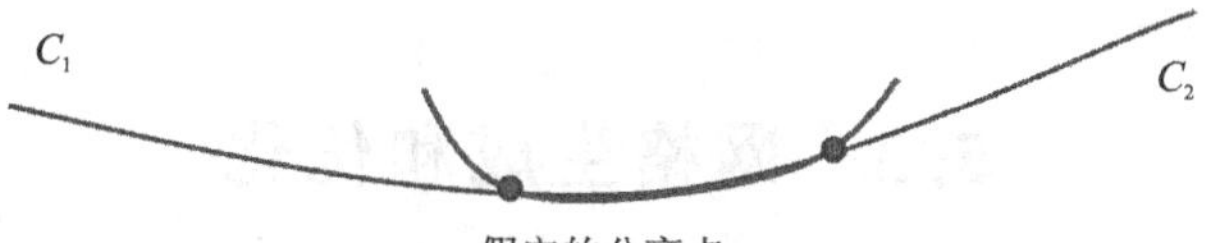

图 5.2-56　曲线重叠不可能出现的情况

5.2.6 小　结

本节详细介绍了曲面求交算法、多次裁剪算法、拼接算法，其中曲面求交算法包括离散法(又叫栅格法)、分割法、追踪法、对分法和迭代法；多次裁剪的本质是三张曲面同时求交，为了保证三张曲面的交点同时落在曲面上，本节的多次裁剪分为基于投影点距离的四参数迭代法和由此推广得到的六参数迭代法；拼接曲面时，为了解决水密性问题，本节提出将参与拼接的边界进行离散，当满足某种平坦度要求时，近似认为离散后的一系列折线段可以逼近原始的光滑边界，然后将原始边界的拼接转化为离散折线段之间的匹配。

在求交算法中，离散法算法简单、实现容易，适应于模型简单、对精度要求不高的场合，一般只为了显示交线的大体趋势，或者只为了得到一系列初始交点，后续再和迭代法、追踪法等结合使用。分割法求交由于借助了包围盒检测和局部曲率的估算技术，能大大提高效率和可靠性，且分割法不像追踪法那样需要初始交点，该方法尤其适应于Bézier 曲面或者 NURBS 曲面等具备凸包性和可分割性的参数曲面，但分割法求得交点后再进行排序会比较复杂。追踪法适应性广，其搜索过程非常快，可以迅速地求解交线上的离散交点，且适应于任意参数曲面，不必像前述的分割法那样依赖于 NURBS 或者 Bézier 模型的凸包性；但它最大的缺点是第一步中的初始交点无法被准确地确定，当曲面复杂时，某些复杂交线分支上的初始交点可能会被遗漏，导致在后续追踪时无法求解到这些交线分支，而前述采用的离散法和分割法能较好地解决初始交点的确定问题。牛顿-拉弗森迭代法能根据初始的近似交点，快速求出其精确值，严格来说迭代法并不能称之为一种曲面求交算法，但它可以和其他的曲面求交算法结合使用，从而提高求交的效率和准确性。牛顿-拉弗森迭代法对初值要求较高，而前述的离散法或分割法恰能为它提供精确值附近的初始值；迭代法要求步步收敛，所以在迭代过程中要检测收敛性，一旦发现求得的值发散或超出有效域，要及时校正，或者停止迭代，或者采用其他求解方案计算。

本节提出以追踪法和分割法为主，综合运用离散法、对分法、迭代法等多种求交算法的策略，能够较好地兼顾程序的效率、鲁棒性和准确性。此外，对于因实际曲面接近平行，而导致交点漏求造成的拓扑结构遭到破坏的情形，采用 5.2.5.7 节所述的各种特殊情况处理方法，可以较好地校正实际曲线的拓扑结构，保证算法的鲁棒性和通用性。在模型比较简单时，更可以将追踪法和对分法结合起来应用，以解决交点的漏求问题。

5.3　网格生成和优化

本节介绍关于二维平面和三维曲面上的线性三角形网格单元的生成及优化方法，包括 Delaunay 三角剖分、离散法、分割法、分子动力学模拟法。为了更好地实现求交—网格生成一体化，本节的网格生成算法很大程度上是为曲面求交服务的，但本节的方法也能单独作为一种网格生成策略,处理一般模型的前处理过程,并基于模拟力平衡的思想进行网格的初步优化,得到质量良好的低阶网格单元。本节还根据相关文献内容给出了衡量网格质量和网格生成算法优劣的检验标准。

5.3.1 网格类型和生成算法分类

5.3.1.1 网格类型

在实际应用和计算机实现时,为了达到曲面逼近、可视化或者数值计算等不同方面的需求,可以将最后生成的网格分成不同的类型,分类标准也多种多样。例如,按照维度区分,有二维平面网格、三维曲面网格、实体网格等;按照网格单元类型区分,有三角形、四边形、四面体、六面体等网格;按照网格单元形状是否有规律性,分成各向同性和各向异性网格;按照单元的阶次,分为线性网格、低阶网格和高阶网格单元等。其中最常用的分类方式,是根据网格单元的拓扑规律性,将它分为结构和非结构网格。

结构网格的每一个内部单元节点所属于的单元个数都相同,因为其拓扑规则,所以拓扑结构隐式地保存在结点编号中。结构网格的生成过程简单、网格单元规则,所以它需要的内存、计算精度、对原始模型的逼近程度都很高,但是由于结构网格需要满足诸多限制条件,因此它只能用于简单模型或者区域边界的网格生成。相较而言,非结构网格虽然不具有结构网格简单、高效、高逼近的优势,但由于其网格类型、尺寸和生成方式的灵活性,以及在后续网格优化和细化时能做到自适应性的优良特点,因此对一般复杂模型进行网格生成时,采用的都是非结构网格。

当然,介于结构和非结构网格之间,还有一种半结构网格单元,即它的拓扑结构只呈现某一个方向的规律性。而在实际工程应用时,往往单一的网格类型不能满足要求,因此很多学者倾向于综合使用由结构、非结构网格共同组成的混合网格,并在区域不连续处或者边界处采用半结构网格单元进行过渡。

典型的结构网格单元有四边形和六面体单元,但是考虑到通过曲面裁剪和求交得到的模型一般是比较复杂的,同时边界也可能出现各种情况,因此一般不能生成完全的结构网格单元,所以为了追求网格生成的灵活性和自适应网格细化,本节集中在平面和空间曲面,主要研究的是曲面上的三角形非结构网格单元的生成。

5.3.1.2 网格生成算法分类

对应不同的网格类型,可以将其生成算法分成不同的种类,例如平面网格生成算法、实体网格生成算法、结构网格生成算法、非结构网格生成算法等。而从算法本身来讲,可以将算法大致上分成如表 5.3-1 所列的种类。

表 5.3-1 网格生成算法分类

类型	特点
人为指定网格节点和连接关系	只适应于非常简单的模型
基于参数化和映射的思想	参数域上生成拓扑结构,再映射到几何域上

续表 5.3-1

类型	特点
基于区域分解技术(分治法)	将整个复杂区域分解成几个简单区域,各自生成网格,再组合成整个区域
插点、连元算法	从边界开始,不断插入新的结点,再连接形成新的单元,不断进行直至所有节点插入完毕
构造型算法	先将整个区域分成各个子区域,在各子区域上综合以上各种方法的混合方法

5.3.2 网格单元优化方法

5.3.2.1 Delaunay 三角剖分

当平面上给定一组点集时,最经典的三角形网格生成方法(三角化)是 Delaunay 三角(DT)剖分或者基于 DT 剖分的各种改进方法。当前对于二维模型的 DT 剖分算法已经很成熟;对三维模型的三角化而言,如果基于参数映射,并引入黎曼度量来较少映射畸形单元,则 DT 剖分也能很好地拓展到三维模型的网格生成。本节虽然提出了多种网格生成的策略,但最基本的操作还是带约束边界的 DT 剖分,因此本部分介绍 DT 剖分的原理和常用方法。

DT 剖分得到的三角形是 Voronoi 图(也叫 Dirichlet 图)的直线对偶图。设空间中 n 个点组成了点集 $P=\{p_1,p_2,\cdots,p_n\}$,对于每个点 p_i 的附近,有连续区域满足

$$V(p_i)=\{x:|p_i-x|\leqslant|p_j-x|,\forall j\neq i\}$$

即在该区域中的所有点到 p_i 的距离都不大于到点集中其他点的距离,这样与每一个点对应的区域称为 Voronoi 元,所有的 Voronoi 元就组成了 Voronoi 图。Voronoi 图具有以下特点:

(1) 每个 Voronoi 元包含且只包含点集中的一个点 p_i。

(2) Voronoi 元多边形的每条边,都是点集中某一对点连线的中垂线。

(3) 当且仅当 p_i 属于凸包外界的点集时,Voronoi 元无界。

(4) Voronoi 图最多有 $2n-5$ 个顶点和 $3n-6$ 条边。

(5) Voronoi 顶点是形成三条边的三角形的外接圆圆心,外接圆满足空心圆特性。

连接三个共点的 Voronoi 元所包含的点集中的点,即可得到一个 Delaunay 三角形,由 DT 剖分得到的三角形单元具备以下优异特性:

(1) 三角形的三个顶点是局部最近点,各条边互不相交。

(2) 无论采用何种方法,满足 DT 剖分准则的网格结果是唯一的。

(3) 最小角最大化:三角形单元最小角之和最大,即生成的网格单元接近正三角形,是质量最优的。

(4) 增加、删除、移动某个顶点,只会改变局部的网格单元,不会影响全局。

(5) 三角形网格最外边界形成了凸多边形的边界。

基于DT剖分的算法包括增量插点算法、分治法、凸包法、扫描线法等，以下对最常用的两种增量算法——Lawson算法和Bowyer-Watson算法进行介绍。

1. Lawson算法

Lawson算法作为一种逐点插入的增量网格生成算法，由Lawson在1977年提出，其过程由粗到细逐步生成网格，后续学者也基于Lawson算法提出了改进算法。该类算法主要的过程可以分成三步：①生成包络三角形；②逐点插入点集中的节点，并试连接插入点和周围的角点形成新的三角形；③利用局部优化过程（LOP，local optimization procedure）检测每一种连接方法，最后根据某个准则确定一种最优解，对非最优的情况交换对角线，形成新的剖分方式。

LOP优化准则基于Delaunay三角形的空外接圆性质：任意DT剖分得到的三角形单元，其外接圆不包含除该三角形三个角点以外的顶点。通过交换对角线，原本不满足DT准则的两个三角形就可以转化成新的三角形单元。这样的操作是有局部性的，即对点的插入、删除等操作只影响该点附近的区域，不会对整个空间的网格产生影响。但该种方法的最大缺陷是效率低，如果给定点集中的节点数量很大时，则每一次的插入都需要进行连元和LOP检测，会降低效率；同时若区域不规则（凹多边形、有约束边界等），则可能产生畸形单元。

LOP的基本做法如下：

（1）选择某两个共边三角形为一组。

（2）分别检查两个三角形的外接圆是否包含另一个三角形的非共边顶点。

（3）如果包含，则去掉该共同边，然后将合并后的四边形连接另一条对角线。

2. Bowyer-Watson算法

这一算法的关键点是逐点插入：设已有一个Delaunay三角网格，在里面插入一个新点，从新点所在的三角形开始，搜索邻近三角形，进行空外接圆检测；找到外接圆包含新点的所有三角形，并删除这些三角形组成一个包含新点的多边形空腔（Delaunay空腔），然后连接新点与Delaunay空腔的每一个顶点，形成新的Delaunay三角网格，完成局部插点。

整个算法流程如下：

（1）构造一个大三角形，包围所有散点。

（2）建立初始网格：对给定的点集，构造包含该点集的矩形作为辅助窗口。连接一条对角线形成两个三角形，作为初始三角形网格。

（3）每次插入一个节点，先找到包含该插入点的三角形（称为影响三角形），然后通过删除所有的影响三角形形成一个“空腔”（见图5.3-1），最后连接空腔的所有顶点和新插入点，重复进行该过程直到所有的点都插入。

（4）对局部新形成的三角形进行优化。

（5）重复执行第（2）步，直到所有散点插入。

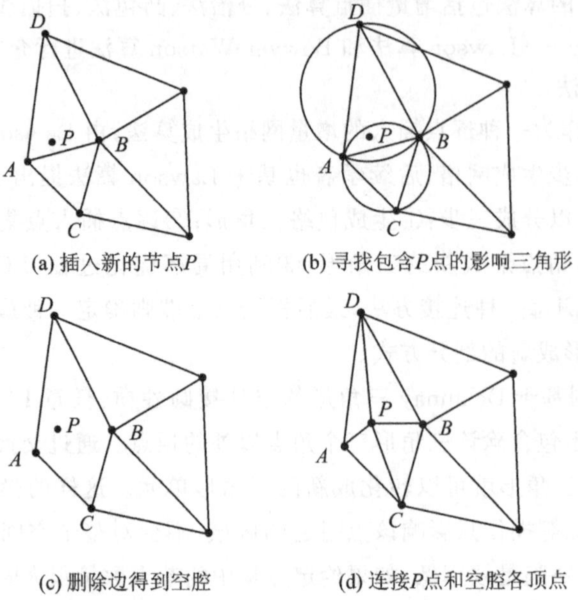

(a) 插入新的节点P　(b) 寻找包含P点的影响三角形

(c) 删除边得到空腔　(d) 连接P点和空腔各顶点

图 5.3-1　Bowyer-Watson 插点示意图

需要注意的是，DT 剖分只是将给定点集三角化，并没有涉及布点、网格优化和边界约束等问题。在给定几何模型上布置离散点、优化网格提高质量的问题，将在 5.3.2.4 节以参数曲面为例进行说明，这里主要以二维 DT 剖分为例说明如何保持带边界约束的 DT 剖分。

边界恢复问题分为两类：保形边界恢复和约束边界恢复。前者通过在已有的网格边或者三角形网格内插入额外的 Steiner 点并将其连接“恢复”想要的边界，虽然恢复后的边界形状和原来的一致，但拓扑结构已经遭到破坏，相当于在边界上增加了新的自由度；后者则不需要插入新的节点，通过边的交换保证生成的网格边界几何信息和拓扑信息都保持一致。研究表明，二维问题的边界恢复，总可以在不插入 Steiner 点的情况下，通过有限次网格的边交换达到，但对于三维问题，一般不能将任意模型三角化，所以三维模型的三角化应该采用第一种，即保形边界恢复。

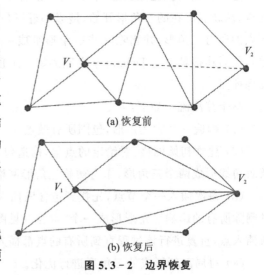

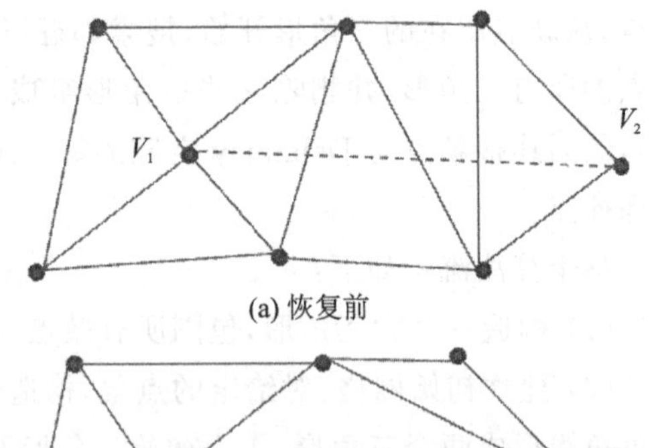

(a) 恢复前

(b) 恢复后

图 5.3-2　边界恢复

如图 5.3-2 所示，V_1、V_2 为轨迹线上的点，按照轨迹生成算法，V_1、V_2 必须连接，同时去掉与其相交的边。

5.3.2.2 离散法

从5.2.3.1节离散法求交中可以看到，该方法的前提是先离散原始的光滑曲面成三角形网格。对于一张基本曲面，常规的网格生成策略是基于DT剖分的映射法：在参数域上取样点，对参数域进行整体的DT剖分。将参数域上得到的拓扑结构完整映射回几何域上，最终完成对几何域内原始模型的网格剖分。但这样面临两个问题：一是空间曲面形状自由，参数域上的均匀样点并不能反映出几何域上的信息，尤其是在曲率较大的地方，会造成网格单元畸形；二是如果曲面是非正则曲面（例如旋转球面），则在奇点（球的两个极点）处拓扑结构会被严重破坏。基于此，本小节以旋转球面为例（见图5.3-3和图5.3-4），提出如下的网格生成算法：

(1) 根据NURBS曲面的张量积特性，首先选定一个参数方向，设定一个种子长度，求该参数方向的一系列等参线。

(2) 根据每条等参线，在几何域上取一系列种子长度的等距样点，注意如果曲面是非正则曲面，则通过这一步操作，可以将所有汇聚点看成一个点，从而解决奇点的重复问题。

(3) 将所取的几何域上的等距样点，利用牛顿迭代法反求到参数域上的样点，即从物理坐标反求参数坐标。

(4) 沿着之前选定的参数方向，每次选择相邻的两条等参线上的离散样点，在参数域上进行DT剖分，遍历所有的等参线，得到参数域上的三角形拓扑结构。

(5) 将三角形网格映射回几何域上，完成网格剖分。

通过这种方法得到的网格，能够较好地解决非正则曲面的奇异点问题，保证网格的拓扑正确性，同时，由于它是直接在几何域上取等距样点，可以很好地反映出原本几何模型的局部特征，因此，所得到的网格大小均匀、质量较好。

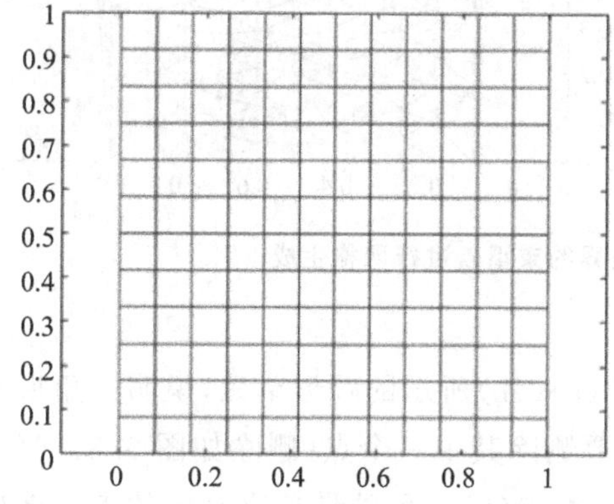

(a) 一般的张量积曲面

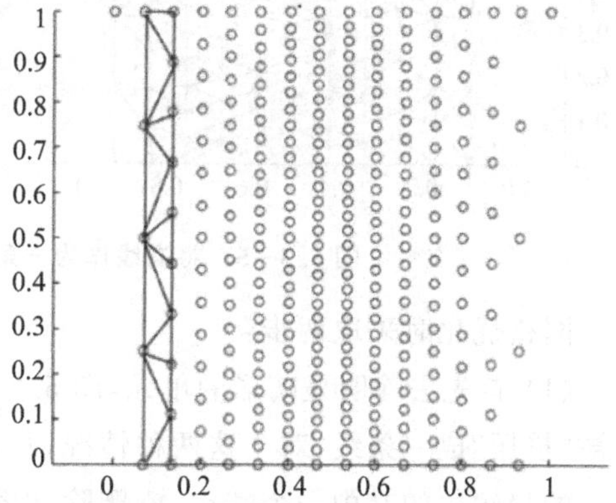

(b) 旋转球面有奇异点时的样点，每两条相邻等参线进行网格生成

图5.3-3 NURBS曲面的参数域

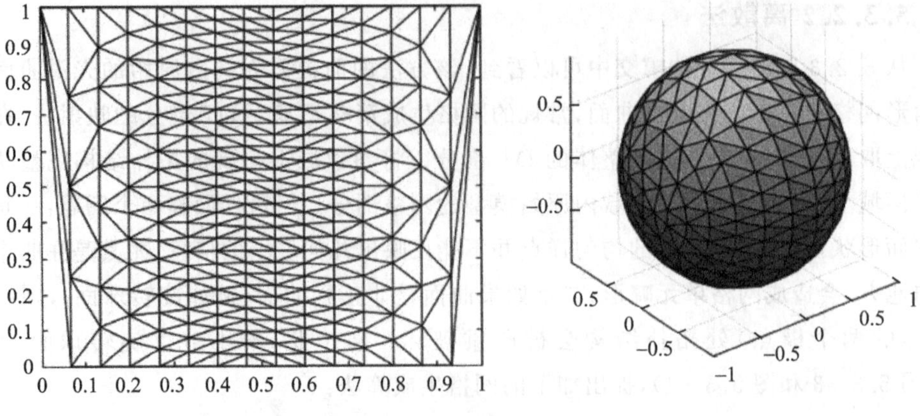

(a) 参数域　　　　(b) 几何域

图 5.3－4　球面经过离散后得到三角形网格结构

对于裁剪曲面，由于裁剪交线也是一条边界，而且原来完整的矩形参数域被裁剪成不规则形状，因此需要将交线离散成一系列折线段(实际上根据前面介绍的求交算法，得到的结果本来就是一系列排好序的离散交点)，然后进行带边界约束的 DT 剖分，将交线作为两张裁剪子曲面的公共边界，同时也是有效域域内域外的分界线，如图 5.3－5 所示。但是，交线本身的不规则性，决定了裁剪之后其附近的网格呈畸形，对于交线边界附近的单元要做额外处理，以优化局部网格。

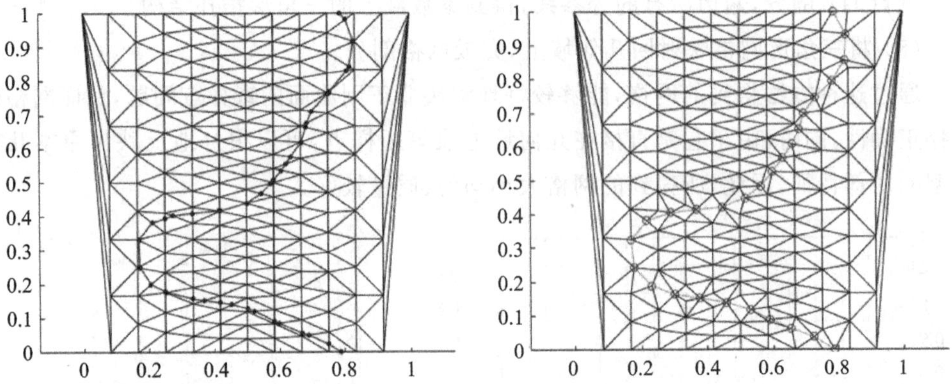

图 5.3－5　将交线作为一条边界约束重新进行网格生成

网格优化时采取两步：

(1) 首先去除明显畸形的单元，图 5.3－6(a)、(b)所示的畸形单元，说明三角形几乎被“挤压”成一条线，对于这两种情况，只需要删除其中一个点(删除如图 5.3－6(a)所示的最短边的其中一个端点，或删除如图 5.3－6(b)所示的最长边对应的点)，然后再次进行剖分即可；对于如图 5.3－6(c)所示的情况，则需要将四边形的对角线“对调”，使得新形成的两个三角形满足 DT 剖分的两个准则(见图 5.3－7)。

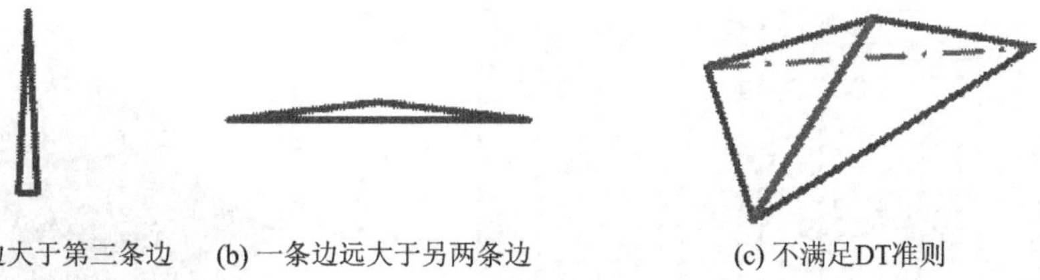

图 5.3-6 畸形单元

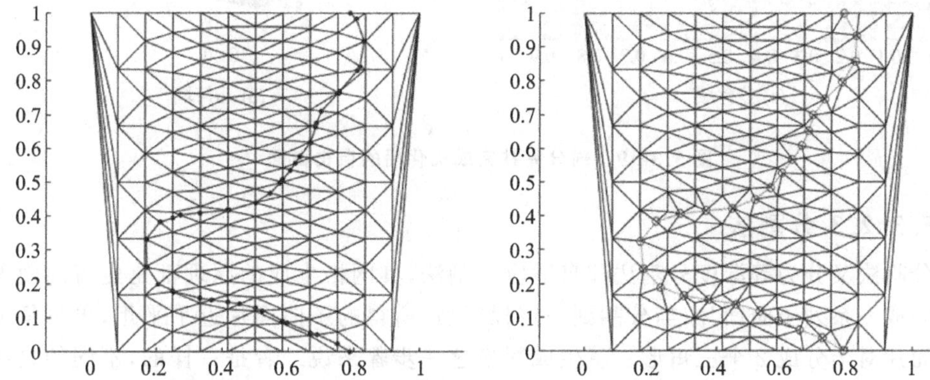

图 5.3-7 去除交线附近的畸形单元后的结果

(2) 删除畸形单元后，再采用模拟力平衡的方法进行重新布点：在物理域上，将所有样点看成带有质量的质点，通过计算每个质点和周围质点间的相互作用力，得到质点在力的作用下最终达到平衡时所处的位置，然后将物理域上的新位置反求回参数域。其中，质点之间的力通过其距离来模拟，通过计算两点在物理域上的距离，乘以某个常数得到两点之间排斥力的大小和方向，具体参考工具箱 Distmesh Toolbox 中的相关函数和文献（http://persson.berkeley.edu/distmesh/），这种方法既可以完成全局剖分，又能进行局部优化，如图 5.3-8 和图 5.3-9 所示。

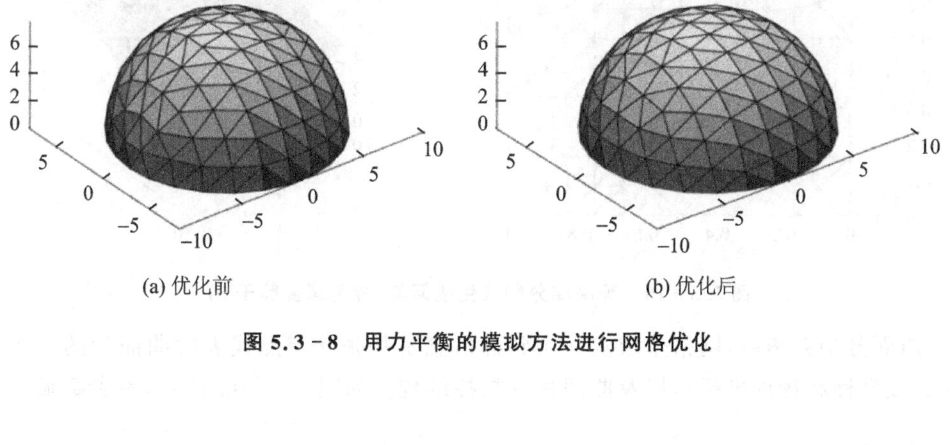

图 5.3-8 用力平衡的模拟方法进行网格优化

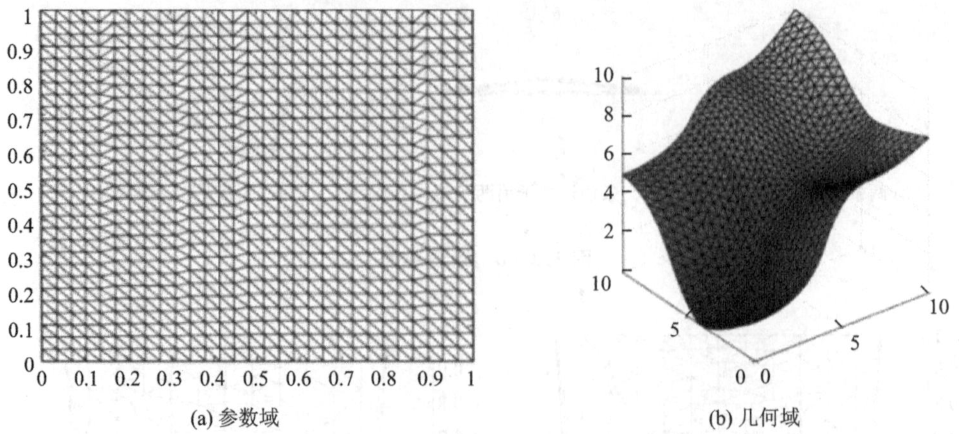

图 5.3-9 剖分完并完成优化后的自由曲面

5.3.2.3 分割法

分割法又分为等深度分割法和自适应分割法,其网格生成的原理都是先将曲面不断细分成一系列子曲面片,当分割到一定程度后,所得的子曲面片近乎平坦,再将每个子曲面片对半分成2个三角形。就生成网格这一步骤来说二者是一样的,不同的是曲面细分的过程。其中等深度分割法(见图5.3-10)是专门为曲面求交服务的,可以说是求交线得到的副产物,它事先规定一个分割深度,每次分割完毕后进行两次判断:首先看是否达到分割深度;其次根据两张曲面的包围盒检测结果,只在交线附近不断进行分割。当分割深度足够大时,网格会收敛到实际的交线。这种方法依赖于两张曲面的碰撞检测,且每次进行的是四叉分割,相应地得到的也是四叉树结构。

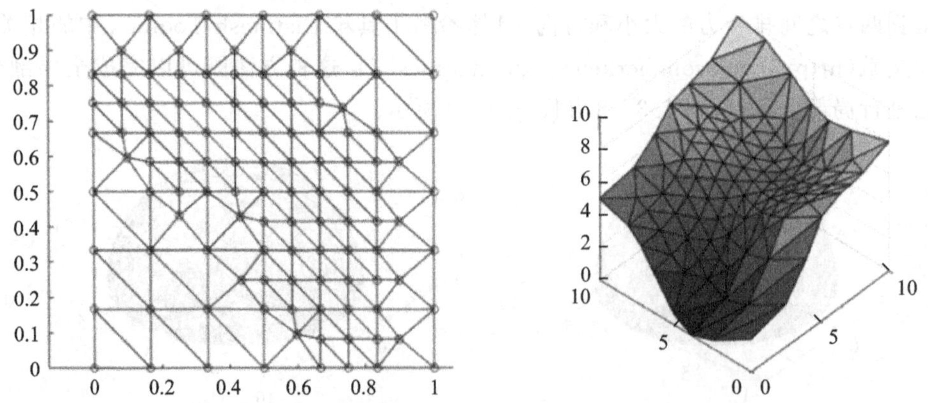

图 5.3-10 等深度分割法生成网格(分割深度等于3)

曲面分割完毕后,网格生成实际用到的信息是每张叶节点代表的曲面片的4个角点(参数坐标和物理坐标),以及曲面片的拓扑结构。如图5.3-11所示,在参数域上得到了叶节点所代表的子曲面片的角点，数字表示每张曲面片在树结构中的编号，可以看到其中的曲面片分为两种：简单曲面片，如第10个子曲面片，参数域上只有4个角点，这种单元可以直接连接对角线，分割成2个三角形；复杂曲面片，如第11个子曲面片，除了4个角点之外，在边界上还存在其他曲面片的角点，这时需要在单元内部插入新的节点，然后顺次连接周围边界上的点和新节点构成三角形，如图5.3-11所示的第11个曲面片的局部放大情况。

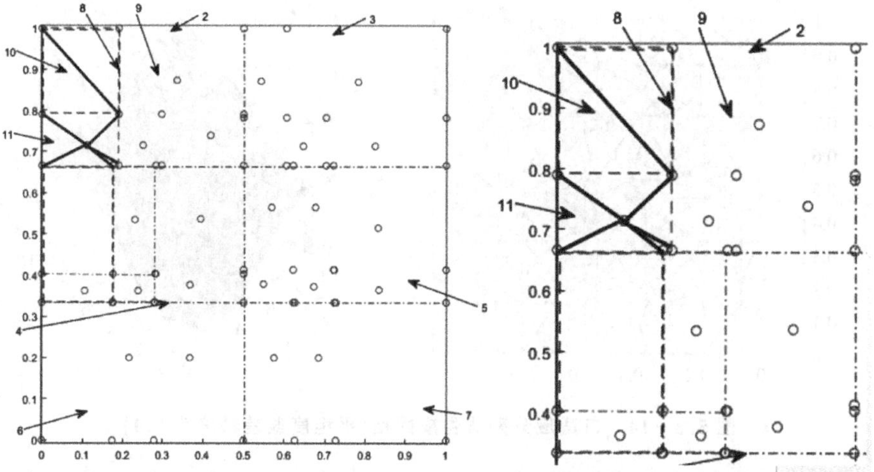

图 5.3-11　参数域上叶节点所代表的曲面片的角点及局部放大情况

在插入新节点时，可分为9种情况，如图5.3-12所示，但该方法使用的是四分法，所以子曲面片的形状也仅有图5.3-13所示的3种情形。由于本节采用的是自适应细分，构造的是任意多叉树，因此单元可能有更多复杂的情况，为了简化剖分类型，统一将所有子曲面片分为上文所说的“简单”和“复杂”两种情况。当在复杂曲面片内部插入节点时，不仅仅是插入矩形参数域的中点，而是将所有边界点模拟成带有质量的质点，计算出其形心作为新插入节点的位置。

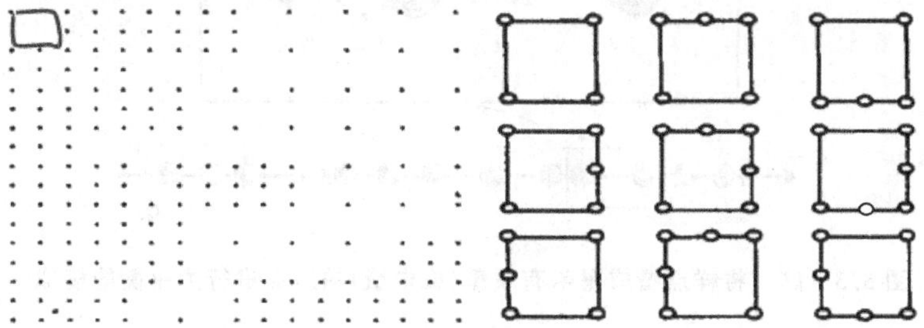

图 5.3-12　子曲面片角点的9种情况

利用建好的树结构，遍历所有的叶节点，然后以每张子曲面片为单位划分三角形，由于相邻子曲面片可能的分割深度不同，导致可能出现畸形单元，如图5.3-14所示，

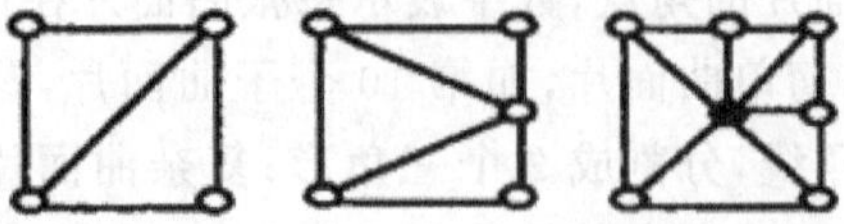

图 5.3-13　3 种单元的网格生成

这是该算法固有的缺陷,可以结合后续的网格优化策略进行调整。

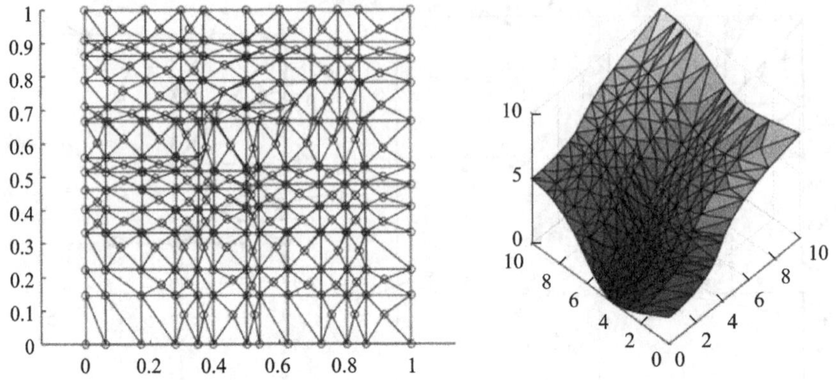

图 5.3-14　自适应分割法生成网格(平坦度误差精度为 0.1)

5.3.2.4 分子动力学模拟法

分子动力学模拟法是在模型表面取样点,将样点看成是带有质量和电荷的质点,模拟样点在力场中的受力情况,如图 5.3-15 所示,待达到受力平衡时,样点所在的位置即为最优位置。完成布点后,将样点反求到参数域上,在参数域上进行特定的网格剖分(例如 DT 剖分),然后再将拓扑结构映射回几何域上。

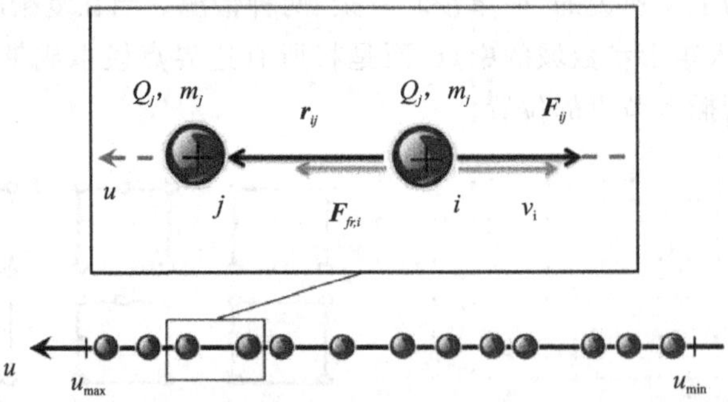

图 5.3-15　将样点看成是带有质量(或电量)的质点进行力平衡的模拟

由于分子质量很小,因此计算模拟力时,只考虑分子所受的电场力、阻力和边界的约束力。设第 i 个分子受到的第 j 个分子的电场力为

$$\boldsymbol{F}_{ij} = -C\frac{Q_iQ_j}{h^a}\cdot\frac{\boldsymbol{r}_{ij}}{h},\quad a\geqslant 1,\quad h=|\boldsymbol{r}_{ij}|$$

其中，Q_i 和 Q_j 是分子所带的电量；h 是分子间的距离；C 是修正因子，由曲面的局部曲率决定：

$$C = c\sqrt{K_p} \tag{5.3-1}$$

在式(5.3-1)中，c 是归一化常数，而曲率的近似估算为

$$K_p = \frac{2 \cdot \Delta u}{|\boldsymbol{C}(u_p + \Delta u) - \boldsymbol{C}(u_p - \Delta u)|} \tag{5.3-2}$$

或者

$$\begin{cases} K_p^u = \dfrac{2 \cdot \Delta u}{|\boldsymbol{S}(u_p + \Delta u, v) - \boldsymbol{S}(u_p - \Delta u, v)|} \\ K_p^v = \dfrac{2 \cdot \Delta v}{|\boldsymbol{S}(u, v_p + \Delta v) - \boldsymbol{S}(u, v_p - \Delta v)|} \end{cases} \tag{5.3-3}$$

式(5.3-2)和(5.3-3)分别适应于曲线和曲面的情况，$\boldsymbol{C}$ 和 $\boldsymbol{S}$ 代表曲线和曲面上的点，u 和 v 代表参数坐标。

相较于5.2.5.2节自适应分割法平坦度检测时的曲率估算方法，式(5.3-2)和(5.3-3)更能反映出曲面的局部信息，且适应于一般曲面，但计算效率较低，并且不是所有的模型都能保证分母不为零；而后者则专门适应于具有凸包性质的NURBS/Bézier曲面，计算效率很高，且能得到理想的曲率估算效果，如图5.3-16所示。

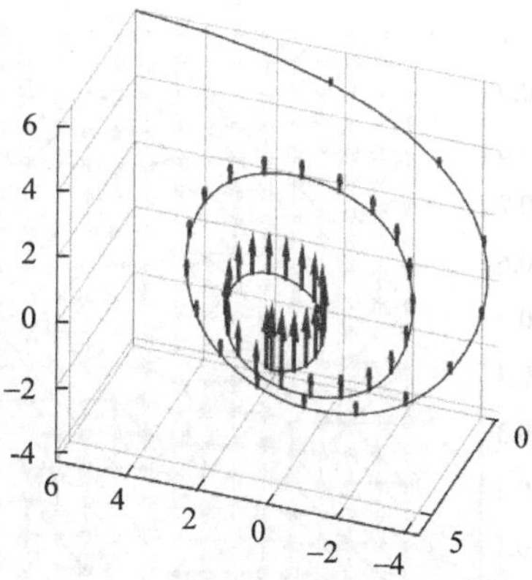

注：红色箭头表示该点处曲率的大小。

图5.3-16 曲率估算效果

设分子的速度是 $\boldsymbol{v}_i$，假定分子所受的阻尼与其速度成正相关，则阻力

$$\boldsymbol{F}_{fr,i} = -K\frac{|\boldsymbol{v}_i|^m}{|\boldsymbol{v}_i|} \cdot \boldsymbol{v}_i, \quad K = 100, \quad m \geqslant 2$$

其中，常数 K 为经验性指定。

分子受到排斥力的作用，会尽可能向外“扩散”，而曲面模型往往都是有边界的，必须保证所有的分子样点在运动时始终在有效域内，因此必须有个边界约束力，在分子跑出边界外后，将它强制“拉”回有效域内。文献中提出边界对分子的约束是吸引力，满足

$$\boldsymbol{F}_{boundij} = \pm C_{wall}\frac{Q_i Q_{boundj}}{h^a} \cdot \frac{\boldsymbol{r}_{ij}}{h}$$

其中，常数 C_{wall} 人为制定。但本小节在实际计算机实现时发现，可以将模型边界假定成一个容器的器壁，当分子运动到器壁或者超出边界外时，模拟现实中的容器约束情况，直接将这些样点投影到器壁(模型的边界)上，在之后的迭代过程中，这些到达器壁的分子始终“贴合”在器壁上，垂直于边界方向上受力为零，只受到沿着边界方向上的作用力。如此可以避免边界约束力的计算，从而提高计算效率。实践结果表明，这种改进方法在保证网格质量不被降低的同时，能明显提高计算速度。

根据牛顿运动定律,第 i 个分子受的合力满足

$$\boldsymbol{F}_i=\sum_{j=1,j\neq i}^{m}\boldsymbol{F}_{ij}+\boldsymbol{F}_{fr,i}+\sum_{j=1,j\neq i}^{n}\boldsymbol{F}_{boundij}=m_i\frac{\mathrm{d}\boldsymbol{v}}{\mathrm{d}t},\quad \boldsymbol{v}=\frac{\mathrm{d}\boldsymbol{r}}{\mathrm{d}t}$$

同时,第 i 个分子和第 j 个分子之间的势能满足

$$U_{ij}=\frac{C}{a-1}\frac{Q_iQ_j}{h^{a-1}}+A \tag{5.3-4}$$

式(5.3-4)中的系数和前述式中的一致。给定初始值,利用数值方法计算出当前时刻分子受到的合力、加速度、速度,根据预先给定的时间步长,假定在该很小的时间步长内分子做匀速运动,从而计算出分子下一时刻所处的位置。计算所有分子的情况,然后计算整个系统的势能:

$$U=\sum_i\sum_{j,j\neq i}U_{ij}(h)$$

当某一步迭代后得到的系统总势能比前一步的势能大时,取前一步得到的势能作为极小值,根据最小势能原理,此时的分子位置即为最佳位置,求出此时分子样点的物理坐标和参数坐标,从而完成布点过程,进而进行基于 DT 剖分的映射法网格生成策略,如图 5.3-17 和图 5.3-18 所示。

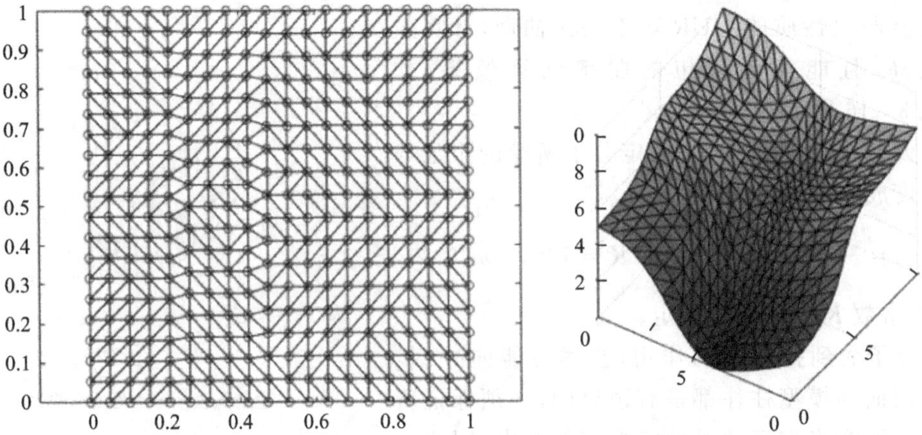

图 5.3-17 分子动力学模拟法生成网格(样点为 400 个)

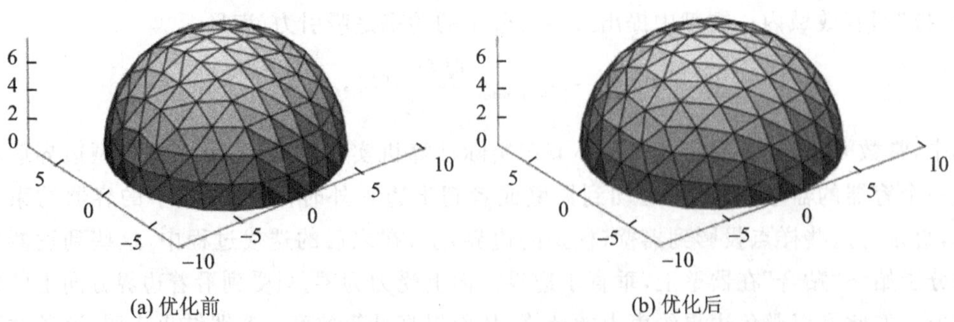

图 5.3-18 半球面网格

5.3.3 检验标准

网格生成的检验标准包括对生成的网格质量的检验和生成算法的检验。衡量网格的优劣，最具有信服力的方式当然是后验标准：利用生成的网格进行数值模拟，再根据计算结果的精度判断网格质量好坏，并根据局部的误差修正网格，然后重复进行计算、网格修正，直到满足最后的结果，而这也是当前有限元仿真的一般流程。但是后验网格修正所需要的精力和人为干涉因素太大，而且其修正程度也依赖于一开始生成的初始网格。因此，采用先验网格检验标准，在计算之前只针对网格进行质量评价和优化，有利于提高整个计算流程的效率、精度和收敛性。

优化准则的选取会影响到最终的网格质量。当两个共边三角形组成一个凸四边形时，有两种连接对角线的方式，这时常用的优化准则包括外接曲面拟圆、标量积最大、空间形状优化、光顺准则等，前两者只需考虑两个共边三角形之间的关系，后两者则要考虑两个三角形周围的四个三角形的影响。

1. 外接曲面拟圆准则

该准则是外接圆准则和外接球准则在曲面中的推广，也是单侧性和模拟圆准则的广义形式。设给定曲面 E 上有不共线的点 P_1、P_2、P_3，三个点确定的平面单位法矢为 $\boldsymbol{n}$，以三角形 $\Delta P_1P_2P_3$ 的外接圆心为起点，沿法线方向确定一射线，射线与 E 的最远交点为 C，以 C 为中心、CP_1 为半径的球与 E 的交称为 $\Delta P_1P_2P_3$ 关于 E 的外接曲面拟圆。

外接曲面拟圆准则是指曲面 E 上不共线的点 P_1、P_2、P_3 组成三角形，若外接曲面拟圆内没有内环且不含有点集中其他的点，则该三角形局部最优。

2. 标量积最大准则

该准则是指对形成的凸四边形计算两种对角线连接方式时取两个三角形单位法矢的标量积中最大的一个。说明此时形成剖分的两个三角形平面夹角最大，也即两个平面三角形更能逼近原始曲面模型。

3. 空间形状优化准则

该准则是指两个共边三角形所有的五条棱边周围有四个相邻的三角形，判断各棱边的凹凸性，记凸边为 1，凹边为 −1，共面边为 0，计算两种剖分时的五条边值和的绝对值，取绝对值大的一种。如图 5.3-17 所示，图中 l_{ij} 表示三角形 i 与三角形 j 的公共棱边的边值，则

$$K(a)=\| l_{12}+l_{13}+l_{14}+l_{25}+l_{26} \|, \quad K(b)=\| l_{12}+l_{13}+l_{15}+l_{24}+l_{26} \|$$

比较 K 的大小，以 K 较大的那种剖分作为优化后的网格。

4. 光顺准则

该准则中针对两个共边三角形组成的凸四边形及其相邻的四个三角形，计算相邻两个三角形的单位法矢标量积，对应两种剖分方式有四个标量积，计算四个标量积的最小值，取最小值最大的一种剖分作为最优剖分。

以上是检验网格质量的先验标准。而要衡量一个网格生成算法的好坏，既要考虑

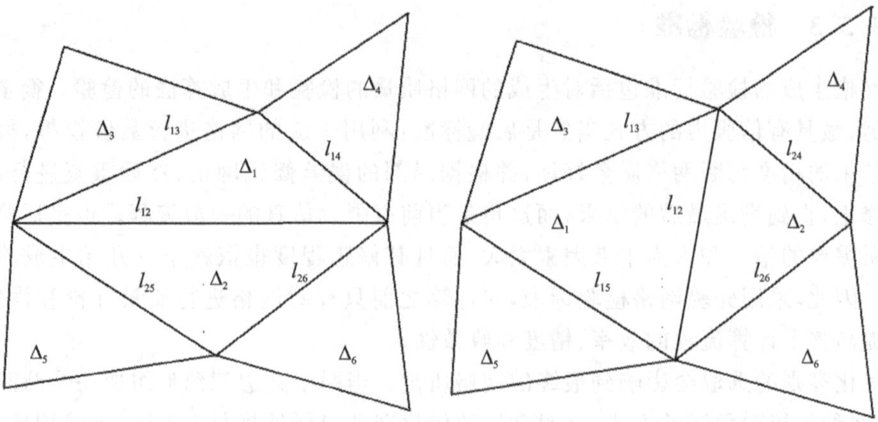

图 5.3-19　两种剖分方式的凹凸性

输入信息，即该算法能否适合某一类型的几何模型；又要考虑输出信息，即算法对于局部调整节点、优化和网格拓扑结构的保存等；同时还要考虑算法在计算机上实现时本身的特性，例如时间复杂度、空间复杂度、鲁棒性等。表 5.3-2 所列为根据三大分类标准衡量的网格生成算法检验标准。

表 5.3-2　网格生成算法检验标准

分类标准	标准名称	检验原则
按输入类型	几何适应范围	算法适合什么样的几何区域
	非几何信息输入	除了几何信息外，算法还需要其他额外信息
	表征独立性	网格的几何信息和拓扑信息是否独立
按输出类型	单元类型	算法生成何种单元
	局部性	几何的局部变化是否影响网格的局部
	连续性	局部的网格变化是否会影响全局的变化
	幂等性	约束网格拓扑结构后，对全局是否有影响
	局部加密	拒不加密时是否影响全局
	方向独立性	网格拓扑结构是否具有仿射不变性
	网格质量	生成的网格单元质量是否优良
	边界敏感性	边界附近的网格单元是否高质量
按算法本身特性	时间	时间复杂度
	内存	单位数量网格需要的内存大小
	并行性	能否实现并行网格生成
	通用性	不同的单元和维度能否通用
	鲁棒性	算法是否适用于不同的情况

5.3.4 建模—网格生成一体化

从本节内容以及5.2节建模的算法还可以看出，无论是离散法还是分割法生成网格，都和曲面求交分不开，因此建模和网格生成是同步进行的，建模时需要用到离散之后的网格单元，而曲面求交得到的交线又作为新的边界约束，被用于网格的重新生成和优化。这种思想可以实现建模—网格生成一体化，使得建模和划分网格两个过程能充分利用彼此的结果和限制条件。

当用户需要从底层建模开始，既要得到最终的裁剪模型，又要将模型离散成网格结构时，可以同步完成两方面的工作，相较于常规的流程（先在CAD软件中建好模型，再导入CAE软件中前处理生成网格），无疑会大大提高效率。而当用户只需要某一方面的功能，如只需要裁剪模型或只对已有的模型生成网格时，该平台依然具备后处理的功能。

5.3.5 小　结

总的来看，各网格生成方法都有其优缺点和适应范围。离散法最为简单，易于实现，能较好地反映实际模型的局部信息，同时能解决非正则曲面的奇异性问题，但只适应于基本曲面的离散，对于含交线的裁剪曲面，需要进行后续的重新剖分和网格优化。基于分割法生成网格计算效率非常高，自适应分割法更加灵活，它是根据曲面本身的局部曲率信息，自适应地划分网格：曲率大的地方，网格小且密；曲率小、比较平坦的地方，网格大且稀疏。为了能识别出曲面是否平坦，需要根据曲率信息制定平坦度标准进行平坦度检测，为了提高计算效率，实际应用中并不需要计算曲面上某一点处精确的曲率，本节结合NURBS模型的凸包性和局部性质，提出一种新的曲率近似方法，且为了自适应地进行细分，本节提出进行多叉细分和任意多叉树的构造，而不是像等深度分割法那样局限于四叉树构造。但分割法不可避免地会产生畸形单元，也需要进行后续优化；等深度分割法能为曲面求交服务，当分割深度加深时，网格会不断加密，直至收敛到交线，因此在追求效率且不要求准确交线的场合，可以利用网格的疏密程度判断交线的大致走势。

前面几种网格生成方案都是只生成网格，对于网格畸形单元也仅是初步进行删除、合并等处理，要想提高网格的质量，需要进行后续的优化。而基于分子动力学模拟的方法，则可一步完成网格的生成和优化，不需要后续操作。基于分子动力学模拟的方法的核心在于布点，能够一步完成网格的生成和优化，且能适应于基本NURBS曲面和裁剪曲面，所得到的网格均匀细密，畸形单元少，但其计算效率很低，由于需要大量的模拟力的计算和迭代过程，同样的模型在生成网格时花费的时间要比其他方法多得多。在实际应用时，用户可根据具体需求，采用不同的网格生成策略。

5.4 一体化建模与网格生成平台总体规划

本节将给出一体化建模与网格生成(前处理)平台的总体规划和需求分析,提出整体设计方案以及各个模块的功能设计。针对软件的不同层的功能需求,选取相应的开发工具并进行简单的介绍,包括 CAD/CAE 的几何内核 Open CASCADE 以及用于界面窗口开发的 Qt 库、渲染开发的 Open Inventor 库等。

5.4.1 平台总体规划原则

根据对同类型软件的调研,基本确定前处理平台的设计需要满足以下原则:

1. 功能完整性

作为一款应用软件,最为重要的要求即为功能的完整性。根据此开发阶段的人力、物力、时间与金钱等成本,应当能在平台内部最大限度地满足完成有限元分析前处理主要流程的需求,使软件的功能完整无缺失。

2. 可实现性

具体功能的编程实现的效率和能力决定了软件开发的速度、成本甚至成败,不具有可实现性的软件犹如海市蜃楼和无源之水。总体规划和布局又将对具体功能的实现产生较大的影响,所以需要充分考虑平台的总体规划与布局。

3. 组合性

平台各部分功能应当被分割成几个独立的子系统。一方面,不需要完整流程的用户可以根据自己的需求,仅使用相应的模块灵活满足自己的需求;另一方面,各专业的开发人员可以独立开发属于本专业的功能子系统,仅需要理解系统内核的信息与传入数据的接口而不需要掌握其他专业的知识。

4. 集成性与开放性

集成性是指本平台中对于几何实体信息与网格信息应当具有一致的信息描述方法和处理方法,用于各个彼此关联又相互独立的功能子系统。开放性是指本平台基于开源平台,用户可以方便地进行二次开发。

5. 用户友好

功能的设计应当满足用户的使用逻辑。一方面,类似或者相近的功能要放在同一个子系统中以便于用户查找与使用;另一方面,功能的开放与否取决于前序流程是否完成,以避免可能出现的错误结果。

5.4.2 用户工作流程与模块功能划分

参考常用的 CAD/CAE 软件从建模到生成高阶网格的使用流程,可以将前处理平台大致划分为平台核心模块和四个主要的子功能模块:

(1) 用于对已有三维几何实体进行运算的几何设计模块。

(2) 用于创建二维草图的草图设计模块。

(3) 用于实现从二维几何草图到三维几何实体生成的几何造型模块。

(4) 用于对三维几何实体进行网格剖分的网格求解模块。

相较于完整的CAE软件,平台还缺少材料库、边界条件施加和求解器、后处理模块,故同时也应当为后继开发者提供可以拓展求解器模块和后处理模块的设计,这也是区分平台核心模块与插件模块的必要性。

较详细需求是在几何实体设计子系统中的简单几何体的创建功能和几何实体的布尔运算功能、草图设计子系统的几何绘制与约束等功能。图5.4-1所示为平台模块划分与功能需求,图5.4-2所示为用户工作流程。

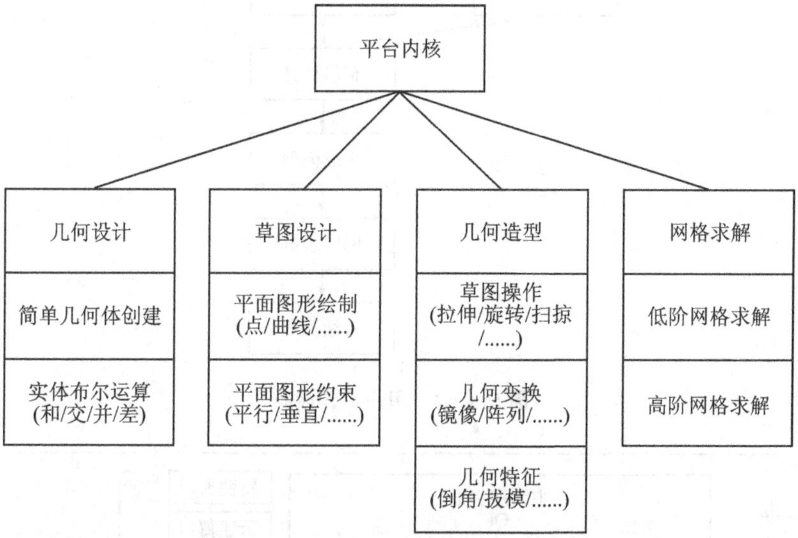

图5.4-1 平台模块划分与功能需求

5.4.3 平台系统的结构

对于上述的对象,无论是几何实体、草图,抑或网格对象,在平台内部都有如下的公共需求:

(1) 用户输入参数:通过对话框交互或是通过编写脚本输入。

(2) 信号控制:处理用户操作事件或是脚本输入,调用相关对象的相关数据或方法。

(3) 数据与算法:保存控制对象特征的参数,以及操作对象的算法。

(4) 渲染与交互:渲染计算获得的对象几何信息,为用户提供直观反馈。

图5.4-3所示为平台设计的层次结构与开发工具,根据必须性平台主要可以分为两层结构——应用层与用户层,而向下细分则可以根据功能细化为四层结构。应用层定义了平台运行所需要的基本类型与相应的数据和方法,以及调用这些方法的脚本途径,是平台可以独立运行所必须的结构。用户层则是调用应用层所提供的数据与算法,用于服务用户操作与反馈的层次。所以用户层依赖于应用层,且不可单独使用。

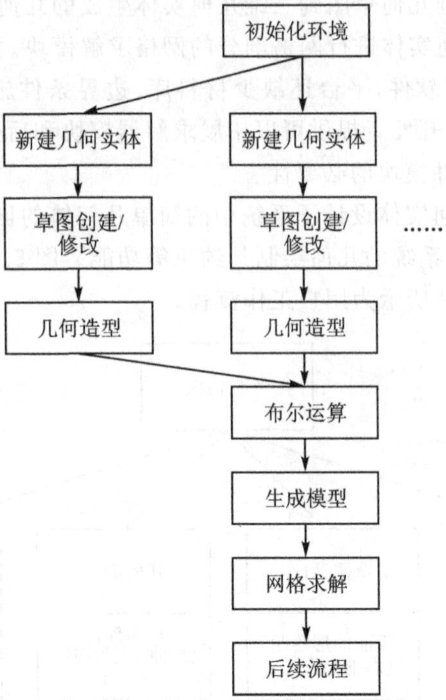

图 5.4-2 用户工作流程

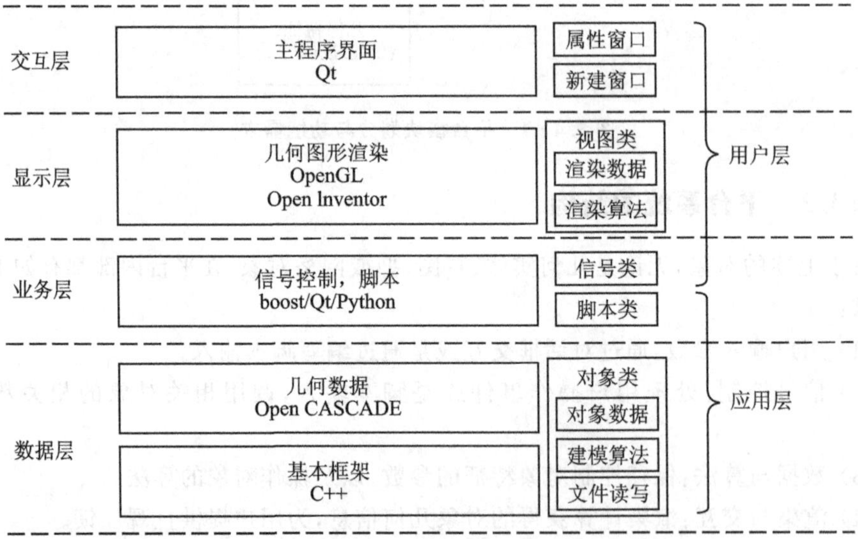

图 5.4-3 前处理平台分层结构与开发工具

5.4.4 开发工具及环境介绍

根据上述的系统不同层次的不同功能，选取用于开发各层各功能使用的开发工具库，以下是各种工具的介绍以及选用它们的理由。

5.4.4.1 Visual Studio 2013 集成开发环境与 CMake 编译工具

Visual Studio 是由微软公司开发的最流行的 Windows 平台应用程序开发工具集，包括了整个软件生命周期中所需要的大部分工具，如 UML 工具、代码管控工具、集成开发环境等，所写的目标代码适用于微软支持的所有平台。

由于本平台主要使用 C++语言作为开发工具，且在 Windows 7/10 操作系统上进行开发工作，故使用 Visual Studio 2013、VC120 工具集作为本平台开发环境。

CMake 是一个跨平台的编译工具，可以用简单的语句描述源码在所有平台的编译过程。CMake 并不直接建构出最终的软件，而是产生标准的项目文件(如 UNIX 的 Makefile 或 Windows Visual Studio 的 sln 文件)，然后再根据一般的建构方式使用。除此以外，它亦能测试编译器所支持的 C++特性。

CMake 的脚本文件一般命名为 CMakeLists.txt，可以通过命令行或 Gui 方式使用。使用 CMake 辅助编译可以有效节约用于库链接的时间与精力。生成库 Gmsh-Plugin 的"CMakeFile.txt"文件节选代码(其中包括六条常用的命令)如下：

```
##################
# GmshPlugin #
#add by pzy
##################
#文件列表(通配符引用所有文件) 设为全局变量 GmshPlugin_source_files
file(GLOB GmshPlugin_source_files src/GmshPlugin/*.cpp inc/GmshPlugin_*.h* )
#生成动态库 GmshPlugin.dll
add_library(GmshPlugin SHARED ${GmshPlugin_source_files})
#添加所依赖的动态库
target_link_libraries(GmshPlugin SMDS SMESHDS SMESH StdMeshers ${SMESH_LIBS} )
#设置编译生成的二进制文件的路径
set_bin_dir(GmshPlugin GmshPlugin)
#若为 windows 平台下编译
if(WIN32)
#设置含有宏"GMSHPLUGIN_EXPORTS"的函数或类提供接口，即可以被外部库调用
    set_target_properties(GmshPlugin PROPERTIES COMPILE_FLAGS
    "-DGMSHPLUGIN_EXPORTS")
endif(WIN32)
```

5.4.4.2 C++编程语言

C++是兼具过程性与面向对象特性的编程语言，一般认为 C++语言可以由四个"语言联邦"所组成：C、面向对象的 C++、模板编程 C++、STL 标准库。其中最具有代表性的是面向对象部分，包含有三个基本特征：以类为代表的封装、以虚函数为代表的继承、多态。

(1) 封装实现了数据成员和内部方法的隐藏，即无法通过非指定的接口来修改实

例的数据信息。

(2) 继承指由基类派生出子类来表达“is—a”关系,即“大雁是一种鸟”这样的关系。通常父类是抽象类,即定义了公共接口,并将其操作的实现延迟到子类中;子类是具体类,一方面继承了父类的数据成员和方法,如前文所述的公共接口,另一方面也加入了仅供自身及其子类应用的新特征和功能,如该公共接口中应用于此类对象的具体算法等。

(3) 多态是面向对象系统的核心概念之一。多态指接口直到编译或运行时刻才接受具体实现的约束,允许在运行时刻彼此替换具有相同接口的对象。C++通过宏、模板等方法实现编译期多态,通过虚函数、抽象类、覆写实现运行时多态。简而言之,多态允许使用父类类型的指针指向子类成员,通过调用相同的父类接口实现调用不同子类对象的相应接口,从而实现程序的重用与依赖倒置。

由此可见,基于面向对象语言C++进行开发并使用合适的设计模式可以降低程序关联度,从而提高可维护度与继续开发的效率。除此以外,C++程序一般具有较好的效率,本平台中其他开发工具也多是C++库,故需要使用C++作为开发语言。

C++运行时多态实例代码如下:

```
class Shape {
public:
    virtual void foo() = 0;// 纯虚函数
};
class Rectangle: public Shape{
public:
    Rectangle(){ }
    void foo () {矩形算法;}
};
class Triangle: public Shape{
public:
    Triangle(){ }
    void foo () {三角形算法;}
};
int main(){
    Shape * rec = new Rectangle,tri = new Triangle;
    rec->foo();          //调用矩形算法
    tri->foo();          //调用三角形算法
}
```

5.4.4.3 Qt库

Qt是著名的C++应用程序框架,作为跨平台的图形用户界面工具包而闻名。Qt类似于Windows平台上的MFC、OWL、ATL等库,提供了用于开发程序的用户交互界面所需的几乎所有类和功能。用于Qt开发的环境包括Qt、基于FrameBuffer的Qtopia Core、界面快速开发工具Qt Designer和翻译工具Qt Linguist等多个部分。

Qt 用于开发 CAD/CAE 软件等大型图形界面软件,主要有以下优势:

(1) 使用 Qt 的界面快速开发工具,可以以控件可视化的形式构造任意需要的图形界面。通过 Qt 的 UIC 将设计的图形界面. ui 文件编译为对应的. cpp 与. h 文件,为 C++编写的后台得以调用图形界面的方法,实现数据的获取或显示,从而实现少代码甚至零代码完成界面开发工作。

(2) Qt 与 Visual Studio 具有良好的集成特性,在 Visual Studio 内便可以实现功能和界面的编写而无须切换,有利于编程效率的提高。

(3) Qt 最为著名的是信号和槽(signal and slot)核心机制。信号和槽是一种高级接口,应用于对象之间的通信。它独立于标准的 C/C++语言,借助一个称为元对象编译 (Meta ObjectCompiler,MOC)的 C++预处理程序,为高层次的事件处理自动生成所需要的附加代码。所有从 QObject 派生的类都能够包含信号和槽函数,当对象改变其状态时,信号就由该对象发射(emit)出去,并被用于接收信号的槽函数所接收。信号所在的类并不知道与之相连的槽所在的类,槽所在的类也并不知道是否有任何信号与自己相连接,这也就杜绝了两个类之间的依赖关系。

5.4.4.4 Open Inventor 渲染库

OpenGL 是三维图形与模型库,常用于游戏引擎、医学图像、CAD/CAE 软件、石油天然气采矿行业等工业软件开发,具有良好的运算效率和优秀的跨平台能力,已成为目前世界上广泛采用的三维图形标准之一。虽然 OpenGL 功能强大,但是对于每一个绘图场景,都需要历经初始化,设置观察模式、相机、光照等众多参数等,对于没有计算机图形学基础的开发人员,需要花费较大的时间与精力成本才能熟练开发。

Open Inventor 是在 OpenGL 基础上开发的面向对象和交互式三维图形软件开发包。在 Open Inventor 中程序所创建的所有图形都作为三维对象进行管理,除了三维对象的显示之外也封装好了常用于这些三维对象的操作,例如颜色、尺寸、纹理、位移、视角变换、选取、高亮、搜索等一系列操作,无须考虑很多操作细节,从而使 Open Inventor 具备良好的编程效率。实现相同简单场景的 OpenGL 和 Open Inventor 代码印证了这一点。

使用 OpenGL 显示一个红色立方体的代码如下:

```
//使用 OpenGL 显示一个红色立方体
#include "stdafx.h"
#include < glut.h >
GLfloat mat_diffuse[] = {1.0,0.0,0.0,0.0};
GLfloat mat_specular[] = {1.0,1.0,1.0,1.0};
GLfloat high_shininess[] = {100.0};
void myInit(void)
{
    GLfloat light_position[] = {0.0,3.0,6.0,0.0};
    //设置光源
    glLightfv(GL_LIGHT2,GL_POSITION,light_position);
```

```
    glEnable(GL_DEPTH_TEST);
    glDepthFunc(GL_LESS);
    glEnable(GL_LIGHTING);
    glEnable(GL_LIGHT0);
    glShadeModel(GL_SMOOTH);
}
void display(void)
{
    glClear(GL_COLOR_BUFFER_BIT | GL_DEPTH_BUFFER_BIT);
    glPushMatrix();
    //为光照模型指定材质参数
    glMaterialfv(GL_FRONT,GL_DIFFUSE,mat_diffuse);
    glMaterialfv(GL_FRONT,GL_SPECULAR,mat_specular);
    glMaterialfv(GL_FRONT,GL_SHININESS,high_shininess);
    //使材质色跟踪当前颜色
    glColorMaterial(GL_FRONT,GL_AMBIENT);
    glEnable(GL_COLOR_MATERIAL);
    glPushMatrix();
    glRotatef(40,1.0,1.0,1.0);
    glutSolidCube(2);
    glPopMatrix();
    glDisable(GL_COLOR_MATERIAL);
    glPopMatrix();
    glFlush();
}
void myReshape(int w,int h)
{
    glViewport(0,0,(GLsizei)w,(GLsizei)h);
    glMatrixMode(GL_PROJECTION);
    glLoadIdentity();
    if(w <= h)
        glOrtho(-5.5,5.5,-5.5 * (GLfloat)h/(GLfloat)w,5.5 * (GLfloat)h/(GLfloat)w,
-5.5,5.5);
    else
        glOrtho(-5.5 * (GLfloat)w/(GLfloat)h,5.5 * (GLfloat)w/(GLfloat)h,-5.5,5.5,
-5.5,5.5);
    glMatrixMode(GL_MODELVIEW);
    glLoadIdentity();
}
int main(int argc,char * * argv)
{
    //初始化
    glutInit(&argc,argv);
```

```
    glutInitDisplayMode(GLUT_SINGLE | GLUT_RGB);
    glutInitWindowSize(400,400);
    glutInitWindowPosition(100,100);
    //创建窗口
    glutCreateWindow("Cube");
    //绘制
    myInit();
    glutReshapeFunc(myReshape);
    glutDisplayFunc(display);
    glutMainLoop();
    return 0;}
```

使用 Open Inventor 显示一个红色立方体的代码如下：

```
#include < Inventor/Win/viewers/SoWinExaminerViewer.h >
#include < Inventor/nodes/SoSeparator.h >
#include < Inventor/nodes/SoCube.h >
#include < Inventor/nodes/SoMaterial.h >
int main(int,char * * argv)
{
    //初始化 Inventor
    HWND myWindow = SoWin::init(argv[0]);
    //创建观察器
    SoWinExaminerViewer *myViewer = new SoWinExaminerViewer(myWindow);
    //创建场景
    SoSeparator *root = new SoSeparator;
    SoMaterial *myMaterial = new SoMaterial;
    myMaterial->diffuseColor.setValue(1.0,0.0,0.0);
    root->addChild(myMaterial);
    //增加一个立方体
    root->addChild(new SoCube);
    //观察器和场景相关联
    myViewer->setSceneGraph(root);
    //显示主窗口
    myViewer->show();
    SoWin::show(myWindow);
    //主循环
    SoWin::mainLoop();
    return 0;
}
```

Open Inventor 主要包括三个部分：工具箱、组件库和文件格式接口。工具箱又可以分为场景数据库、节点工具箱和操作组件库三个部分。Open Inventor 采用类似堆积木的方式构建场景，三维场景由一系列的三维物体构成，每一个或每一组物体都有相应的属性,这些统称为节点。节点是构成场景的基本单元,一个场景由一个或多个节点构成,每个节点都可以代表场景中的一个集合对象、属性对象或者群组对象,以及这些对象的组合,由场景数据库管理,如图 5.4-4 所示。按照节点在场景中的作用,一般对应分为形状节点、属性节点和群组节点三类。

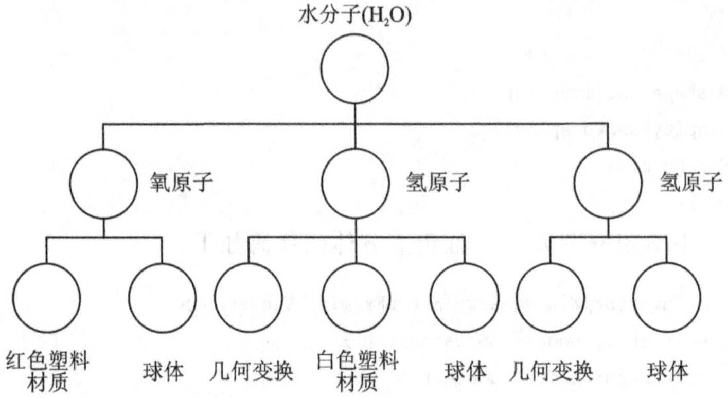

图 5.4-4 创建水分子的场景

节点是复杂的数据结构,每个节点都可以看作一系列数据元素的集合,每一个数据都可以称之为域。例如材质节点类 SoMaterial 就包括六个域:四个由 RGB 三维向量表示的材质表面光属性,即环境光色(ambient Color)、散射光色(diffuse Color)、镜面光色(specular Color)和出色光色(emissive Color),与两个单变量表示的属性材料光泽度(shininess)和透明度(transparancy)。

5.4.5 Open CASCADE 开源几何内核

5.4.5.1 Open CASCADE 简介

Open CASCADE Technology (简称 OCCT)是为特定领域快速开发程序而设计的面向对象的 C++类库,常用于开发二维和 CAD/CAM/CAA 程序以及其他仿真程序与绘图程序。因为 Open CASCADE 库中提供了大量可以直接调用的建模 API 类和底层的数学求解类,故使用 Open CASCADE 库作为几何内核可以使程序的开发进度明显加快。图 5.4-5 所示为基于 Open CASCADE 库的工业建模实例。

编译完成后的 Open CASCADE 由七个模块组成,其中在本平台中主要使用到的模块包括基础类(Foundation classes)、模型数据(Modeling Data)与建模算法(Modeling Algorithms)三个与数据和建模接口更为相关的模块。基础模块包含了提供定义基本类型以及类型系统、内存管理、异常处理和常用的几何与数值算法等基本功能的库;模型数据模块提供了模型实体和拓扑实体的几何数据结构与基本操作;建模算法模块主要包括建模中的几何算法(包括曲线/曲面基于约束的构造方法与拟合方法、求交方法等)和拓扑算法(几何变换操作、拓扑实体到几何的适配器等)。除此以外,数据交换模块(Data Exchange)也提供了读写主流文件格式的功能。各个库的详细功能如表 5.4-1 所列。

(a) 引擎模型　　(b) 齿轮组爆炸图

图 5.4-5　Open CASACDE 官方展示的工业建模实例

表 5.4-1　Open CASCADE 部分模块/库功能

模块(Module)	库(Toolkit,TK)	功　能
基础类 (Foundation Classes)	TKernal	Open CASCADE 的基本数据类型,用于内存管理的智能指针数据处理容器类
	TKMath	基本几何以及代数实体,用于向量/矩阵运算的接口求根和优化等数值算法
模型数据 (Modeling Data)	TKG2d	基于 STEP 标准的 2D 几何数据结构及相关几何属性算法
	TKG3d	基于 STEP 标准的 3D 几何数据结构及相关几何属性算法
	TKGeomBase	构造 STEP 标准几何算法,包括直接构造、插值、样条曲线/曲面和极值计算等
	TKBRep	基于边界表示的拓扑实体数据结构
建模算法 (Modeling Algorithms)	TKBO	TopoDS 的布尔运算类
	TKBool	TopoDS 的布尔运算类(与 TKBO 相同,是其早期模块)
	TKFeat	基于几何特征构造算法
	TKFillet	TopoDS 的倒圆/倒角类
	TKGeomAlgo	TopoDS 几何算法(投影/拟合等)
	TKHLR	消隐算法
	TKOffset	TopoDS 的偏移/拔模类
	TKPrim	TopoDS 拉伸/扫掠算法
	TKShHealing	图形修复算法
	TKTopAlgo	TopoDS 拓扑算法

5.4.5.2 几何实体与表达方式

通过几何引擎构建的物体称为几何实体。对于一个占据有限空间的正则点集,若其边界为低一阶的流形,则称之为实体,满足如下性质:

(1) 具有一定的形状,相对的流形不是实体可以描述的对象。

(2) 具有确定的封闭边界,即三维体由封闭二维面组成的壳定义,二维面由封闭线框与其他一些约束定义。

(3) 是一个内部联通的三维点集,如果某物体可以分割成独立的几个部分,任意两个部分之间不相连通,则视为多个几何实体所构成的物体。

(4) 面积/体积有限。

(5) 经过任意的布尔运算之后仍然是一个实体。

几何实体信息包括描述图形对象的几何信息与拓扑信息。几何信息包括几何图形以及构成它的点、线、面在欧氏空间中的位置、形状和大小等,它直接确定了各个子图形的几何特征,例如长方体由中点的空间坐标、两个三维向量定义的坐标系和长、宽、高三个浮点数即可唯一确定,而 NURBS 曲线、曲面则由空间点列、系数数组和权数组唯一确定。拓扑信息是指一个模型中的不同实体之间的关系,它描述了几何实体之间的连接方式,故同样也可以通过某些拓扑关系推出另外一些拓扑关系,如图 5.4-6 所示。当拓扑实体与几何信息关联在一起时,几何实体的唯一表达才能确定,而几何实体的表达方法也就是描述这些几何信息与拓扑信息的方法。

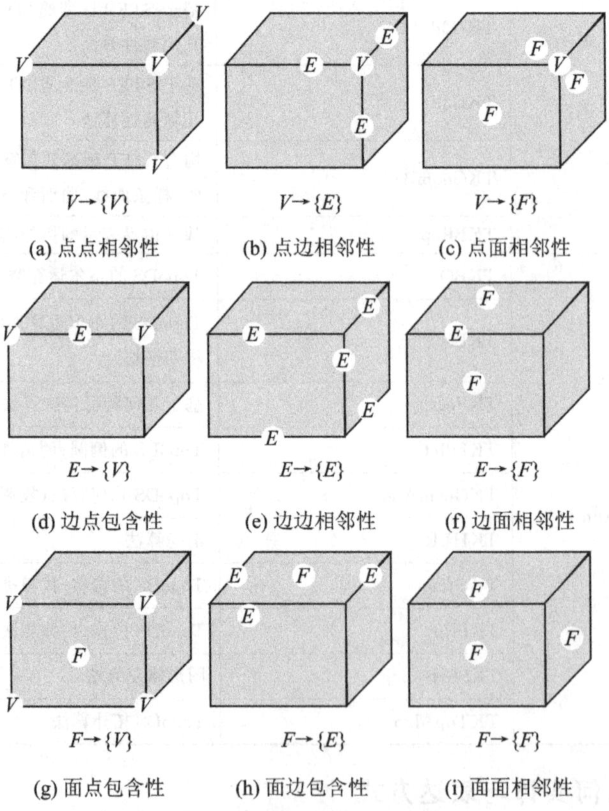

图 5.4-6　多面体的九种拓扑关系

CAD 系统中常见的几何实体的表达方法主要包括构造实体几何表示法、边界表示法、参数表达法和多边形表面(单元)表示法等,下文将进行简单介绍。

1. 构造实体几何表示法(constructive solid geometry,CSG)

构造实体几何表示法指采用布尔运算法则等集合运算法则,将一些简单的几何基本实体(如立方体、圆柱体、环、锥等)加以组合构造复杂的模型实体,如图 5.4-7 所示。

这种方法的优点是易于控制存储的信息量,所得到的实体真实有效并且易于修改;缺点是可用于产生和修改实体的算法有限,构成所需要实体的计算量很大,实体的 CSG 树不唯一。

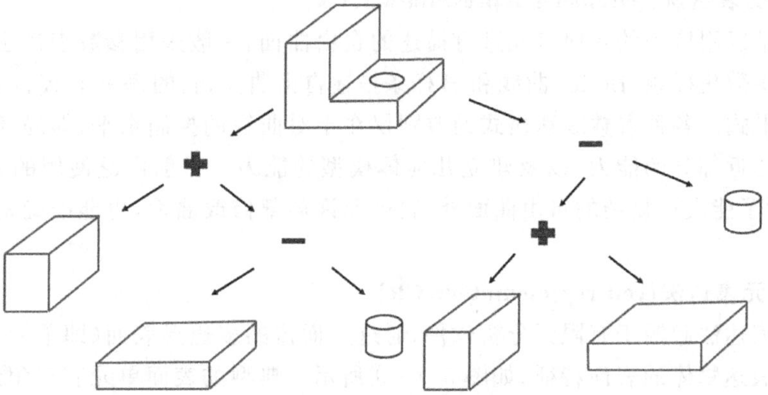

图 5.4-7 实体的 CSG 树

2. 边界表示法(boundary representation,BRep)

边界表示法是几何造型中最成熟、无二义的表示法。实体的边界通常由面的并集表示,而每个面又由它所在的曲面的定义加上其边界来表示,面的边界是边的并集,而边是由点来表示的,如图 5.4-8 所示。

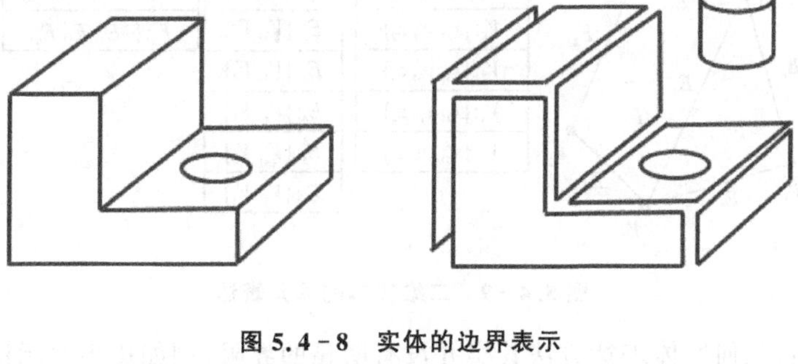

图 5.4-8 实体的边界表示

边界表示法中描述形体的信息包括几何信息和拓扑信息两个部分。拓扑信息描述形体上的顶点、边、面的连接关系,例如实体的某个边位于某曲面上,它形成实体边界表示的“骨架”。实体的几何信息描述实体的大小、尺寸、位置和形状等,犹如附着在“骨架”上的“肌肉”。例如实体的某自由曲面,定义这一曲面方程的数据就是几何信息,曲面上边的形状、顶点的三维空间坐标等也都是几何信息。在边界表示法中,实体按照从高维到低维、从整体到局部,即体—面—环—边—点的层次,详细记录构成形体的所有几何元素的几何信息及相互连接的拓扑关系。

这种方法的优点是能快速地绘制立体或线框模型。此方法的缺点是数据以表格形式出现的,空间占用量大,修改设计不如构造实体几何表示法简单,例如要修改实心立方体上的一个简单孔,就需要修改挖孔面的边表以及实体面表,然后才能绘制一个新孔;所得到的实体不一定总是真实有效,可能出现错误的孔洞和颠倒现象;除此以外,描述也缺乏唯一性。

3. 参数表达法(parameter representation,PR)

对于难以用传统的几何基元进行描述的自由曲面,一般采用参数表达法。参数表达法借助参数化样条、Bézier 曲线和 B 样条描述自由曲面,它的每一个 X、Y、Z 坐标都呈参数化形式。各种参数表达格式的差别仅在于对曲线的控制水平,即局部修改曲线而不影响临近部分的能力,以及建立几何体模型的能力。目前广泛使用的是 NURBS 表示法,除了能表达复杂的自由曲面外,它还允许局部修改曲率,也能准确地描述几何基元。

4. 单元表达法(cell representation,CR)

单元表达法起源于有限元分析软件,通过多面体的多边形表面(即单元)细化逼近来精确地表达物体的表面特征,如图 5.4-9 所示。典型的表面单元有三角形、正方形或多边形,其中三角形最为常见。一般用顶点表、边表和多边形表存储几何数据,用含有顶点表指针的边表示边的顶点,用含有指向边表的指针表示多边形面片的边。由于由表面单元所定义的线框轮廓能够快速显示表面结构,因此在设计软件与实体模型中普遍采用单元表达法,例如快速成型技术中采用的三角形近似(将三维模型转化成 STL 格式文件),就是一种单元表达法在三维建模中的应用形式。

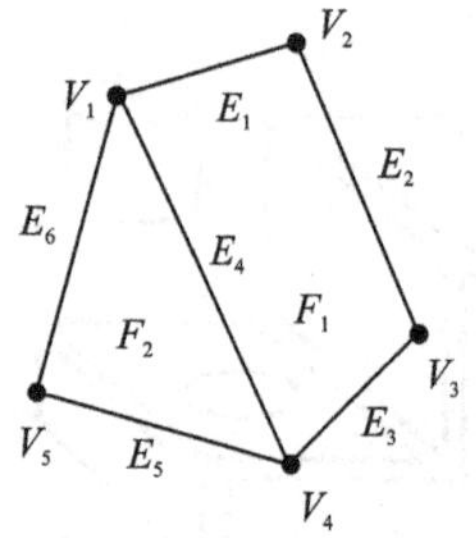

顶点表
V_1:{x_1, y_1, z_1}
V_2:{x_2, y_2, z_2}
V_3:{x_3, y_3, z_3}
V_4:{x_4, y_4, z_4}
V_5:{x_5, y_5, z_5}

边表
E_1:{V_1, V_2}
E_2:{V_2, V_3}
E_3:{V_3, V_4}
E_4:{V_4, V_1}
E_5:{V_4, V_5}
E_6:{V_5, V_1}

面表
F_1:{E_1, E_2, E_3, E_4}
F_2:{$-E_4$, E_5, E_6}

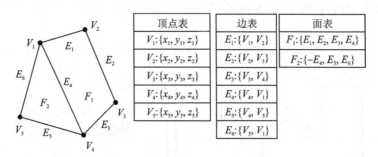

图 5.4-9　二维实体的单元表达

不难看出,几何实体表达方法其实并没有明显的界限,例如边界表示法和单元表达法本质上都是建立了体—面—边—点的拓扑表达,区别仅在于基本几何实体(面片)的表达方式。构造实体几何表示法是站在用户建模操作的角度上,而在几何内核内部进行数据的交换中采用边界表示和参数表达法更加直接。

综合以上方法的优点,CAD 系统常采用构造实体几何表示法、边界表示法和参数表达法的组合表达法，而 Open CASCADE 也不例外，其几何表达方法将在 5.4.5.3 节进行阐述。

5.4.5.3 Open CASCADE 内的几何表达

Open CASCADE 以坐标或参数值描述对象，而拓扑描述参数空间中对象的数据结构，即几何表达也同样由几何信息和拓扑信息构成，如图 5.4－10 所示。由表 5.4－1 可知 TKG2d 与 TKG3d 是属于几何信息的部分，而 TKBRep 部分定义了几何的拓扑信息。

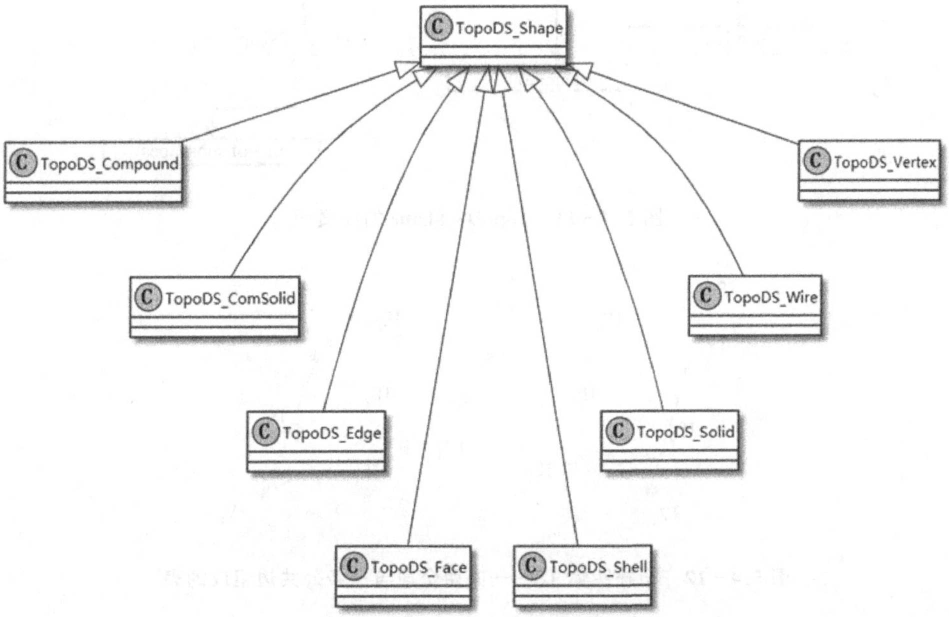

图 5.4－10　Open CASCADE 内的拓扑数据结构

TopoDS_Shape 是 Open CASCADE 中用于拓扑数据的结构，包含三个成员变量 myLocation、myOrient、myTShape，如图 5.4－11 所示。

其中 TopoDS_TShape 中包含此对象所引用的子对象。

图 5.4－12 所示为由一条边连接的两个面组成的壳。

该拓扑实体的拓扑树如图 5.4－13 所示，箭头表示的含义为访问子节点。根节点为 TS，有两个子节点面 TF_1 和 TF_2，向下有七条边 TE_1～TE_7 和六个叶子节点顶点 TV_1～TV_6。环 TW_1 引用边 TE_1～TE_4；环 TW_2 引用边 TE_4～TE_7。边引用的顶点如下：$TE_1\{TV_1, TV_4\}$，$TE_2\{TV_1, TV_2\}$，$TE_3\{TV_2, TV_3\}$，$TE_4\{TV_3, TV_4\}$，$TE_5\{TV_4, TV_5\}$，$TE_6\{TV_5, TV_6\}$，$TE_7\{TV_3, TV_6\}$。

Open CASCADE 的拓扑树中不包含“反向引用(Back references)”，即所有的引用只从复杂形状到简单形状，呈现为一个有向无环图的结构。

根据 Open CASCADE 的拓扑结构类图可知，访问形状的子对象是很容易的。为

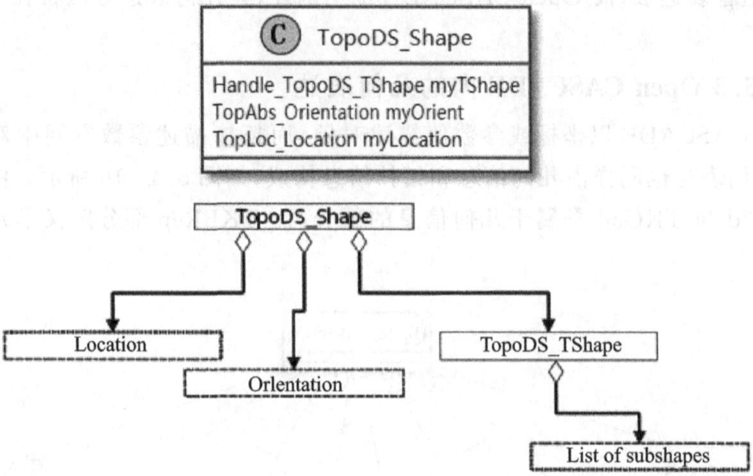

图 5.4-11　TopoDS_Shape 的成员域

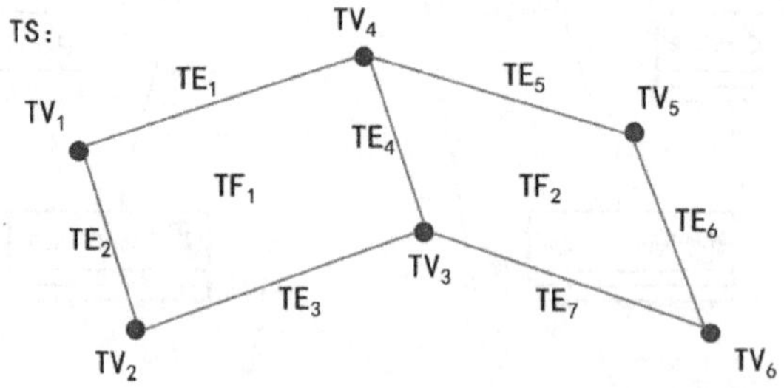

图 5.4-12　拓扑实体 TS——由两个面与一条公共边组成的壳

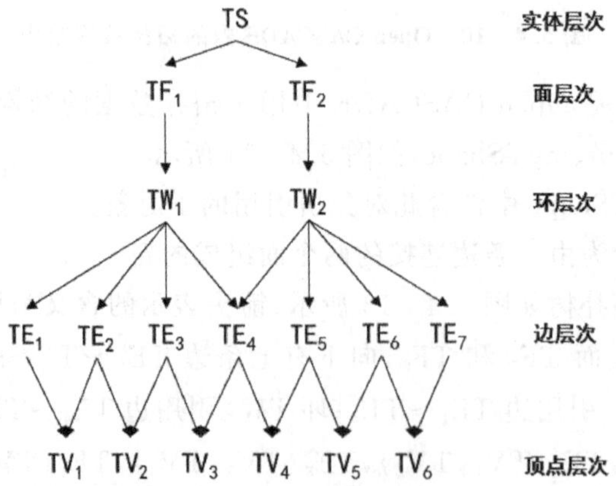

图 5.4-13　拓扑实体 TS 的拓扑树

了获得一个对象的拓扑，不管是向上还是向下，Open CASCADE 的 TopExp 包都提供了专门类和函数来实现：当向下访问拓扑对象时，Open CASCADE 提供了两种方法遍历子对象；当向上遍历时，Open CASCADE 提供了一个静态函数 TopExp::MapShapesAndAncestors()来实现。

通过 BrepTool 包中提供的适配器类，可以获得 TopoDS/Brep 类中以 Geom/Geom2d 几何类形式存储的基于参数表达的几何信息，而 TopoDS 类的构造也需要传入这些几何类作为参数。

5.4.5.4 Open CASCADE 的数学库及其应用实例

Open CASCADE 的 TKMath 库由以下三个部分组成：

(1) 矩阵与向量的算法。

(2) 原始几何类型。

(3) 数值算法。

gp 包定义了诸如二维和三维中点、直线、二阶曲线曲面等可以由单一解析式表达的基本解析图元，以及基本的转换(如旋转、平移、镜像、缩放转换等)，因此可以很容易地给出 gp 曲线和曲面的隐式参数化；这一特性尤其有用，ElCLib 和 ElSLib 包根据隐式参数方程提供解析几何的计算相关函数，包括计算投影或法向及更复杂的算法。TKMath 包提供了常见的数值计算的功能，如矩阵的加减乘除、转置及方阵的特征值和特征向量的计算，求解线性方程组，一元函数或多元函数的微分、积分及极值的计算，线性和非线性方程组(non-linear equations function set)的计算等。大部分功能和开源科学计算库 gsl 类似，只是采用面向对象的方式以便于使用。方程组(function set)的相关计算与多元函数(multi var function)同样地在 Open CASCADE 几何相关库中被广泛地应用，如一些极值计算算法、拟合算法、点在曲线/曲面上投影的相关问题等都会涉及方程组求解的计算。

在本节中最常用到的数学功能是最优化问题，即方程(组)求根问题。

求根用三个不同的类，即三种方法来实现：

(1) math_FunctionRoot：牛顿-拉弗森法。

(2) math_BissecNewton：牛顿-拉弗森法和二分法的组合算法。

(3) math_NewtonFunctionRoot：牛顿法。

用不同方法求解方程 $x^6-x-1=0$ 的根的代码如下：

```
class TestFunction : public math_FunctionWithDerivative
{
public:
    virtual Standard_Boolean Value(const Standard_Real X,Standard_Real& F)
    {
        F = pow(X,6) - X - 1;
        return Standard_True;
}
    virtual Standard_Boolean Derivative(const Standard_Real X,Standard_Real& D)
    {
        D = 6 * pow(X,5) - 1;
```

```
            return Standard_True;
    }
        virtual Standard_Boolean Values(const Standard_Real X,Standard_Real& F,Standard_
Real& D)
        {
            Value(X,F);
            Derivative(X,D);
            return Standard_True;
        }
    };
    void TestFunctionRoot(void)
    {
        TestFunction aFunction;
        math_FunctionRoot aSolver1(aFunction,1.5,0.0,0.0,2.0);
        math_BissecNewton aSolver2(aFunction,0.0,2.0,0.0);
        math_NewtonFunctionRoot aSolver3(aFunction,
        1.5,Precision::Confusion(),Precision::Confusion());
        std::cout << aSolver1 << std::endl;
        std::cout << aSolver2 << std::endl;
        std::cout << aSolver3 << std::endl;
    }

    int main(int argc,char * argv[])
    {
        TestFunctionRoot();
        return 0;
    }
```

由上述代码可知,要想使用求根算法,必须从 math_FunctionWithDerivative 类派生且重载其三个纯虚函数 Value()、Derivative()、Values(),在这三个重载的虚函数中计算相关的函数值及导数值。所以在实际使用时,推导出相应的各阶导数值并正确重载这三个函数是正确使用求根算法的关键。

5.5 前处理平台的设计与开发

本节阐述内核库和模块库中的主要框架与功能开发,基于常见的设计模式研究并完善内核库中的类型系统、基于 Qt 和 Python 封装实现的信号/脚本系统,以及基于 Open Inventor 设计的 ViewProvider 可视化功能等基类。在子系统模块开发部分给出了网格库及网格工作台的初始化方法、网格求解功能相关类的组织方法和功能设计,用以指导未来的开发人员拓展与维护软件。

5.5.1 对象系统体系结构

5.5.1.1 对象的抽象

面向对象程序由对象组成，对象的成员包括数据和对这些数据进行操作的方法，对象在接收到用户的命令后调用方法对数据进行操作。程序的设计本质上也就是对象类的设计，既需要设计各自的详细成员，更需要抽象出公共的接口满足拓展的需要。

对于常用的CAD/CAE平台（例如Solidworks、Catia、Abaqus等），每一个图纸/装配体/作业主要都由以下三个层次的对象构成：能够表达整个建模图纸/装配体或建模求解作业的对象称为文档（document），文档是用户通过平台操作与运行的立足点；在具体的建模/分析中所建立并操作的实例称为物体（object），物体是文档内建立、删除与算法调用的最小单位，也是用户直接进行操作的对象；通过修改物体的参数化数据赋予对象几何或物理特征，这些参数化的数据称为属性（property），属性是对物体进行修改操作的最小单位，且对物体的修改通过属性的修改进行。总的来说，物体作为文档的成员依附于文档，属性作为物体的成员依附于物体，可以用图5.5－1所示的对象树表达这一关系。

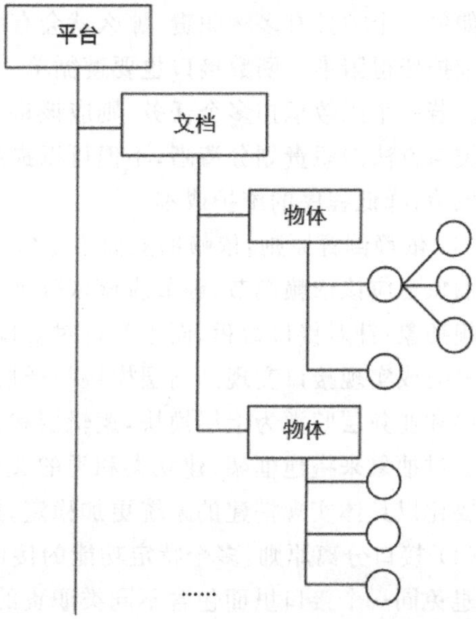

图5.5－1 对象树（属性对象用圆表示）

由于文档只能基于平台内核内产生，因此文档的继承、运行时多态本质上在内核库的内部进行。相反，每一类物体的定义都在子系统中，其共有的抽象接口都可以被提取，例如物体的交互信号，图形渲染算法、几何算法的调用，参数的保存等。对于每一类操作都提供相应的接口，应该将这样的接口抽离出来作为平台内核基类的虚函数以提供多态的支持。

5.5.1.2 平台内核与模块设计

在5.4节将平台的设计划分为应用层与用户层两个主要层，在这两层中，无论是平台内核还是功能子模块的设计都应该遵循这样的原则，即平台内核和模块都应当至少由应用库与用户库两个部分组成。

平台内核应用库定义可以运行软件的主程序最小体系、文档系统和物体类数据层的抽象父类；平台内核用户库则设计了为平台内物体类在用户层的主程序窗口，并提供了物体类用户层的抽象父类。模块应用库中则定义具体物体在数据层的具体子类，提供该具体物体的脚本封装、建模数据成员与算法；模块用户库则定义具体物体用户基于物体进行的建立、修改、渲染等所需的输入窗口、信号、显示与交互用数据结构与算法。具体的功能类、算法类与数据类在设计编码时，应该遵循以下较为公认的六大设计原则：

(1) 开闭原则：模块、类和函数应该对外扩展开放、对内修改关闭。

用抽象的基类构建框架，用具体的子类实现扩展细节。不应以改动原有类的方式实现新需求，而应该以实现事先抽象出来的接口或具体类继承抽象类的方式实现。其优点在于程序扩展功能无须改动原有代码，降低程序的拓展难度与维护成本。

(2) 单一职责原则：一个类只允许有一个职责，即只有一个导致变更的原因。

如果一个类具有多种职责，那么就会有多种导致这个类变化的原因，可能会使这个类的维护变得困难。函数接口也要遵循单一职责原则，即一个接口或函数只完成一个功能。若一个函数承担多个任务，则应该将不同的任务以另一个函数的形式分离出去。

类与方法的职责划分清晰，不但可以提高代码的可读性，更实际性地降低了程序出错的风险，降低程序的维护成本。

(3) 依赖倒置原则：依赖抽象而不是依赖实现。

抽象不应该依赖细节，细节应该依赖抽象；高层模块不能依赖低层模块，二者都应该依赖抽象；针对接口编程，而不是针对实现编程；尽量不要从具体的类派生，而是以继承抽象类或实现接口实现。高层模块与低层模块的划分按照决策能力的高低进行，即交互层和业务层归类为上层模块，逻辑层和数据层归类为底层模块。

通过抽象来搭建框架，建立类和类的关联并减少类之间的耦合性。以抽象搭建的系统要比以具体实现搭建的系统更加稳定，扩展性更高，同时也便于维护。

(4) 接口分离原则：多个特定功能的接口要好于一个通用性的总接口。

避免同一个接口里面包含不同类职责的方法，接口责任划分更加明确，符合高内聚低耦合的思想。

(5) 迪米特法则：一个对象应该与尽可能少的对象有接触。

迪米特法则也叫作最少知道原则，一个类应该只和它的成员变量、方法的输入、返回参数中的类做交流，而不应该引入其他的类(间接交流)。实现迪米特法则可以良好地降低类与类之间的耦合，减少类与类之间的关联程度，让类与类之间的协作更加直接。

(6) 里氏替换原则：所有引用基类的地方必须能透明地使用其子类的对象。

子类对象可以替换其父类对象，而程序执行效果不变。在继承体系中，子类中可以增加自己特有的方法，也可以实现父类的抽象方法，但是不能重写父类的非抽象方法，否则该继承关系就不是一个正确的继承关系。

5.5.2 平台内核设计与业务实现方式

受制于本平台开发人力、时间成本的限制，本平台在开源 CAD 软件 FreeCAD 内核库的基础上进行修改与开发，即以 FreeCAD 内核作为本平台初步设计的内核，随着之后项目进度推进再由后续人员不断进行进一步开发或更新替换。

5.5.2.1 平台源码目录与内核结构

本平台内核由四个库构成,分别是基础库(Base)、应用库(App)、用户库(Gui)和主程序入口库(Main),其中基础库、应用库和主程序入口库共同组成了本平台的应用层。本平台源码目录结构如表5.5-1所列。基础库中定义了类型系统,用于获取程序运行时的类型信息,以便于添加,这也是本平台中得以实现依赖倒置的基石;应用库中定义了5.5.1.1节中所述的三层对象虚基类、初步具体化的部分派生类及其组合的一些数据结构类,根据不同对象的性质确定了根据;用户库中定义了主程序窗口、多文档界面(MDI)以及可以用于继承改造使用的一些工具栏类、菜单栏类和输入窗口类,更为重要的是定义了用于将物体可视化的虚基类;主程序入口库定义了获取程序启动所需要的参数,并根据这些参数确定程序的启动方式,例如命令行程序启动和图形用户界面启动。

表5.5-1　本平台源码目录结构(按照字典序排列)

文件夹名称	内　容
3rdParty	存放部分平台依赖库、自定义插件库源码
App	FreeCAD的应用库源码
Base	FreeCAD的基础库源码
Gui	FreeCAD的用户库源码
Main	FreeCAD的主程序入口库源码
Mod	自定义模块一级目录,具体模块在二级目录
Tools	开发用辅助脚本

根据以上对于各库功能的描述,应用库所定义的数据对象类依赖于基础库中的类型系统;用户库定义的视图对象类同样依赖于基础库中的类型系统,且依赖于应用库中的数据对象类提供渲染数据;主程序入口库有基于命令行程序和基于图形用户界面的两种启动方式,而分别定义在应用库与用户库中,故可以建立如图5.5-2所示的依赖关系。

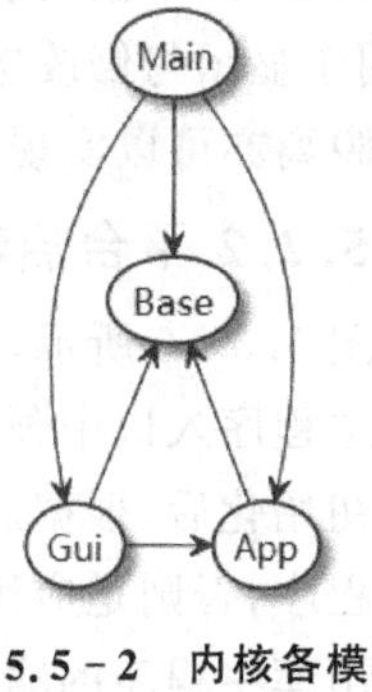

图5.5-2　内核各模块依赖关系

常被包含的头文件,即重要的用于拓展的基类如表5.5-2所列。

表 5.5-2 本平台源码中主程序与重要的多态类

库	类	功能
基础库(Base)	Type/TypeData	定义平台类型映射表 BaseClass 成员类
	BaseClass	平台中所有对象的基类、参数化工厂的抽象产品与工厂类,定义用于新建的 init()、create()方法
	Factory	工厂抽象基类
	AbstractProducer	为工厂类提供 produce()方法
	PyObjectBase	平台中所有 Python 封装类基类,定义了 Python 调用的公用接口
	Interpreter	解释器,提供 C++类调用 Python 对象的接口
	Observer	观察者模式中的观察者基类,定义用于改删的 onChange()与 onDestroy()虚方法
应用库(App)	Application/ApplicationPy	平台主程序
	Document	文档对象基类
	DocumentObject	物体对象虚基类
	Property	属性对象虚基类
用户库(Gui)	Application/ApplicationPy	平台主程序(窗口启动)
	Action	动作类基类,衔接 Qt 动作
	ViewProvider	物体可视化类的基类
	WorkBench/…	工作台/窗口/工具栏等基类,许多可以直接继承使用

平台启动后界面如图 5.5-3~图 5.5-5 所示。在界面的上部定义了菜单栏和工具栏,每一个菜单项和工具按钮都连接一个动作(action),当按下按键时相应的动作信号就会触发(trigger())并执行相应动作方法。右侧渐变色蓝底窗口是一个集成的多文档界面,也是 Open Inventor 场景的绘制窗口。左侧上半部为模型树和用于输入建模选项的面板(图中被切换到模型树),模型树显示了文档和物体两级对象;下半部为属性窗口,用于显示与修改选中物体的属性值。所有窗口均为 Qt 的 DockWindow 派生类,即可以脱离亦可以实现自动停靠的窗口类。

5.5.2.2 平台启动方式

如图 5.5-6 所示,平台的启动方式有两种:以 CLI 模式启动和以图形用户界面启动。在主程序入口中预定义了启动参数,可以通过命令行或直接修改源码方式修改。主程序初始化后,根据启动参数判断是否需要图形用户界面:若需要则调用用户库中的平台主程序,否则是应用库中的主程序。若使用图形用户界面,图形用户界面程序将会监听应用库主程序的输入参数,在进行应用库中对象调用的同时调用配套的用户库对象;初始化主程序窗口与 Inventor 子系统,之后将界面上的动作与事件转化为命令,调用应用库中的主程序通过解释器处理。

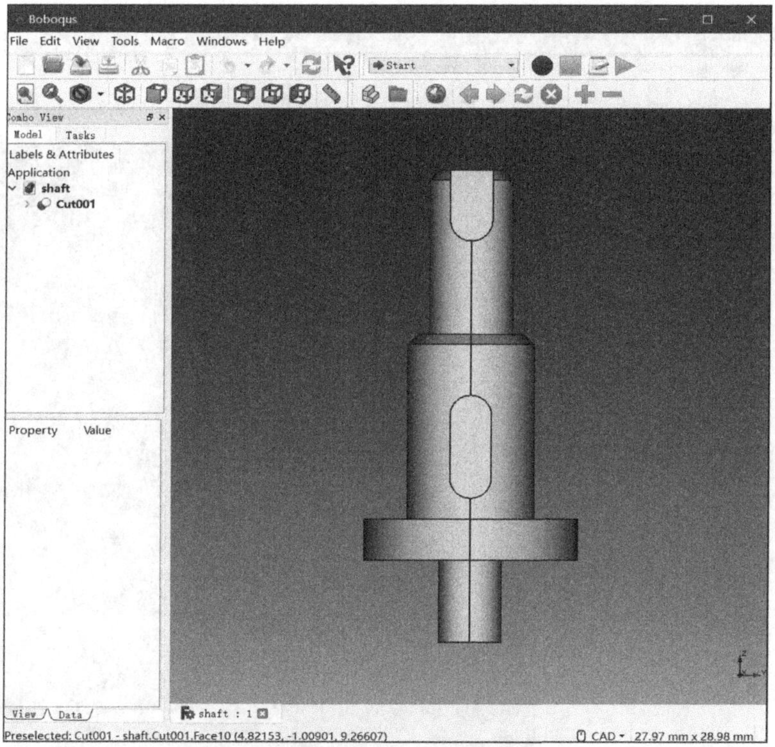

图 5.5-3 平台界面——几何建模

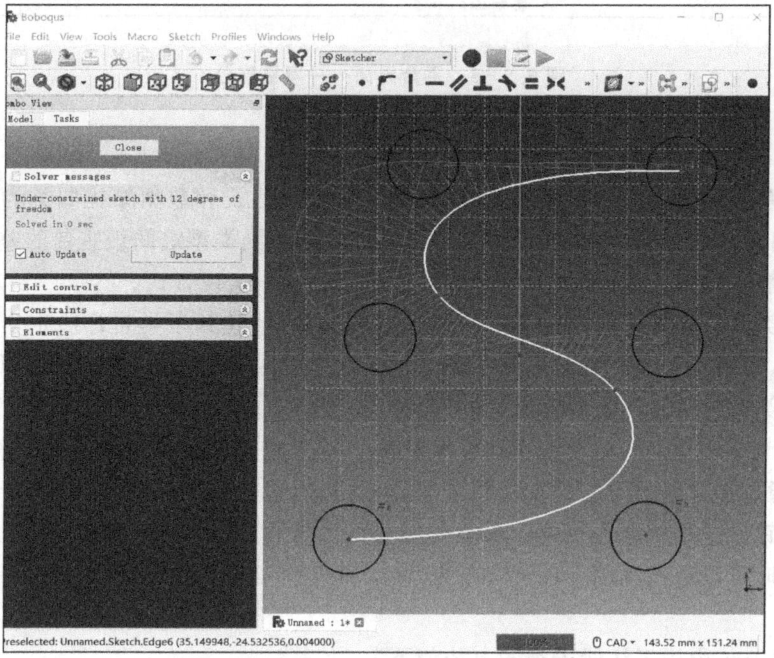

图 5.5-4 平台界面——草图建模

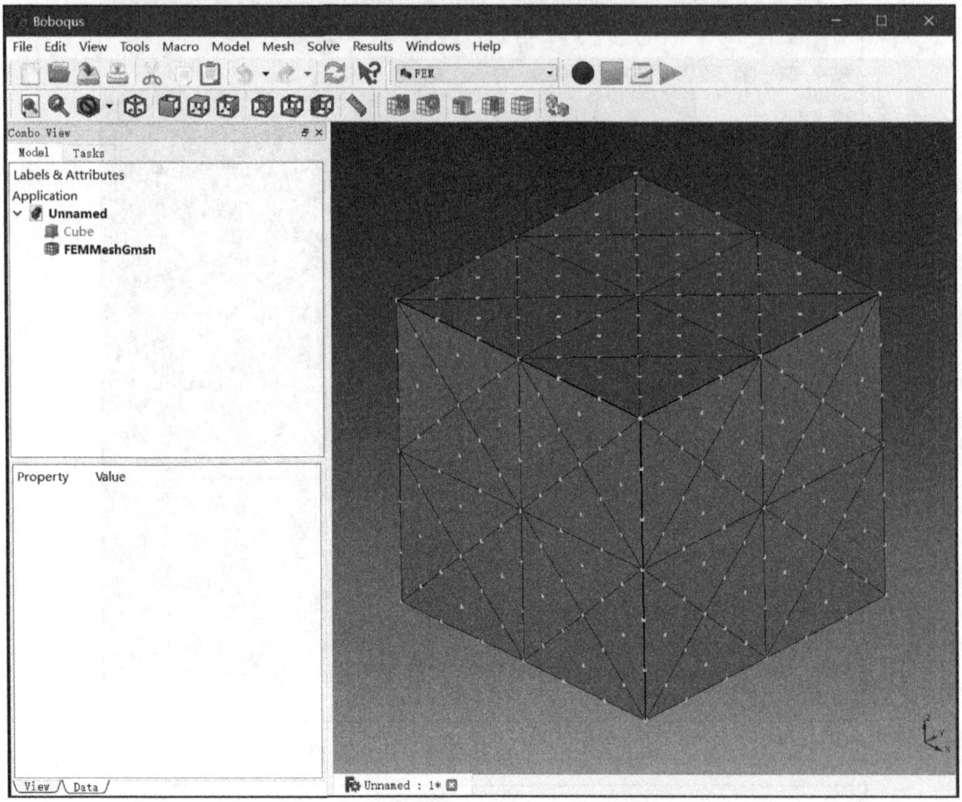

图 5.5-5　平台界面——网格剖分

5.5.2.3 平台类型系统与参数化工厂

类型系统用于定义如何将软件体系中的数值、表达式和数据结构归类为许多不同的类,如何操作这些类型,这些类型如何互相作用。不同类型之间最主要的差异在于基类提供的静态接口,以及派生类定义的运行时期的操作实现方式。

使用类型系统的目的是定义一个创建实例的接口,让其子类自己决定实例化哪一个具体类,即使其创建过程延迟到子类进行。这样做的目的是满足依赖倒置原则,即当添加新的类型的时候不需要对原有的库和类进行改动。

如图 5.5-7 所示,在平台基础库中维护了一个用于保存类型信息的字符串-信息映射表,通过字符串类型名称查找相应的类型信息,包括其类名、父类和用于创建实例的函数指针。这些信息在相关子系统初始化的时候由 init()方法添加进来,之后需要创建实例时可以通过调用 create()方法,传入字符串参数在映射表中查找并调用构造函数。

BaseClass 中用于注册子类的方法如下:

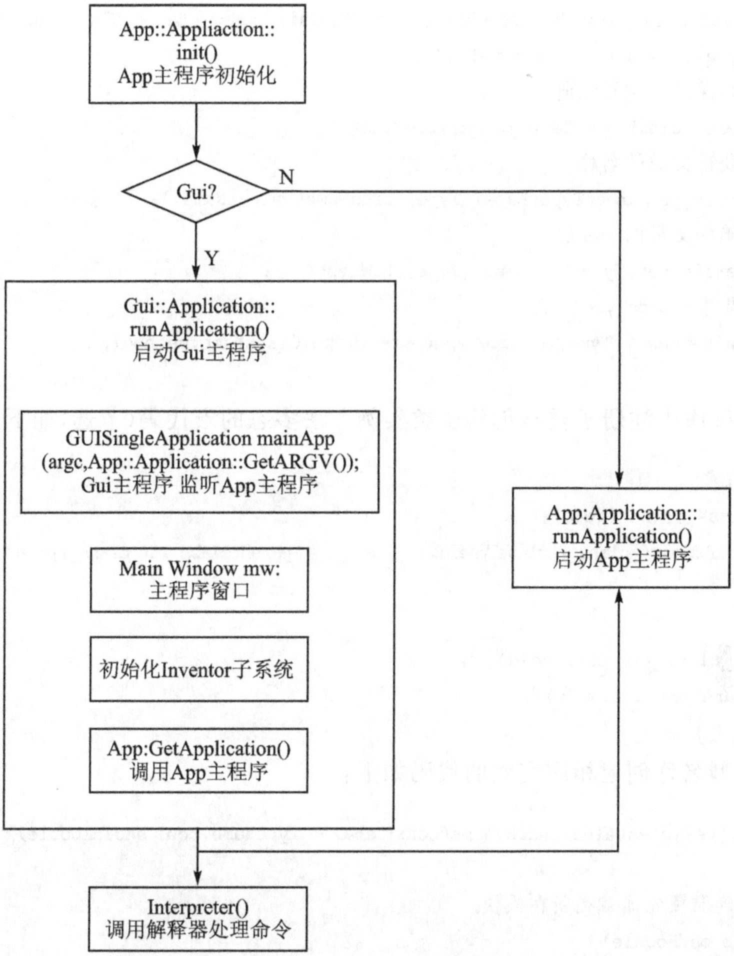

图 5.5－6 平台启动方式

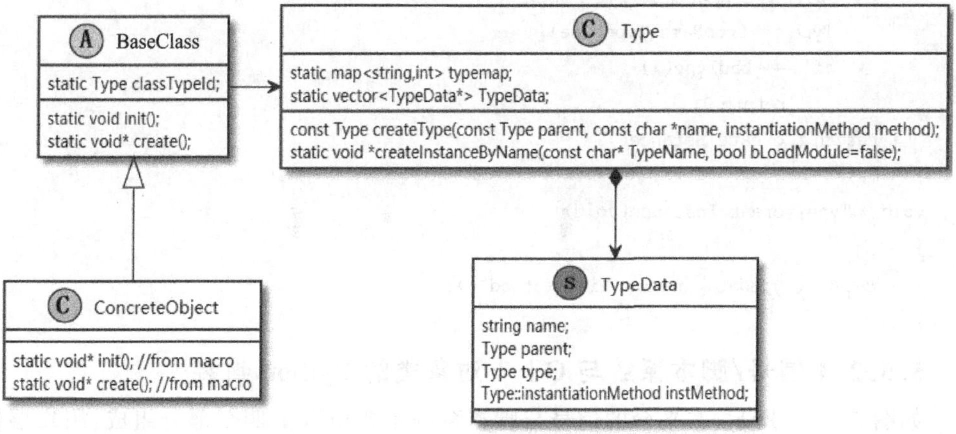

图 5.5－7 类型映射表与参数化工厂

```
    void BaseClass::initSubclass (Base::Type &toInit,const char * ClassName,const char *
ParentName,Type::instantiationMethod method){
        // 确保没有重复注册
        assert(toInit == Base::Type::badType());
        // 获得父类的名称
        Base::Type parentType(Base::Type::fromName(ParentName));
        // 确保父类已经注册
        assert(parentType != Base::Type::badType() );
        //调用 createType 方法
        toInit = Base::Type::createType(parentType,ClassName,method);
    }
```

实现基础库中注册子类与创建子类实例方法多态的宏代码(节选)如下:

```
    //节选自宏
    void _class_::init(void){
        initSubclass(_class_::classTypeId,# _class_,# _parentclass_,&(_class_::create) );
    }

    void * _class_::create(void){
        return new _class_ ();
    }
```

根据类型名称创建相应实例的代码如下:

```
    void * Type::createInstanceByName(const char * TypeName,bool bLoadModule)
    {
        // 确保预先加载类所在模块
        if(bLoadModule)
            importModule(TypeName);
        // 类的注册在模块加载过程中完成
            Type t = fromName(TypeName);
            if(t == badType())
                return 0;
        return t.createInstance();
    }
    void * Type::createInstance(void)
    {
        return (typedata[index]->instMethod)();
    }
```

5.5.2.4 信号/脚本系统与 C++对象类的 Python 封装

如图 5.5-8 所示,本平台的信号与脚本系统主要由以下四个部分组成:用户层信号主要指 Qt 点击图标所产生的动作;向底层转化的过程中通过 Qt 的信号与槽机制调用 Command 相关类中运行脚本的接口,将 Qt 动作封装为命令语句并传递给解释器;

解释器运行 Python 脚本后，利用 Python 的反射方法查找并调用由 C++类所封装成的相应 Python 类的实例；通过函数指针找到 C++ Object 类的方法。

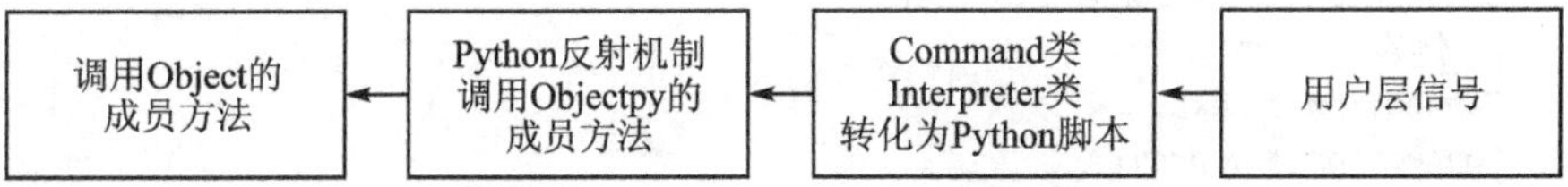

图 5.5-8　本平台的信号/脚本系统

Qt 的信号与槽机制(见图 5.5-9)原理与上述的参数系统类原理类似，本质上都是函数的回调过程，不过前者是槽函数，后者是构造函数，而在设计模式中则可以归类于观察者模式。

在经典的观察者模式的实现代码中，观察者会将自身注册到被观察者的一个容器中，这个容器类似于上文中所述的全局静态变量 TypeData。当被观察对象的某个属性发生改变，想让所有与之关联的观察者对象做出响应时，即在改变属性的方法中调用通知方法；由此需要声明一个通知方法，也就是遍历所有观察者并调用的观察者都有的一个方法，一般命名为 update()。

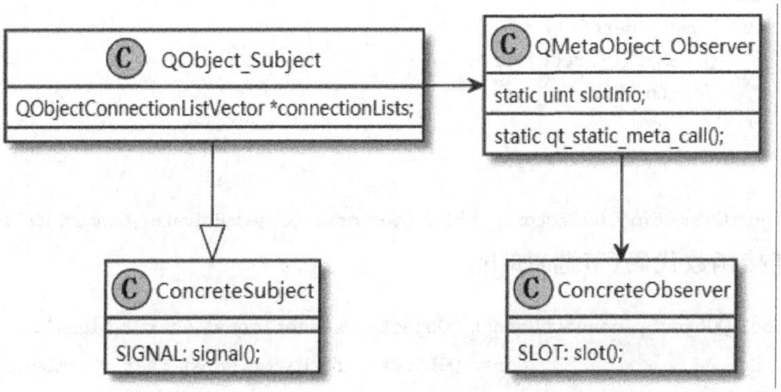

图 5.5-9　基于 Qt 元对象实现的信号与槽机制

在 Qt 中生成 moc 文件时，对于 connect()方法，moc 类会创建一个 Connection 对象，并以链表形式保存信号和槽函数指针偏移地址，然后将此 Connection 对象保存到 QObject_Subject 的相应数组中。当信号触发时通过相关联的 ConcreteObserver 元对象可以找到原来绑定的 ConcreteObserver 槽函数信息并回调。

Qt 信号与槽连接的相关数据结构代码如下：

```
struct QObjectPrivate::Connection
{
    QObject * sender;
    QObject * receiver;
    union {
        StaticMetaCallFunction callFunction;
```

```
        QtPrivate::QSlotObjectBase * slotObj;
    }
    // 单独连接的 ConnectionList 的 next 指针
    Connection * nextConnectionList;
    // 链表
    Connection * next;
    Connection * * prev;
    QAtomicPointer argumentTypes;
    QAtomicInt ref_;
    ushort method_offset;
    ushort method_relative;
    uint signal_index : 27;
    ushort connectionType : 3; // 0 == auto,1 == direct,2 == queued,4 == blocking
    ushort isSlotObject : 1;
    ushort ownArgumentTypes : 1;
    Connection() : nextConnectionList(0),ref_(2),ownArgumentTypes(true) {

    }
    ~Connection();
    int method() const { return method_offset + method_relative; }
    void ref() { ref_.ref(); }
    void deref() {
        if (! ref_.deref()) {
            Q_ASSERT(! receiver);
            delete this;
        }
    }
}
class QObjectConnectionListVector : public QVector < QObjectPrivate::ConnectionList >
```

Qt 的连接函数代码(节选)如下:

```
static bool QObject::connect(const QObject * sender,const char * signal,
                             const QObject * receiver,const char * member,
                             Qt::ConnectionType = Qt::AutoConnection){
    QScopedPointer < QObjectPrivate::Connection > c(new QObjectPrivate::Connection);
    c ->sender = s;                                  //发送者
    c ->signal_index = signal_index;                 //信号索引
    c ->receiver = r;                                //接收者
    c ->method_relative = method_index;              //槽函数索引
    c ->method_offset = method_offset;               //槽函数偏移,用于区别多个信号
    c ->connectionType = type;                       //连接类型
    c ->isSlotObject = false;                        //是否是槽对象
    c ->argumentTypes.store(types);                  //参数类型
    c ->nextConnectionList = 0;                      //指向下个连接对象
    c ->callFunction = callFunction;                 //静态回调函数
    QObjectPrivate::get(s) ->addConnection(signal_index,c.data());
}
```

在槽函数内调用 Command::runCommand()方法,即可以实现从 Qt 的界面动作到脚本的转化过程,调用 Python 运行表达式方法代码(节选)如下:

```
void Command::runCommand(DoCmd_Type eType,const QByteArray& sCmd)
{
    if (eType == Gui){

    Gui::Application::Instance->macroManager()->addLine(MacroManager::Gui,sCmd.constData());
    }
    else{

    Gui::Application::Instance->macroManager()->addLine(MacroManager::App,sCmd.constData());
    Base::Interpreter().runString(sCmd.constData());        //调用解释器执行命令语句
    }
}

std::string InterpreterSingleton::runString(const char * sCmd)
{
    PyObject * module, * dict, * presult;
    PyGILStateLocker locker;
    module = PP_Load_Module("__main__");                    //启动 Python 主程序模块
    if (module == NULL)
        throw PyException();
    dict = PyModule_GetDict(module);
    if (dict == NULL)
        throw PyException();
    presult = PyRun_String(sCmd,Py_file_input,dict,dict);   //运行表达式
}
```

反射机制指在程序的运行状态中获取程序信息以及动态调用对象的功能,是动态语言的关键机制。一般而言,反射机制主要提供下列功能:

(1) 在运行时判断一个对象所述的类。

(2) 在运行时构造任意一个类的对象。

(3) 在运行时调用判断一个类所具有的成员变量与方法。

(4) 在运行时调用任意一个对象的方法。

(5) 生成动态代理。

对于本平台,用户使用过程中在运行时刻需要调用对象的方法时,需要建立相应的反射方法。相比较 C++编译型语言,Python 类的解释性语言本身具有支持其动态特性的反射机制,而无须自己手动实现,故应当将 C++定义的类封装成 Python 类,供 Python shell 调用从而实现上述功能。

Python 的反射机制的原理与上述的 Qt 的信号与槽机制原理相类似,也是通过内部建立字符串或索引表到类、实例及其方法和成员的映射关系,使用字符串键去查找和操作对象的属性与方法。Python 语句中有 4 个方法与反射相关:"hasattr(object,"member")"用于查找对象是否含有待查成员;"getattr(object,"member")"用于调用对象的成员;"setattr(object,"member",value)"用于增改对象的成员;"delattr(object,"member")"则用于删除对象的成员。

在 PyObjectBase 类中定义了 getattr()和 setattr()接口,setattr()接口代码如下:

```
int PyObjectBase::_setattr(char * attr,PyObject * value)
{
    if (streq(attr,"softspace"))
        return -1; // filter out softspace
    PyObject * w;
    // As fallback solution use Python's default method to get generic attributes
#if PY_MAJOR_VERSION >= 3
    w = PyUnicode_InternFromString(attr); // new reference
#else
    w = PyString_InternFromString(attr); // new reference
#endif
    if (w != NULL) {
        // call methods from tp_getset if defined
        int res = PyObject_GenericSetAttr(this,w,value);
        Py_DECREF(w);
        return res;
    } else {
        // Throw an exception for unknown attributes
        PyTypeObject * tp = Py_TYPE(this);
        PyErr_Format(PyExc_AttributeError," %.50s instance has no attribute '%.400s'",
tp->tp_name,attr);
        return -1;
    }
}
```

从 C++到 Python 的转换一般使用 PyObject * 代理把 C++的数据转换为 Python 的一个对象或一组对象。而在 C++中读取 Python 命令,即从 Python 到 C 的转换用 PyArg_Parse * 系列函数。常用于将 Python 传过来的参数转为 C 所需参数的方法是 PyArg_ParseTuple();int PyArg_ParseTupleAndKeywords()与 PyArg_ParseTuple()作用相同,区别在于其同时解析关键字参数。它们的用法跟 C 语言的 sscanf 函数很像,都是接收一个字符串流,并根据一个指定的格式字符串进行解析,把结果放入相应的指针所指的变量中去。在本节信号脚本系统中大量使用了 PyArg_ParseTupleAndKeywords()。

ConePy 类中 Python 命令到 C++的转化代码如下：

```
int ConePy::PyInit(PyObject* args,PyObject* kwds)
{
    char* keywords_n[] = {NULL};
    if (PyArg_ParseTupleAndKeywords(args,kwds,"",keywords_n)) {
        Handle(Geom_ConicalSurface) s = Handle(Geom_ConicalSurface)::DownCast
            (getGeometryPtr()->handle());
        s->SetRadius(1.0);
        return 0;
    }
    PyObject *pV1, *pV2;
    double radius1,radius2;
    static char* keywords_pprr[] = {"Point1","Point2","Radius1","Radius2",NULL};
    PyErr_Clear();
    if (PyArg_ParseTupleAndKeywords(args,kwds,"O!O!dd",keywords_pprr,
                                    &(Base::VectorPy::Type),&pV1,
                                    &(Base::VectorPy::Type),&pV2,
                                    &radius1,&radius2)) {
        Base::Vector3d v1 = static_cast<Base::VectorPy*>(pV1)->value();
        Base::Vector3d v2 = static_cast<Base::VectorPy*>(pV2)->value();
        GC_MakeConicalSurface mc(gp_Pnt(v1.x,v1.y,v1.z),
                                 gp_Pnt(v2.x,v2.y,v2.z),
                                 radius1,radius2);
        if (!mc.IsDone()) {
            PyErr_SetString(PartExceptionOCCError,gce_ErrorStatusText(mc.Status()));
            return -1;
        }
        Handle(Geom_ConicalSurface) cone = Handle(Geom_ConicalSurface)::DownCast
            (getGeometryPtr()->handle());
        cone->SetCone(mc.Value()->Cone());
        return 0;
    }
    ...
}
```

5.5.2.5 实例数据修改与算法调用

属性是平台内对象进行修改的最小单位。属性对象的全局信息存放在 Property-Container 共享的静态成员之中，保存了其名称、所在的组（父节点），以及类型和映射偏移量等信息,如图 5.5-10 所示。

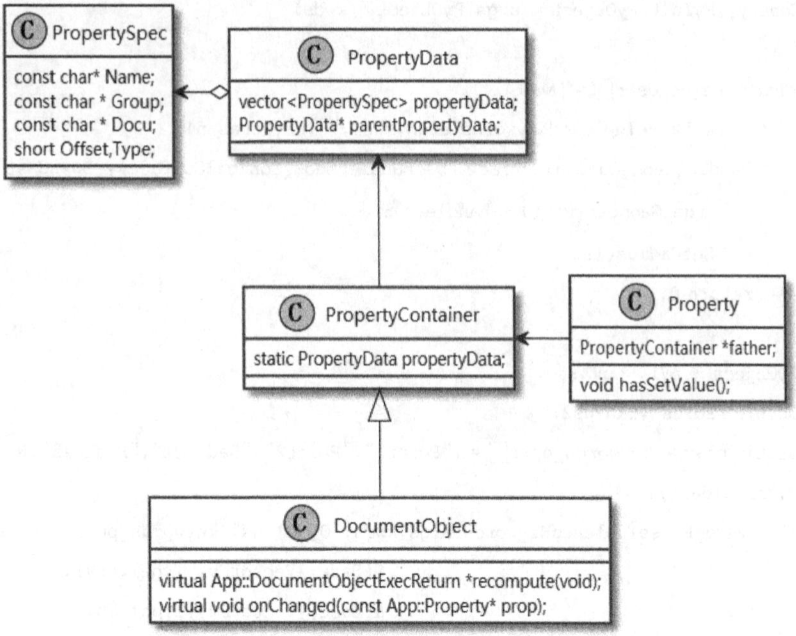

图 5.5-10 属性与物体之间的结构关系

每次属性值发生变动之后,势必会导致它所在的物体的几何特性、渲染特性等发生变化,即需要调用算法重算。

对于属性对象,其成员中有挂靠的节点指针 PropertyContainer * father,指向它所在的模型树上的父节点,当属性对象的值重新设定之后,hasSetValue()方法会调用父节点的 onChange()接口,从而调用父节点的 recompute()重算接口和 execute()算法接口,流程如图 5.5-11 所示。对于作为模型树子节点的物体对象方法类似,此处不再赘述。

图 5.5-11 重算调用流程

5.5.2.6 可视化

DocumentObject 对象的可视化,主要包括以下两个步骤:创建对应对象的 ViewProvider 对象,并且使 ViewProvider 对象与该 DocumentObject 对象相关联来获取数据;将 ViewProvider 对象添加到 ViewInventor3D 视图中进行渲染。

ViewProvider 类本质上是一个根节点,每一个物体对象都是独立的,根节点下挂有图形属性、变换等子节点。随着之后子类的继承不断添加字段用于补充所需要的各种信息,ViewProvider 类成员代码如下:

```
class GuiExport ViewProvider : public App::TransactionalObject
{
    PROPERTY_HEADER(Gui::ViewProvider);
public:
    ...
public:
    //界面操作的回调函数,提醒 ViewProvider 发生了变化
    static void eventCallback(void * ud,SoEventCallback * node);
protected:
    /// ViewProvider 的根节点,是分隔符类型
    SoSeparator * pcRoot;
    /// ViewProvider 的变换节点
    SoTransform * pcTransform;
    const char * sPixmap;
    /// ViewProvider 的显示模式切换节点
    SoSwitch     * pcModeSwitch;
    /// ViewProvider 的注释信息节点
    SoSeparator * pcAnnotation;
    ViewProviderPy * pyViewObject;
    std::string overrideMode;
    std::bitset < 32 > StatusBits;
private:
    void setModeSwitch();
    int _iActualMode;
    int _iEditMode;
    int viewOverrideMode;
    std::string _sCurrentMode;
    std::map < std::string,int > _sDisplayMaskModes;
};
```

ViewProviderPartExt 仍然使用表面网格渲染实体信息,故在几何类上增加了用于渲染和表达实体数据的表面网格数据。ViewProviderPartExt 类成员代码如下:

```
class PartGuiExport ViewProviderPartExt : public Gui::ViewProviderGeometryObject
{
    PROPERTY_HEADER(PartGui::ViewProviderPartExt);
public:
    ...
    //保存数据的 Open Inventor 节点
    SoMaterialBinding * pcFaceBind;
    SoMaterialBinding * pcLineBind;
    SoMaterialBinding * pcPointBind;
    SoMaterial         * pcLineMaterial;
```

```
    SoMaterial          * pcPointMaterial;
    SoDrawStyle        * pcLineStyle;
    SoDrawStyle        * pcPointStyle;
    SoShapeHints        * pShapeHints;

    SoCoordinate3      * coords;
    SoBrepFaceSet      * faceset;
    SoNormal            * norm;
    SoNormalBinding    * normb;
    SoBrepEdgeSet      * lineset;
    SoBrepPointSet      * nodeset;

    bool VisualTouched;
    bool NormalsFromUV;

private:
    // 参数设置
    static App::PropertyFloatConstraint::Constraints sizeRange;
    static App::PropertyFloatConstraint::Constraints tessRange;
    static App::PropertyQuantityConstraint::Constraints angDeflectionRange;
    static const char * LightingEnums[];
    static const char * DrawStyleEnums[];
};
```

ViewProviderx 渲染过程的代码如下：

```
void Document::slotNewObject(const App::DocumentObject& Obj)
{
    ViewProviderDocumentObject * pcProvider = static_cast < ViewProviderDocumentObject
* > (getViewProvider(&Obj));
    if (! pcProvider) {
        //Base::Console().Log("Document::slotNewObject() called\n");
        std::string cName = Obj.getViewProviderName();
        if (cName.empty()) {
            // handle document object with no view provider specified
            Base::Console().Log(" % s has no view provider specified\n",Obj.getTypeId
().getName());
            return;
        }
        setModified(true);
        Base::BaseClass * base = static_cast < Base::BaseClass * > (Base::Type::cre-
ateInstanceByName(cName.c_str(),true));
        if (base) {
            // type not derived from ViewProviderDocumentObject!!!
```

```
                assert(base->getTypeId().isDerivedFrom(Gui::ViewProviderDocumentObject::
getClassTypeId()));
                pcProvider = static_cast < ViewProviderDocumentObject * > (base);
                d->_ViewProviderMap[&Obj] = pcProvider;
                try {
                    // if successfully created set the right name and calculate the view
                    //FIXME: Consider to change argument of attach() to const pointer
                    pcProvider->attach(const_cast < App::DocumentObject * > (&Obj));
                    pcProvider->updateView();
                    pcProvider->setActiveMode();
                }
                catch(const Base::MemoryException& e){
                    Base::Console().Error("Memory exception in '%s' thrown: %s\n",Obj.get-
NameInDocument(),e.what());
                }
                catch(Base::Exception &e){
                    e.ReportException();
                }
    #ifndef FC_DEBUG
                catch(...){
                    Base::Console().Error("App::Document::_RecomputeFeature(): Unknown
exception in Feature \"%s\" thrown\n",Obj.getNameInDocument());
                }
    #endif
            }
            else {
                Base::Console().Warning("Gui::Document::slotNewObject() no view provider
for the object %s found\n",cName.c_str());
            }
        }
        if (pcProvider) {
            std::list < Gui::BaseView * > ::iterator vIt;
            // cycling to all views of the document
            for (vIt = d->baseViews.begin();vIt != d->baseViews.end(); ++vIt) {
                View3DInventor *activeView = dynamic_cast < View3DInventor * > (*vIt);
                if (activeView)
                    activeView->getViewer()->addViewProvider(pcProvider);
            }
            // adding to the tree
            signalNewObject(*pcProvider);
            // it is possible that a new viewprovider already claims children
            handleChildren3D(pcProvider);
        }
    }
```

5.5.3 子系统设计

5.5.3.1 模块设计概述

子系统定义了具体实现功能的库，例如在本平台中已经实现的几何设计模块(Part)、草图设计模块(Sketch)、几何造型模块(PartDesign)、几何与有限元网格求解模块(FemMesh)等。与内核中分为两个部分类似，每一个具体的模块也是分为应用库(ModuleNameApp)与用户库(ModuleNameGui)，且分别依赖于内核中的相应库。对于每一种对象，在应用库中都需要继承来自内核中的基类，并覆写定义各种操作与算法的虚函数。而在用户库内也需要连接对应的信号与槽，定义接收参数的对话框类以及相应对象的视图类，同样继承于来自内核中的基类并覆写虚函数。当软件运行时，通过鼠标、键盘等操作触发在模块用户库中定义的信号，通过内核库建立的名称字符串映射连接视图类与对象类，通过调用对象类方法生成几何数据和调用视图类方法实现渲染。

各模块库之间的依赖关系如图 5.5－12 所示。基本原则是：子系统用户库依赖于子系统应用库，而子系统应用库依赖于系统内核应用库，子系统用户库也依赖于系统内核用户库；若应用到其他子系统的对象，依赖关系则需要根据继承关系和组合关系具体问题具体分析。如图 5.5－12(a)所示的草图设计模块需要继承定义于几何设计模块的特征实体物体类，故需要增加对几何设计模块的依赖；图 5.5－12(b)所示的几何与有限元网格求解模块的网格物体仅需要依赖几何设计模块传入的几何信息，而视图类则采用多边形网格节点渲染，故不需要依赖几何设计模块的用户库。

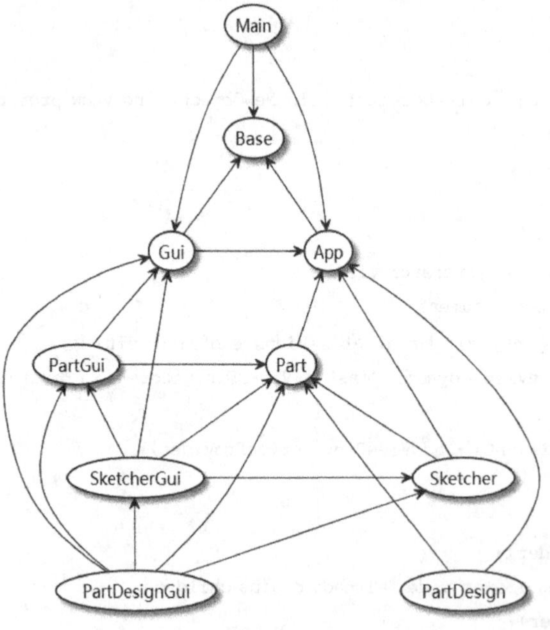

(a) 草图设计模块

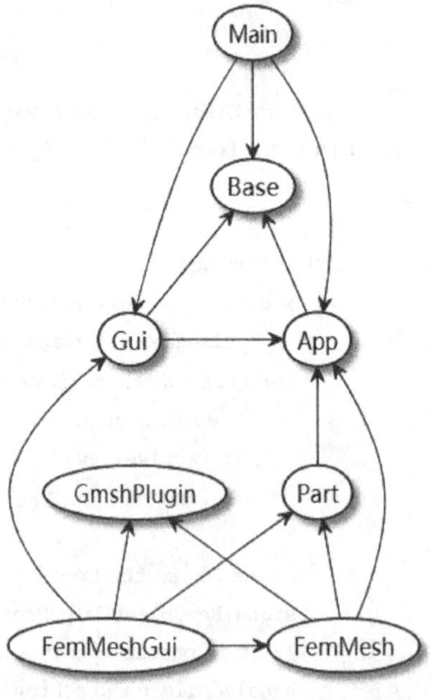

(b) 几何与有限元网格求解模块

图 5.5－12 模块库的依赖关系

5.5.3.2 子系统模块与工作台的初始化

在平台界面中，子系统的模块是通过工作台来表现的。工作台是一个具有高度相似性的界面配置，由包含着不同工具图标与选项的工具栏和菜单组合而成，用来满足对特定功能的开放和不必要功能的隐藏。

内核已经提供了供各种物体和属性在业务系统的完整接口，5.5.2节已较详细介绍过原理，用户层的工作台和底层的模块库的定义方法也是高度相同的，后续开发者可以仿照此处的定义，不再赘述。以网格求解库的初始化过程为例，网格求解应用库的初始化代码（节选）如下：

```
/* Python entry */
PyMOD_INIT_FUNC(Fem)
{
    //加载它依赖的库(本质也是类型系统的注册)
    try {
        Base::Interpreter().loadModule("Part");
    }
    catch(const Base::Exception& e) {
        PyErr_SetString(PyExc_ImportError,e.what());
        PyMOD_Return(0);
    }
    PyObject* femModule = Fem::initModule();
    Base::Console().Log("Loading Fem module... done\n");
    // 类型系统初始化,详见第5.5.2节
    // 脚本命令中增加对象 FemMeshPy
    Base::Interpreter().addType(&Fem::FemMeshPy::Type,femModule,"FemMesh");
    Fem::DocumentObject ::init();
    Fem::FeaturePython ::init();
    Fem::FemMesh ::init();
    Fem::FemMeshObject ::init();
    Fem::FemMeshObjectPython ::init();
    Fem::FemMeshShapeObject ::init();
    Fem::PropertyFemMesh ::init();
    PyMOD_Return(femModule);
}
```

继承于用户库内工作台基类的网格求解工作台代码如下：

```
class FemGuiExport Workbench : public Gui::StdWorkbenc
{
    TYPESYSTEM_HEADER();
public:
    Workbench();
    virtual ~Workbench();
```

```
    void setupContextMenu(const char * recipient,Gui::MenuItem * ) const;
protected:
    Gui::ToolBarItem * setupToolBars() const;
    Gui::MenuItem *   setupMenuBar() const;
};
```

网格求解用户库的工具栏初始化过程代码如下：

```
Gui::ToolBarItem * Workbench::setupToolBars() const
{
    Gui::ToolBarItem * root = StdWorkbench::setupToolBars();
    Gui::ToolBarItem * model = new Gui::ToolBarItem(root);
    Gui::ToolBarItem * mesh = new Gui::ToolBarItem(root);
    mesh ->setCommand("Mesh");
    //重载运算符 << 用于将上述命令添加到工具条中
    * mesh << "FEM_MeshGmshFromShape";
    return root;
}
```

5.5.3.3 模块内物体的设计

以网格物体相关类的设计(见表 5.5-3 和图 5.5-13)为例。网格数据结构在网格对象内应只开放读接口而封闭写接口，需要适配器类 FemMesh 封装，与用于剖分网格的参数以及用于剖分的 OCCT 拓扑类几何实体同级，以属性类 FemProperty 形式挂在网格物体数据类 FemMeshObject 下；网格物体的视图类 ViewProviderMesh 依赖于底层的 FemMeshObject，接收它提供的参数 FemMeshProperty；其内嵌类 ViewProviderMesh 是网格对象的渲染类，通过 BuildMesh()方法对 OpenInventor 节点进行操作写入网格数据。TaskDlg 将真实的对话框 TaskBox 封装了一层，定义了操作对话框的命令，单击“Ok”按钮后将 TaskBox 中的数据写入 Object 内，调用网格求解算法获得网格数据，并传入 Object 内。

表 5.5-3　网格求解相关类

类	功　能
FemMesh	网格数据结构的封装
FemMeshProperty	网格几何拓扑信息作为属性节点挂在网格物体上
FemMeshObject	文档内的网格物体
ViewProviderMeshBuilder	网格数据渲染算法类
ViewProviderMesh	网格物体配套的视图类
TaskDialog	连接网格参数对话框、网格物体、网格数据结构、网格物体视图类的命令类
TaskBox	网格参数对话框

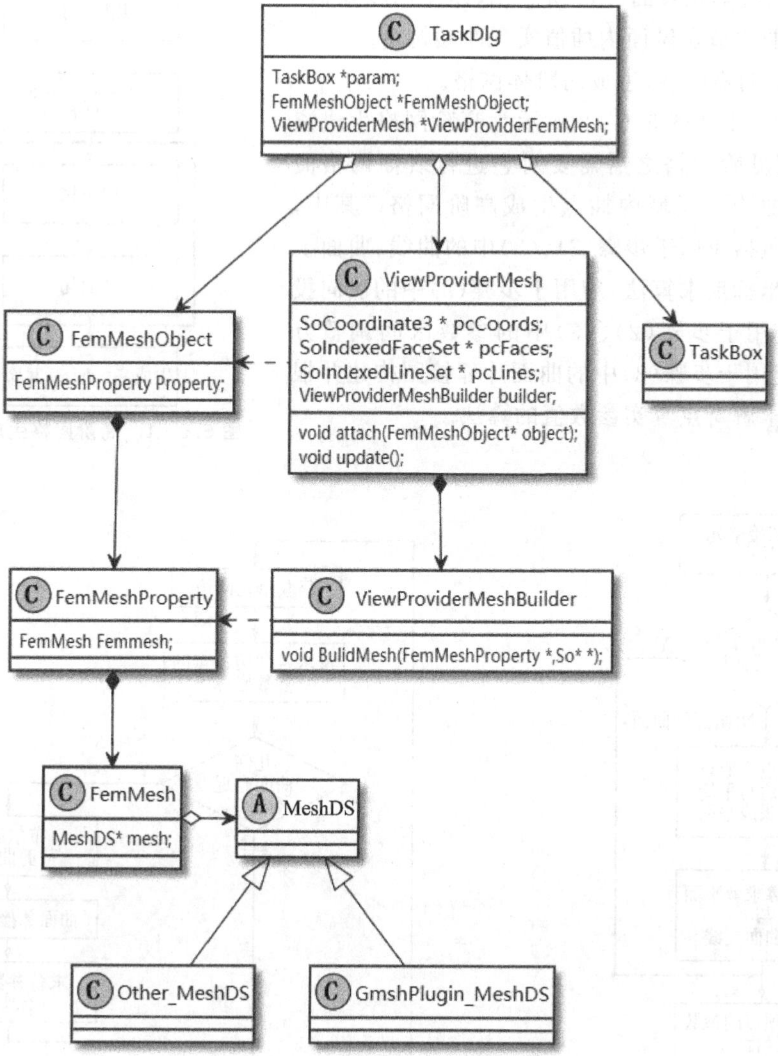

图 5.5-13 网格物体相关类的设计

5.6 高阶网格生成方法

本节介绍基于 Open CASCADE 高级建模功能与底层数学算法实现的高阶网格生成"间接法"流程，该流程主要包含以下四个步骤：

(1) 使用开源网格求解器，生成低阶直边网格。

(2) 低阶单元表面网格曲边化，即借助原始曲面几何信息和(1)中获得的单元拓扑信息构造表面单元的曲边。

(3) 低阶单元表面网格曲面化,即使用步骤(1)中获得的曲边节点做面内插值实现曲面构造。

(4) 面网格组装,生成高阶体网格。

图5.6-1和图5.6-2所示为高阶网格生成流程,在获得低阶网格之后需要对它进行表面网格曲边化以及曲边单元域内插点生成高阶网格。其中,关键算法包括应用于步骤(2)、(3)中的曲线、曲面上点的参数坐标反求算法,应用于步骤(2)中的法向投影算法,应用于步骤(2)、(3)中的参数区间调整方法,以及应用于步骤(3)中的曲面片邻接图构建并根据邻接图求解奇点真实参数值的算法。

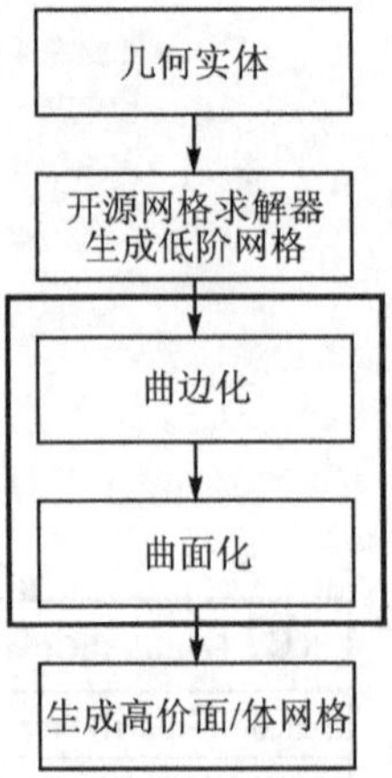

图 5.6-1　高阶网格生成流程

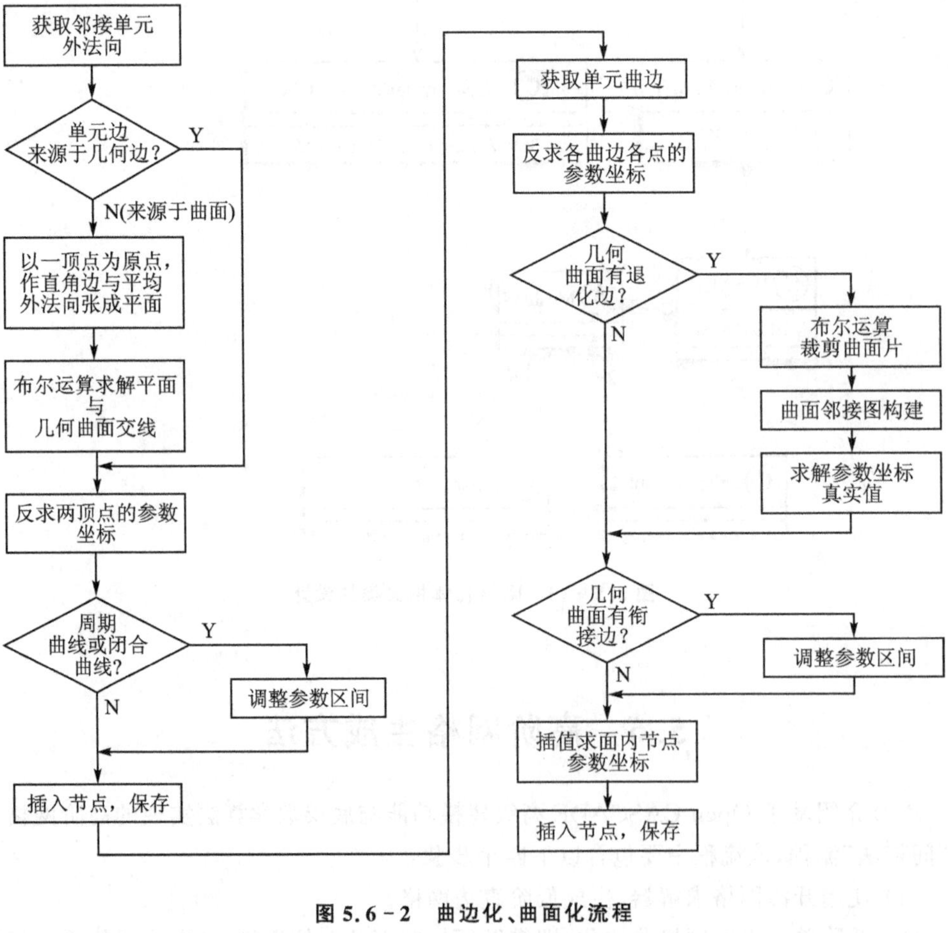

图 5.6-2　曲边化、曲面化流程

5.6.1 高阶网格求解类

高阶网格求解类包含两个类：GmshPlugin_Mesher 与 GmshPlugin_MeshDS，如图 5.6-3 所示。GmshPlugin_Mesher 用于将开源网格求解器 Gmsh 封装入平台的数据层，提供相应方法用于外部调用 Gmsh 并提供网格剖分所需要的参数，读取 Gmsh 的网格数据文件“.msh”并保存入高阶网格数据结构 GmshPlugin_MeshDS 实例中。GmshPlugin_MeshDS 中提供了用于生成高阶网格的算法，作为 Fem 模块中的网格类 FemMeshObject 的成员封装成网格对象，从而使高阶网格数据为内核所使用、保存和渲染等。

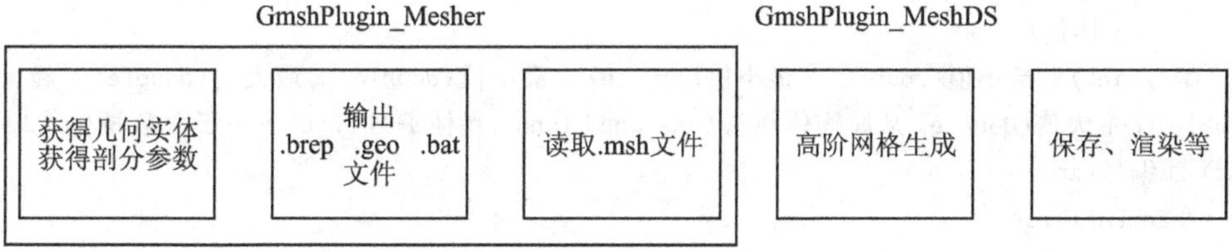

图 5.6-3 高阶网格求解类 GmshPlugin_Mesher 与 GmshPlugin_MeshDS

5.6.1.1 “.msh”文件格式

“.msh”文件是 Gmsh 输出网格信息文件，该文件提供了剖分实体的最基本几何信息、节点的空间坐标和网格的拓扑结构，可以大致分为按照下述顺序组织的 4～5 个段，其中带有 < > 的表示可选数据，其余为必需数据：

(1) 标志段：用于标志文件的版本，使用 ASCII 格式或是二进制格式，在本平台中均采用 V4 版本和 ASCII 格式。

```
$MeshFormat
    版本号(ASCII double 4.0)   格式类型(ASCII int; 0 表示二进制文件)
$EndMeshFormat
```

(2) 物体段：用于对几何实体进行归类分组。

```
< $PhysicalNames >
    物体数(ASCII int)(每一行表示一个物体，下同)
    维度(ASCII int)编号(ASCII int)      物体名称(char[] 最大 127 字)
    ……
< $EndPhysicalNames >
```

(3) 几何实体段：记录几何实体的维数、编号和拓扑结构。

```
$Entities
顶点数 边数 面数 体数(均为 unsigned long 类型)
    // 顶点信息
    编号(int) X 坐标(double) Y 坐标(double) Z 坐标(double) 从属物体数量(unsigned long)
物体编号(int) ……
```

```
    ……
    // 边信息
  编号(int) X最小值(double) Y最小值(double) Z最小值(double) X最大值(double) Y最大值(double) Z最大值(double) 从属物体数量(unsigned long) 物体编号(int)……子顶点数量(unsigned long) 顶点编号(int)……
    ……
    // 面信息
  编号(int) X最小值(double) Y最小值(double) Z最小值(double) X最大值(double) Y最大值(double) Z最大值(double) 从属物体数量(unsigned long) 物体编号(int)……子边数量(unsigned long) 边编号(int)……
    ……
    // 体信息
  编号(int) X最小值(double) Y最小值(double) Z最小值(double) X最大值(double) Y最大值(double) Z最大值(double) 从属物体数量(unsigned long) 物体编号(int)……子面数量(unsigned long) 面编号(int)……
$ EndEntities
```

(4) 节点信息段:记录节点信息,包括几何实体来源、编号和空间坐标。

```
$ Nodes
    几何实体总数(unsigned long) 节点总数(unsigned long)
    几何实体编号(int) 维数(int) 参数化表示标志(int) 产生节点数(unsigned long)
        编号(int) x(double) y(double) z(double) < u(double 参数化表示曲面上点) > < v(double 参数化表示曲面上点) >
        ……
    ……
$ EndNodes
```

(5) 单元信息段:记录单元信息,包括几何实体来源、编号和拓扑结构。

```
$ Elements
    几何实体总数(unsigned long) 单元总数(unsigned long)
    几何实体编号(int) 维数(int) 单元类型(int) 单元数(unsigned long)
        单元编号(int) 节点编号(int)……
        ……
    ……
$ EndElements
```

5.6.1.2 高阶网格数据结构

网格数据结构的建立和选择一般从两个方面考虑。一方面是拓扑需求,即需要表示什么样的网格:是二维流形还是其他更复杂的网格;是单纯的三角形网格,或者其他任意的多边形网格;是否需要给当前的网格连接上其他的网格。另一方面是算法需求,即对于这套网格需要使用什么样的算法:仅是简单的渲染还是需要频繁重复地访问点、边、面;是静态网格还是动态网格;对于网格是否需要附加一些其他的属性等。

由 5.6.1.1 节可知,低阶网格所采用的索引单元集数据结构仅包含节点-单元两层拓扑结构,这样的网格结构简单、占用空间小,对于静态渲染比较高效,所以在大量的文件“.off”“.obj”“.vrml”等)中得以应用。然而对于进行曲边化获得曲边上节点和曲面化获得内部节点,信息的保存和调用将会十分困难。为尽量防止重复访问,故在此需要引入边与面两层结构。

GmshPlugin_Mesher 读取“.msh”文件后将数据存入其成员 GmshPlugin_MeshDS 中,由低阶网格数据及剖分实体的几何信息可以获得表 5.6-1～表 5.6-5 所列的数据成员。

表 5.6-1 class GmshPlugin_MeshDS 中低阶网格数据成员

数据成员	功 能
int eleOrder	单元维度:2—二维;3—三维
TopTools_IndexedMapOfShape vertexIndexMap	OCC 类零维几何实体与编号的双向映射
TopTools_IndexedMapOfShape edgeIndexMap	OCC 类一维几何实体与编号的双向映射
TopTools_IndexedMapOfShape faceIndexMap	OCC 类二维几何实体与编号的双向映射
TopTools_IndexedMapOfShape solidIndexMap	OCC 类三维几何实体与编号的双向映射
map < int,Node > nodeList	节点编号到节点的映射
map < int, Face > faceList	表面单元编号到单元的映射
map < int, Element > eleList	三维单元编号到单元的映射
array < map < int,set < int > > ,3 > entitiesToFullNodes	保存某几何实体产生的所有低阶单元节点,几何实体编号方式为[维数][编号]

表 5.6-2 struct Side 数据成员

数据成员	功 能
int first	边起点编号
int last	边终点编号
int entityDim	来源几何实体的维数:表面边:1—来源于几何边,2—来源于几何面;内部边:3—来源于几何体
vector < int > attachFace	通过该边相连的两个表面单元:仅对于表面边有效;对于内部边,该成员为空
vector < Node > nodeOnSize	边上的节点数组

表 5.6-3 struct Face 数据成员

数据成员	功 能
int first	面 1 号结点编号
Int second	面 2 号结点编号
int third	面 3 号结点编号
Normal normal	面外法向:仅对表面单元有效;对于内部面元,该成员为空
vector < Node > nodeOnFace	面上的节点数组

表 5.6-4 struct Element 数据成员

数据成员	功 能
int type	单元类型
vector < int > nodeArray	原始低阶单元节点
vector < Node > nodeOnFace	高阶单元节点

表 5.6-5 class GmshPlugin_MeshDS 新增数据成员

数据成员	功 能
map < int,Face > faceList	表面单元编号到单元的映射
map < int,Face > innerFaceList	内部面元编号到单元的映射
map < vector < int >,int > faceMapping	顶点序列到面元的映射

5.6.2 曲边化算法

在 5.6.1 节中提到,表面单元直边分为来源于几何边与几何面两种。对于来源于几何边的表面边,其原始曲线是已知的,可以直接提取使用。而来源于几何面的直边可以使用两种方式进行曲边的求解:直边在源曲面上进行投影获得投影曲线用于构造曲边;直边所在曲面和直边与单元给定法向所张成的平面求交,获得交线用于构造曲边。

由于布尔运算的冗余操作和稳定性较差,且对于两点路径没有要求,因此在迭代更新过程中尝试将求交步骤更换为法向投影算法,以期望获得更好的求解效率。

5.6.2.1 求交法曲线提取

本节提取曲线的方法之一为采用原始曲面与平面求交获得投影曲线,如图 5.6-4 所示。考虑到所产生的曲边要兼顾在它所连接的两个表面单元的几何特性不至于过于畸形,拟使用原直边与平均法向张成的平面作为求交平面。通过观察总结,原始低阶表面网格的拓扑满足绕曲面的外法向呈逆时针顺序排列,故平均法向可以由三点的有向面积轻松构造出来。

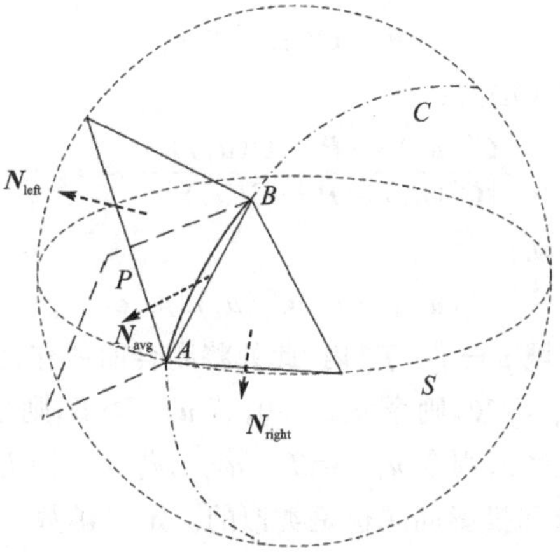

图 5.6-4 原始曲面与构造平面相交得到投影曲线

在图 5.6-4 中,有

$$N_{avg} = \frac{N_{left} + N_{right}}{2}$$

$$P(u,v) = uN_{avg} + v(B - A)$$

$$C = P \cap S$$

5.6.2.2 参数反求

给定一个点 $P=(x,y,z)$,假设它在 NURBS 曲线 $C(u)$ 上,求对应的参数 u_p,使得 $C(u_p)=P$,这个问题称为曲线上点的反求。

本小节中采取的反求算法为:利用牛顿迭代法来最小化待求点 P 到曲线 $C(u)$ 的距离,即一般的点在曲线上的投影问题。利用 NURBS 曲线的凸包性确定点 P 可能落在的候选段,并在段上选取若干个等参数距离的候选点 $P_i(u_i)$,选择距离 $|P-P_i|$ 最近的点为迭代初值 u_0,若求解的最小值满足精度要求则求解完成。

定义函数

$$f(u) = C'(u) \cdot (C(u) - P)$$

当 $f(u)=0$ 时,点 P 到曲线 $C(u)$ 的距离最小。用 u_i 表示第 i 次迭代所得到的参数值,则有

$$u_{i+1} = u_i - \frac{C'(u_i) \cdot (C(u_i) - P)}{C''(u_i) \cdot (C(u_i) - P) + |C'(u_i)|^2}$$

利用两个容差来判断函数是否收敛:

(1) ε_1:两点的空间距离;

(2) ε_2:$C(u)-P$ 与 $C'(u)$ 之间的余弦值 $\dfrac{C'(u) \cdot (C(u)-P)}{|C'(u)||(C(u)-P)|}$。

收敛准则如下:

(1) 点是否重合：

$$|\boldsymbol{P}-\boldsymbol{C}(u_i)|\leqslant\varepsilon_1$$

(2) 投影线是否在曲线法向：

$$\frac{|\boldsymbol{C}'(u_i)\cdot(\boldsymbol{P}-\boldsymbol{C}(u_i))|}{|\boldsymbol{C}'(u_i)||\boldsymbol{P}-\boldsymbol{C}(u_i)|}\leqslant\varepsilon_2$$

(3) 点在曲线上不移动：

$$|(u_{i+1}-u_i)\boldsymbol{C}'(u_i)|\leqslant\varepsilon_1$$

(4) 保证参数在定义域 $u\in[0,T]$ 内，此处将闭合曲线作为周期曲线考虑：

- 曲线非闭合：若 $u_{i+1}<0$，则令 $u_{i+1}=0$；若 $u_{i+1}>T$，则令 $u_{i+1}=T$。
- 曲线闭合：若 $u_{i+1}<0$，则令 $u_{i+1}=T-u_{i+1}$；若 $u_{i+1}>T$，则令 $u_{i+1}=u_{i+1}-T$。

对于曲面上点的反求和投影问题也是类似的。定义函数

$$\boldsymbol{F}(u,v)=-\begin{bmatrix}f(u,v)\\g(u,v)\end{bmatrix}=-\begin{bmatrix}\boldsymbol{S}_u(u,v)\cdot(\boldsymbol{S}(u,v)-\boldsymbol{P})\\\boldsymbol{S}_v(u,v)\cdot(\boldsymbol{S}(u,v)-\boldsymbol{P})\end{bmatrix}$$

雅可比矩阵

$$\boldsymbol{J}=\begin{bmatrix}f_u & f_v\\g_u & g_v\end{bmatrix}=\begin{bmatrix}|\boldsymbol{S}_u|^2+(\boldsymbol{S}-\boldsymbol{P})\cdot\boldsymbol{S}_{uu} & \boldsymbol{S}_u\cdot\boldsymbol{S}_v+(\boldsymbol{S}-\boldsymbol{P})\cdot\boldsymbol{S}_{uv}\\\boldsymbol{S}_u\cdot\boldsymbol{S}_v+(\boldsymbol{S}-\boldsymbol{P})\cdot\boldsymbol{S}_{uv} & |\boldsymbol{S}_v|^2+(\boldsymbol{S}-\boldsymbol{P})\cdot\boldsymbol{S}_{vv}\end{bmatrix}$$

令 $\boldsymbol{x}_i=[u_i,v_i]^{\mathrm{T}}$，$\boldsymbol{\delta}_i=\boldsymbol{x}_{i+1}-\boldsymbol{x}_i$，有

$$\boldsymbol{J}_i\boldsymbol{\delta}_i=\boldsymbol{F}_i$$

收敛准则如下：

(1) 点是否重合：

$$|\boldsymbol{P}-\boldsymbol{S}(u_i,v_i)|\leqslant\varepsilon_1$$

(2) 投影线是否在曲面法向：

$$\frac{|\boldsymbol{S}_u\cdot(\boldsymbol{P}-\boldsymbol{S})|}{|\boldsymbol{S}_u||\boldsymbol{P}-\boldsymbol{S}|}\leqslant\varepsilon_2,\quad\frac{|\boldsymbol{S}_v\cdot(\boldsymbol{P}-\boldsymbol{S})|}{|\boldsymbol{S}_v||\boldsymbol{P}-\boldsymbol{S}|}\leqslant\varepsilon_2$$

(3) 点在曲面上不移动：

$$|(u_{i+1}-u_i)\boldsymbol{S}_u(u_i,v_i)+(v_{i+1}-v_i)\boldsymbol{S}_v(u_i,v_i)|\leqslant\varepsilon_1$$

(4) 保证参数在定义域 $(u,v)\in[0,T_u]\times[0,T_v]$ 内，此处将闭合曲面作为周期曲面考虑：

- 曲面在 u 方向非闭合：若 $u_{i+1}<0$，则令 $u_{i+1}=0$；若 $u_{i+1}>T_u$，则令 $u_{i+1}=T_u$。
- 曲面在 u 方向闭合：若 $u_{i+1}<0$，则令 $u_{i+1}=T_u-u_{i+1}$；若 $u_{i+1}>T_u$，则令 $u_{i+1}=u_{i+1}-T_u$。
- 曲面在 v 方向非闭合：若 $v_{i+1}<0$，则令 $v_{i+1}=0$；若 $v_{i+1}>T_v$，则令 $v_{i+1}=T_v$。
- 曲面在 v 方向闭合：若 $v_{i+1}<0$，则令 $v_{i+1}=T_v-v_{i+1}$；若 $v_{i+1}>T_v$，则令 $v_{i+1}=v_{i+1}-T_v$。

5.6.2.3 法向投影算法

给定空间中的参数曲线 $\boldsymbol{C}(t)$ 和参数曲面 $\boldsymbol{S}(u,v)$，对 $\boldsymbol{C}(t)$ 上的任意一点 $\boldsymbol{p}$ 都有

$\boldsymbol{S}(u,v)$上的投影点 $\boldsymbol{q}$，若向量 $\boldsymbol{pq}$ 在点 $\boldsymbol{q}$ 处垂直于 $\boldsymbol{S}(u,v)$，即满足

$$\begin{cases} \boldsymbol{S}_u \cdot \boldsymbol{pq} = 0 \\ \boldsymbol{S}_v \cdot \boldsymbol{pq} = 0 \end{cases}$$

则称点 $\boldsymbol{q}$ 为点 $\boldsymbol{p}$ 在曲面 $S(u,v)$上的法向投影点。当点 $\boldsymbol{p}$ 在曲线上移动时，对应的点 $\boldsymbol{q}$ 构成的点列为一条曲线，称之为法向投影曲线。

对于法向投影点，显然满足条件：

$$\begin{cases} \boldsymbol{S}_u \cdot \boldsymbol{pq} = \dfrac{\mathrm{d}\,\|\boldsymbol{pq}\|}{2\mathrm{d}u} = 0 \\ \boldsymbol{S}_v \cdot \boldsymbol{pq} = \dfrac{\mathrm{d}\,\|\boldsymbol{pq}\|}{2\mathrm{d}v} = 0 \end{cases}$$

即每一个法向投影点都是曲面局部上距离曲线上点最近的点。但若仅直接使用该条件来确定求解点列，由于初值的影响可能会得到非所求的“错误”点，如图 5.6－5 所示。

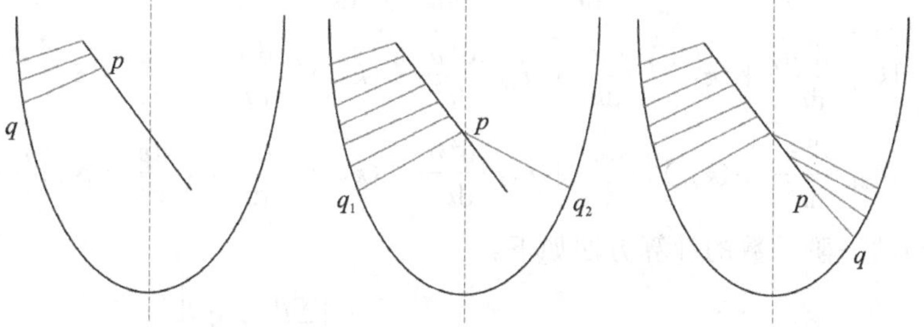

图 5.6－5 仅使用非迭代方法求解法向投影可能遇到的错误情况

而真实点列应该考虑之前点的影响，从而求解“正确”的局部最优点，如图 5.6－6 所示。

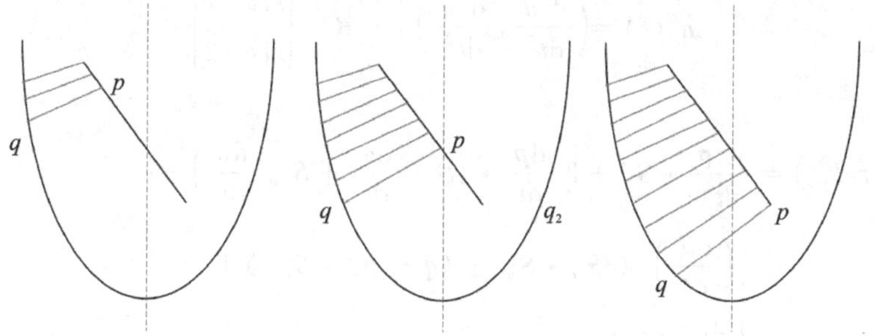

图 5.6－6 使用迭代方法求解的正确法向投影线

本小节中采用的法向投影算法包含以下四个步骤：

1. 选取起始值点

在本小节的使用场景中，待投影直边的两个端点都落在曲面上，必为“正确”点，故可以随意使用某一端点作为计算的起始值点。

2. 计算法向投影的微分方程组

根据前文中相关点的定义,法向投影张量的定义为

$$\boldsymbol{K}=\begin{bmatrix}k_{11} & k_{12}\\ k_{21} & k_{22}\end{bmatrix}$$

$$\begin{cases}k_{11}=\boldsymbol{S}_u\cdot\boldsymbol{S}_u+(\boldsymbol{q}-\boldsymbol{p})\cdot\boldsymbol{S}_{uu}\\ k_{12}=\boldsymbol{S}_u\cdot\boldsymbol{S}_v+(\boldsymbol{q}-\boldsymbol{p})\cdot\boldsymbol{S}_{uv}\\ k_{21}=\boldsymbol{S}_v\cdot\boldsymbol{S}_u+(\boldsymbol{q}-\boldsymbol{p})\cdot S_{vu}\\ k_{22}=\boldsymbol{S}_v\cdot\boldsymbol{S}_v+(\boldsymbol{q}-\boldsymbol{p})\cdot\boldsymbol{S}_{vv}\end{cases}$$

对于法向投影,当待投影曲线不经过曲面的主曲率中心时,满足

$$\begin{cases}k_{11}\dfrac{\mathrm{d}u}{\mathrm{d}t}+k_{12}\dfrac{\mathrm{d}v}{\mathrm{d}t}=\dfrac{\mathrm{d}\boldsymbol{p}}{\mathrm{d}t}\cdot\boldsymbol{S}_u\\ k_{21}\dfrac{\mathrm{d}u}{\mathrm{d}t}+k_{22}\dfrac{\mathrm{d}v}{\mathrm{d}t}=\dfrac{\mathrm{d}\boldsymbol{p}}{\mathrm{d}t}\cdot\boldsymbol{S}_v\end{cases}$$

$$\begin{cases}k_{11}\dfrac{\mathrm{d}^2u}{\mathrm{d}t^2}+(k_{11})'\dfrac{\mathrm{d}u}{\mathrm{d}t}+k_{12}\dfrac{\mathrm{d}^2v}{\mathrm{d}t^2}+(k_{12})'\dfrac{\mathrm{d}v}{\mathrm{d}t}=\left(\dfrac{\mathrm{d}\boldsymbol{p}}{\mathrm{d}t}\cdot\boldsymbol{S}_u\right)'\\ k_{21}\dfrac{\mathrm{d}^2u}{\mathrm{d}t^2}+(k_{21})'\dfrac{\mathrm{d}u}{\mathrm{d}t}+k_{22}\dfrac{\mathrm{d}^2v}{\mathrm{d}t^2}+(k_{22})'\dfrac{\mathrm{d}v}{\mathrm{d}t}=\left(\dfrac{\mathrm{d}\boldsymbol{p}}{\mathrm{d}t}\cdot\boldsymbol{S}_v\right)'\end{cases}$$

导出的 $\boldsymbol{q}(t)$ 的一阶导数的计算方法如下:

$$\boldsymbol{q}'(t)=\left(\frac{\mathrm{d}u}{\mathrm{d}t},\frac{\mathrm{d}v}{\mathrm{d}t}\right)^{\mathrm{T}}=\boldsymbol{K}^{-1}\cdot\begin{bmatrix}\dfrac{\mathrm{d}\boldsymbol{p}}{\mathrm{d}t}\cdot\boldsymbol{S}_u\\ \dfrac{\mathrm{d}\boldsymbol{p}}{\mathrm{d}t}\cdot\boldsymbol{S}_v\end{bmatrix}$$

导出的 $\boldsymbol{q}(t)$ 的二阶导数的计算方法如下:

$$\boldsymbol{q}''(t)=\left(\frac{\mathrm{d}^2u}{\mathrm{d}t^2},\frac{\mathrm{d}^2v}{\mathrm{d}t^2}\right)^{\mathrm{T}}=\boldsymbol{K}^{-1}\begin{bmatrix}rel\_1\\ rel\_2\end{bmatrix}$$

其中

$$\begin{aligned}rel\_1=&\frac{\mathrm{d}^2\boldsymbol{p}}{\mathrm{d}t^2}\cdot\boldsymbol{S}_u+2\frac{\mathrm{d}\boldsymbol{p}}{\mathrm{d}t}\cdot\left(\boldsymbol{S}_{uu}\frac{\mathrm{d}u}{\mathrm{d}t}+\boldsymbol{S}_{uv}\frac{\mathrm{d}v}{\mathrm{d}t}\right)-\\ &\left(\left(\frac{\mathrm{d}u}{\mathrm{d}t}\right)^2(3\boldsymbol{S}_u\cdot\boldsymbol{S}_{uu}+(\boldsymbol{q}-\boldsymbol{p})\cdot\boldsymbol{S}_{uuu})+\right.\\ &\left(\frac{\mathrm{d}u}{\mathrm{d}t}\frac{\mathrm{d}v}{\mathrm{d}t}\right)(4\boldsymbol{S}_u\cdot\boldsymbol{S}_{uv}+2\boldsymbol{S}_v\cdot\boldsymbol{S}_{uu}+2(\boldsymbol{q}-\boldsymbol{p})\cdot\boldsymbol{S}_{uuv})+\\ &\left.\left(\frac{\mathrm{d}v}{\mathrm{d}t}\right)^2(2\boldsymbol{S}_v\cdot\boldsymbol{S}_{uv}+\boldsymbol{S}_u\cdot\boldsymbol{S}_{vv}+(\boldsymbol{q}-\boldsymbol{p})\cdot\boldsymbol{S}_{uvv})\right)\end{aligned}$$

$$\begin{aligned}rel\_2=&\frac{\mathrm{d}^2\boldsymbol{p}}{\mathrm{d}t^2}\cdot\boldsymbol{S}_v+2\frac{\mathrm{d}\boldsymbol{p}}{\mathrm{d}t}\cdot\left(\boldsymbol{S}_{vu}\frac{\mathrm{d}u}{\mathrm{d}t}+\boldsymbol{S}_{vv}\frac{\mathrm{d}v}{\mathrm{d}t}\right)-\\ &\left(\left(\frac{\mathrm{d}v}{\mathrm{d}t}\right)^2(3S_v\cdot\boldsymbol{S}_{vv}+(\boldsymbol{q}-\boldsymbol{p})\cdot\boldsymbol{S}_{vvv})+\right.\end{aligned}$$

$$\left(\frac{\mathrm{d}u}{\mathrm{d}t}\frac{\mathrm{d}v}{\mathrm{d}t}\right)(4\boldsymbol{S}_v\cdot\boldsymbol{S}_{vu}+2\boldsymbol{S}_u\cdot\boldsymbol{S}_{vv}+2(\boldsymbol{q}-\boldsymbol{p})\cdot\boldsymbol{S}_{vvu})+$$
$$\left(\frac{\mathrm{d}u}{\mathrm{d}t}\right)^2(2\boldsymbol{S}_v\cdot\boldsymbol{S}_{uu}+\boldsymbol{S}_u\cdot\boldsymbol{S}_{vu}+(\boldsymbol{q}-\boldsymbol{p})\cdot\boldsymbol{S}_{vuu})\Big)$$

3. 追踪下一个投影点

由泰勒公式可得：

$$q(t_0+\Delta t)=q(t_0)+q'(t_0)\Delta t+o(\Delta t)=$$
$$q(t_0)+q'(t_0)\Delta t+\frac{q''(t_0)\Delta t^2}{2}+o(\Delta t^2)$$

在此处考虑到之后还需要做精细化处理，且兼顾计算效率和编程效率，故采用二阶泰勒展开式所求的结果作为下一个投影点。

4. 精细化

一般通过追踪得到的估计点位置与真实点不会重合，同样利用牛顿迭代法来精细化投影点的位置，即一般的点在曲线上的投影问题。若求解的误差满足精度要求则认为求解完成。

$$\begin{cases}f(u,v)=((\boldsymbol{S}(u,v)-\boldsymbol{p}))\cdot\boldsymbol{S}_u(u,v)=r\cdot\boldsymbol{S}_u(u,v)\\ g(u,v)=((\boldsymbol{S}(u,v)-\boldsymbol{p}))\cdot\boldsymbol{S}_v(u,v)=r\cdot\boldsymbol{S}_v(u,v)\end{cases}$$

此处定义误差为待投影点 $\boldsymbol{p}$ 到目前求得的投影点 $\boldsymbol{S}(u,v)$ 的空间距离：

$$\varepsilon=\frac{||\boldsymbol{S}_u(u,v)\times\boldsymbol{S}_u(u,v)\times(\boldsymbol{S}(u,v)-\boldsymbol{p})||}{||\boldsymbol{S}_u(u,v)\times\boldsymbol{S}_u(u,v)||\,||\boldsymbol{S}(u,v)-\boldsymbol{p}||}$$

收敛准则同样可以采用参数反求时的收敛准则：

(1) 点是否重合：

$$|\boldsymbol{P}-\boldsymbol{S}(u_i,v_i)|\leqslant\varepsilon$$

(2) 投影线是否在曲面法向：

$$\frac{|\boldsymbol{S}_u\cdot(\boldsymbol{p}-\boldsymbol{S})|}{|\boldsymbol{S}_u||\boldsymbol{p}-\boldsymbol{S}|}\leqslant\varepsilon,\quad\frac{|\boldsymbol{S}_v\cdot(\boldsymbol{p}-\boldsymbol{S})|}{|\boldsymbol{S}_v||\boldsymbol{p}-\boldsymbol{S}|}\leqslant\varepsilon$$

(3) 点在曲面上不移动：

$$|(u_{i+1}-u_i)\boldsymbol{S}_u(u_i,v_i)+(v_{i+1}-v_i)\boldsymbol{S}_v(u_i,v_i)|\leqslant\varepsilon$$

(4) 保证参数在定义域 $(u,v)\in[0,T_u]\times[0,T_v]$ 内，此处将闭合曲面作为周期曲面考虑：

- 曲面在 u 方向非闭合：若 $u_{i+1}<0$，则令 $u_{i+1}=0$；若 $u_{i+1}>T_u$，则令 $u_{i+1}=T_u$。
- 曲面在 u 方向闭合：若 $u_{i+1}<0$，则令 $u_{i+1}=T_u-u_{i+1}$；若 $u_{i+1}>T_u$，则令 $u_{i+1}=u_{i+1}-T_u$。
- 曲面在 v 方向非闭合：若 $v_{i+1}<0$，则令 $v_{i+1}=0$；若 $v_{i+1}>T_v$，则令 $v_{i+1}=T_v$。
- 曲面在 v 方向闭合：若 $v_{i+1}<0$，则令 $v_{i+1}=T_v-v_{i+1}$；若 $v_{i+1}>T_v$，则令 $v_{i+1}=v_{i+1}-T_v$。

5.6.2.4 参数区间调整与插点

由 5.6.2.2 节参数反求的闭合曲线情况可知，上述方法反求的参数值必定是落在

首个周期 $[0,T]$ 内的。对于真实首末参数值跨周期(即 $u_{begin}<t,u_{end}>t$)的情形,则可能需要调整参数区间,如图 5.6-7 所示。

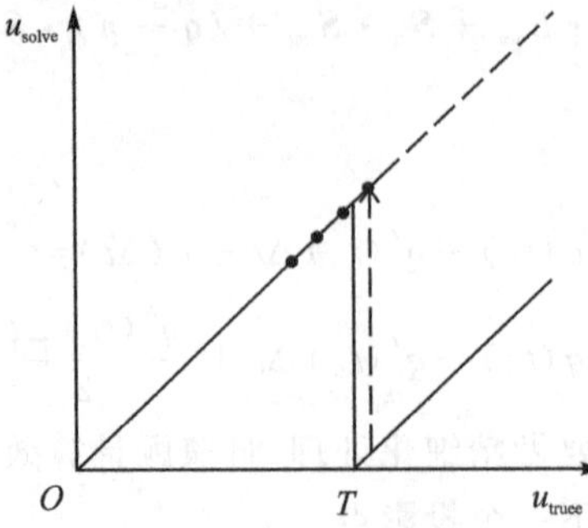

图 5.6-7　真实首末参数值跨周期情况的参数区间调整

参数区间调整的步骤如下:

(1) 选取两顶点连线中点 M 与几何实体 S 做求交运算,若结果为空则可认为该曲边为凹曲线,反之则认为该曲边为凸曲线。

(2) 求解曲线参数域中点 T,并与曲面片外法向 $\boldsymbol{n}$ 求积。

综合(1)、(2),可能结果如图 5.6-8 所示。

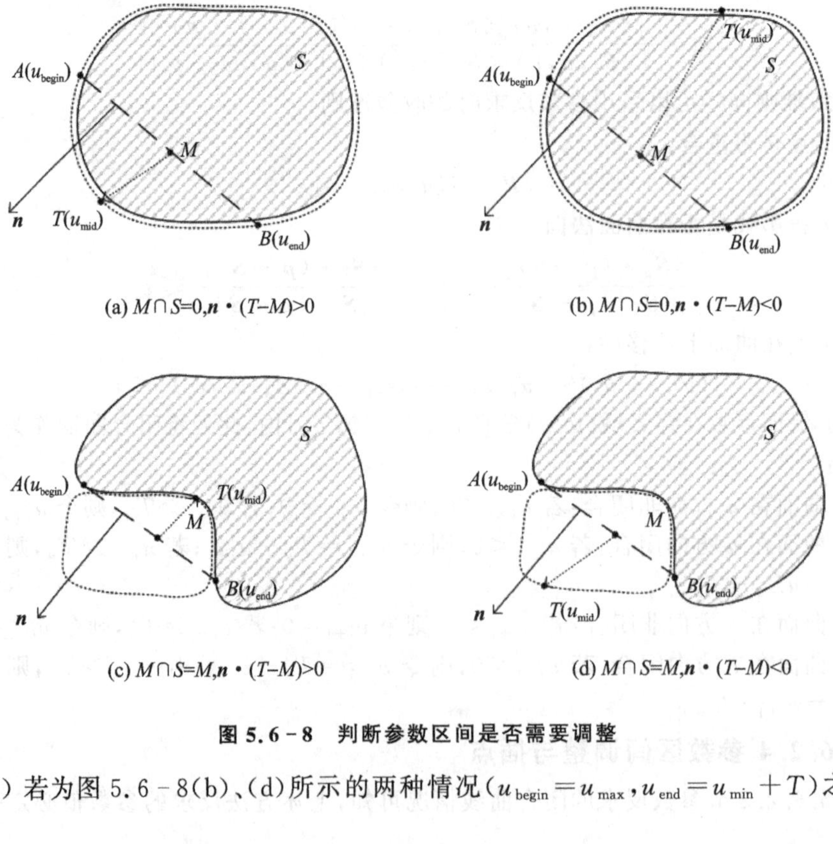

图 5.6-8　判断参数区间是否需要调整

(3) 若为图 5.6-8(b)、(d)所示的两种情况($u_{begin}=u_{max},u_{end}=u_{min}+T$)之一,则

认为 u 需要进行区间调整，否则($u_{begin}=u_{min}, u_{end}=u_{max}$)认为 u 不需要进行区间调整。

(4) 在区间$[u_{begin}, u_{end}]$上撒参数点，求解各参数点的空间坐标。

5.6.3 曲面化算法

5.6.3.1 几何映射

图 5.6-9 所示的曲边三角形单元的三条边的编号依次为 S_1、S_2、S_3，设三条曲边对应的参数曲线为

$$\begin{cases} u=u_1(\xi), & v=v_1(\xi), & 0\leqslant\xi\leqslant 1 \\ u=u_2(\eta), & v=v_2(\eta), & 0\leqslant\eta\leqslant 1 \\ u=u_3(\eta), & v=v_3(\eta), & 0\leqslant\eta\leqslant 1 \end{cases}$$

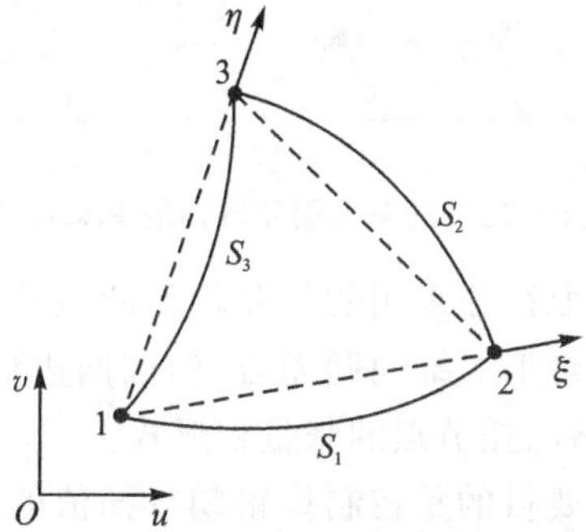

图 5.6-9 曲边三角形单元

根据混合函数方法，由面积坐标(ξ,η)到参数坐标(u,v)的映射(见图 5.6-10)函数为

$$\begin{cases} u(\xi,\eta)=\dfrac{1-\xi-\eta}{1-\xi}u_1(\xi)+\dfrac{\xi}{1-\eta}u_2(\eta)+\dfrac{1-\xi-\eta}{1-\eta}u_3(\eta)-(1-\xi-\eta)U_1-\dfrac{\xi(1-\xi-\eta)}{1-\xi}U_2 \\ v(\xi,\eta)=\dfrac{1-\xi-\eta}{1-\xi}v_1(\xi)+\dfrac{\xi}{1-\eta}v_2(\eta)+\dfrac{1-\xi-\eta}{1-\eta}v_3(\eta)-(1-\xi-\eta)V_1-\dfrac{\xi(1-\xi-\eta)}{1-\xi}V_2 \end{cases}$$

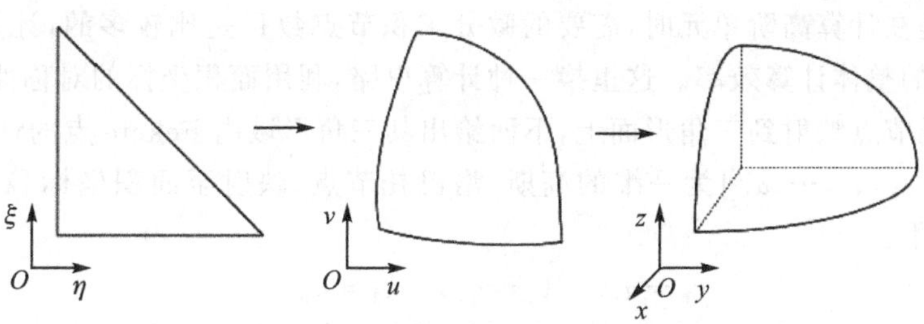

图 5.6-10 面积域-参数域-空间域映射

曲面上点的反求方法已在 5.6.2.2 节中给予了说明，此处不再赘述。

在本小节中对于曲边上的插值点参数坐标数组，先后提供了均布数组和高斯-洛巴托(Gauss-Lobatto)数组，使用拉格朗日形式的插值节点的映射函数后，即可生成三角形单元内的 Fekete 点集(见图 5.6-11)。

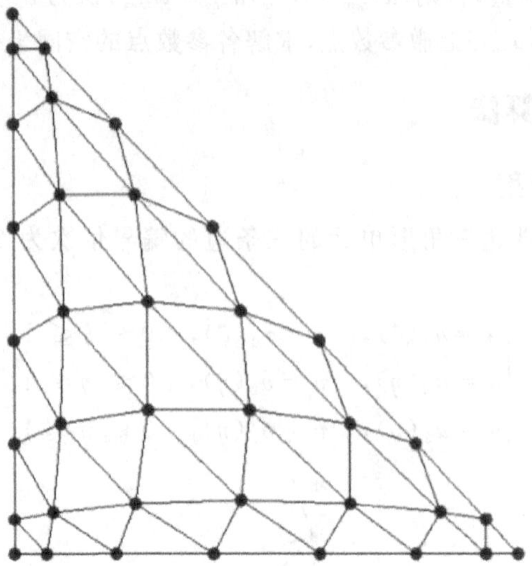

图 5.6-11　三角形面积域内的 Fekete 点集

微分求积节点位置的选取往往采用的是非均匀的微分求积节点，其中较为常用且性能最为稳定的是 c 节点。对于二维问题而言，标准四边形参数域内的微分求积节点被选取为两个方向上高斯-洛巴托节点的张量积形式。

微分求积节点选取的主要目的是控制拉格朗日插值的精度，并避免转换过程中对广义范德蒙德矩阵求逆所带来的数值稳定性问题。针对这个问题，Warburton 证明了在一维区域内勒贝格常数最小的插值节点分布为高斯-洛巴托节点；同时还给出了三角形域内最优插值节点分布，称之为 Fekete 点，也可以称为三角形域上的高斯-洛巴托节点。

Fekete 点集的计算一般采用牛顿法或者共轭梯度法。但是这两种方法都有一定的缺点：第一种方法对初值比较敏感，容易出现求解失效的情况；第二种方法计算量比较大，特别是在计算高阶单元时，需要的微分求积节点数目是比较多的，计算量会影响升阶谱方法的整体计算效率。这里换一种计算思路，利用面积坐标的对称性，将一维的高斯-洛巴托节点映射到三角形面上，下面给出其三角形域内 Fekete 点的计算方式。

设 $\alpha=[\alpha_1,\alpha_2,\cdots,\alpha_n]$ 为一维的高斯-洛巴托节点，映射至面积坐标 $[\lambda_1,\lambda_2,\lambda_3]$ 的具体方法如下：

$$\lambda_1=\alpha_i,\quad \lambda_2=\alpha_j,\quad \lambda_3=\alpha_{n+2-i-j}$$

这要求 $i+j\leqslant n+1$，利用该映射方式可以证明在三角形的边上是一维的高斯-洛巴托点分布。虽然这种计算方法是近似的，但比对发现该方法求解的节点非常接近 Fekete 点。在应用计算中，该方法并不会带来数值稳定性问题也得到证明。关于该方法的特点及应用详情可参考文献[5]。

5.6.3.2 衔接边与退化边

类似于封闭曲线的封闭点，对于曲面在 u 或 v 方向上闭合的情况，实际上是由两

条相对的等参线 $C(0,v)$ 与 $C(T_u,v)$ 重合形成封闭曲面，该曲线称为衔接边（见表5.6-6和图5.6-12）。

对于旋转体等几何实体，可能存在法向不存在或法向存在但无法求解的点，例如某点为母线端点与旋转轴相交而产生的顶点。由于母线端点绕自身旋转，该点旋转形成的边重合为顶点，即为边退化而成，称为退化边（见图5.6-12和表5.6-6）。

在衔接边上的点，同一个空间坐标可能有两个参数坐标 x 与之对应；在退化边上的点，则是有无穷多个参数坐标与之对应，从而可能导致曲面上反求得到的参数值与在曲边上的真实参数值不符，从而造成后续插点的错误。

衔接边与退化边仅有可能出现在原始曲面的四条边界等参线 $S(u_{\min},v)$，$S(u_{\max},v)$，$S(u,v_{\min})$，$S(u,v_{\max})$ 中，且显然满足以下约束：

(1) 衔接边至多有两对。

(2) 相邻的两条边不可能同时为退化边。

(3) 退化边至多有两条，且必须相对。

表5.6-6 四种简单二次曲面的衔接边/退化边特征

曲面	衔接边/退化边特征
圆柱	$S(u,v)=P+r\cdot(\cos u\cdot D_x+\sin u\cdot D_y)+v\cdot D_z$，$(u,v)\in[0,2\pi)\times(-\infty,\infty)$ 含有一条衔接边 $S(0,v)=S(2\pi,v)$
圆锥	$S(u,v)=P+(r+v\cdot\sin\varphi)\cdot(\cos u\cdot D_x+\sin u\cdot D_y)+v\cdot\cos\varphi\cdot D_z$，$(u,v)\in[0,2\pi)\times(-\infty,\infty)$ 含有一条衔接边 $S(0,v)=S(2\pi,v)$，一条退化边 $S(u,\frac{r}{\sin\varphi})$
球	$S(u,v)=P+r\cdot\cos v\cdot(\cos u\cdot D_x+\sin u\cdot D_r)+r\cdot\sin v\cdot D_z$，$(u,v)\in[0,2\pi)\times[-\frac{\pi}{2},\frac{\pi}{2}]$ 含有一条衔接边 $S(0,v)=S(2\pi,v)$，两条退化边 $S(u,-\frac{\pi}{2})$，$S(u,\frac{\pi}{2})$
圆环	$S(u,v)=P+(r_1+r_2\cdot\cos v)\cdot(\cos u\cdot D_x+\sin u\cdot D_\gamma)+r_2\cdot\sin v\cdot D_z$，$(u,v)\in[0,2\pi)\times[0,2\pi)$ 含有两条衔接边 $S(0,v)=S(2\pi,v)$，$S(u,0)=S(u,2\pi)$

衔接边的调整方法较为简单，也是通过区间调整的方法，此处不再赘述。然而衔接边与退化边往往是同时出现的，相互干扰，故需要研究含有衔接边与退化边的曲面片的拓扑和几何特性，并从这些特性入手获得真实参数坐标。

5.6.3.3 曲面片邻接图构建

对于封闭曲面的情况，曲面封闭之处的曲线成为衔接边，在衔接边上的点由两个参数坐标与之对应。对于存在退化情况的曲面，例如球面的南北极点即由两条等参线退化而来，称之为退化边，退化边的顶点将会有无数组参数坐标与之对应。这两种情况若

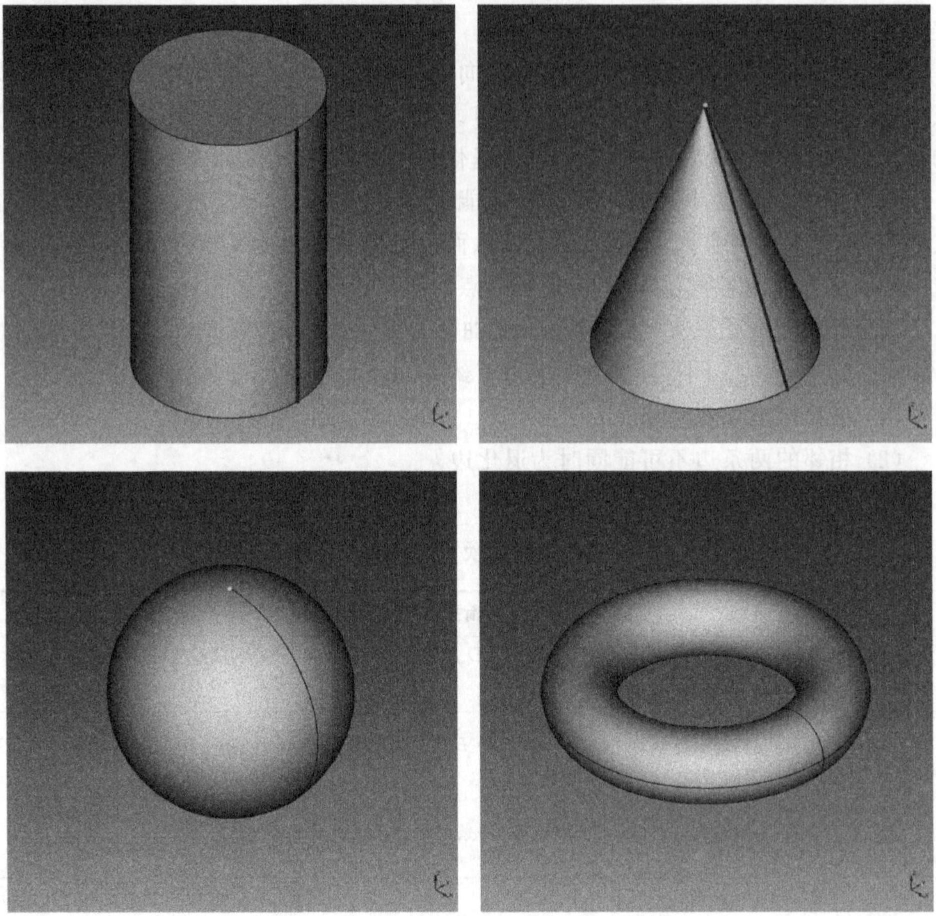

图 5.6-12　四种含衔接边/退化边的简单二次曲面

直接使用参数反求则所得到的参数值可能产生错误。

在 Open CASCADE 中，由于其拓扑结构的边界表示特性，可以利用布尔运算和裁剪获得曲面片并获得其边的几何信息：对于存在退化边干扰的曲面片，单元边的数量显然大于三条，参数顶点数量也自然大于三个。同时衔接边上的非退化点与退化边相比，其边面拓扑关系亦有所不同，由此可以通过建立空间坐标-参数坐标的映射作为邻接图的节点，遍历裁剪出的所有面片及其所有边，并将 Open CASCADE 中获得的边作为邻接关系加入图中，从而可以实现辨识退化边与衔接边，以及知道在边上的真实参数值，"手动"地将两个参数坐标"缝合"起来。

由于低阶网格求解器 Gmsh 生成节点与网格是按低阶到高阶的顺序"推进"生成的，因此退化边作为拓扑顶点的节点优先于其余非拓扑顶点的节点出现在零维几何实体的队列中，即退化边必然作为低阶网格的节点出现，自然也不可能存在于单元内部。而考虑到网格剖分过程中可能存在对面交换的影响，可能存在网格边跨过衔接边的情况，此处应该加以考虑。

以下为可能出现的情况，图 5.6－13～图 5.6－21 中 S_i 表示点的空间坐标，P_i 表示点的参数坐标，同一个空间坐标可能有一到多个参数坐标与之对应，用虚线表示其对应关系，实线表示拓扑边，拓扑边围成的多边形表示面片，S_1、S_2、S_3 已知。

1. 无衔接边、无退化边的三角面片

最普通情形：参数坐标与空间坐标一一对应；此时点 1,2,3 不受影响(见图 5.6－13)。

2. 过衔接边、无退化边的三角面片新增邻接图形式

(1) 衔接边经过点 2、点 3；假定衔接边为 $S(0,v)=S(T_u,v)$，则此时有 $P_{21}=(T_u,v_2)$，$P_{22}=(0,v_2)$，$P_{31}=(T_u,v_3)$，$P_{32}=(0,v_3)$，边 23 需要参数区间调整(见图 5.6－14)。

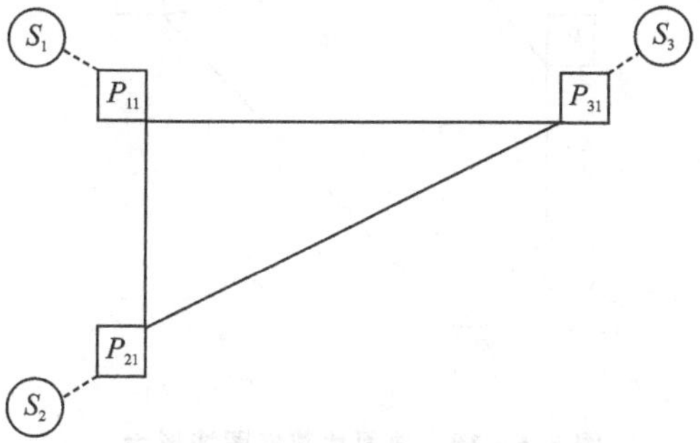

图 5.6－13　曲面片邻接图情形一

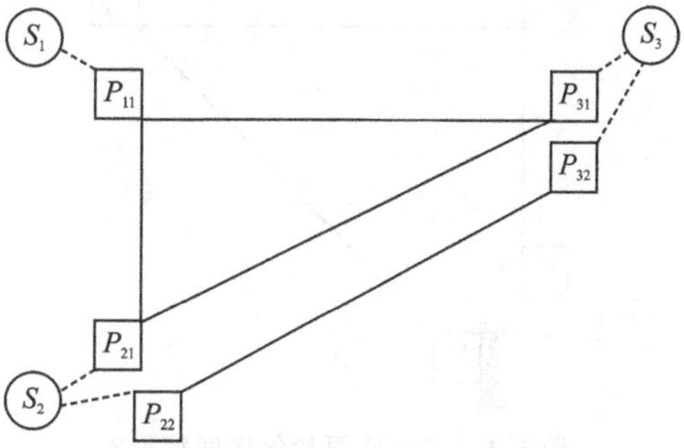

图 5.6－14　曲面片邻接图情形二

(2) 衔接边经过点 1，跨边 23 交于点 4，原三角面片划分为两个子三角面片；假定衔接边为 $S(0,v)=S(T_u,v)$，此时若有 $P_{11}=(T_u,v_1)$，$P_{12}=(0,v_1)$，$P_{41}=(T_u,v_4)$，$P_{42}=(0,v_4)$，则边 13、边 43(边 23)需要参数区间调整；反之，则边 12、边 42(边 23)需要参数区间调整(见图 5.6－15)。

(3) 衔接边跨边 13 交于点 5、跨边 23 交与点 4，原三角面片划分为两个子三角面片；假定衔接边为 $S(0,v)=S(T_u,v)$，此时若有 $P_{51}=(T_u,v_5)$，$P_{52}=(0,v_5)$，$P_{41}=(T_u,v_4)$，$P_{42}=(0,v_4)$，则边 13、边 43(边 23)需要参数区间调整；反之，则边 12、边 42(边 23)需要参数区间调整(见图 5.6－16)。

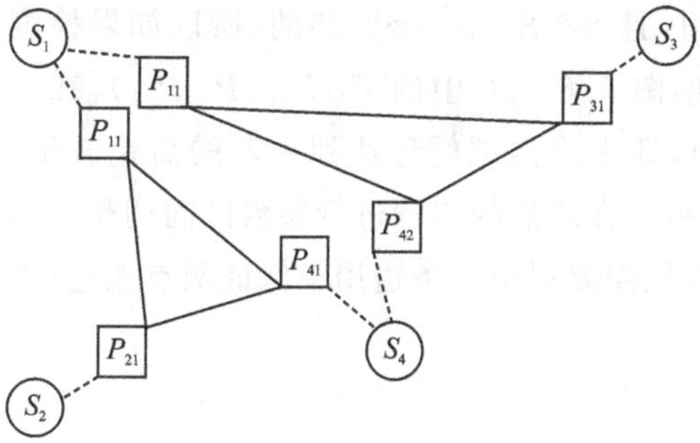

图 5.6－15　曲面片邻接图情形三

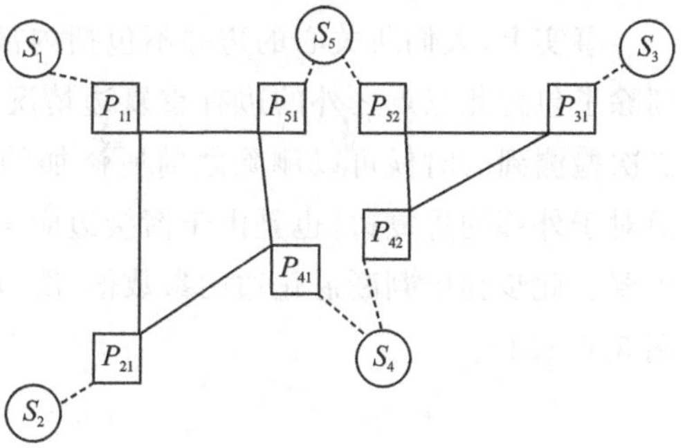

图 5.6－16　曲面片邻接图情形四

3. 无衔接边、含退化边的三角面片新增邻接图形式

点 2 为退化边;假定退化边为 $S(0,v)$,则此时有 $P_{21}=(0,v_{21})$,$P_{22}=(0,v_{22})$(见图 5.6-17)。

4. 过衔接边、含退化边的三角面片新增邻接图形式

(1) 点 1、点 2 为退化边,边 12 为衔接边;假定点 1、点 2 分别为退化边 $S(0,0)$,$S(0,T_v)$,则此时有 $P_{1,12}=P_{12}=(0,0)$,$P_{1,13}=P_{12}=(0,v_{12})$,$P_{2,12}=P_{21}=(0,T_v)$,$P_{2,23}=P_{22}=(0,v_{22})$(见图 5.6-18)。

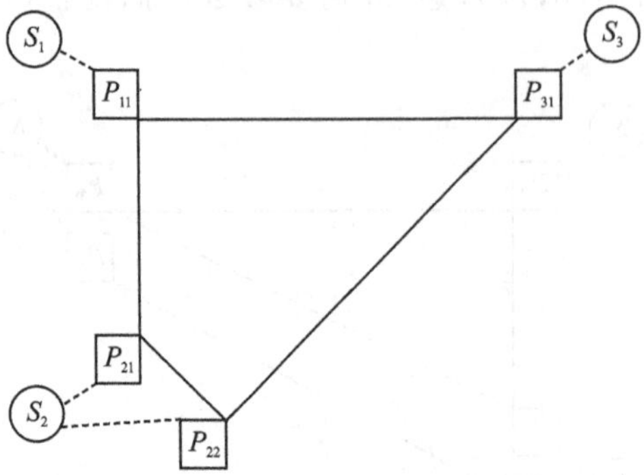

图 5.6-17　曲面片邻接图情形五

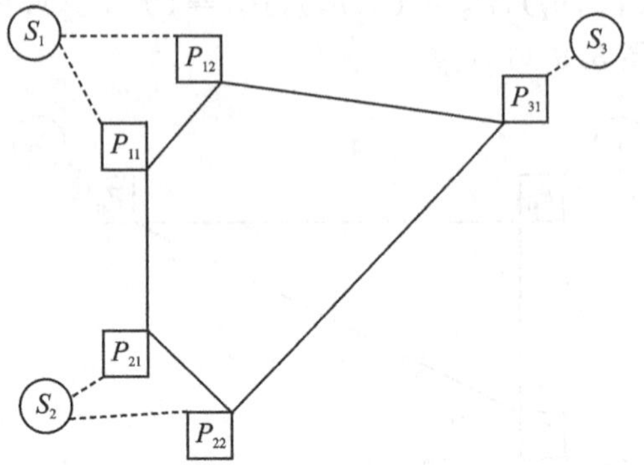

图 5.6-18　曲面片邻接图情形六

(2) 点 1 为退化边,边 12 为衔接边;假定点 1 为退化边 $S(u,0)$,边 12 为 $S(0,v)=S(T_u,v)$,则此时有 $P_{11}=(0,0)$,$P_{1,12}=P_{12}=(T_u,0)$,$P_{1,13}=P_{13}=(u_{13},0)$,$P_{21}=(0,v_2)$,$P_{2,12}=P_{22}=(T_u,v_2)$,$P_{2,23}=P_{23}=(T_u,v_2)$,边 12 需要参数区间调整(见图 5.6-19)。

(3) 点 1 为退化边,边 14 为衔接边;假定点 1 为退化边 $S(u,0)$,边 14 为 $S(0,v)=S(T_u,v)$,则此时有 $P_{1,12}=P_{11}=(u_{11},0)$,$P_{12}=(0,0)$,$P_{13}=(T_u,0)$,$P_{1,13}=P_{14}=(u_{14},0)$,$P_{41}=(0,v_4)$,$P_{42}=(T_u,v_4)$,边 12、边 42(边 23)需要参数区间调整(见图 5.6-20)。

事实上,人们所关心的边并不包括内部边,且 S_1、S_2、S_3 是已知的,所以如果检测到除了包含此三点之外的边有重复边情况(如图 5.6-20 中的 $P_{12}P_{41}$、$P_{13}P_{42}$),在第二次检测到的时候可以删除之前所添加的边,即去除内部的环达到一定的简化效果。而对于外部的重复边,也是由于衔接边而来,将会在之后的步骤进行参数区间调整而不需要在此步骤中判断退化边的参数值,所以也仅需要保留一条边用于保证两点相连(见图 5.6-21)。

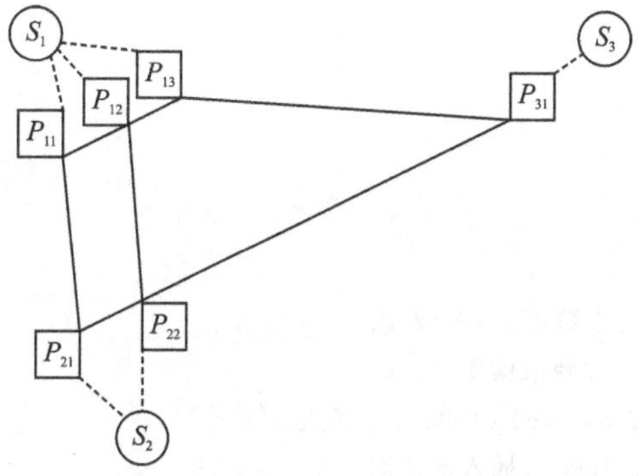

图 5.6-19 曲面片邻接图情形七

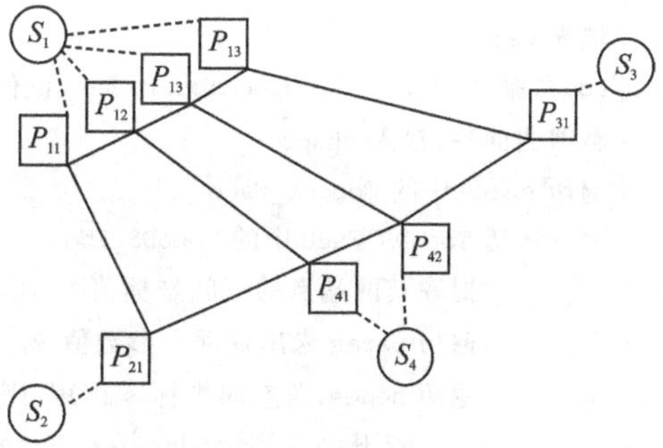

图 5.6-20 曲面片邻接图情形八

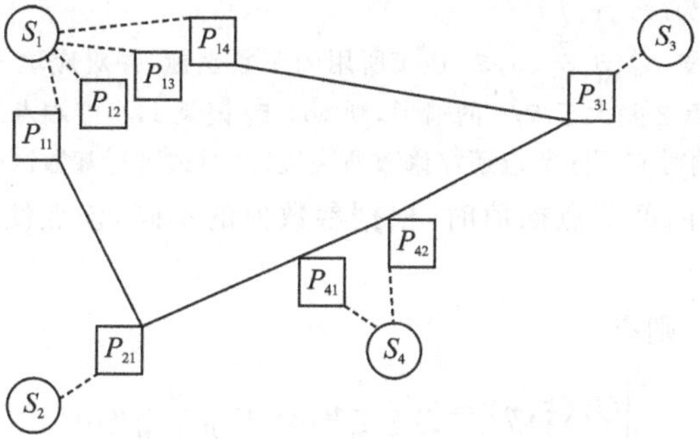

图 5.6-21 情形八最终生成的简化邻接图

根据如上分析，可以通过双向哈希建立以空间点为"父节点"、参数点为"子节点"的类似并查集结构，从而实现如表 5.6-7 所列的功能。

表 5.6-7 曲面片邻接图数据成员

数据成员	功 能
vector < pair < int,int > > modify	记录需要调整的边和端
array < vector < ParaPoint >,3 > para	保存边上所有点参数值
vector < Node > nodes	空间点-编号双向映射
vector < ParaPoint > paras	参数点-编号双向映射
unordered_map < int, unordered_set < int > > spaceToPara	空间点编号-参数点集编号映射
unordered_map < int,int > paraToSpace	参数点编号一空间点编号映射
TopoDS_Shape shape	用于保存裁剪曲面片的 OCC 拓扑
vector < vector < pair < int,int > > > neighbor;	空间点邻接矩阵记录

单个表面单元的曲面化算法：

```
填充 para
nodes 插入 S1、S2、S3，spaceToPara 插入键值对
裁剪曲面片，存入 shape
遍历 shape 中的 TopoDS_Face
    遍历 TopoDS_Face 中的 TopoDS_Edge
        提取其两端点的空间坐标值 S1，S2 与参数值 P1，P2（两组）
        遍历 paras 未出现插入参数值 P1，P2，并获取索引 t1，t2
        遍历 nodes，若空间坐标 s 出现，则直接在 spaceToPara 中插入 t
            若不出现，则 nodes 插入 S，spaceToPara 插入键值对
            获得索引 i、j
        若 i > 2 或 j > 2 且 neighbor[i][j]非空，则清空 neighbor[i][j]
        否则替换为（t1，t2）
深度优先搜索点对 S1S2、S1S3、S2S3 连接所用的参数坐标，并对应填入 para[i]的首末元素扫
描 para[i]，若存在相邻点之差大于 T/2 的情形，则 modify 记录 i，小端端点编号 0 or eleOrder
修改端所在的边（端对应不同节点还需修改所夹边）并对边进行参数区间调整
```

之后需要做单元内部节点插值时，根据参数值的不同，该点使用的参数坐标也采用线性插值的形式。

若点 1 为退化边，则有

$$\begin{cases} U_1(\xi,\eta)=\dfrac{\xi}{\xi+\eta}u_{1,12}+\dfrac{\eta}{\xi+\eta}u_{1,13} \\ V_1(\xi,\eta)=\dfrac{\xi}{\xi+\eta}v_{1,12}+\dfrac{\eta}{\xi+\eta}v_{1,13} \end{cases}$$

其中，下标 1，12 表示在边 12 中的点 1 的参数坐标值。

若点 2 为退化边，则有

$$\begin{cases} U_2(\xi,\eta)=\dfrac{1-\xi-\eta}{1-\xi}u_{2,12}+\dfrac{\eta}{1-\xi}u_{2,23} \\ V_2(\xi,\eta)=\dfrac{1-\xi-\eta}{1-\xi}v_{2,12}+\dfrac{\eta}{1-\xi}v_{2,23} \end{cases}$$

其中，下标 2，12 表示在边 12 中的点 2 的参数坐标值。

若点 3 为退化边，则有

$$\begin{cases} U_3(\xi,\eta)=\dfrac{1-\xi-\eta}{1-\eta}u_{3,13}+\dfrac{\xi}{1-\eta}u_{3,23} \\ V_3(\xi,\eta)=\dfrac{1-\xi-\eta}{1-\eta}v_{3,13}+\dfrac{\xi}{1-\eta}v_{3,23} \end{cases}$$

其中，下标 3，13 表示在边 13 中的点 3 的参数坐标值。

将新得到的缝合参数点(U_i,V_i)代回原映射函数(U_i,V_i)，计算得到的曲面单元内部点分布保持了原有的拓扑顺序，间距平衡且分布均匀，详情见 5.6.5 节。

5.6.3.4 曲边化/曲面化单元边参数调整算例

以下代码描述了在球面上三点构成的直边单元，点 p_1、p_2 在衔接线两侧，p_3 在衔接线上且为退化边，参数域为 $[0,2\pi)\times[-\frac{\pi}{2},\frac{\pi}{2}]$。

球面及三点坐标的 Open CASCADE 代码如下：

```
gp_Ax2 axis;
axis.SetAxis(gp::OX());
axis.SetLocation(gp_Pnt(0.0, 0.0, 0.0));
Handle(Geom_SphericalSurface)sphere = new Geom_SphericalSurface(axis, 5.0);
gp_Pnt p1(0.4580039483127421, 0.5848057537417121, 4.944515609614406);
gp_Pnt p2(-1.778257586376065, 3.099924505697976, -3.496894052651457);
gp_Pnt p3(5, 0, 0);
```

从表5.6-8可以看出，对于参数 u，边13、边23最后一个节点的值有误，且在边12上3号点与4号点之间有明显的阶跃（差值大于 $T_u/2$），前半段值小于后半段值，则说明点1表示的点需要参数区间调整，即对边12、边13从1端开始调整。

表5.6-8 单元边调整前各节点的参数值

单元边	各节点的参数值					
	u_0	u_1	u_2	u_3	u_4	u_5
边12	1.453 070	1.034 031	0.601 969	0.137 732	5.928 398	5.437 684
边13	1.453 070	1.453 070	1.453 070	1.453 070	1.453 070	0
边23	5.437 684	5.437 684	5.437 684	5.437 684	5.437 684	0
单元边	各节点的参数值					
	v_0	v_1	v_2	v_3	v_4	v_5
边12	0.091 729	−0.089 750	−0.250 530	−0.372 350	−0.412 270	−0.363 610
边13	0.091 729	0.387 543	0.683 356	0.979 170	1.274 983	1.570 796
边23	−0.363 610	0.023 270	0.410 152	0.797 033	1.183 915	1.570 796

调整后所有点的参数 u 均落在一个合理的范围内，如表5.6-9所列，其中边12的0号点与边13的0号点参数值相等，表示面片的 p_1 点；边12的5号点与边23的0号点参数值相等，表示面片的 p_2 点；由于是退化点，p_3 在边13、边23上有不同的 u 坐标。

表5.6-9 单元边调整后各节点的参数值

单元边	各节点的参数值					
	u_0	u_1	u_2	u_3	u_4	u_5
边12	7.736 255	7.317 216	6.885 154	6.420 917	5.928 398	5.437 684
边13	7.736 255	7.736 255	7.736 255	7.736 255	7.736 255	7.736 255
边23	5.437 684	5.437 684	5.437 684	5.437 684	5.437 684	5.437 684

续表 5.6-9

单元边	各节点的参数值					
	v_0	v_1	v_2	v_3	v_4	v_5
边 12	0.091 729	−0.089 750	−0.255 300	−0.372 350	−0.412 270	−0.363 610
边 13	0.091 729	0.387 543	0.683 356	0.979 170	1.274 983	1.570 796
边 23	−0.363 610	0.023 270	0.410 152	0.797 033	1.183 915	1.570 796

5.6.4 组装三维高阶单元

对于微分求积方法,位移连续性仅由边界上的插值形函数决定,内部形函数并不影响位移连续性,因此并不需要求取内部的插值节点,即仅需要将每个四面体单元的四个面元按照单元拓扑进行组装即可。

内部面同时被两个体单元复用,在保存时建立节点队列-内部面单元映射时以节点编号的增序作为键值,查找到面元后由于拓扑结构不同,因此还需要进行旋转和翻转调整以适应要求,如图 5.6-22 所示。

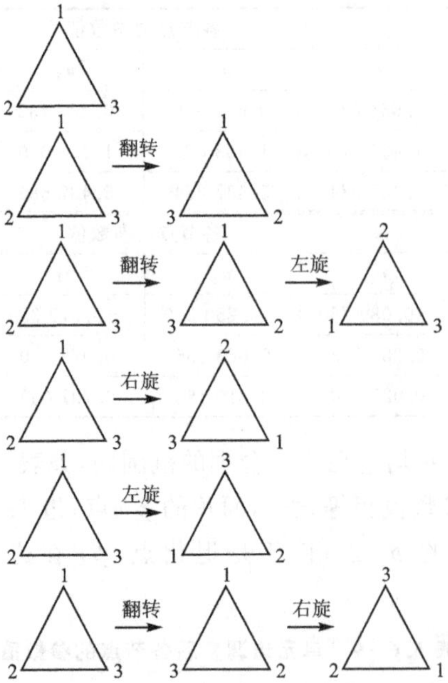

图 5.6-22 面元拓扑结构调整方法

5.6.5 高阶单元求解实例

以圆环与曲轴为例,生成的节点均匀分布的高阶网格如图 5.6-23～图 5.6-32 所示,节点非均匀分布的高阶网格如图 5.6-33～图 5.6-37 所示。

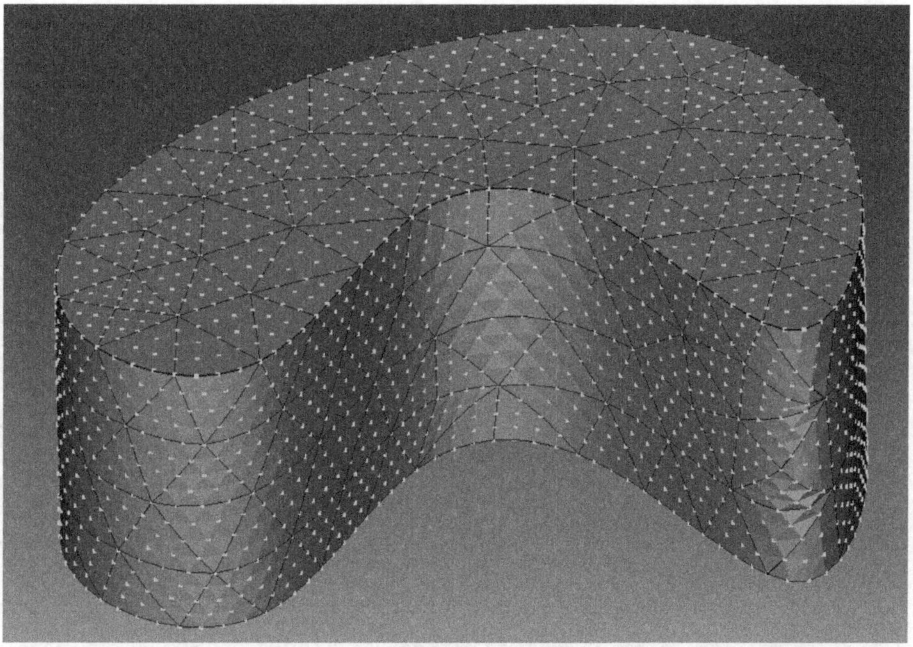

图 5.6-23　在平台中生成的拉伸体高阶网格(在凹凸处均有较好分布点集)

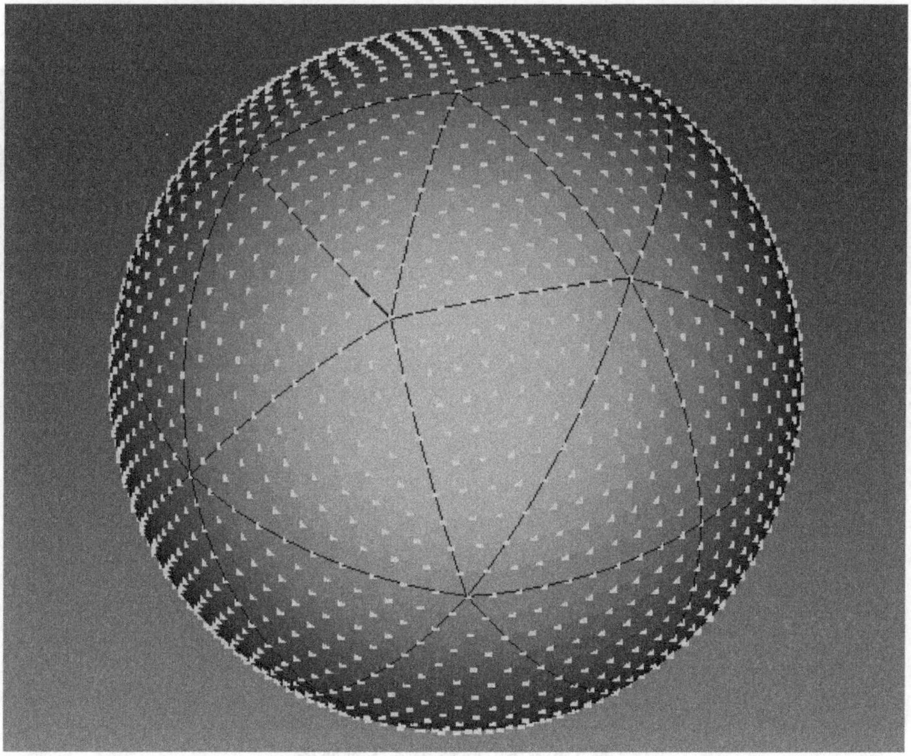

图 5.6-24　在平台中生成的球体高阶网格(在退化边与衔接边处均有较好分布点集)

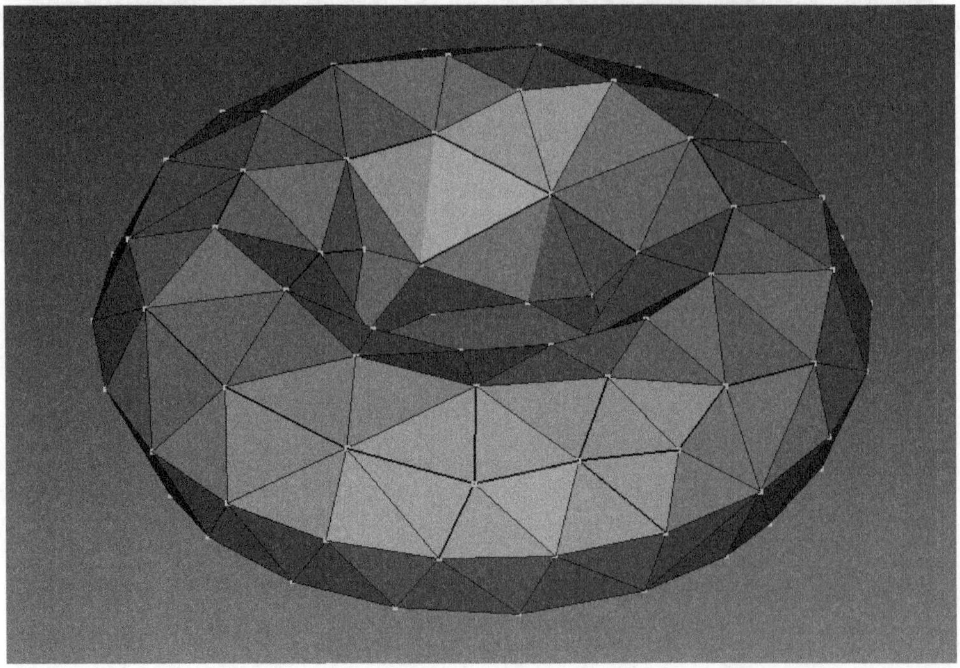

图 5.6-25　圆环实体 1 阶网格

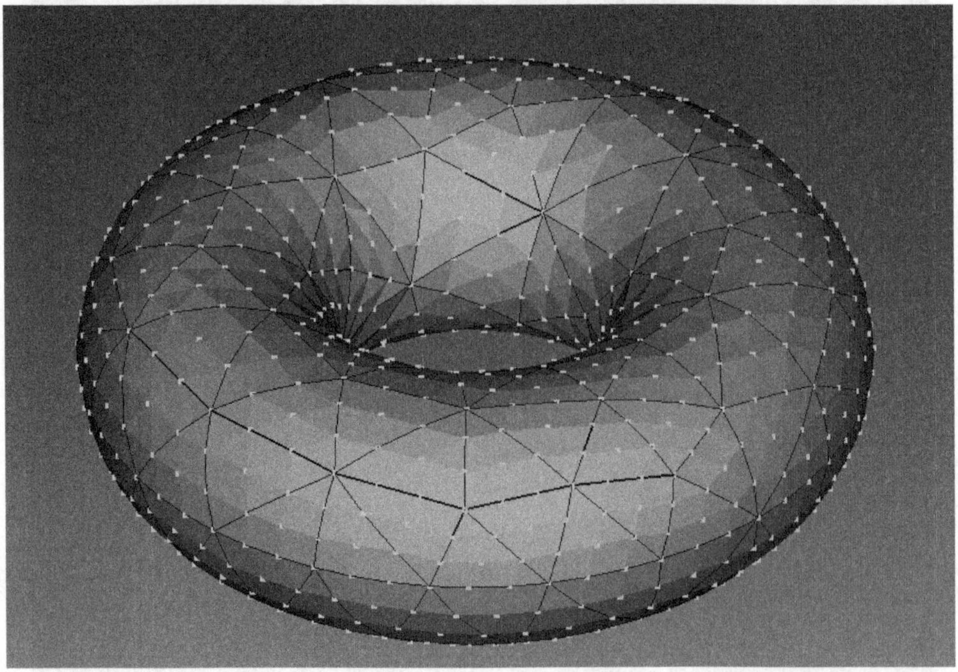

图 5.6-26　圆环实体 3 阶网格

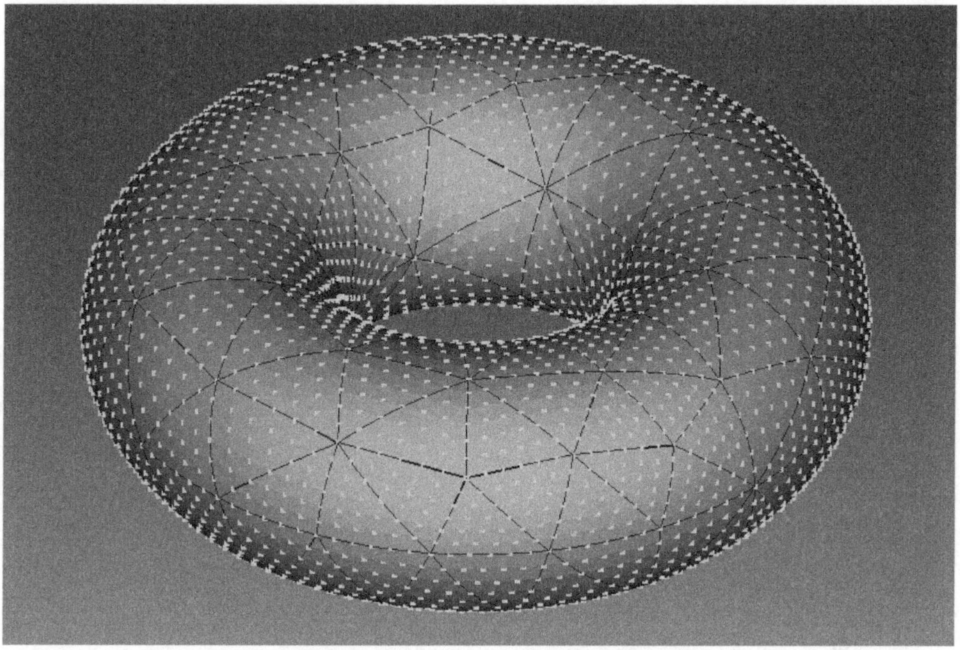

图 5.6-27 圆环实体 6 阶网格

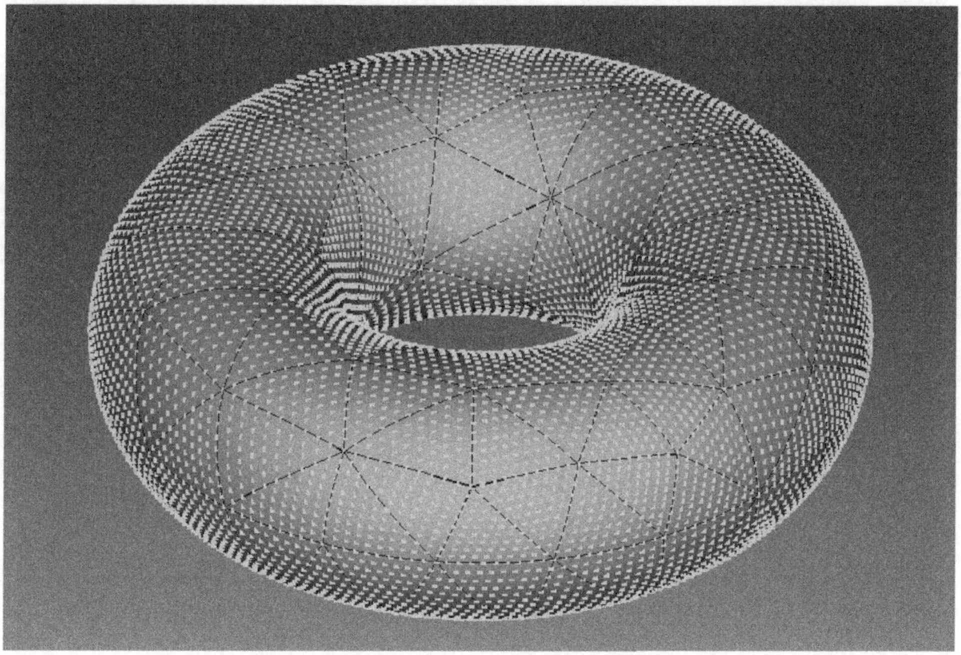

图 5.6-28 圆环实体 10 阶网格

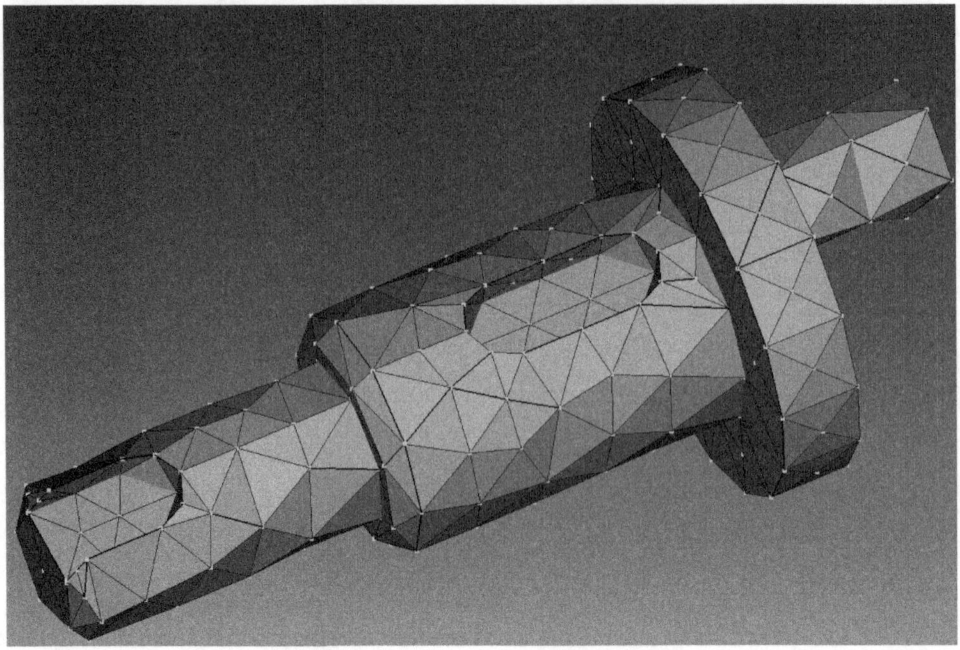

图 5.6-29　曲轴实体 1 阶网格

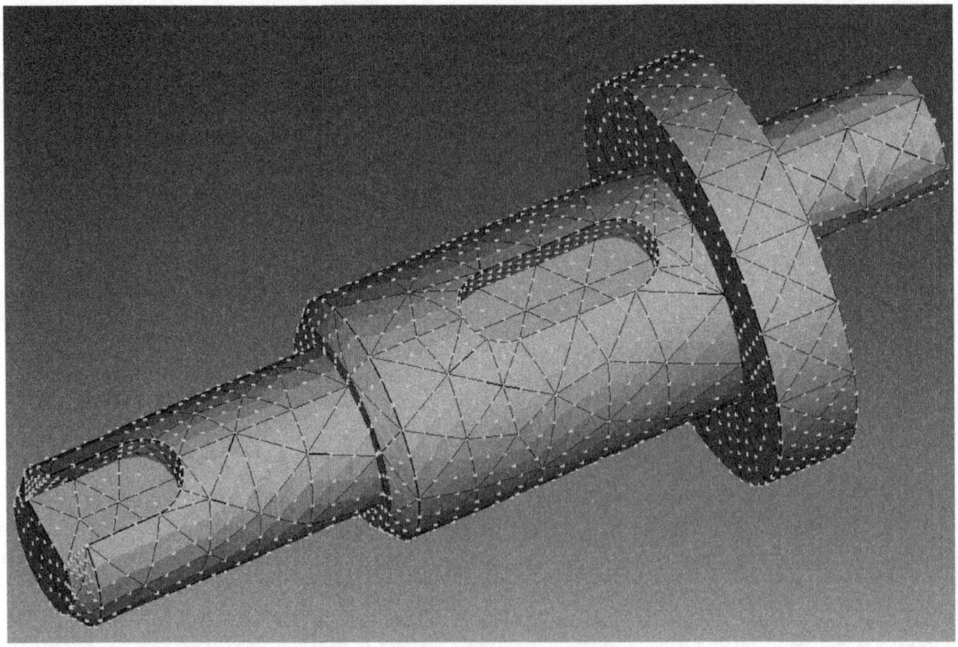

图 5.6-30　曲轴实体 3 阶网格

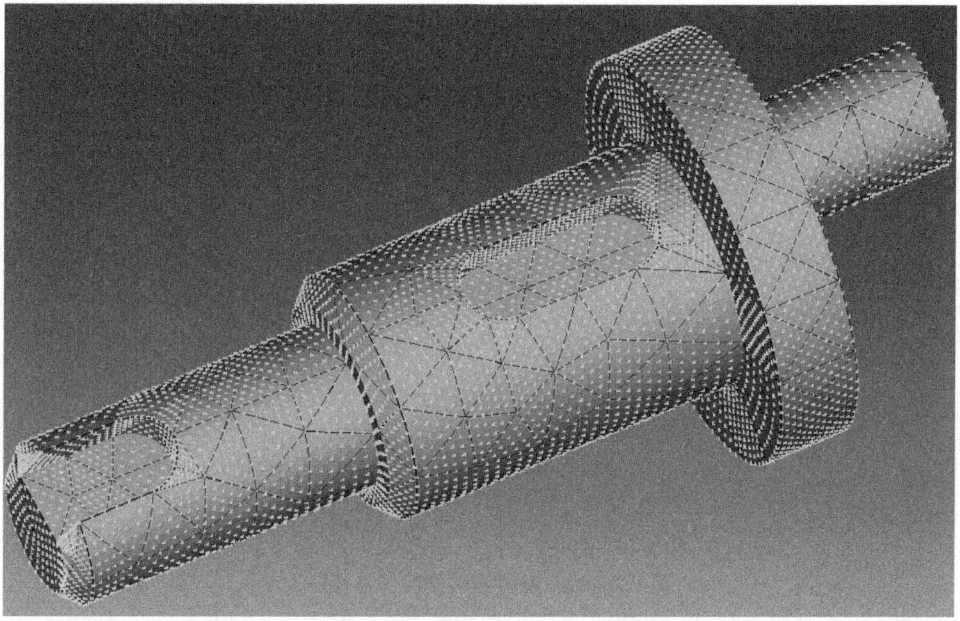

图 5.6－31 曲轴实体 6 阶网格

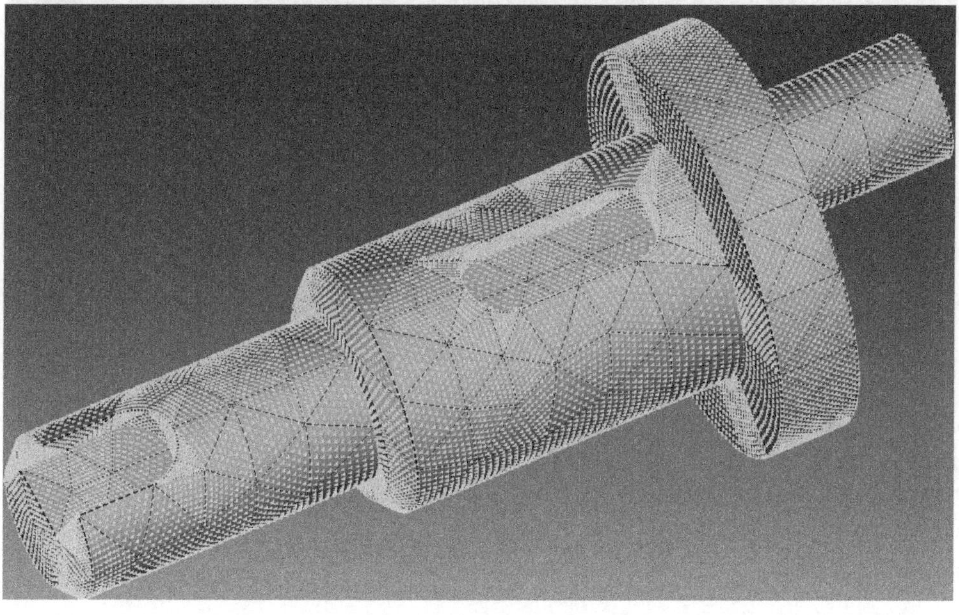

图 5.6－32 曲轴实体 10 阶网格

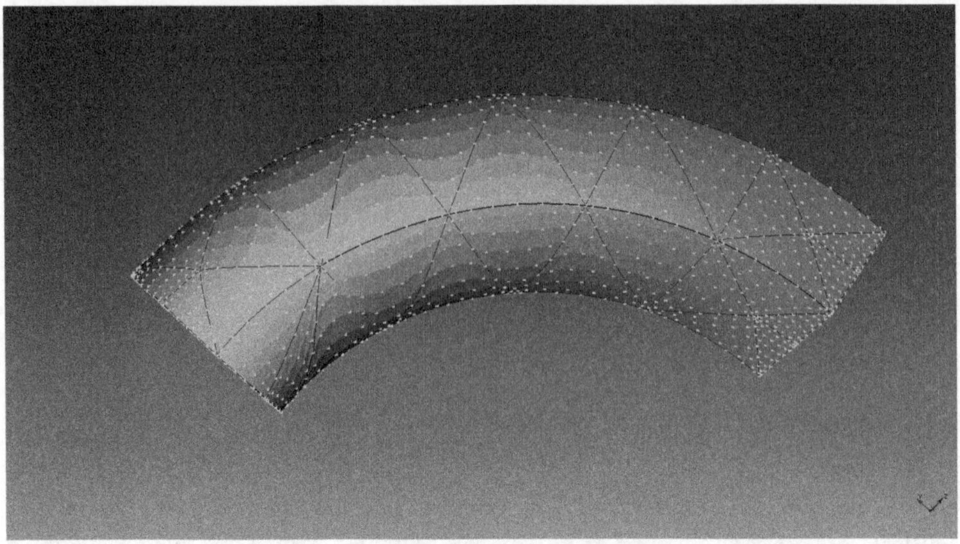

图 5.6-33　放样实体 7 阶网格视图 1

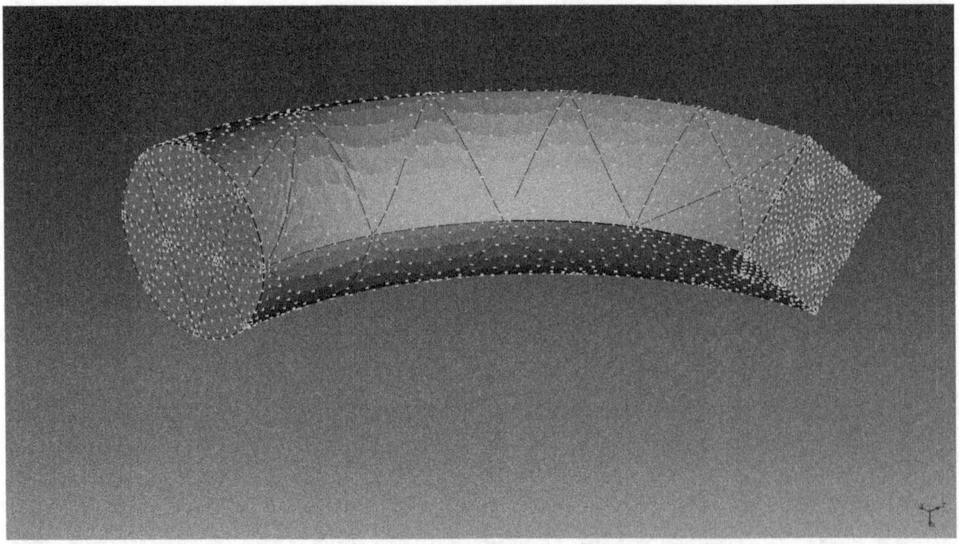

图 5.6-34　放样实体 7 阶网格视图 2

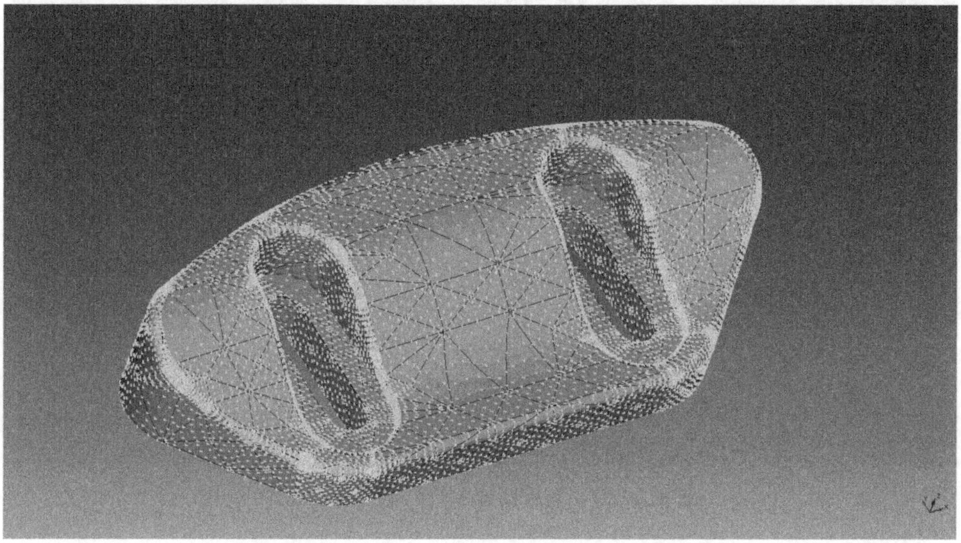

图 5.6-35 盖板实体 6 阶网格视图 1

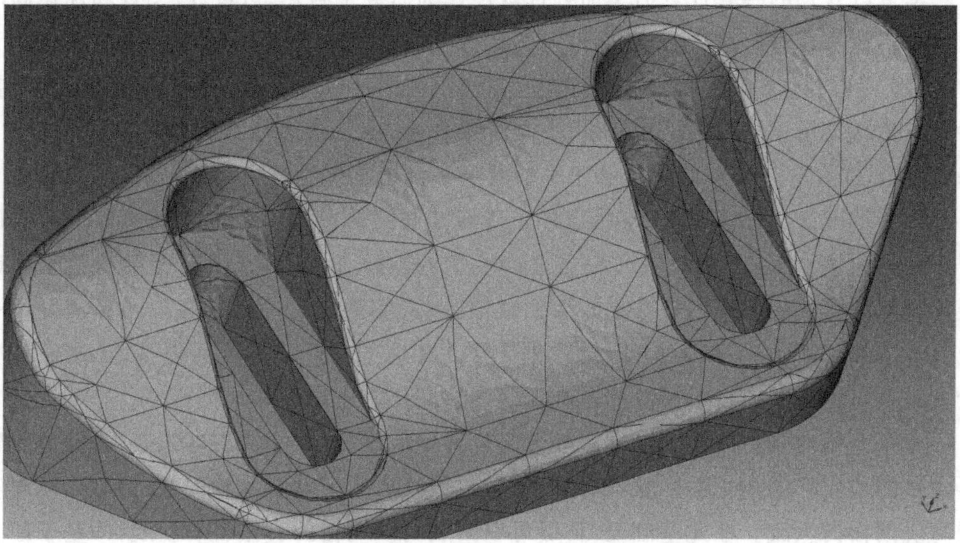

图 5.6-36 盖板实体 6 阶网格(不显示节点)

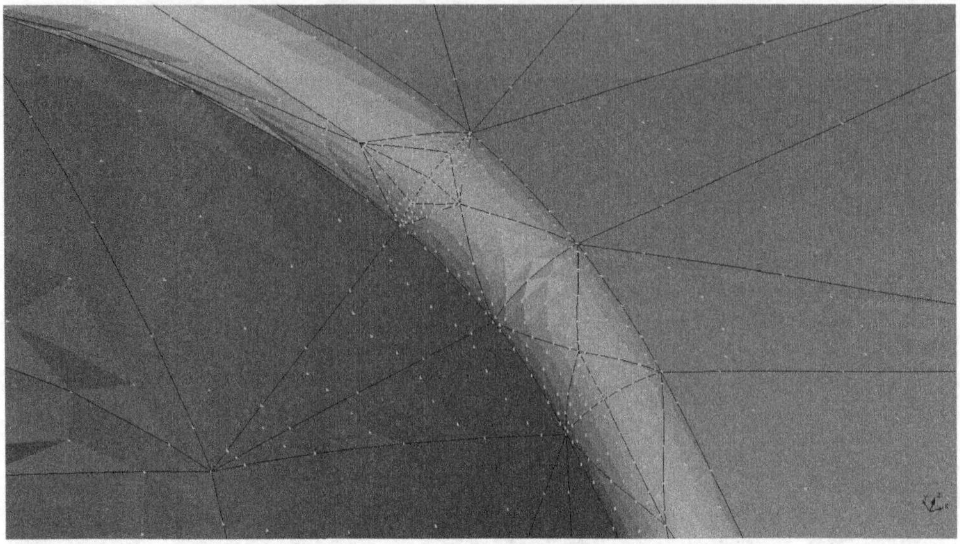

图 5.6-37 盖板实体 6 阶网格圆角边局部

5.7 总结

本章以开发的一套计算力学前处理软件作为研究平台用,以设计、实现和优化高阶网格求解算法,集成几何建模功能以及高阶方法的有限元求解器,以推动升阶谱求积元方法的实际应用。本章采用了内核、模块两部分功能模块以满足建模和网格求解功能的插件式拓展,基于分层结构实现了图形用户界面操作、信号、几何算法和数据的分离并实现了基本功能,并在 5.3 节总结出了基于本前处理平台拓展模块和功能的方法。

统一的几何内核是 CAD 和 CAE 无缝衔接与高阶网格算法的核心。该平台借助开源几何内核 Open CASCADE 完成几何模型的参数存储,并基于它提供的数学库以及建模算法库拓展应用 NURBS 的相关数值方法,实现低阶网格的高阶化算法。本平台大量依赖于 Open CASCADE,这也囿于缺少相应的国产三维几何内核,无法做到质量上完全可控。国产自主可控的三维几何内核需要有志之士的共同努力。

本章介绍的高阶网格求解方法基于高阶网格生成的"间接法",即先获得低阶网格,再通过曲边化和曲面化的步骤,根据源几何数据找形求解低阶网格的各积分点,从而实现高阶网格的生成。在此基础上,日后可以拓展高阶网格的直接自动生成,即基于原几何的离散化三角面片自动求解出曲面片。

此外,为了胜任大规模计算任务,计算力学软件的架构设计、编译优化和高性能的矩阵求解方法也是软件应用推广的必由之路,将成为后续研发的一个重要方面。鲁棒性则是需要进行考量的另一个重要方面。开发大型计算力学软件,需要大量资金和时间的投入,需要大量同时了解软件开发与计算力学的复合型人才投身到该工作中。

参考文献

［1］SHETTY N，CHAUDHARY A，COMING D，et al. Immersive ParaView：A community-based，immersive，universal scientific visualization application［C］//. 2011 IEEE Virtual Reality Conference，2011.

［2］PATRIKALAKIS N M，Maekawa T. Shape Interrogation for Computer Aided Design and Manufacturing［M］. Berlin Heidelberg：Springer，2010：341-352.

［3］PIEGL L，TILLER W. The NURBS Book［M］. 2nd ed. Berlin：Springer，1997.

［4］Adam Updegrove，Nathan M. Wilson，Shawn C. Shadden. Boolean and smoothing of discrete polygonal surfaces. Advances in Engineering Software，2016，May：16-27.

［5］LIU B，LIU CY，LU S，et al. A differential quadrature hierarchical finite element method using Fekete points for triangles and tetrahedrons and its applications to structural vibration［J］. Computer methods in applied mechanics and engineering，2019，349(1)：799-838.